"十四五"职业教育国家规划教材

建筑材料与检测（第4版）

宋岩丽　范红岩 ◎ 主　编
段素萍　陈立东 ◎ 副主编
赵华玮　桑颖慧 ◎ 主　审

人民交通出版社股份有限公司
北京

内 容 提 要

本书先后入选"十二五"和"十四五"职业教育国家规划教材，始终与我国高等职业教育的发展保持同步。本次修订，依据国家、行业最新标准、规范、规程对上版教材内容进行了更新，新增绿色、节能、低碳环保等新型建筑材料。全书内容包括：绪论、建筑材料的基本性质、气硬性胶凝材料、水泥、混凝土、建筑砂浆、墙体材料、建筑钢材、防水材料、合成高分子材料、建筑功能材料、木材及其制品、建筑材料检测。每章设学习指导栏、小知识、本章小结、练习题，并引入若干工程实例。教材配套了教学课件、试验动画、拓展知识等数字资源，突显教材立体化特性，充分满足信息化教学需求。

本书可作为高职本科和专科土建施工类、建设工程管理类等专业的教材，也可供从事建筑工程设计、施工、监理、管理等工作的人员参考。

图书在版编目(CIP)数据

建筑材料与检测/宋岩丽,范红岩主编. —4 版.
—北京：人民交通出版社股份有限公司,2023.8 (2025.1重印)
ISBN 978-7-114-18358-4

Ⅰ.①建… Ⅱ.①宋…②范… Ⅲ.①建筑材料—检测—高等职业教育—教材 Ⅳ.①TU502

中国版本图书馆 CIP 数据核字(2022)第 224447 号

Jianzhu Cailiao yu Jiance

书　　名：	建筑材料与检测（第 4 版）
著 作 者：	宋岩丽　范红岩
责任编辑：	李　坤
责任校对：	孙国靖　刘　璇
责任印制：	张　凯
出版发行：	人民交通出版社股份有限公司
地　　址：	（100011）北京市朝阳区安定门外外馆斜街 3 号
网　　址：	http://www.ccpcl.com.cn
销售电话：	（010）85285911
总 经 销：	人民交通出版社股份有限公司发行部
经　　销：	各地新华书店
印　　刷：	北京市密东印刷有限公司
开　　本：	787 × 1092　1/16
印　　张：	22
字　　数：	510 千
版　　次：	2007 年 8 月　第 1 版 2013 年 8 月　第 2 版 2015 年 12 月　第 3 版 2023 年 8 月　第 4 版
印　　次：	2025 年 1 月　第 3 次印刷　累计第 23 次印刷
书　　号：	ISBN 978-7-114-18358-4
定　　价：	52.00 元

（有印刷、装订质量问题的图书，由本公司负责调换）

前言

本书为高等职业教育土建类专业"建筑材料与检测"课程的配套教材，首版于2007年8月出版，十多年来，几经修订，始终与我国高等职业教育的发展保持同步。第2版入选"十二五"职业教育国家规划教材，第3版入选"十四五"职业教育国家规划教材，为国内几十所院校所采用，广受好评。

本书主要介绍常用建筑材料的组成与构造、性能与应用、技术标准、检测方法、材料储运及保管知识，帮助学生正确选择、合理使用建筑材料，并为后续专业课的学习打下坚实的基础。

本书修订时，注重吸纳近年来颁布实施的国家和行业相关材料标准、设计标准和施工标准。本版教材在内容、形式上具有以下特点：

（1）充分挖掘课程思政元素，将立德树人理念贯穿教材始终。

每章设思政目标，充分挖掘建筑材料中的思政元素，有机融入党的二十大精神、中华优秀传统文化、法治意识及生态文明理念，弘扬劳动光荣、爱岗敬业、精益求精的职业精神和工匠精神，将学生比作建筑材料（建设宏伟的社会主义大厦），逐步引导学生树立正确的世界观、人生观和价值观，帮助其成为德智体美劳全面发展的社会主义建设者和接班人。

（2）教材内容反映建筑业发展新动态。

根据目前工程中推广使用的新材料情况及材料的发展趋势，教材及时补充了高性能混凝土、干混砂浆、新型砌块、复合多功能材料等新型建筑材料。

（3）教材融入职业技能等级证书和职业资格证书考试内容。

进一步梳理建筑工程技术人员就业岗位所需的素质、知识、能力要求，结合国家"建筑工程质量检测"、"土木工程混凝土材料检测"两个"1+X"职业技能等级证书的知识和技能要求，补充和完善教材内容。

（4）教材设计充分体现"以学生为中心"的教学理念。

针对目前高职学生的学习习惯和知识水平，增加了大量工程图片，尽可能实现以图释文。每章增设学习指导栏，给出该章的教学目标、学习建议、思政目标；并引入若干工程实例，引导学生理论联系实际，帮助学生用所学知识解决工程中的问题，培养学生分析问题、解决问题的能力；另设"小知识"栏，达到拓宽学生思维、激发学生学习兴趣的目的。

（5）配套丰富的数字化教学资源。

在原有教学资源的基础上，进一步提升数字化教学资源的数量和质量。通过二维码提供立体化的配套资源体系，包含教学课件、工程图片、工程实例、试验动画、拓展知识等，充分利用信息化技术手段对教材内容进行补充和完善。针对建筑材料试验操作原理难、试验课时有限等特点，增设15个"三维虚拟仿真试验动画"，展现试验全过程。

本书作者为高校一线授课教师和工程单位一线技术人员，具有较高的政治素养和专业能力，在教材编写过程中，始终坚持以习近平新时代中国特色社会主义思想为指导，全面贯彻党的二十大精神，落实立德树人根本任务。教材编写分工为：第一章、第四章由宋岩丽（山西工程科技职业大学）编写；第二章、第十一章由何首文（山西省建筑科学研究院集团有限公司）编写；绪论、第三章由范红岩（山西工程科技职业大学）编写；第五章、第八章、第九章由陈立东（山西工程科技职业大学）编写；第六章、第十章由霍世金（山西工程科技职业大学）编写；第七章由段素萍（山西工程科技职业大学）编写。书中部分工程案例由桑颖慧总工程师（山西省建筑科学研究院集团有限公司）提供。全书由宋岩丽教授统稿，由赵华玮教授（盐城工业职业技术学院）和桑颖慧总工程师主审。

在本书编写过程中，编者参考了较多的文献资料，在此谨向文献的作者致以诚挚的谢意。限于作者水平，教材难免存在不足之处，欢迎广大读者批评指正。

编者
2023年2月

目 录
CONTENTS

绪　论 ··· 001

第一章　建筑材料的基本性质 ··· 008
　　第一节　材料的基本物理性质 ·· 009
　　第二节　材料的力学性质 ·· 021
　　第三节　材料的耐久性与环境协调性 ··· 026

第二章　气硬性胶凝材料 ··· 030
　　第一节　石灰 ··· 031
　　第二节　石膏 ··· 035
　　第三节　水玻璃 ··· 038

第三章　水泥 ·· 041
　　第一节　通用硅酸盐水泥 ·· 042
　　第二节　其他品种水泥 ·· 057
　　任　务　水泥检测 ·· 067

第四章　混凝土 ··· 083
　　第一节　概述 ··· 083
　　第二节　普通混凝土的组成材料 ·· 086
　　第三节　混凝土拌合物的性能 ·· 108
　　第四节　硬化混凝土的性能 ·· 117
　　第五节　混凝土的耐久性 ·· 129
　　第六节　混凝土的质量控制与强度评定 ··· 133

第七节　普通混凝土配合比设计 ································ 138
　　第八节　其他品种混凝土 ······································ 148
　　任　务　普通混凝土用砂、石检测 ···························· 159
　　任　务　普通混凝土检测 ······································ 169

第五章　建筑砂浆 ·· 176

　　第一节　砌筑砂浆 ·· 176
　　第二节　抹灰砂浆与防水砂浆 ································ 184
　　第三节　新型砂浆与特种砂浆 ································ 190
　　任　务　建筑砂浆检测 ·· 197

第六章　墙体材料 ·· 205

　　第一节　砖 ·· 206
　　第二节　砌块 ·· 216
　　第三节　板材 ·· 222
　　任　务　烧结普通砖及蒸压加气混凝土砌块检测 ············ 228

第七章　建筑钢材 ·· 232

　　第一节　钢材的基本知识 ······································ 232
　　第二节　建筑钢材性能 ·· 235
　　第三节　建筑工程常用钢材的品种与应用 ··················· 241
　　第四节　建筑钢材的腐蚀与防护 ······························ 258
　　任　务　钢筋检测 ·· 263

第八章　防水材料 ·· 269

　　第一节　沥青 ·· 269
　　第二节　防水堵水材料 ·· 275
　　第三节　屋面工程防水材料的选用 ··························· 289
　　任　务　弹性体改性沥青防水卷材检测 ······················ 292

第九章　合成高分子材料 ·· 299

　　第一节　合成高分子材料的分子特征及性能 ················· 299
　　第二节　常用合成高分子材料 ································ 301

第十章 建筑功能材料 ······ 312
第一节 建筑装饰材料 ······ 312
第二节 建筑绝热及吸声材料 ······ 327
第三节 建筑功能材料的新发展 ······ 331

第十一章 木材及其制品 ······ 334
第一节 认识木材 ······ 334
第二节 木材的性质及检测 ······ 336
第三节 木材应用 ······ 338
第四节 木材改性与储存 ······ 341

参考文献 ······ 344

绪　论

知识目标

熟悉建筑材料的定义与分类，了解建筑材料与建筑工程的关系、建筑材料的发展历程与发展趋势、建筑材料的技术标准、建筑材料检测人员职业道德，熟悉本课程的学习目标和学习要求，为本课程的后续学习奠定基础。

思政目标

举例说明建筑材料的发展历程，从万里长城到"中国尊"，展现了我国劳动人民的勤劳、智慧和创造力，引入思政元素一，激发学生的中华民族认同感和自豪感以及创新创业意识；每一种建筑材料的生产、应用都要遵守相应的技术标准，以确保生产、使用合格的产品，从而确保工程质量，引入思政元素二，培养学生的质量意识；由建筑材料检测人员的职业道德引入思政元素三，引导学生深刻理解并自觉实践职业道德和职业规范，培养遵纪守法、诚实守信、公道办事的职业品格和行为习惯。

一、建筑材料的定义与分类

建筑材料可分为狭义建筑材料和广义建筑材料。狭义建筑材料是指构成建筑工程实体的材料，如水泥、混凝土、钢材、墙体与屋面材料、装饰材料、防水材料等。广义建筑材料除包括构成建筑工程实体的材料之外，还包括两部分：一是施工过程中所需要的辅助材料，如脚手架、模板等；二是各种建筑设备，如给水排水、采暖通风、空调、电气、消防设备等。

本教材所介绍的建筑材料主要指狭义建筑材料。

建筑材料种类繁多，分类方法多样，通常按材料的化学成分和使用功能进行分类。

1. 按化学成分分类

建筑材料按化学成分可分为无机材料、有机材料和复合材料三大类，每一类又可细分为许多小类，具体分类见表0-1。复合材料是指由两种及以上不同性质的材料通过物理或化学复合，组成具有新性能的材料。该类材料不仅性能优于组成中的任意一种材料，而且还具有单一材料不具有的独特性能。复合化已成为当今材料科学发展的趋势之一。

建筑材料按化学成分分类表　　　　表 0-1

分类		实例
无机材料	金属材料	黑色金属：生铁、碳素钢、合金钢等
		有色金属：铝、铜及其合金等
	非金属材料	天然石材：砂、石及石材制品等； 烧土制品：烧结砖、瓦、陶瓷、玻璃等； 胶凝材料：石膏、石灰、水玻璃、水泥等； 混凝土及硅酸盐制品：混凝土、砂浆及硅酸盐制品
有机材料	植物质材料	木材、竹材、植物纤维及其制品
	沥青材料	石油沥青、煤沥青、改性沥青及制品
	高分子材料	塑料、有机涂料、胶黏剂、橡胶等
复合材料	金属-非金属复合	钢筋混凝土、钢纤维混凝土等
	非金属-有机复合	沥青混凝土、聚合物混凝土、玻璃纤维增强塑料等
	有机-有机复合	橡胶改性沥青、树脂改性沥青
	非金属-非金属复合	玻璃纤维增强水泥、玻璃纤维增强石膏

2. 按使用功能分类

建筑材料按使用功能可分为承重结构材料、非承重结构材料及功能材料三大类。

（1）承重结构材料

承重结构材料主要指建筑工程中承受荷载作用的材料，如梁、板、柱、基础、墙体和其他受力构件所用的材料，常用的有钢材、水泥、混凝土、砖等。对承重结构材料要求的主要技术性能是力学性能。

（2）非承重结构材料

非承重结构材料主要包括框架结构的填充墙、内隔墙及其他围护材料。

（3）功能材料

功能材料主要指以材料力学性能以外的功能为特征的材料，赋予建筑物围护、防水、绝热、吸声隔声、装饰等功能的材料。这些功能材料的选择与使用是否合理，往往决定了工程使用的可靠性、适用性及美观效果等。

二、建筑材料与建筑工程的关系

（一）建筑材料是重要的物质基础

建筑业对国民经济的发展具有举足轻重的作用，而建筑材料是建筑业的重要物质基础。一个优秀的建筑产品往往是建筑艺术、建筑技术和以最佳方式选用的建筑材料的合理组合。没有建筑材料作为物质基础，就不会有建筑产品，而工程的质量优劣与所用材料的质量水平及使用合理与否有直接的关系，具体表现为材料的品种、组成、构造、规格及使用方法都会对建筑工程的结构安全性、坚固耐久性及适用性产生直接的影响。为确保建筑工程的质量，必须从材料的生产、选择、使用和检验评定以及材料的储存、保管等各个环节确保材料的质量，否则可能会造成工程质量缺陷，甚至导致重大质量事故。

（二）建筑材料费在建筑工程总造价中占较大的比重

在一般的建筑工程总造价中，与材料直接相关的费用占到60%以上，材料的选择、使用与管理是否合理，对工程成本影响甚大。在工程建设中可选择的材料品种很多，而不同的材料由于其原料、生产工艺等因素的不同，导致材料价格有较大的差异；材料在使用与管理环节的合理与否也会导致材料用量的变化，从而使材料费用发生变化。

为此，可以通过正确选择和合理使用材料来降低工程的材料费，这对创造良好的经济效益与社会效益具有十分重要的意义。

（三）建筑材料对设计、施工具有重要的影响

材料、设计、施工三者是密切相关的系统工程。从根本上说，材料是基础，是决定结构设计形式和施工方法的主要因素。一种新材料的出现必将促使建筑结构形式的变化、施工技术的进步，而新的结构形式和施工技术必然要求新的更优良的建筑材料。例如：钢筋和混凝土的出现，使钢筋混凝土结构取代了传统的砖木结构，成了现代建筑工程的主要结构形式，而钢筋技术、混凝土技术、模板技术也随之产生；轻质高强结构材料的出现，使大跨径的桥梁和大跨度的工业厂房得以实现；装配式施工技术的发展，对装配式构件提出了新的、更高的要求。可以说没有建筑材料的发展，也就没有建筑业的飞速发展。新型建筑材料的不断出现，已有材料性能的日益改进和完善，共同推动着建筑设计、结构设计、施工工艺等方面的发展。

三 建筑材料的发展历程与发展趋势

建筑材料是随着人类社会的发展而发展的，而材料本身的发展又反过来推动了社会的发展。从上古时代开始，人们使用简单的工具，凿石成洞，伐木为棚，利用树木、泥土、石头等天然材料，建成简单的房屋以遮风避雨、抵御野兽的侵袭。在之后很长的历史时期内，人们都一直使用这三种天然材料，传统的吊脚楼和木结构房屋就是其中的代表，如图0-1和图0-2所示。到了人类能够用黏土烧制砖、瓦，用岩石烧制石灰、石膏之后，建筑材料才由天然材料进入到人工生产阶段。与此同时，木材的加工技术和金属的冶炼与应用技术，也有了相应的发展，为较大规模建造建筑工程创造了基本条件。

图0-1　吊脚楼

图0-2　木结构房屋

18世纪之后，西方国家的工商业及交通运输业蓬勃发展，原有的材料已不能满足要求，随着科学技术进步，建筑材料进入了一个新的发展阶段。1824年，在英国首先出现了由几种材料混合加工而成的"波特兰水泥"，继而出现了水泥混凝土；1850年，钢筋混凝土在法国出现；1928年，预应力混凝土问世。这些材料的相继出现，极大地提升了建筑技术水平。到目前为止，水泥混凝土仍是最重要的建筑材料之一，而水泥的品种则由当初单一的"波特兰水泥"发展出了一百多个品种，由此产生了多种混凝土，如防水混凝土、耐热混凝土、耐酸混凝土、纤维混凝土、聚合物混凝土等，以满足多种建筑物的特殊要求。

进入20世纪后，材料科学的形成和发展，使建筑材料的品种增加、性能改善、质量提高。以有机材料为主的化学建材异军突起，一些具有特殊功能的建筑材料（如绝热材料、吸声隔声材料、耐火防火材料、防水抗渗材料、防爆防辐射材料等）应运而生，这些材料为房屋建筑提供了强有力的物质保障。

在现代建筑工程建设中，尽管传统的土、石等材料仍在基础工程中广泛应用，砖瓦、木材等传统材料在工程某方面应用也很普遍，但是这些传统建筑材料在建筑工程中的主导地位已被新型材料所取代。新型合金、陶瓷、玻璃、化学有机材料及其他人工合成材料、复合材料在建筑工程中已占有越来越重要的位置。

建筑材料的发展有以下几个趋势：

（1）在材料性能方面，要求轻质、高强、多功能和耐久。

（2）在产品形式方面，要求大型化、构件化、预制化和单元化。

（3）在生产工艺方面，要求采用新技术和新工艺，改造和淘汰陈旧设备和工艺，提高产品质量。

（4）在资源利用方面，既要研制和开发新材料，又要充分利用工农业废料和地方材料。

（5）在经济效益方面，要降低材料消耗和能源消耗，进一步提高劳动生产率和经济效益。

高性能建筑材料和绿色建筑材料是适应材料发展趋势的两类优秀的建筑材料。高性能建筑材料是指性能质量更加优异的，轻质、高强、多功能和更加耐久、更富装饰效果的材料；绿色建筑材料又称生态建筑材料或无公害建筑材料，它是指生产建筑材料的原料尽可能少用天然资源，大量使用工业废渣、废液，采用低能耗制造工艺和不污染环境的生产技术，原料配制和产品生产过程中不使用有害和有毒物质，产品设计以人为本，以改善生活环境、提高生活质量为宗旨，产品可循环再利用，不产生污染环境的废弃物。

进入21世纪后，随着人们环保意识的不断加强，无毒、无公害的绿色建材得到更广泛的应用，人类将用性能更优异的建筑材料来营造自己的"绿色家园"。绿色建材的生产和使用，可减少二氧化碳排放，有助于我国"双碳"目标的实现。

碳达峰与碳中和

四 建筑材料的技术标准

建筑材料的技术标准是材料生产单位和使用单位检验、确定材料质量是否合格的技术文件。生产单位必须严格按技术标准进行设计、生产，以确保生产出合格的产品；使用单位必须按技术标准选择、使用合格的材料，以确保工程质量；供需双方必须按技术标准进行材料的验收，以确保双方的合法权益。与建筑材料的生产和选用有关的标准主要有产品标准和工程建设标准。产品标准是保证建筑材料产品的适用性，对产品必须达到的要求所制定的标准，包括产品的规格、分类、技术要求、检验方法、验收规则、标志及运输和储存注意事项等；工程建设标准是对工程建设中的勘察、设计、施工、验收等需要协调统一的事项所制定的标准，其中结构设计规范、施工及验收规范等对材料的选择与使用作出了规定。

根据发布单位与适用范围，技术标准可分为国家标准、行业（或部）标准、地方标准和企业标准。

1. 国家标准

国家标准是指需要在全国范围内统一的技术要求，由国家标准化行政主管部门编制和发布的标准。国家标准具有指导性和权威性，其他各级标准不得与之相抵触。

2. 行业标准

行业标准是指没有国家标准而又需要在全国某个行业范围内统一技术要求所制定的标准，是对国家标准的补充，是专业性、技术性较强的标准。行业标准的制定不得与国家标准相抵触。

3. 地方标准

地方标准是指没有国家标准和行业标准而又需要在省、自治区、直辖市范围内统一技术要求所制定的标准。地方标准在本行政区域内适用，不得与国家标准和行业标准相抵触。

4. 企业标准

企业标准仅限于企业内部使用，一般是在没有国家标准和行业标准时，企业为了控制生产质量而制定的技术标准。

四类标准及代号见表 0-2。

四类标准及代号 表 0-2

标准种类	代号		表示方法
国家标准	GB	国家强制性标准	由标准名称、部门代号、标准编号、颁布年份等组成。 例如：《通用硅酸盐水泥》（GB 175—2007）、《建设用砂》（GB/T 14684—2022）、《普通混凝土配合比设计规程》（JGJ 55—2011）
	GB/T	国家推荐性标准	
行业标准	JC	建材行业标准	
	JG	建筑工业行业标准	
	YB	黑色冶金行业标准	
	JT	交通运输行业标准	
	SL	水利行业标准	
地方标准	DB	地方强制性标准	
	DB/T	地方推荐性标准	
企业标准	QB	适用于本企业	

技术标准按标准属性，即标准的强制效力又可分为强制性标准与推荐性标准。国家强制性标准是指在全国范围内所有该类产品的技术性质不得低于此标准的规定，强制性标准必须执行；国家推荐性标准是指国家鼓励采用的具有指导作用而又不宜强制执行的标准，如《建设用砂》（GB/T 14684—2022）是推荐性标准。

近年来，我国参与国际交流、合作日益频繁，常涉及一些与建筑材料关系密切的国际标准或外国标准，主要有：国际标准，代号为 ISO；美国材料试验学会标准，代号为 ASTM；日本工业标准，代号为 JIS；德国工业标准，代号为 DIN；英国标准，代号为 BS；法国标准，代号为 NF 等。

五　建筑材料检测人员的职业道德

1. 科学检测、公正公平

遵循科学求实原则开展检测工作，检测行为要公正公平，检测数据要真实可靠。

2. 程序规范、保质保量

严格按检测标准、规范、操作规程进行检测，检测资料齐全，检测结论规范，保证每一个检测工作过程的质量。

3. 遵章守纪、尽职尽责

遵守国家法律法规和单位规章制度，认真履行岗位职责，不在与检测工作相关的机构兼职。

4. 热情服务、维护权益

树立为社会服务意识，维护委托方的合法权益，对委托方提供的样品、文件和检测数据按规定严格保密。

5. 坚持原则、刚直清正

坚持真理，实事求是；不做假试验，不出假报告；敢于揭露、举报各种违法违规行为。

6. 顾全大局、团结协作

树立全局观念，团结协作，维护集体荣誉；谦虚谨慎，尊重同志，协调好各方面关系。

7. 勤奋工作、爱岗敬业

热爱检测工作，有强烈的事业心和高度的社会责任感，工作有条不紊，处事认真负责，恪尽职守，踏实勤恳。

8. 廉洁自律、杜绝舞弊

廉洁自律，自尊自爱；不参加可能影响检测公正的宴请和娱乐活动；不进行违规检测；不接受委托人的礼品、礼金；杜绝吃、拿、卡、要现象。

把好质量检测关

六　本课程的学习目标和学习要求

本课程是土建施工员、质量员、造价员、监理员等岗位的专业技术基础课，为后续的建筑构造、建筑结构、建筑施工、工程计量与计价等课程的学习提供必要的基础知识；同时该课程又是材料员、试验员岗位的主要专业课，为材料的管理、检测提供专业知识与专业技能。本课程的能力目标、知识目标和学习要求如下。

1. 能力目标

(1) 具有正确选择、合理使用材料的能力。

(2) 具有常用材料检测的能力。

(3) 具有分析和处理施工中由于建筑材料的质量问题导致工程质量与安全问题的能力。

(4) 初步具有分析材料的组成、结构、构造与其性能之间关系的能力。

2. 知识目标

(1) 掌握常用材料的主要品种、规格、技术要求、性能、应用、储存与保管等方面知识。

(2) 熟悉常用材料的检测方法。

(3) 了解某些典型材料的生产原理、原材料、组成、构造等。

3. 学习要求

建筑材料课程内容繁杂、涉及面广、需要学习和研究的内容范围很广，因此对其学习不应面面俱到，不能平均分配精力，而应重点地进行点、线、面相结合的学习。每种材料的学习都贯穿着一条主线，如图 0-3 所示。

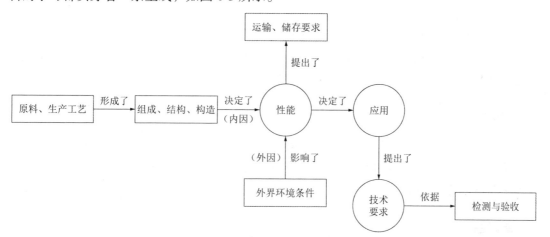

图 0-3　建筑材料各部分的联系框架图

建筑材料的性能与应用是学习的核心内容，而学习材料的生产、组成、结构和构造是为了更好地理解材料的性能和应用。例如学习某一种材料的性能时，不能只满足于知道材料具有哪些性能，有哪些表象，更重要的是知道该材料为什么会具有这样的性能。同时需明白一切材料的性能都不是固定不变的，在使用过程中，甚至在储存或运输过程中，它们的性能或多或少、或快或慢会发生变化，因此需注意外界因素对材料结构与性能的影响。

对同一类材料进行学习时，注意运用对比的方法，通过对比材料的组成和结构来掌握它们的性能和应用的不同。例如在学习通用硅酸盐水泥的性能时，首先对比分析各种水泥组成的相同点和不同点，进而分析各种水泥的共性和个性。

密切联系工程实际的试验课是本课程重要的教学内容。通过试验课的学习，可以使学生加深对理论知识的理解，掌握材料基本性能的试验检验和质量评定方法，提高学生实践动手的能力。做试验之前应认真预习，有条件的可观看试验操作录像片或动画。做试验时要严肃认真、一丝不苟地按程序操作，填写试验报告。要了解试验条件对试验结果的影响，并对试验结果作出正确的分析和判断。

第一章
建筑材料的基本性质

职业能力目标

通过对建筑材料基本性质的含义、衡量指标、计算式及影响因素的学习，学生应能理解材料的组成、结构和构造对材料性能的影响，并了解保温、隔声、防水等不同功能材料的评价指标；学生应初步具备判断材料性能优劣的能力，为后续章节学习、正确选择与合理使用材料奠定理论基础。

知识目标

掌握材料基本物理性质、基本力学性质及耐久性；掌握材料的组成、结构及构造对材料性质的影响；熟悉耐久性的含义、提高材料耐久性的措施；了解材料的制造、使用与环境保护相协调的重要性。

思政目标

将学生的成才比作建筑物的建筑材料。在介绍材料的强度、抗冻性、抗渗性、耐久性等性质时，引导学生认识到只有加强自身综合素质，提升自身的专业能力、适应能力、职业素养，才能真正成为国家栋梁之材，为民族复兴、国家富强、人民幸福贡献自己的力量。

建筑物是由各种建筑材料建造而成的。建筑材料在建筑物中承受不同的作用，如梁、板、柱等承重结构材料主要承受各种荷载作用；防水材料经常受到水的作用；隔热与防火材料会受到不同程度的高温作用；处在特殊环境下的工业建筑材料会受到酸、碱、盐等化学作用；植物类材料会受到昆虫、细菌等生物作用。另外，由于建筑物长期暴露在大气中，还会经常受到风吹、日晒、雨淋、冰冻等引起的热胀冷缩、干湿变化及冻融循环作用。建筑材料的基本性质就是建筑材料抵抗不同因素作用的能力体现。

建筑材料的性质是多方面的，而不同材料又各具其特殊性。本章仅就建筑材料共有的基本性质（如物理性质、力学性质、耐久性等）进行介绍，每种材料的特殊性能，将分别在后续相关章节进行介绍。

第一节 材料的基本物理性质

材料的基本物理性质包括与质量有关的物理性质、与水有关的物理性质及与热有关的物理性质。

一、与质量有关的物理性质

(一) 密度

密度是指材料在绝对密实状态下单位体积的质量,计算式为:

$$\rho = \frac{m}{V} \tag{1-1}$$

式中：ρ——密度（g/cm³）；

m——材料在干燥状态下的质量（g）；

V——材料在绝对密实状态下的体积（cm³）。

材料在绝对密实状态下的体积是指不包括材料孔隙在内的固体体积。在自然界和现实工程中绝对密实状态的材料是不存在的,除了钢材、玻璃等极少数材料可认为不含孔隙外,绝大多数材料内部都存在孔隙。材料的总体积 V_0 包括固体物质体积 V 与孔隙体积 V_P 两部分,如图 1-1 所示。孔隙按常温、常压下水能否进入分为开口孔隙（体积为 V_K）和闭口孔隙（体积为 V_B）。开口孔隙是指在常温、常压下水可以进入的孔隙；闭口孔隙是指在常温、常压下水不能进入的孔隙。

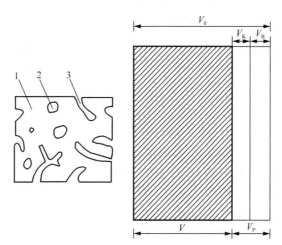

图 1-1 固体材料的体积构成示意图
1-固体物质；2-闭口孔隙；3-开口孔隙

上述几种体积关系可表示为：

$$V_0 = V + V_P = V + (V_K + V_B) \tag{1-2}$$

材料的密度测定,关键是测出其密实体积。体积测定时分为以下几种情况。

1. 绝对密实体积（玻璃、钢、铸铁等）

对于外形规则的材料，可测量其几何尺寸来计算其绝对密实体积；对于外形不规则的材料，可用排水（液）法测定其绝对密实体积。

2. 多孔材料（砖、砌块等）

将材料磨成细粉（粒径小于 0.2mm）以去除其内部孔隙，干燥后用李氏瓶（密度瓶）通过排水（液）法测定其密实体积。材料磨得越细，细粉体积越接近其密实体积，所得密度值也就越精确。

玻璃与黏土砖

3. 粉状材料（水泥、石膏粉等）

用李氏瓶测定其绝对密实体积。

4. 近似密实的材料（砂、石子等）

对于砂、石等散粒状材料，常采用排水（液）法测定其体积（包括固体颗粒体积和颗粒内部闭口孔隙体积），该体积对应的密度称为表观密度（视密度）。

（二）表观密度

表观密度是指材料在自然状态下（不含开口孔隙）单位体积的质量，计算式为：

$$\rho_0 = \frac{m}{V'} = \frac{m}{V + V_B} \tag{1-3}$$

式中：ρ_0——材料的表观密度（kg/m^3 或 g/m^3）；

V'——材料的表观体积（m^3 或 cm^3），$V' = V + V_B$，可用排水（液）法测定。

当材料孔隙内含有水分时，其质量和体积均有所变化，因此测定材料表观密度时，必须注明其含水状态，如绝干（烘干至恒重）、风干（长期在空气中干燥）、含水（未饱和）、吸水饱和等，相应的表观密度称为干表观密度、气干表观密度、湿表观密度、饱和表观密度。通常所说的表观密度是指干表观密度。

（三）毛体积密度

毛体积密度是指材料在自然状态下（含所有孔隙）单位体积的质量，计算式为：

$$\rho_v = \frac{m}{V_0} = \frac{m}{V + V_K + V_B} \tag{1-4}$$

式中：ρ_v——材料的毛体积密度（kg/m^3 或 g/m^3）；

V_0——材料在自然状态下的体积（m^3 或 cm^3），$V_0 = V + V_K + V_B$。

对于形状规则的材料，可直接量测其外观尺寸；对于形状不规则的材料，须在材料表面涂蜡后（封闭开口孔隙）用排水（液）法测定。

（四）堆积密度

堆积密度是指粉状、散粒状材料在自然堆积状态下单位体积的质量，计算式为：

$$\rho_0' = \frac{m}{V_0'} = \frac{m}{V + V_K + V_B + V_j} \tag{1-5}$$

式中：ρ_0'——材料的堆积密度（kg/m^3）；

V'_0——材料的堆积体积（m³），为材料自然状态下的颗粒体积与颗粒之间的空隙体积之和，$V'_0 = V + V_K + V_B + V_j$，如图1-2所示；

V_j——材料颗粒之间的空隙体积（m³）；

其他符号意义同前。

在材料开口孔隙很小甚至可忽略不计时，其毛体积密度可视为表观密度。

砂、石等散粒状材料的堆积体积，可通过在规定条件下填充容量筒容积来求得，材料堆积密度大小取决于散粒材料的表观密度、含水率以及堆积的疏密程度。在自然堆积状态下对应的堆积密度称为松散堆积密度，在振实、压实时对应的堆积密度称为紧密堆积密度。

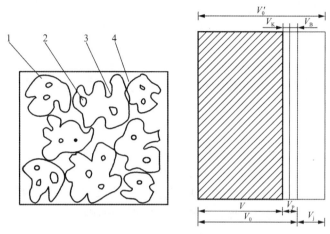

图1-2 散粒材料的堆积体积示意图

1-颗粒中固体物质；2-颗粒中的闭口孔隙；3-颗粒中的开口孔隙；4-颗粒间空隙

常见建筑材料密度、表观密度和堆积密度数值见表1-1。在实际工程中，常依据材料的表观密度值，推算材料用量、计算构件自重、确定运输荷载和材料堆放空间等。

常用建筑材料密度、表观密度和堆积密度数值　　表1-1

材料名称	密度（g/cm³）	表观密度（kg/m³）	堆积密度（kg/m³）
硅酸盐水泥	3.05～3.15	—	1200～1250
普通水泥	3.05～3.15	—	1200～1250
火山灰水泥	2.85～3.0	—	850～1150
矿渣水泥	2.85～3.0	—	1100～1300
钢材	7.85	7850	
花岗岩	2.6～2.9	2500～2850	—
石灰岩	2.4～2.6	2000～2600	—
普通玻璃	2.5～2.6	2500～2600	—
烧结普通砖	2.5～2.7	1500～1800	—
建筑陶瓷	2.5～2.7	1800～2500	—
普通混凝土	2.6～2.8	2300～2500	—
普通砂	2.6～2.8	—	1450～1700
碎石或卵石	2.6～2.9	—	1400～1700
木材	1.55	400～800	—
泡沫塑料	1.0～2.6	20～50	

(五)密实度与孔隙率

1. 密实度

密实度是指材料自然体积内,被固体物质所充实的程度,即固体物质体积占总体积的比例,以 D 表示,计算式为:

$$D = \frac{V}{V_0} \times 100\% = \frac{\frac{m}{\rho}}{\frac{m}{\rho_v}} \times 100\% = \frac{\rho_v}{\rho} \times 100\% \quad (1-6)$$

式中:D——材料的密实度。

对于绝对密实材料,因 $\rho_v = \rho$,故 $D = 1$ 或 100%;对于大多数建筑材料,因 $\rho_v < \rho$,故 $D < 1$ 或 $D < 100\%$。

2. 孔隙率

孔隙率是指材料体积内,孔隙体积占总体积的百分率,计算式为:

$$P = \frac{V_0 - V}{V_0} = 1 - \frac{V}{V_0} = 1 - \frac{\rho_v}{\rho} = 1 - D \quad (1-7)$$

由上式可见:

$$P + D = 1 \quad (1-8)$$

孔隙率由开口孔隙率和闭口孔隙率两部分组成。开口孔隙率指材料内部开口孔隙体积与材料在自然状态下体积的百分比,即被水饱和的孔隙体积所占的百分率,计算式为:

$$P_K = \frac{V_K}{V_0} = \frac{m_2 - m_1}{V_0} \cdot \frac{1}{\rho_w} \times 100\% \quad (1-9)$$

式中:P_K——材料的开口孔隙率;
m_1——干燥状态下材料的质量(g);
m_2——吸水饱和状态下材料的质量(g);
ρ_w——4℃时水的密度(g/cm³),取 1g/cm³。

闭口孔隙率指材料总孔隙率与开口孔隙率之差,计算式为:

$$P_B = P - P_K \quad (1-10)$$

材料的密实度和孔隙率是从两个不同侧面反映材料密实程度的指标。

建筑材料的许多性质都与材料的孔隙有关。这些性质除取决于孔隙率的大小外,还与孔隙的特征密切相关,如大小、形状、分布、连通与否等。通常开口孔隙能提高材料的吸水性、吸声性、透水性、降低抗冻性、抗渗性;而闭口孔隙能提高材料的保温隔热性、抗渗性、抗冻性及抗侵蚀性。

提高材料的密实度,改变材料孔隙特征可以改善材料的性能。如提高混凝土的密实度可以达到提高混凝土强度的目的;加入引气剂增加一定数量的闭口孔隙,可改善混凝土的抗渗性能及抗冻性能。

材料的结构与构造

(六)填充率与空隙率

1. 填充率

填充率是指散粒材料在其堆积体积中,被其颗粒填充的程度,以 D' 表示,计算式为:

$$D' = \frac{V_0}{V_0'} \times 100\% = \frac{\rho_0'}{\rho_v} \times 100\% \tag{1-11}$$

2. 空隙率

空隙率是指散粒材料在堆积状态下，颗粒之间空隙体积占材料堆积体积的百分率，以 P' 表示，计算式为：

$$P' = \frac{V_0' - V_0}{V_0'} \times 100\% = 1 - \frac{\rho_0'}{\rho_v} = 1 - D' \tag{1-12}$$

即：$D' + P' = 1$

填充率和空隙率从两个不同侧面反映散粒材料间互相填充的疏密程度。

【例 1-1】 某一块状材料，完全干燥时的质量为 120g，自然状态下（开口孔隙很小可忽略）的体积为 50cm³，绝对密实状态下的体积为 30cm³，试计算：

（1）材料的密度、表观密度和孔隙率；

（2）若体积受到压缩，其表观密度为 3.0g/cm³，其孔隙率减少多少？

【解】

（1）密度：$\rho = \frac{m}{V} = \frac{120}{30} = 4.0 \text{g/cm}^3$

表观密度：$\rho_0 = \frac{m}{V'} = \frac{m}{V_0} = \frac{120}{50} = 2.4 \text{g/cm}^3$

孔隙率：$P = 1 - \frac{\rho_v}{\rho} = 1 - \frac{\rho_0}{\rho} = 1 - \frac{2.4}{4.0} = 40\%$

（2）压缩后孔隙率：$P = 1 - \frac{\rho_0}{\rho} = 1 - \frac{3.0}{4.0} = 25\%$

孔隙率减少：$40\% - 25\% = 15\%$

【拓展题 1-1】 容积为 10L，质量为 3.4kg 的量筒装满绝对干燥的石子后称得质量为 18.4kg，向量筒内注水，待石子吸水饱和后，此筒共注入水 4.27kg，将上述吸水饱和后的石子擦干表面后称得总质量为 18.6kg（含筒重）。求该石子的表观密度、毛体积密度、堆积密度及开口孔隙率。

【解】

由题可知，石子干质量：$m = 18.4 - 3.4 = 15.0 \text{kg}$

在装满石子的 10L 量筒中，共注入 4.27kg 水，即：$V_K + V_j = 4.27 \text{L}$

开口孔隙体积：$V_K = 18.6 - 18.4 = 0.2 \text{L}$

表观密度对应体积：$V' = V + V_B = 10 - 4.27 = 5.73 \text{L}$

毛体积密度对应体积：$V_0 = V + V_B + V_K = 5.73 + 0.2 = 5.93 \text{L}$

表观密度：$\rho_0 = \frac{m}{V'} = \frac{15}{5.73} = 2.62 \text{g/cm}^3$

毛体积密度：$\rho_v = \frac{m}{V_0} = \frac{15}{5.93} = 2.53 \text{g/cm}^3$

开口孔隙率：$P_K = \frac{0.2}{5.93} \times 100\% = 3.37\%$

堆积密度：$\rho_0' = \frac{m}{V_0'} = \frac{15}{10} = 1.5 \text{g/cm}^3$

二 与水有关的物理性质

（一）亲水性与憎水性

不同材料遇水后和水的互相作用情况是不一样的。根据表面被水润湿的情况，材料可分为亲水性材料和憎水性材料。

润湿是水在材料表面被吸附的过程，它与材料自身的性质有关。当材料在空气中与水接触时，在材料、水、空气三相交点处，沿水滴表面作切线与材料表面所夹的角，称为润湿角θ。若材料分子与水分子之间的相互作用力大于水分子之间的作用力，材料表面就会被水润湿，此时$\theta \leqslant 90°$［图1-3a）］，这种材料称为亲水性材料。反之，若材料分子与水分子之间的相互作用力小于水分子之间的作用力，则表示材料不能被水润湿，此时$90° < \theta < 180°$［图1-3b）］，这种材料称为憎水性材料。显然，θ越小，材料的亲水性越好，$\theta = 0°$时表明材料完全被水润湿。

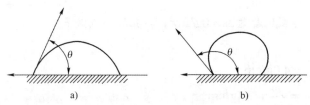

图1-3 材料的润湿角
a) 亲水性材料；b) 憎水性材料

材料的四种
含水状态

多数建筑材料，如石料、砖、混凝土、木材等都属于亲水性材料。沥青、石蜡、塑料等属于憎水性材料，这类材料能阻止水分渗入材料内部降低材料吸水性。因此，憎水性材料经常作为防水、防潮材料或用作亲水性材料表面的憎水处理。

（二）吸水性

吸水性是指材料从全干状态到饱和面干状态吸收水分的能力，吸水性大小用吸水率表示。吸水率有质量吸水率和体积吸水率之分。

质量吸水率：材料在饱水状态下，吸收水分的质量占材料干燥质量的百分率，计算式为：

$$W_{\mathrm{m}} = \frac{m_1 - m}{m} \times 100\% \tag{1-13}$$

式中：W_{m}——材料的质量吸水率；
m_1——材料吸水饱和后的质量（g）；
m——材料在干燥状态下的质量（g）。

体积吸水率：材料吸水饱和后，吸入水的体积占干燥材料自然体积的百分率，计算式为：

$$W_{\mathrm{v}} = \frac{m_1 - m}{V_{\mathrm{v}}} \times \frac{1}{\rho_{\mathrm{w}}} \times 100\% \tag{1-14}$$

式中：W_{v}——材料的体积吸水率；

ρ_w——4℃时水的密度；

V_v——干燥材料在自然状态下的体积（cm³）；

m_1、m的意义同式(1-13)。

由式(1-13)和式(1-14)可知，质量吸水率与体积吸水率的关系为：

$$W_v = W_m \cdot \rho_0 \tag{1-15}$$

计算材料吸水率时，一般用W_m，但对于某些轻质多孔材料，如加气混凝土、软木等，由于具有很多开口且微小的孔隙，其质量吸水率往往超过100%，此时常用体积吸水率来表示其吸水性。如无特别说明，吸水率通常指质量吸水率。

材料吸水率不仅与材料的亲水性、憎水性有关，而且与材料的孔隙率和孔隙构造特征有密切的关系。一般来说，密实材料或具有闭口孔隙的材料是不吸水的；具有粗大孔隙的材料因其水分不易存留，吸水率一般小于孔隙率；孔隙率较大且有细小开口连通孔隙的亲水材料，吸水率较大。

材料吸收水分后，不仅表观密度增大、强度降低、保温、隔热性能降低，且更易受冰冻破坏，因此，材料吸水后对材质是不利的。

【例1-2】 烧结普通砖的尺寸为240mm×115mm×53mm，孔隙率为37%，干燥质量为2487g，浸水饱和后质量为2984g。求该砖的密度、干表观密度、质量吸水率。

【解】

密度：$\rho = \dfrac{m}{V} = \dfrac{2487}{24 \times 11.5 \times 5.3 \times (1-37\%)} = 2.70 \text{g/cm}^3$

干表观密度：$\rho_0 = \dfrac{m}{V_0} = \dfrac{2.487}{0.24 \times 0.115 \times 0.053} = 1700 \text{kg/m}^3$

吸水率：$W_质 = \dfrac{m_饱 - m_干}{m_干} \times 100\% = \dfrac{2984-2487}{2487} = 20\%$

（三）吸湿性

吸湿性是指材料在潮湿空气中吸收水分的性质，吸湿性大小可用含水率表示。吸湿性具有可逆性，材料既可吸收潮湿空气中的水分，又可在较为干燥的空气中释放水分。其计算式为：

$$W_h = \dfrac{m_h - m_g}{m_g} \times 100\% \tag{1-16}$$

式中：W_h——材料的含水率；

m_h——材料含水时的质量（g）；

m_g——材料干燥至恒重时的质量（g）。

材料含水率的大小，除了与本身的性质（如孔隙大小及构造）有关，还与周围空气的湿度有关。当空气湿度在较长时间内稳定时，材料的吸湿和干燥过程处于平衡状态，此时的含水率称为平衡含水率。当材料处于某一湿度稳定的环境中时，材料的含水率只与其本身性质有关，一般亲水性较强的，或含有开口孔隙较多的材料，其平衡含水率就较高；材料吸水达到饱和状态时的含水率即为吸水率。

由式(1-16)可得：

$$m_h = m_g \times (1 + W_h) \tag{1-17}$$

$$m_g = \frac{m_h}{1 + W_h} \tag{1-18}$$

式(1-17)是根据干质量计算材料湿质量的公式，式(1-18)是根据湿质量计算材料干质量的公式，均为材料用量计算中常用的两个公式。

（四）耐水性

材料长期处于饱和水作用下不破坏，其强度也不显著降低的性质，称为耐水性。材料的耐水性主要取决于其化学成分在水中的溶解度及材料内部开口孔隙率的大小。不同类别的材料，其耐水性有不同的表示方法。对于工程结构材料，耐水性主要指材料强度变化；对装饰工程材料，耐水性主要反映在颜色变化、表面起泡、起层等方面。结构材料的耐水性用软化系数来表示，计算式为：

$$K_{软} = \frac{f_{饱}}{f_{干}} \tag{1-19}$$

式中：$K_{软}$——软化系数；

　　　$f_{饱}$——材料在饱水状态下的强度（MPa）；

　　　$f_{干}$——材料在干燥状态下的强度（MPa）。

软化系数反映了材料处于饱水状态下强度降低的程度。水分侵入材料内部毛细孔，减弱了材料内部的结合力，其强度有不同程度的降低；当材料内含有可溶性物质时，如石膏、石灰等，水分会使其组成部分的物质发生溶蚀，造成强度的严重降低。

各种不同建筑材料的耐水性差别很大，软化系数的波动范围为0~1。通常将软化系数大于0.85的材料看作是耐水的。用于严重受水侵蚀或潮湿环境的材料，其软化系数应不低于0.85；用于受潮较轻的或次要结构物的材料，其软化系数不宜小于0.7。

（五）抗渗性

抗渗性指材料抵抗压力水渗透的性质。当材料两侧存在一定的水压时，水会从压力较高的一侧通过材料内部的孔隙及缺陷，向压力较低的一侧渗透。材料的抗渗性可以用渗透系数来表示，计算式为：

$$k = \frac{Qd}{AtH} \tag{1-20}$$

式中：k——渗透系数（cm/h）；

　　　Q——渗水量（cm³）；

　　　d——试件厚度（cm）；

　　　A——渗水面积（cm²）；

　　　t——渗水时间（h）；

　　　H——静水压力水头（cm）。

渗透系数k的物理意义：一定厚度的材料，在一定水压力下，在单位时间内透过单位面积的渗透水量。k 值越大，材料的抗渗性越差。

抗渗性的另一种表示方法是抗渗等级，用 PN 来表达。其中，N 表示试件所能承受的最大水压力的 10 倍，如 P4、P6、P8 分别表示材料能承受 0.4MPa、0.6MPa、0.8MPa 的水压而不透水。混凝土、砂浆等材料的抗渗性常以抗渗等级来表示。

材料的抗渗性与材料的孔隙率、孔隙特征及材料的亲水性或憎水性等因素有关。通常，具有较大孔隙且有连通的毛细孔的亲水性材料往往抗渗性较差；密实的材料及具有闭口微细小孔的材料，抗渗性较好。

对于地下建筑及水工构筑物、压力管道等经常受压力水作用的工程所需的材料及防水材料等都应具有良好的抗渗性。

（六）抗冻性

抗冻性是指材料在吸水饱和状态下，经过多次冻融循环作用而不被破坏，强度也不显著降低的性质。

材料的抗冻性常用抗冻等级来表示。例如，混凝土材料用 FN 表示其抗冻等级。其中，F 表示混凝土抗冻等级符号，N 表示试件经受冻融循环试验后，强度损失不超过 25%，质量损失不超过 5% 所对应的最大冻融循环次数，如 F25、F50、F75、F100 等。

材料经受多次冻融循环后，表面将出现裂纹、剥落等现象，造成质量损失，强度降低。一方面是由于材料孔隙中的饱和水结冰时体积增大约 9%，对孔壁造成较大的冰胀应力，冰融化时压力又骤然消失，反复的冻融循环使材料的冻融交界层产生明显的压力差，致使孔壁受损；另一方面，在冻结和融化过程中，材料内外的温度应力会导致内部微裂缝的产生或加速微裂缝的扩展。

材料的抗冻性取决于材料的吸水饱和程度、孔隙特征以及材料的强度。一般说来，在相同的冻融条件下，材料含水率越大，材料强度越低及材料中含有开口的毛细孔越多，受到冻融循环的损伤就越大；反之，密实的材料、具有闭口孔隙且强度较高的材料，有较强的抗冻能力。我国北方地区一些海港码头潮涨潮落部位的混凝土，每年要受数十次冻融循环，在结构设计和材料选用时，必须考虑材料的抗冻性。

抗冻性虽是衡量材料抵抗冻融循环作用的能力，但经常作为无机非金属材料抵抗大气物理作用的一种耐久性指标。抗冻性良好的材料，对于抵抗温度变化、干湿交替等风化作用的能力也强。所以，对于温暖地区的建筑物，虽无冰冻作用，但为抵抗大气的作用，确保建筑物耐久，对材料往往也提出一定的抗冻性要求。

三 与热有关的物理性质

在建筑物中，建筑材料除需满足强度、耐久性等要求外，还需使室内维持一定的温度，为人们的工作和生活创造一个舒适的环境，同时降低建筑物的使用能耗。因此，在选用围护结构材料时，要求建筑材料具有一定的热工性质。围护结构指建筑物及房间各面的围挡物，按是否同室外空气直接接触及在建筑物中的位置，可分为外围护结构和内围护结构。

与室外空气直接接触的围护结构，如外墙、屋顶、外门、外窗等为外围护结构；不与室外空气直接接触的，如隔墙、楼板、内门、内窗等为内围护结构。

（一）导热性

当材料两侧存在温度差时，热量从高温侧向低温侧传导的能力，称为材料的导热性。导热性大小可以用导热系数λ表示，如图1-4所示，计算式为：

$$\lambda = \frac{Qd}{A(T_1 - T_2) \cdot t} \tag{1-21}$$

式中：λ——导热系数[W/(m·K)]；
Q——传导的热量（J）；
d——材料的厚度（m）；
A——传热面积（m²）；
$T_1 - T_2$——材料两侧的温度差（K）；
t——传热时间（s）。

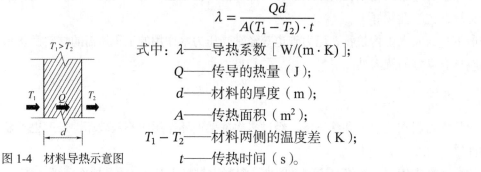

图1-4　材料导热示意图

导热系数的物理意义：单位厚度的材料，当两侧温差为1K时，在单位时间内通过单位面积的热量。导热系数是评定建筑材料保温隔热性能的重要指标，导热系数越小，材料的保温隔热性能越好。各种材料的导热系数差别很大，工程中通常把$\lambda < 0.23$W/(m·K)的材料称为绝热材料。

影响材料导热系数的主要因素有以下几种。

1. 材料的化学组成与结构

导热是材料分子热运动的结果，因此，材料的组成与结构是影响导热性的决定因素。通常金属材料、无机材料、晶体材料的导热系数分别大于非金属材料、有机材料、非晶体材料。

2. 材料的表观密度、孔隙率大小、孔隙特征

绝大多数材料是由固体和气体两部分组成。由于密闭空气的导热系数很小[在静态0℃时空气的导热系数为0.023W/(m·K)]，因此孔隙率大小对材料的导热系数起着非常重要的作用。一般情况下，材料的孔隙率越大，其导热系数就越小（粗大而贯通的孔隙除外）。

孔隙特征对材料的导热性有较大的影响。闭口孔隙数量增多，材料的导热性降低，即保温隔热性能提高；开口孔隙数量增多，由于出现空气间的对流传热，材料的导热性增强，保温隔热能力降低。

3. 环境的温度和湿度

受气候、施工等环境因素的影响，材料受潮、受冻，将会增大材料的导热系数，其原因是水的导热系数[$\lambda_水 = 0.58$W/(m·K)]和冰的导热系数[$\lambda_冰 = 2.33$W/(m·K)]都远大于空气的导热系数。因此，保温材料在其设计、储存、运输、施工过程中应特别注意保持干燥状态，以充分发挥其保温效果。

另外，除金属外，大多数材料的导热系数随温度升高而增大。

与材料导热能力大小相关的另一个指标是热阻（R），表示材料阻抗热传导能力大小的物理量，单位为(m²·K)/W，计算式为：

$$R = \frac{d}{\lambda} \tag{1-22}$$

式中：d——材料的厚度（m）；

λ——导热系数[W/(m·K)]。

导热系数和热阻均是评定材料导热能力的重要指标，材料导热系数越小或热阻越大，其保温隔热效果及节能效果越好。

（二）比热容和热容量

材料在受热时吸收热量、冷却时放出热量的性质称为材料的热容量。

质量一定的材料，温度发生变化，则材料吸收（或放出）的热量与质量、温差成正比，计算式为：

$$Q = cm(T_2 - T_1) \tag{1-23}$$

式中：Q——材料吸收或放出的热量（J）；

c——材料比热容[J/(g·K)]；

m——材料质量（g）；

$T_2 - T_1$——材料受热或冷却前后的温差（K）。

比热容c表示 1g 材料温度升高或降低 1K 时吸收或放出的热量，比热容与材料质量的乘积为材料的热容量值。由式(1-23)可看出，吸收热量一定的情况下，热容量值越大，温差越小。作为墙体、屋面等围护结构材料，应采用导热系数小、热容量值大的材料，这对于维护室内温度稳定、减少热损失、节约能源起着重要的作用。几种典型材料的热工性质指标见表 1-2。

几种典型材料的热工性质指标　　　　表 1-2

材料	导热系数 W/(m·K)	比热容 J/(g·K)	材料	导热系数 W/(m·K)	比热容 J/(g·K)
铜	370	0.38	矿棉、岩棉	0.05	1.22
钢	58	0.46	水	0.58	4.20
花岗岩	3.49	0.92	冰	2.20	2.05
普通混凝土	1.80	0.88	密闭空气	0.023	1.00
灰砂砖	1.10	1.06	石膏板	0.30	1.10
松木顺纹	0.35	2.50	胶合板	0.17	2.51
松木横纹	0.17		加气混凝土砌块	0.20	1.78
平板玻璃	0.76	0.84	混合砂浆	0.87	1.05

（三）材料的温度变形性

材料的温度变形性是指材料在温度升高或降低时材料体积变化的特性。多数材料在温度升高时体积膨胀，温度降低时体积收缩。这种变化表现在单向尺寸时，为线膨胀或线收缩，相应的表征参数为线膨胀系数。

在温度变化时材料的线膨胀量或线收缩量可用下式计算：

$$\Delta L = (T_2 - T_1)\alpha L \tag{1-24}$$

式中：ΔL——线膨胀量或线收缩量（mm 或 cm）；

$T_2 - T_1$——温度变化时的温度差（K）；

α——平均线膨胀系数（1/K）；

L——材料的原始长度（mm 或 cm）。

材料的线膨胀系数与材料的组成和结构有关，在工程中常选择适当的材料来满足工程对温度变形的要求。温度伸缩缝是为消除或降低材料热变形性所设置的特殊工程构造，如图 1-5 所示。

图 1-5　建筑物温度伸缩缝

【工程实例 1-1】

【现　　象】　带有 10cm 厚普通保温材料绝热层的冷藏柜，可用容积为 330L。若用聚氨酯泡沫作绝热层，其厚度可降低到 5.5cm，可用容积增加到 450L，增加 35%。

【原因分析】　硬质聚氨酯泡沫塑料是一种保温性能良好的材料，固相所占体积仅为 5% 左右，闭孔中的气体导热系数极小。聚氨酯材料的导热系数低于普通保温材料。与普通保温材料相比，达到同样的保温效果，绝热层厚度可降低 30%～80%，增加容积 20%～50%。为了便于比较，将相同环境条件下常用保温材料的导热系数和达到同样保温效果时所需绝热材料厚度列于表 1-3。

常用保温材料导热系数及保温层厚度　　　　表 1-3

序号	材料名称	导热系数 [W/(m·K)]	保温层厚度（mm）
1	硬质聚氨酯泡沫	0.020	25
2	聚苯乙烯	0.035	40
3	矿岩棉	0.040	45
4	轻软木	0.050	45

续上表

序号	材料名称	导热系数 [W/(m·K)]	保温层厚度（mm）
5	纤维板	0.050	45
6	膨胀硅酸盐	0.050	45
7	混凝土块	0.050	45
8	软木	0.050	45
9	普通砖	0.050	45

【工程实例 1-2】 木材的干湿变化引起木材的变形

【现　　象】 不少住宅的木地板使用一段时间后出现接缝不严现象，也有一些木地板出现起拱现象。请分析原因。

【原因分析】 木地板出现接缝不严现象的原因是木地板湿胀干缩。若铺设时木板的含水率过大，高于平衡含水率，则日后特别是干燥的季节，水分减少、干缩明显，就会出现接缝不严现象。若原来木材含水率过低，木材吸水后膨胀，就出现起拱现象。

【工程实例 1-3】 改善孔的结构，提高材料的抗渗性

【现　　象】 提高混凝土的抗渗性能的措施之一是在混凝土搅拌过程中掺入引气剂。

【原因分析】 通常我们认为材料的孔隙率越大，材料的抗渗性越差。事实上，改变孔的构造，增大孔隙率，可提高混凝土的抗渗性。在混凝土搅拌过程中掺入引气剂，可在混凝土中形成大量均匀分布且稳定而封闭的气泡。由于是封闭气泡，气泡可堵塞或隔断混凝土中的毛细管渗水通道，反而提高了材料的抗渗性。

【工程实例 1-4】 材料受潮保温性能降低，受冻后保温性能降低严重

【现　　象】 新建房屋的墙体相对干燥墙体保温性能差，尤其是冬季，差异更明显。

【原因分析】 干燥墙体由于墙体材料的孔隙充满干燥空气，而空气导热系数很小，所以干燥墙体保温性能较好。如果材料受潮，墙体材料的孔隙中含有水，水的导热系数大约是干燥空气导热系数的 25 倍，因此墙体的保温效果降低；如果受潮的墙体再受冻，意味着孔隙中的水变成冰，冰的导热系数大约是干燥空气导热系数的 100 倍，因此墙体的保温效果更差。

第二节　材料的力学性质

材料的力学性质是指材料在外力作用下抵抗破坏及变形的性质。

一　强度

（一）强度分类

材料强度分为理论强度和实际强度。理论强度是指材料在理想状态下的强度，取决于

组成材料各质点间的结合力,无缺陷理想化固体材料的理论强度值很高,但由于实际材料内部存在大量缺陷(如孔隙、微裂缝等),使得材料的实际强度与理论强度有非常大的差异。

工程中所说的强度即材料的实际强度,是指材料在外力(荷载)作用下抵抗破坏的能力。当材料受到外力作用时,在材料内部相应地产生应力,且应力随外力的增大而增大,当应力超过材料内部质点所能抵抗的极限时,材料就发生破坏,此时的极限应力值即材料强度,也称极限强度。

根据外力作用方式的不同,材料强度可分为抗压强度、抗拉强度、抗剪强度、抗折(抗弯)强度等。各种强度均以材料受外力破坏时单位面积上所承受的力的大小来表示,如图1-6所示。

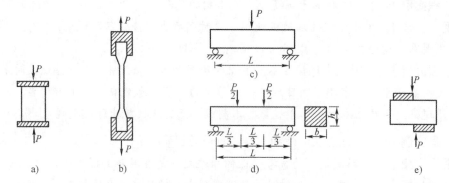

图1-6 材料所受外力示意图

a) 抗压强度;b) 抗拉强度;c)、d) 抗弯强度;e) 抗剪强度

材料的抗压、抗拉、抗剪强度的计算式为:

$$f = \frac{P}{A} \tag{1-25}$$

式中:f——材料的强度(MPa 或 N/mm^2);
P——材料破坏时的最大荷载(N);
A——试件的受力面积(mm^2)。

材料的抗弯强度(或抗折强度)与试件受力情况、截面形状及支承条件有关,一般试验方法是将矩形截面的条形试件放在两支点上,中间作用一集中荷载[图1-6c],则抗弯强度计算式为:

$$f_{弯} = \frac{3PL}{2bh^2} \tag{1-26}$$

当在三分点上加两个集中荷载[图1-6d],则抗弯强度计算式为:

$$f_{弯} = \frac{PL}{bh^2} \tag{1-27}$$

式中:$f_{弯}$——抗弯强度(MPa);
P——弯曲破坏时的最大集中荷载(N);
L——两支点间距离(mm);
b、h——试件截面的宽与高(mm)。

材料的强度值与材料的组成、结构等内在因素有关，也与外界条件的影响有关。具体表现在以下几个方面。

1）内在因素

不同种类的材料由于其组成、结构不同，其强度差异很大。例如，岩石、混凝土、砂浆等都具有较高的抗压强度，因此多用于建筑物的基础和墙体受压部位；木材具有较高的抗拉强度，多用于承受拉力的部位；钢材同时具有较高的抗压强度和抗拉强度，因此适用于各种受力构件。

同一种材料，其强度随孔隙率、孔隙构造不同有很大差异。一般来说，同种材料的孔隙率越大，强度越低。

2）试验条件

试验条件不同，材料强度测定值就不同。例如，试件的制作方法，试件的形状和尺寸，试件的表面状况，试验时加荷速度，试验环境的温度、湿度以及试验数据的取舍等，均在不同程度上影响所得数据的代表性和准确性。通常试件尺寸越大，测得的强度值越小；试件表面凹凸不平，产生了应力集中，测得的强度值偏低；加荷速度越快，测得的强度值越大；材料含有水分时，其强度比干燥时低；温度升高时，一般材料的强度将有所降低，沥青混凝土尤为明显。

材料的强度实际上只是在特定条件下测定的强度值，为了使试验结果比较准确而且具有相互比较的意义，每个试验均有统一规定的标准试验方法。在测定材料强度时，必须严格按照国家规定的标准试验方法进行。

材料试验方法标准举例

（二）强度等级

建筑材料常根据其强度值，划分为若干个等级，即强度等级。脆性材料如石材、混凝土、砖等主要以抗压强度来划分等级；塑性材料如钢材、沥青等主要以抗拉强度来划分等级。强度值与强度等级不能混淆，强度值是表示材料力学性质的指标，强度等级是根据强度值划分的级别。

建筑材料按强度划分为若干个强度等级，对生产者和使用者均有重要的意义。它可使生产者在生产中控制产品质量时有依据，从而确保产品的质量；对使用者而言，则有利于掌握材料的性能指标，便于合理选用材料、正确进行设计和控制工程施工质量。

（三）比强度

对不同强度的材料进行比较，可采用比强度这个指标。比强度等于材料的强度与其表观密度之比（f/ρ_0），是衡量材料轻质高强特性的指标。结构材料在建筑工程中主要承受结构荷载，对多数结构物来说，相当一部分的承载能力用于抵抗本身或其上部结构材料的自重荷载，只有剩余部分的承载能力才能用于抵抗外部荷载。为此，提高材料的承载力，不仅应提高材料的强度，还应设法减轻其本身的自重，即应提高材料的比强度。

比强度越大，则材料的轻质高强性能越好。选择比强度大的材料对增加建筑物的高度、减轻结构自重、降低工程造价具有重大意义。表1-4列出了几种主要材料的比强度值。

几种主要材料的比强度值　　　　　　　　表1-4

材料（受力状态）	表观密度（kg/m³）	强度（MPa）	比强度
普通混凝土（抗压）	2400	40	0.017
低碳钢	7850	420	0.054
松木（顺纹抗拉）	500	100	0.200
烧结普通砖（抗压）	1700	10	0.006
玻璃钢（抗弯）	2000	450	0.225
铝合金	2800	450	0.160
石灰岩（抗压）	2500	140	0.056

三、弹性和塑性

材料在外力作用下产生变形，外力撤掉后变形能完全恢复的性质，称为弹性。相应的变形称为弹性变形（或瞬时变形），如图1-7a）所示。

在一范围内，弹性变形的大小与其所受外力大小成正比，为一常数。该常数称为材料的弹性模量，用符号 E 表示，计算式为：

$$E = \frac{\sigma}{\varepsilon} \tag{1-28}$$

式中：σ——材料所承受的应力（MPa）；

ε——材料在应力 σ 作用下的应变。

弹性模量是反映材料抵抗弹性变形能力的指标，其值越大，表明材料抵抗弹性变形的能力越强。弹性模量是建筑工程结构设计和变形验算所依据的主要参数之一。

材料在外力作用下产生变形，除去外力后仍保持变形后的形状和尺寸，并且不产生裂缝的性质称为塑性，相应的变形称为塑性变形（或残余变形），如图1-7b）所示。

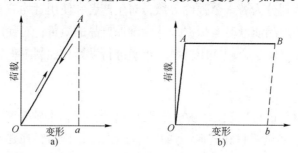

图1-7　材料的弹性变形与塑性变形

a) 弹性变形；b) 塑性变形

纯粹的弹性材料是没有的。有的材料受力不大时产生弹性变形，受力超过一定限度后即产生塑性变形，如图1-8所示的建筑钢材。有的材料，在受力时弹性变形和塑性变形同时存在，取消外力后，弹性变形 ab 可以恢复，而塑性变形 Ob 不能恢复，如图1-9所示的混凝土。

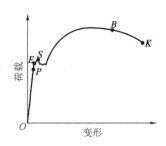
图 1-8　建筑钢材的变形曲线

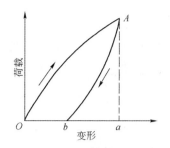
图 1-9　混凝土的变形曲线

三、脆性和韧性

材料在外力达到一定程度时，无明显的变形而突然发生破坏，这种性质称为脆性。多数无机非金属材料属脆性材料，如天然石材、烧结普通砖、陶瓷、普通混凝土、砂浆等。脆性材料抗压强度较高，但抗冲击能力、抗振动能力、抗拉及抗折能力很差，所以仅用于承受静压力作用的结构或构件，如基础柱子、墩座等。

材料在冲击或动力荷载作用下，能吸收较大能量并产生一定的变形而不破坏的性质称为韧性，如低碳钢、低合金钢、木材、钢筋混凝土等都属于韧性材料。衡量材料韧性的指标是材料的冲击韧性指标值，以符号 α_K 表示，计算式为：

$$\alpha_K = \frac{A_K}{A} \tag{1-29}$$

式中：α_K——材料的冲击韧性指标值（J/mm^2）；

A_K——材料破坏时所吸收的能量（J）；

A——材料受力截面积（mm^2）。

在工程中，对于要求承受冲击和振动荷载作用的结构（如吊车梁、桥梁、路面及有抗震要求的结构），均要求所用材料具有较高的抗冲击韧性。

四、硬度和耐磨性

（一）硬度

硬度指材料表面的坚硬程度，是抵抗其他物体刻划、压入其表面的能力。硬度的测定方法有刻划法、回弹法、压入法，不同材料其硬度的测定方法不同。

回弹法用于测定混凝土表面硬度，并间接推算混凝土的强度，也用于测定砖、砂浆等的表面硬度。刻划法用于测定天然矿物的硬度。压入法是用硬物压入材料表面，通过压痕的面积和深度测定材料的硬度。钢材、木材常用钢球压入法测定其硬度。

通常，硬度大的材料耐磨性较强，但不易加工。在工程中，常利用材料硬度与强度间关系，间接测定材料强度。

回弹仪测混凝土强度

(二)耐磨性

材料受外界物质的摩擦作用而减小质量和体积的现象称为磨损。

耐磨性是材料表面抵抗磨损的能力。材料的耐磨性用磨损率表示,计算式为:

$$N = \frac{m_1 - m_2}{A} \tag{1-30}$$

式中: N——材料的磨损率(g/cm^2);

m_1——试件磨损前的质量(g);

m_2——试件磨损后的质量(g);

A——试件受磨面积(cm^2)。

试件的磨损率表示一定尺寸的试件,在一定压力作用下,在磨料上磨一定次数后,试件每单位面积上的质量损失。

材料的耐磨性与材料的组成、结构及强度、硬度等有关。建筑中用于地面、踏步、台阶、路面等处的材料,应适当考虑硬度和耐磨性。

【工程实例1-5】 测试强度与加荷速度

【现　　象】 在测试混凝土等材料的强度时可观察到,同一试件,加荷速度快,所测值偏高。请分析原因。

【原因分析】 材料的强度除与其组成结构有关外,还与其测试条件有关,包括加荷速度、温度、试件大小和形状等。当加荷速度较快时,荷载的增长速度大于材料变形速度,测出的数值就会偏高。为此,在材料的强度测试中,一般都规定其加荷速度范围。

第三节　材料的耐久性与环境协调性

一　材料的耐久性

材料的耐久性是指材料在使用期间,受到各种内在因素或外来因素的作用,能经久不变质、不破坏,且能保持原有性能,不影响使用的性质。

材料在建筑物使用期间,除受到各种荷载作用之外,还受到自身和周围环境因素的破坏作用。这些破坏因素对材料的作用往往是复杂多变的,它们或单独或相互交叉作用。一般可将其归纳为物理作用、化学作用、力学作用和生物作用。

物理作用包括干湿变化、温度变化、冻融循环、溶蚀、磨损等,这些作用使材料发生体积膨胀、收缩或导致内部裂缝的扩展,长期或反复多次的作用使材料逐渐破坏。例如,在潮湿寒冷地区,反复的冻融循环对多孔材料具有显著的破坏作用。

化学作用主要指材料受到有害气体以及酸、碱、盐等液体的破坏作用,例如钢材的锈蚀、水泥的腐蚀等。

力学作用指材料受使用荷载的持续作用,交变荷载引起的疲劳、冲击及机械磨损等。

生物作用包括昆虫、菌类的作用,使材料受到虫蛀,腐朽破坏,例如木材及植物类材料的腐朽等。

材料的耐久性是材料抵抗上述多种作用的一种综合性质，包括抗冻性、抗渗性、抗风化性、耐热性、耐酸性、耐腐蚀性等内容。不同材料其耐久性的侧重点有所不同。

一般情况下，矿物质材料如石材、混凝土、砂浆等直接暴露在大气中，受到风霜雨雪的物理作用，主要表现为抗风化性和抗冻性；处于水中或水位变化区，主要受到水的化学侵蚀、冻融循环作用。钢材等金属材料在大气或潮湿条件下，易遭受电化学腐蚀。木材、竹材等植物纤维质材料常因腐朽、虫蛀等生物作用而遭受破坏。沥青以及塑料等高分子材料在阳光、空气、水的作用下会逐渐老化。

为提高材料的耐久性，根据材料的特点和使用情况采取相应措施，通常可以从以下几方面考虑：

（1）设法减轻大气或其他介质对材料的破坏作用，如降低温度、排除侵蚀性物质等。

（2）提高材料本身的密实度，改变材料的孔隙构造。

（3）适当改变成分，进行憎水处理及防腐处理。

（4）在材料表面设置保护层，如抹灰、做饰面、刷涂料等。

耐久性是材料的一项长期性质，需对其在使用条件下进行长期的观察和测定。近年来已采用快速检验法，即在试验室模拟实际使用条件，进行有关的快速试验，根据试验结果对耐久性作出判定。

提高材料的耐久性，对保证建筑物的正常使用，减少使用期间的维修费用，延长建筑物的使用寿命，起着非常重要的作用。

二、材料的环境协调性

材料的环境性能表征了材料与环境之间的交互作用行为，包括环境对材料的影响和材料对环境的影响两方面，前者称为材料的环境适应性，后者称为材料的环境协调性。

环境协调性是指材料在生产、使用、废弃和再生工程的全过程中，资源、能源消耗少，环境污染小，再生循环利用率高等特性。

材料的环境协调性可用全寿命周期评价法（LCA）进行评估。材料的环境协调性评价应全面系统，否则得出的结论就未必科学、可靠。

小知识

生态建筑材料

生态建筑材料的科学和权威的定义仍在研究确定阶段。生态建筑材料来源于生态环境材料，其主要特征，首先是节约资源和能源；其次是减少环境污染，避免温室效应与臭氧层的破坏；第三是容易回收和循环利用。作为生态环境材料的重要分支，生态建筑材料指在材料的生产、使用、废弃和再生循环过程中以与生态环境相协调，满足最少资源和能源消耗，最小或无污染环境，最佳使用性能，最高循环再利用率要求设计生产的建筑材料。显然这样的环境协调是一个相对和发展的概念。

生态建材与其他新型建材在概念上的主要区别在于生态建材是一个系统工程概念，不能只看生产或使用中的某一个环节。如果没有系统工程的观点，设计生产的建筑材料有可能在一个方面反映出"绿色"，而在其他方面则是"黑色"，评价时难免偏颇甚至误导。为全面评价建筑材料的环境协调性能，需要采用 LCA。LCA 是对材料在整个全寿命周期中的环境污染、能源和资源消耗进行评价的一种方法。对建筑材料而言，LCA 还是一个正在研究和发展的方法。

从我国的实际情况出发，许多学者提出了生态建筑材料的发展战略。

（1）建立建筑材料全寿命周期的理论和方法，为生态建材的发展战略和建材工业的环境协调性的评价提供科学依据和方法。

（2）以最低资源和能源消耗、最小环境污染生产传统建筑材料，如用新型干法工艺生产高质量水泥。

（3）发展大幅度减少建筑能耗的建材制品，如具有轻质、高强、防水、保温、隔热、隔声等优异功能的新型复合墙体材料和门窗材料。

（4）开发高性能、长寿命的建筑材料，大幅度降低建筑工程的材料消耗，提高服务寿命，如高性能的水泥混凝土、保温绝热和装修材料。

（5）发展具有改善居室生态环境和保健功能的建筑材料，如抗菌、除臭、调温、屏蔽有害射线的多功能玻璃、陶瓷、涂料等材料。

（6）发展生产能耗低、对环境污染小、对人体无害的建筑材料，如无石棉纤维水泥制品、无毒的水泥混凝土化学外加剂。

（7）开发工业废弃物再生资源化技术，利用工业废弃物生产性能优异的建筑材料，如利用矿渣、粉煤灰、硅灰、煤矸石、废弃聚苯乙烯生产的建筑材料。

（8）发展能治理工业污染、净化修复环境或能扩大人类生存空间的新型建筑材料，如用于开发海洋、地下、盐碱地、沙漠、沼泽地的特种水泥等建筑材料。

（9）扩大可用原材料和燃料范围，减少对优质、稀少或正在枯竭的重要原材料的依赖。

◀ 本 章 小 结 ▶

本章重点讨论了建筑材料的基本性质，包括材料基本的物理性质、力学性质及耐久性。其中述及的知识是学习本课程的基础，应深入理解。

材料的基本物理性质包括与质量有关的物理性质、与水有关的物理性质、与热有关的物理性质；材料的力学性质包括材料的强度、弹性、塑性、脆性、韧性，应熟练掌握其概念、计算方法及影响因素。

材料的耐久性是一综合性质，要理解材料的耐久性对建筑物的重要性。

环境协调性是指对资源和能源消耗少，对环境污染小和循环再生利用率高。材料发展要求：从材料制造、使用、废弃直至再生利用的整个寿命周期中，必须与环境协调共存。

练 习 题

一、填空题

1. 材料的吸湿性是指材料在_____的性质。
2. 材料的抗冻性以材料在吸水饱和状态下所能抵抗的_____来表示。
3. 水可以在材料表面展开，即材料表面可以被水浸润，这种性质称为_____。
4. 材料的表观密度是指材料在_____状态下单位体积的质量。

二、判断题

1. 某些材料在受力初期表现出弹性特征，达到一定程度后表现出塑性特征，这类材料称为塑性材料。（　　）
2. 材料吸水饱和状态时水占的体积可视为开口孔隙体积。（　　）
3. 在空气中吸收水分的性质称为材料的吸水性。（　　）
4. 材料的软化系数越大，其耐水性越好。（　　）
5. 材料的渗透系数越大，其抗渗性能越好。（　　）
6. 含水率为4%的湿砂质量为100g，其中水的质量为4g。（　　）
7. 材料的孔隙率增大，则密度减小，吸水率增大。（　　）
8. 材料吸水后导热性提高，强度降低。（　　）

三、简答题

1. 简述材料的孔隙率和孔隙特征与材料的表观密度、强度、吸水性、抗渗性、抗冻性及导热性等性质的关系。
2. 材料的孔隙率与空隙率有何区别？
3. 塑性材料和脆性材料在外力作用下，其变形性能有何区别？
4. 何谓材料的抗冻性？材料冻融破坏的原因是什么？饱水程度与抗冻性有何关系？
5. 何谓材料的抗渗性？如何表示抗渗性的好坏？
6. 新建的房屋保暖性差，到冬季更甚，为什么？

四、计算题

1. 材料的体积吸水率为10%，密度为3.0g/cm³，干燥时的体积密度为1500kg/m³。试求该材料的质量吸水率、开口孔隙率、闭口孔隙率，并估计该材料的抗冻性。
2. 破碎的岩石试件经完全干燥后，质量为482g，将其放入盛有水的量筒中，经一定时间石子吸水饱和后，量筒水面刻度由原来的452cm³上升至630cm³，取出石子，擦干表面水分后称得质量为487g。试求该岩石的表观密度、毛体积密度和吸水率。

第二章 气硬性胶凝材料

职业能力目标

通过本章学习，学生应具备石灰、石膏、水玻璃等常用气硬性胶凝材料的使用与鉴别能力，具有分析和判断石灰、石膏在工程中产生质量问题的原因和采取相应措施的能力。

知识目标

掌握胶凝材料的定义和分类；掌握石膏、石灰、水玻璃的技术性质及应用，了解其生产过程及所用原料；理解石膏、石灰、水玻璃的共性和各自的特性。学习时不能只满足于知道各材料具有哪些性质，更应当知道形成这些性质的内在原因。

思政目标

气硬性胶凝材料生产需要开采天然矿石，生产过程要消耗大量能源，排放大量二氧化碳。由此引入2020年9月习近平主席在第七十五届联合国大会一般性辩论中的讲话，即中国二氧化碳排放力争于2030年前达到峰值，努力争取2060年前实现碳中和。培养学生创新意识，开发绿色可替代产品，改良生产工艺，清洁生产，减少二氧化碳排放，为实现我国"双碳"目标贡献力量。

胶凝材料是指在建筑材料中，经过一系列物理作用、化学作用后，将散粒材料或块状材料黏结成具有一定强度的整体材料。胶凝材料按其化学成分可分为无机胶凝材料和有机胶凝材料。无机胶凝材料是以无机矿物为主要成分的一类胶凝材料；有机胶凝材料是以天然或人工合成的高分子化合物为基本组分的一类胶凝材料，如沥青、树脂等。

无机胶凝材料按照其硬化条件可分为气硬性胶凝材料和水硬性胶凝材料。气硬性胶凝材料只能在空气中硬化并保持和发展其强度，一般只适用于地上或干燥环境，不宜用于潮湿环境或水中，如石膏、石灰、水玻璃和菱苦土等；水硬性胶凝材料不仅可用于干燥环境，而且能更好地在水中保持和发展其强度，如各种水泥等。

第一节 石　灰

一　原料与生产

石灰是建筑上使用时间较长、应用较广泛的一种气硬性胶凝材料。由于其具有原料来源广、生产工艺简单、成本低等优点，至今仍在广泛使用。

生产石灰的原料是以碳酸钙为主要成分的天然矿石，如石灰石、白垩等。将原料在高温下煅烧，即可得到石灰（块状生石灰），其主要成分为氧化钙。在这一反应过程中由于原料中同时含有一定量的碳酸镁，在高温下会分解为氧化镁及二氧化碳，因此生成物中也会有氧化镁存在。

石灰的生产过程就是将石灰石等矿石进行煅烧，使其分解为生石灰和二氧化碳的过程，这一反应可表示为：

$$CaCO_3 \xrightarrow{900\sim1000℃} CaO + CO_2 \uparrow$$

正常温度和煅烧时间所煅烧的石灰具有多孔、颗粒细小、体积密度小与水反应速度快等特点，这种石灰称为正火石灰。而实际生产过程中，由于煅烧温度过低或过高，会产生欠火石灰或过火石灰。

欠火石灰是由于温度过低或时间不足，石灰中含有未分解完的碳酸钙，它会降低石灰的利用率，但欠火石灰在使用时不会带来危害。

过火石灰是由于煅烧温度过高，使煅烧后得到的石灰结构致密、孔隙率小、体积密度大，晶粒粗大，易被玻璃物质包裹，因此它与水的化学反应速度极慢。与水发生反应时，正火石灰已经水化，并且开始凝结硬化，而过火石灰才开始进行水化，且水化后的产物较反应前体积膨胀，导致已硬化后的结构产生裂纹或崩裂、隆起等现象，这对石灰的使用是非常不利的。

建筑工程中常用的石灰品种有生石灰（如块状生石灰、粉状生石灰，其主要成分为氧化钙），熟石灰（也称消石灰，主要成分为氢氧化钙）及石灰膏（即含过量水的熟石灰）。

根据石灰中氧化镁含量的不同，将生石灰分为钙质生石灰（$MgO \leqslant 5\%$）和镁质生石灰（$MgO > 5\%$），将消石灰粉分为钙质消石灰粉（$MgO \leqslant 5\%$）和镁质消石灰粉（$MgO > 5\%$）。

石灰石原料　石灰石生产线

二　熟化和硬化

（一）石灰的熟化

石灰的熟化是指生石灰（氧化钙）与水发生水化反应生成熟石灰（氢氧化钙）的过程。这一过程也称为石灰的消解或消化。其反应方程式为：

$$CaO + H_2O = Ca(OH)_2 + 64.8kJ(每千克氧化钙水化热)$$

通过对反应式的分析，可以得出生石灰熟化具有以下特点：

（1）水化放热大，水化放热速度快。这主要是由生石灰的多孔结构及晶粒细小决定的。其最初1h放出的热量是硅酸盐水泥水化一天放出热量的9倍。

（2）水化过程中体积膨胀。生石灰在熟化过程中其外观体积可增大1~2.5倍。这一性质是引起过火石灰危害的主要原因。

（3）反应具有可逆性。常温下反应向右进行，当温度达547℃时，$Ca(OH)_2$将会分解为CaO和H_2O。因此，要想保证反应向右进行，必须控制温度不能升得过高。

生石灰的熟化，主要通过以下过程来完成的：首先将生石灰块置于化灰池中，加入生石灰质量3~4倍的水将其熟化成石灰乳，通过筛网过滤渣子后流入储灰池，经沉淀除去表层多余水分后得到的膏状物称为石灰膏，石灰膏含水约50%，体积密度为1300~1400kg/m³。一般1kg生石灰可熟化成1.5~3L的石灰膏。为了消除过火石灰在使用过程中造成的危害，通常将石灰膏在储灰池中存放两周以上，使过火石灰在这段时间内充分地熟化，这一过程称为"陈伏"。陈伏期间，石灰膏表面应敷盖一层水以隔绝空气，防止石灰浆表面碳化。

消石灰粉的熟化方法是：每半米高的生石灰块，淋适量的水（生石灰质量的60%~80%），直至数层，经熟化得到的粉状物称为消石灰粉。加水量以消石灰粉略湿，但不成团为宜。

（二）石灰的硬化

石灰的硬化过程主要有结晶硬化和碳化硬化两个过程。

（1）结晶硬化。这一过程也可称为干燥硬化过程。在这一过程中，石灰浆体的水分蒸发，氢氧化钙从饱和溶液中逐渐结晶出来。干燥和结晶使氢氧化钙产生一定的强度。

（2）碳化硬化。碳化硬化过程实际上是水与空气中的二氧化碳首先生成碳酸，然后再与氢氧化钙反应生成碳酸钙，同时析出多余水分蒸发。这一过程的反应式为：

$$Ca(OH)_2 + CO_2 + nH_2O \longrightarrow CaCO_3 + (n+1)H_2O$$

从结晶硬化和碳化硬化的两个过程可以看出，在石灰浆体的内部主要进行结晶硬化过程，而在浆体表面与空气接触的部分进行的是碳化硬化。由于外部碳化硬化形成的碳酸钙膜达一定厚度时就会阻止外界的二氧化碳向内部渗透和内部水分向外蒸发，再加上空气中二氧化碳的浓度较低，所以碳化过程一般较慢。

三 生石灰技术指标

《建筑生石灰》（JC/T 479—2013）中，建筑生石灰化学成分的技术指标主要有有效氧化钙和氧化镁含量、氧化镁含量、二氧化碳含量、三氧化硫含量，详见表2-1。建筑生石灰物理性质的技术指标主要为产浆量与细度，详见表2-2。

第二章 气硬性胶凝材料

建筑生石灰的化学成分（%）   表2-1

名称	（氧化钙+氧化镁） （CaO + MgO）	氧化镁 （MgO）	二氧化碳 （CO_2）	三氧化硫 （SO_3）
CL 90-Q CL 90-QP	≥90	≤5	≤4	≤2
CL 85-Q CL 85-QP	≥85	≤5	≤7	≤2
CL 75-Q CL 75-QP	≥75	≤5	≤12	≤2
ML 85-Q ML 85-QP	≥85	>5	≤7	≤2
ML 80-Q ML 80-QP	≥80	>5	≤7	≤2

注：CL 为钙质石灰；ML 为镁质石灰；Q 代表生石灰块；QP 代表生石灰粉。

建筑生石灰物理性质   表2-2

名称	产浆量（$dm^3/10kg$）	细度	
		0.2mm筛余量（%）	90μm筛余量（%）
CL 90-Q	≥26	—	—
CL 90-QP	—	≤2	≤7
CL 85-Q	≥26	—	—
CL 85-QP	—	≤2	≤7
CL 75-Q	≥26	—	—
CL 75-QP	—	≤2	≤7
ML 85-Q	—	—	—
ML 85-QP	—	≤2	≤7
ML 80-Q	—	—	—
ML 80-QP	—	≤7	≤2

建筑消石灰的术语和定义、分类和标记、要求、试验方法、检验规则，以及包装、标志、运输和储存的相关内容见《建筑消石灰》（JC/T 481—2013）。

四 石灰特性及应用

（一）石灰特性

石灰具有以下特性：

（1）保水性、可塑性好。材料的保水性就是材料保持水分不泌出的能力。石灰加水后，由于氢氧化钙的颗粒细小，其表面吸附一层厚厚的水膜，而这种颗粒数量多，总表面积大，所以，石灰具有很好的保水性。又由于颗粒间的水膜使得颗粒间的摩擦力较小，使得石灰浆具有良好的保水性。石灰的这种性质常用来改善水泥砂浆的和易性。

（2）凝结硬化慢、强度低。由于石灰是一种气硬性胶凝材料，因此它只能在空气中硬化，而空气中 CO_2 含量低，且碳化后形成的较硬的 $CaCO_3$ 薄膜阻止外界 CO_2 向内部渗透，同时又阻止了内部水分向外蒸发，结果导致 $CaCO_3$ 及 $Ca(OH)_2$ 晶体生成的量少且速度慢，使硬化体的强度较低。此外，虽然理论上生石灰消化需要约32.13%的水，而实际上用水量却很大，多余的水分蒸发后在硬化体内留下大量孔隙，这也是硬化后石灰强度很低的一个原因。经测定，石灰砂浆（1∶3）的28d抗压强度仅为0.2～0.5MPa。

（3）耐水性差。在石灰浆体未硬化前，由于它是一种气硬性胶凝材料，因此它不能在水中硬化；而硬化后的浆体由于其主要成分为$Ca(OH)_2$，溶于水，从而使硬化体溃散，所以说石灰硬化体的耐水性差。

（4）干燥收缩大。石灰浆体在硬化过程中因蒸发失去大量水分，从而引起体积收缩，因此除用石灰浆做粉刷外，不宜单独使用，常掺入砂、麻刀、无机纤维等，以抵抗收缩引起的开裂。

（5）吸湿性强。生石灰吸湿性强，保水性好，是一种传统的干燥剂。

（6）化学稳定性差。石灰是一种碱性物质，遇酸性物质时，易发生化学反应，生成新物质。

（二）石灰的应用

石灰主要用于以下方面：

（1）室内粉刷。将石灰加水调制成石灰乳用于粉刷室内墙壁等。

（2）拌制建筑砂浆。将消石灰粉与砂、水混合拌制石灰砂浆或消石灰粉与水泥、砂、水混合拌制石灰水泥混合砂浆，用于抹灰或砌筑。

（3）配制三合土和灰土。将生石灰粉、黏土、砂按1∶2∶3比例配合，并加水拌和得到的混合料称为三合土，可夯实后作为路基或垫层。将生石灰粉、黏土按1∶(2～4)的比例配合，并加水拌和得到的混合料称为灰土，如工程中的三七灰土、二八灰土等，夯实后可以作为建筑物的基础、道路路基及垫层。

（4）生产硅酸盐混凝土及制品。将石灰与硅质原料（石英砂、粉煤灰、矿渣等）混合磨细，经成型、养护等工序后可制得人造石材，由于它以水化硅酸钙为主要成分，因此又称为硅酸盐混凝土。这种人造石材可以加工成各种砖及砌块。

（5）地基加固。对于含水的软弱地基，可以将生石灰块灌入地基的桩孔并捣实，利用石灰消化时体积膨胀所产生的巨大膨胀压力将土壤挤密，从而使地基土获得加固效果。这种桩俗称石灰桩。

灰土挤密桩施工

五　石灰的储存与运输

鉴于石灰的性质，它必须在干燥的条件下运输和储存，且不宜久存。具体而言，生石灰长时间存放必须防水、防潮；消石灰储存时应包装密封，以隔绝空气，防止碳化。

【工程实例2-1】　石灰应用

【现　　象】　某工程室内抹面采用了石灰水泥混合砂浆，经干燥硬化后，墙面出现了表面开裂及局部脱落现象。请分析原因。

【原因分析】　上述现象主要是存在过火石灰且石灰未能充分熟化而引起的。在砌筑或抹面工程中，石灰必须充分熟化后才能使用。若有未熟化的颗粒（即过火石灰）存在，使硬化后石灰继续发生反应，产生体积膨胀，就会出现上述现象。

【工程实例2-2】 石灰应用

【现　　象】 某工程在配制石灰砂浆时，使用了潮湿且长期暴露于空气中的生石灰粉，施工完毕后发现建筑的内墙所抹砂浆出现大面积脱落。请分析原因。

【原因分析】 由于石灰在潮湿环境中吸收了水分，转变成消石灰，又和空气中的二氧化碳发生反应生成碳酸钙，失去了胶凝性，从而导致了墙体抹灰的大面积脱落。

第二节 石　膏

一、石膏的原料及生产

1. 石膏的原料

生产石膏的原料有天然二水石膏、天然无水石膏和化工石膏等。

天然二水石膏的主要成分为含两个结晶水的硫酸钙（$CaSO_4 \cdot 2H_2O$）。二水石膏晶体无色透明，当含有少量杂质时，呈灰色、淡黄色或淡红色，其密度约为 $2.2 \sim 2.4 g/cm^3$，难溶于水。它是生产建筑石膏的主要原料。

天然无水石膏是以无水硫酸钙为主要成分的沉积岩。其结晶紧密，质地较硬，仅用于生产无水石膏水泥。

化工石膏是含硫酸钙的化工副产品和废渣（如磷石膏、氟石膏、硼石膏等）。使用化工石膏作为建筑石膏的原料，可扩大石膏的来源，充分利用工业废料，达到综合利用的目的。化工石膏常用于水泥凝结时间的调整，由于成分较复杂，经常会引起水泥外加剂失去效果，因此要做外加剂与水泥的适应性试验。

2. 石膏的生产

通常按生产工艺将石膏产品分为建筑石膏和高强石膏。

（1）建筑石膏。将天然石膏入窑经低温煅烧后，磨细即得到建筑石膏。其反应式为：

$$CaSO_4 \cdot 2H_2O \xrightarrow{107 \sim 170 ℃} CaSO_4 \cdot \frac{1}{2}H_2O + \frac{3}{2}H_2O$$

天然石膏的成分为二水硫酸钙，建筑石膏的成分为半水硫酸钙。由此可知，建筑石膏是天然石膏脱去部分结晶水得到的β型半水石膏。建筑石膏为白色粉末，松散堆积密度为 $800 \sim 1000 kg/m^3$，密度为 $2500 \sim 2800 kg/m^3$。

（2）高强石膏。将二水石膏置于蒸压锅内，经 0.13MPa 的水蒸气（125℃）蒸压脱水，得到晶粒比β型半水石膏粗大的产品，称为α型半水石膏，将此石膏磨细得到的白色粉末称为高强石膏。其反应式为：

$$CaSO_4 \cdot 2H_2O \xrightarrow{125 ℃} CaSO_4 \cdot \frac{1}{2}H_2O + \frac{3}{2}H_2O$$

高强石膏由于晶体颗粒较粗，表面积小，拌制相同稠度时需水量比建筑石膏少（约为建筑石膏的一半），因此该石膏硬化后结构密实、强度高，7d 强度可达 $15 \sim 40 MPa$。高强石膏生产成本较高，主要用于室内高级抹灰、装饰制品和石膏板的生产等。

二、建筑石膏的凝结与硬化

建筑石膏的凝结与硬化是在其水化的基础上进行的。首先将建筑石膏与水拌和形成浆体，然后水分逐渐蒸发，浆体失去可塑性，逐渐形成具有一定强度的固体。其反应式为：

$$CaSO_4 \cdot \frac{1}{2}H_2O + \frac{3}{2}H_2O \longrightarrow CaSO_4 \cdot 2H_2O$$

这一反应是建筑石膏生产的逆反应，其主要区别在于此反应是在常温下进行的。另外，由于半水石膏的溶解度高于二水石膏，所以上述可逆反应总体表现也为向右进行，即表现为沉淀反应。就其物理过程来看，随着二水石膏沉淀的不断增加，会产生结晶。结晶体的不断生成和长大，晶体颗粒之间便产生了摩擦力和黏结力，造成浆体的塑性开始下降，这一现象称为石膏的初凝。而后，随着晶体颗粒间摩擦力和黏结力的增加，浆体的塑性很快下降，直至消失，这种现象称为石膏的终凝。整个过程称为石膏的凝结。石膏终凝后，其晶体颗粒仍在不断长大和连接，形成相互交错且孔隙率逐渐减小的结构，其强度也会不断增大，直至水分完全蒸发，形成硬化后的石膏结构，这一过程称为石膏的硬化。建筑石膏的水化、凝结及硬化是一个连续的不可分割的过程，水化是前提，凝结硬化是结果。

三、建筑石膏的技术要求

根据《建筑石膏》（GB/T 9976—2022）规定，建筑石膏的主要技术要求为凝结时间和强度，据此可分为 4.0、3.0、2.0 三个等级。具体指标见表 2-3。

建筑石膏等级标准（GB/T 9776—2022）　　　　表 2-3

等级	凝结时间（min）		强度（MPa）			
	初凝	终凝	2h 湿强度		干强度	
			抗折	抗压	抗折	抗压
4.0	≥3	≤30	≥4.0	≥8.0	≥7.0	≥15.0
3.0			≥3.0	≥6.0	≥5.0	≥12.0
2.0			≥2.0	≥4.0	≥4.0	≥8.0

将浆体开始失去可塑性的状态称为浆体初凝，从加水至初凝的这段时间称为初凝时间；浆体完全失去可塑性，并开始产生强度称为浆体终凝，从加水至终凝的时间称为浆体的终凝时间。

四、建筑石膏的性质

建筑石膏具有以下性质：

（1）凝结硬化快。建筑石膏初凝时间不小于 6min，终凝时间不大于 30min，在自然干燥条件下，一周左右可完全硬化。由于石膏的凝结速度太快，为方便施工，常掺加硼砂、骨胶等缓凝剂来延缓其凝结的速度。

（2）体积微膨胀。建筑石膏硬化后的膨胀率约为 0.05%～0.15%。正是由于石膏的这一特性使得它的制品表面光滑，尺寸精确，装饰性好。

（3）孔隙率大。建筑石膏的水化反应理论上需水量仅为 18.6%，但在搅拌时为了使石膏充分溶解、水化并使石膏浆体具有施工要求的流动度，实际加水量达 50%～70%，而多余的水分蒸发后，在石膏硬化体的内部会留下大量的孔隙，其孔隙率可达 50%～60%。这一特性使石膏制品导热系数小[仅为 $0.121～0.205W/(m·K)$]，保温隔热性能好，但其强度较低（一般抗压强度为 3～5MPa），耐水性差，吸湿性强。建筑石膏水化后生成的二水石膏结晶体会溶于水，长时间浸泡会使石膏制品产生破坏。

（4）具有一定的调湿作用。建筑石膏制品内部的大量毛细孔隙对空气中水分具有较强的吸附能力，在干燥时又可释放水分。因此，当它用于室内工程中时，对室内空气具有一定调节湿度的作用。

（5）防火性好，耐火性差。建筑石膏制品的导热系数小，传热速度慢，且二水石膏受热脱水产生的水蒸气可以阻碍火势的蔓延。但二水石膏脱水后，强度下降，因此不耐火。

（6）装饰性好，可加工性好。建筑石膏制品表面平整，色彩洁白，并可以进行锯、刨、钉、雕刻等加工，具有良好的装饰性和可加工性。

五 建筑石膏的应用

（一）室内抹灰及粉刷

由于建筑石膏的特性，它可用于室内抹灰及粉刷。建筑石膏加水、砂及缓凝剂拌和成石膏砂浆，可用于室内抹灰或作为油漆打底使用。其特点是隔热保温性能好，热容量大，吸湿性大，因此可以一定限度地调节室内温度、湿度，保持室温的相对稳定。此外，这种抹灰墙面还具有阻火、吸声、施工方便、凝结硬化快、黏结牢固等特点，因此可称其为室内高级粉刷及抹灰材料。石膏砂浆也可作为油漆等的打底层，并可直接涂刷油漆、粘贴墙布或墙纸等。

目前有一种新型粉刷石膏，是在石膏中掺入优化性能的辅助材料及外加剂配制而成的抹灰材料，按用途可分为：面层粉刷石膏、底层粉刷石膏和保温层粉刷石膏三类。

抹灰石膏的术语和定义、分类和标记、一般要求、技术要求、试验方法、检验规则，以及包装、标志、运输和储存的相关内容见现行标准《抹灰石膏》（GB/T 28627）。

（二）石膏板

随着框架轻质板结构的发展，石膏板的生产和应用也发展很快。由于石膏板具有原料来源广泛、生产工艺简便、轻质、保温、隔热、吸声、不燃及可锯可钉等特点，因此它被广泛应用于建筑行业。

常用的石膏板有纸面石膏板、纤维石膏板、装饰石膏板、空心石膏板、吸声用穿孔石膏板等。纸面石膏板的术语和定义、分类和标记、要求、试验方法、检验规则以及包装、标志、运输和储存的相关内容见《纸面石膏板》（GB/T 9775—2008）。

值得注意的是，通常装饰石膏板所用的原料是磨得更细的建筑石膏即模型石膏。

石膏容易与水发生反应，因此石膏在运输储存的过程中应注意防水、防潮。另外，长期储存会使石膏的强度下降很多（一般储存 3 个月后，强度会下降 30%左右），因此建筑石膏不宜长期储存。一旦储存时间过长，应重新检验确定等级。

纸面石膏板

纸面石膏聚苯复合板

【工程实例 2-3】 石膏应用的工程实例

【现　　象】 某剧场采用石膏板做内部装饰，由于冬季剧场内暖气爆裂，大量热水流过剧场，一段时间后发现石膏制品出现了局部变形，表面出现霉斑。请分析原因。

【原因分析】 石膏是一种气硬性胶凝材料，只能用在干燥环境中，遇水强度下降，因此会出现局部变形、霉斑。

第三节　水　玻　璃

一　化学成分

水玻璃俗称泡花碱，是由碱金属氧化物和二氧化硅按不同比例化合而成的一种可溶于水的硅酸盐。常用的水玻璃有硅酸钠（$Na_2O \cdot nSiO_2$）水溶液（也称为钠水玻璃）和硅酸钾（$K_2O \cdot nSiO_2$）水溶液（也称为钾水玻璃）。水玻璃分子式中 SiO_2 与 Na_2O（或 K_2O）的分子数比值 n 为水玻璃的模数。水玻璃的模数越大，越难溶于水，越容易分解硬化，硬化后黏结力、强度、耐热性与耐酸性越高。

水玻璃的生产有干法和湿法两种方法。干法用石英岩和纯碱为原料，磨细拌匀后，在熔炉内于 1300～1400℃温度下熔化，反应生成固体水玻璃，将其溶解于水制得液体水玻璃。

干法生产的化学反应式可表示为：

$$Na_2CO_3 + nSiO_2 \xrightarrow{1300\sim1400℃} Na_2O \cdot nSiO_2 + CO_2 \uparrow$$

湿法生产以石英岩粉和烧碱为原料，在高压蒸锅内，2～3 个大气压下进行压蒸反应，直接生成液体水玻璃。建筑上常用的钠水玻璃为无色、青绿色或棕色的黏稠状液体，模数 $n = 2.5\sim3.5$，密度为 $1.3\sim1.4\text{g/cm}^3$。

二　硬化反应

水玻璃溶液在空气中吸收 CO_2 气体，析出无定形二氧化硅凝胶（硅胶）并逐渐干燥硬化，反应式为：

$$Na_2O \cdot nSiO_2 + CO_2 + mH_2O \longrightarrow nSiO_2 \cdot mH_2O + Na_2CO_3$$

由于空气中 CO_2 浓度较低，为加速水玻璃的硬化，可加入氟硅酸钠（Na_2SiF_6）作为促硬剂，以加速硅胶的析出，反应式为：

$$2Na_2O \cdot nSiO_2 + Na_2SiF_6 + mH_2O \longrightarrow (2n+1)SiO_2 \cdot mH_2O + 6NaF$$

氟硅酸钠的适宜加入量为水玻璃质量的 12%～15%。加入氟硅酸钠后，水玻璃的初凝时间可缩短到 30～50min，终凝时间可缩短到 240～360min，7d 基本达到最高强度。

三 物理特性

水玻璃具有以下物理特性：

（1）黏结力强。水玻璃硬化过程中析出的硅酸凝胶具有很强的黏附性，因而水玻璃有良好的黏结能力。

（2）耐酸性好。硅酸凝胶不与酸类物质反应，因而水玻璃具有很好的耐酸性，可抵抗除氢氟酸、过热磷酸以外的几乎所有的无机和有机酸。

（3）耐热性好。硅酸凝胶具有高温干燥增加强度的特性，因而水玻璃具有很好的耐热性。

（4）抗渗和抗风化能力强。硅酸凝胶能堵塞材料毛细孔并在表面形成连续封闭膜，因而水玻璃具有很好的抗渗和抗风化能力。

四 应用领域

水玻璃可应用于以下领域：

（1）配制耐酸混凝土、耐酸砂浆、耐酸胶泥等。水玻璃具有较好的耐酸性，用水玻璃和耐酸粉料，粗细骨料配合，可制成防腐工程用的耐酸胶泥、耐酸砂浆和耐酸混凝土。

（2）配制耐热混凝土、耐热砂浆及耐热胶泥。水玻璃硬化后形成二氧化硅非晶态空间网状结构，具有良好的耐火性，因此可与耐热骨料一起配制成耐热砂浆及耐热混凝土。

（3）涂刷材料表面，提高材料的抗风化能力。硅酸凝胶可填充材料的孔隙，使材料致密，提高材料的密实度、强度、抗渗性、抗冻性及耐水性等，从而提高材料的抗风化能力。但其不能用以涂刷或浸渍石膏制品，因二者会发生反应，在制品孔隙中生成硫酸钠结晶，体积膨胀，将制品胀裂。

（4）配制速凝防水剂。水玻璃加两种、三种或四种矾，即可配制成二矾、三矾、四矾速凝防水剂，从而提高砂浆的防水性。这种防水剂因为凝结迅速，可调配水泥防水砂浆，适用于堵塞漏洞、缝隙等局部抢修。

（5）加固土壤。水玻璃与氯化钙溶液分别压入土壤中，两者相遇会发生反应生成硅酸凝胶，包裹土壤颗粒，填充空隙、吸水膨胀，可以防止水分透过，加固土壤。

【工程实例 2-4】 水玻璃应用的工程实例

【现　　象】 以一定密度的水玻璃浸渍或涂刷黏土砖、水泥混凝土、石材等多孔材料，可提高材料的密实度、强度、抗渗性、抗冻性及耐水性。

【原因分析】 水玻璃与空气中的二氧化碳反应生成硅酸凝胶，同时水玻璃也与材料中的氢氧化钙反应生成硅酸钙凝胶，两者填充于材料的孔隙，使材料致密。

粉刷石膏

练 习 题

一、简答题

1. 建筑石膏的主要特性和用途有哪些?
2. 建筑石膏的等级是根据什么划分的?
3. 何谓石灰的熟化与陈伏?
4. 为什么用不耐水的石灰拌制成的灰土、三合土具有一定的耐水性?
5. 石灰浆体是如何硬化的?石灰在建筑工程中有哪些用途?
6. 什么是水玻璃与水玻璃模数?水玻璃的硬化与性质有何特点?

二、案例题

某住宅内墙采用石灰砂浆抹面,交付使用后,墙面局部出现鼓包、开裂现象。请分析产生该现象的原因,并说明如何防治。

第三章 水 泥

职业能力目标

具有根据工程特点及所处环境条件正确选择、合理使用常用水泥品种的能力;能够根据水泥的技术指标,对水泥合格与否作出判断;能够完成通用硅酸盐水泥主要技术要求检测,并编写检测报告;能够初步分析水泥石腐蚀的原因,并据此提出相应的防治措施。

知识目标

了解通用硅酸盐水泥的原材料和生产工艺;熟悉通用硅酸盐水泥的定义、矿物组成及其性质、水化和凝结硬化;掌握通用硅酸盐水泥的品种、技术要求、性能及应用、水泥石的腐蚀与预防措施;熟悉水泥的运输和储存;了解通用硅酸盐水泥之外的其他品种水泥的性能及应用;熟悉水泥的检测方法和检测步骤,以及检测报告的内容和编写方法。

思政目标

从买"洋灰"的弱国到水泥大国,体现了我国综合国力的强大以及建筑材料科技的先进水平,引入思政元素一,激发学生科技报国的情怀、勇攀科学高峰的使命感;水泥行业碳排放量居工业行业第二位,占整个工业排放量的20%左右,面临着二氧化碳减排的巨大压力,水泥行业成为我国实施节能减排的重点行业之一,引入思政元素二,培养学生的环保意识、绿色低碳循环经济发展意识;水泥质量不合格或水泥品种选用不当引发的工程事故很多,引入思政元素三,引导学生扎实掌握专业知识和专业技能,增强职业责任感,践行使命担当。

水泥是一种水硬性胶凝材料,自问世以来,以其独有的特性被广泛地应用在建筑工程中。水泥用量大,应用范围广,且品种繁多。

水泥按其水硬性矿物名称,可以分为硅酸盐系列水泥、铝酸盐系列水泥、硫铝酸盐系列水泥、氟铝酸盐系列水泥、铁铝酸盐系列水泥等;按照用途及性能,可以分为通用水泥和特种水泥。

通用硅酸盐水泥是指一般土木工程通常采用的水泥,有硅酸盐水泥、普

水泥的诞生与发展

通硅酸盐水泥、矿渣硅酸盐水泥、火山灰质硅酸盐水泥、粉煤灰硅酸盐水泥和复合硅酸盐水泥;特种水泥是指有特殊性能或用途的水泥,如砌筑水泥、道路硅酸盐水泥、低热矿渣硅酸盐水泥、低热微膨胀水泥、抗硫酸盐硅酸盐水泥等。

本章重点介绍通用硅酸盐水泥,简要介绍特种水泥。

第一节 通用硅酸盐水泥

一 概述

(一)通用硅酸盐水泥的定义

《通用硅酸盐水泥》(GB 175—2007)规定:通用硅酸盐水泥是以硅酸盐水泥熟料和适量的石膏及规定的混合材料制成的水硬性胶凝材料。

硅酸盐水泥熟料是由主要含 CaO、SiO_2、Al_2O_3、Fe_2O_3 的原料,按适当比例磨成细粉烧至部分熔融所得以硅酸钙为主要矿物成分的水硬性胶凝物质,其中硅酸钙矿物含量不小于 66%,氧化钙和氧化硅的质量比不小于 2.0。石膏可以用天然石膏或工业副产石膏。混合材料包括活性混合材料和非活性混合材料,活性混合材料包括粒化高炉矿渣、火山灰质混合材料、粉煤灰,非活性混合材料包括石灰石等。

(二)通用硅酸盐水泥的品种和组成

通用硅酸盐水泥按混合材料的品种和掺量分为硅酸盐水泥、普通硅酸盐水泥、矿渣硅酸盐水泥、火山灰质硅酸盐水泥、粉煤灰硅酸盐水泥和复合硅酸盐水泥等 6 个品种。各品种的组分和代号应符合表 3-1 的规定。

通用硅酸盐水泥的组成　　　　表 3-1

品种	代号	组分(%)				
		熟料+石膏	粒化高炉矿渣	火山灰质混合材料	粉煤灰	石灰石
硅酸盐水泥	P·I	100	—	—	—	—
	P·II	≥95	≤5	—	—	—
		≥95	—	—	—	≤5
普通硅酸盐水泥	P·O	≥80 且 <95	>5 且 ≤20			
矿渣硅酸盐水泥	P·S·A	≥50 且 <80	>20 且 ≤50	—	—	—
	P·S·B	≥30 且 <50	>50 且 ≤70	—	—	—
火山灰质硅酸盐水泥	P·P	≥60 且 <80	—	>20 且 ≤40	—	—
粉煤灰硅酸盐水泥	P·F	≥60 且 <80	—	—	>20 且 ≤40	—
复合硅酸盐水泥	P·C	≥50 且 <80	>20 且 ≤50			

(三)通用硅酸盐水泥的原材料和生产工艺

1. 硅酸盐水泥熟料的原材料

生产硅酸盐水泥熟料的原料主要有石灰质原料和黏土质原料,此外为了满足配料要求要加入校正原料。

石灰质原料主要提供氧化钙(CaO),常用的石灰质原料有石灰石、白垩、贝壳等;黏土质原料主要提供氧化硅(SiO_2)、氧化铝(Al_2O_3)及氧化铁(Fe_2O_3),常用的黏土质原料有黏土、黄土、黏土质页岩等;当配料中某种氧化物的量不足时,可加入相应的校正原料,校正原料主要有硅质校正原料、铝质校正原料和铁质校正原料,如原料中 Fe_2O_3 含量不足时可加入铁质校正原料黄铁矿渣等。

2. 通用硅酸盐水泥的生产工艺

通用硅酸盐水泥的生产可以概括为"两磨一烧"。首先将各种原料经配比后磨成生料,后入窑煅烧成熟料,熟料中再加入适量石膏和规定的混合材料(P·I型硅酸盐水泥不掺加混合材料)进行粉磨,就得到不同品种的通用硅酸盐水泥。其流程如图3-1所示。在整个工艺流程中熟料煅烧是核心,所有的矿物都是在这一过程中形成的。

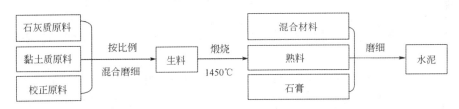

图 3-1 通用硅酸盐水泥的生产工艺流程

(四)硅酸盐水泥熟料的矿物组成及性质

生料经过煅烧后,原有的氧化物相互结合,形成新的矿物组成。硅酸盐水泥熟料中有4种主要矿物和少量杂质存在,四种主要矿物是硅酸三钙、硅酸二钙、铝酸三钙和铁铝酸四钙,杂质有游离氧化钙、游离氧化镁及三氧化硫等。硅酸盐水泥熟料的主要矿物组成及含量范围见表3-2。

硅酸盐水泥熟料矿物组成及含量　　　　表3-2

化合物名称	氧化物成分	缩写符号	含量(%)
硅酸三钙	$3CaO·SiO_2$	C_3S	36~60
硅酸二钙	$2CaO·SiO_2$	C_2S	15~37
铝酸三钙	$3CaO·Al_2O_3$	C_3A	7~15
铁铝酸四钙	$4CaO·Al_2O_3·Fe_2O_3$	C_4AF	10~18

熟料中 C_3S 和 C_2S 统称为硅酸钙矿物,一般占水泥熟料总量的75%左右;C_3A 和 C_4AF 称为溶剂性矿物,一般占水泥熟料总量的18%~25%。

水泥熟料中各种矿物单独与水反应表现出来的性质各不相同,见表3-3。不同熟料矿物的水化热释放情况、强度增长情况如图3-2和图3-3所示。

各种熟料矿物单独与水作用的性质　　　　　　　　　　表 3-3

性质		熟料矿物			
		C_3S	C_2S	C_3A	C_4AF
水化反应速度		快	慢	最快	较快
水化时放出热量		大	小	最大	中
强度	高低	高	早期低、后期高	低	中
	发展	快	慢	快	较快

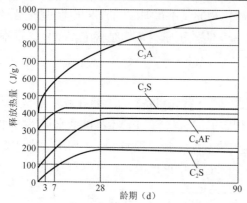
图 3-2　不同熟料矿物的水化热释放曲线图

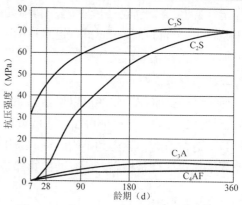
图 3-3　不同熟料矿物的强度增长曲线图

由表 3-3、图 3-2 和图 3-3 可知，C_3S 的水化速度快，水化热大，且主要是早期放出，其强度最高，是决定水泥强度的主要矿物；C_2S 的水化速度最慢，水化热最小，且主要是后期放出，是保证水泥后期强度的主要矿物；C_3A 凝结硬化速度最快，水化热最大，且硬化时体积收缩最大；C_4AF 的水化速度也较快，其水化热中等，有利于提高水泥抗拉强度。水泥是几种熟料矿物的混合物，改变矿物成分间比例时，水泥性质即发生相应的变化，可制成不同性能的水泥。例如，提高 C_3S 含量，可制得快硬高强水泥；降低 C_3S 和 C_3A 含量、提高 C_2S 含量，可制得水化热低的低热水泥；提高 C_4AF 含量、降低 C_3A 含量，可制得抗折强度较高的道路水泥。

（五）硅酸盐水泥的水化与凝结硬化

通用硅酸盐水泥 6 个品种的水化与凝结硬化基本相同，又各有所异。此处以硅酸盐水泥的水化与凝结硬化为例进行介绍。

1. 硅酸盐水泥的水化

水泥加水后，水泥颗粒表面的熟料矿物会立即与水发生化学反应，各组分开始溶解，形成水化物，并放出一定热量，反应式为：

$$2(3CaO \cdot SiO_2) + 6H_2O = 3CaO \cdot 2SiO_2 \cdot 3H_2O + 3Ca(OH)_2$$

$$2(3CaO \cdot SiO_2) + 4H_2O = 3CaO \cdot 2SiO_2 \cdot 3H_2O + Ca(OH)_2$$

$$3CaO \cdot Al_2O_3 + 6H_2O = 3CaO \cdot Al_2O_3 \cdot 6H_2O$$

$$4CaO \cdot Al_2O_3 \cdot Fe_2O_3 + 7H_2O = 3CaO \cdot Al_2O_3 \cdot 6H_2O + CaO \cdot Fe_2O_3 \cdot H_2O$$

$$3CaO \cdot Al_2O_3 \cdot 6H_2O + 3(CaSO_4 \cdot 2H_2O) + 20H_2O = 3CaO \cdot Al_2O_3 \cdot 3CaSO_4 \cdot 32H_2O$$

表 3-4 列出了各种水化产物的化学分子式、名称、代号及含量范围。

硅酸盐水泥的主要水化产物 表3-4

水化产物分子式	名称	代号	含量（%）
$3CaO \cdot 2SiO_2 \cdot 3H_2O$	水化硅酸钙	$C_3S_2H_3$或C-S-H	70
$Ca(OH)_2$	氢氧化钙	CH	20
$3CaO \cdot Al_2O_3 \cdot 6H_2O$	水化铝酸钙	C_3AH_6	不定
$CaO \cdot Fe_2O_3 \cdot H_2O$	水化铁酸钙	CFH	不定
$3CaO \cdot Al_2O_3 \cdot 3CaSO_4 \cdot 32H_2O$	高硫型水化硫铝酸钙（钙矾石）	$C_3AS_3H_{32}$	不定

硅酸盐水泥的水化实际上是一个复杂的过程，其水化产物也不是单一组成的物质，而是一个多种组成的集合体。水泥之所以具有胶凝性就是由于其水化产物具有胶凝性。

上述反应中，由于C_3A水化极快，会使水泥很快凝结，导致工程技术人员缺少足够的操作时间，为此，水泥中加入适量石膏作缓凝剂。水泥加入石膏后，一旦C_3A开始水化，石膏会与其水化产物水化铝酸三钙反应，生成针状的钙矾石。当钙矾石的数量达到一定量时，会形成一层保护膜覆盖在水泥颗粒的表面，阻止水泥颗粒表面水化产物向外扩散，降低了水泥的水化速度，延缓了水泥的初凝时间。

2. 硅酸盐水泥的凝结与硬化

随着硅酸盐水泥水化程度的不断加深，水泥浆体逐渐变稠失去可塑性，但尚不具有强度，这一过程称为水泥的"凝结"。之后水泥浆体开始产生强度，并逐渐发展成为坚硬的水泥石，这一过程称为"硬化"。实际上，水泥的水化、凝结及硬化是一个连续的过程，水化是前提，凝结、硬化是结果。

到目前为止，关于水泥凝结硬化的过程，比较公认的理论是将其划分为四个阶段，即初始反应期、诱导期、水化反应加速期和硬化期，如图3-4所示。

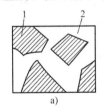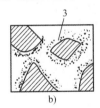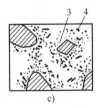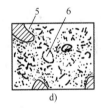

图3-4 水泥的凝结硬化过程
a) 初始反应期；b) 诱导期；c) 水化反应加速期；d) 硬化期
1-水泥颗粒；2-水分；3-凝胶体；4-晶体；5-水泥颗粒的未水化内核；6-毛细孔

1）初始反应期

水泥与水接触后立即发生水化反应。初期C_3S水化，形成$Ca(OH)_2$，立即溶解于水，浓度达到过饱和后，$Ca(OH)_2$结晶析出。暴露在水泥颗粒表面的C_3A也溶解于水，并与已溶解的石膏反应，生成钙矾石结晶析出。在此阶段约有1%的水泥产生水化。

2）诱导期

在初始反应期后，水泥微粒表面覆盖一层以水化硅酸钙凝胶为主的渗透膜，使水化反应缓慢进行。这期间生成的水化产物数量不多，水泥颗粒仍然分散，水泥浆体基本保持塑性。

3）水化反应加速期

由于渗透压的作用，包裹在水泥微粒表面的渗透膜破裂，水泥微粒进一步水化，除继续生成 Ca(OH)$_2$ 及钙矾石外，还生成了大量的水化硅酸钙凝胶。水化产物不断填充水泥颗粒间的空隙，随着接触点的增多，结构趋向密实，使水泥浆体逐渐失去塑性。

4）硬化期

水泥继续水化，除已生成的水化产物的数量继续增加外，C$_4$AF 的水化物也开始形成，硅酸钙继续进行水化。水化生成物以凝胶与结晶状态进一步填充孔隙，水泥浆体逐渐产生强度，进入硬化阶段。

由上述分析可知，硬化后的水泥石主要是由晶体（氢氧化钙、水化铝酸钙、钙矾石）、凝胶体（水化硅酸钙、水化铁酸钙）、未完全水化的水泥颗粒内核、毛细孔及毛细孔内水分等组成的非均质结构体，如图 3-5 所示。

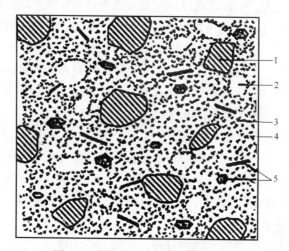

图 3-5　硬化后水泥石的组成与结构

1-未硬化的水泥颗粒内核；2-毛细孔；3-水化硅酸钙等凝胶体；4-凝胶孔；5-氢氧化钙、钙矾石等晶体

3. 影响硅酸盐水泥凝结硬化的主要因素

1）熟料的矿物组成

水泥中 C$_3$S 与 C$_3$A 的含量越多，其凝结硬化速度越快。

2）细度

水泥颗粒越细，其与水接触的表面积越大，水化反应速度越快，从而加快了凝结硬化速度。

3）环境温度和湿度

温度高，水泥的水化速度加快，强度增长快，硬化也快；温度较低时，硬化速度慢，当温度降至 0℃ 以下时，水结冰，硬化过程停止。而湿度是保障水泥凝结硬化的必要条件，因此砂浆及混凝土要在潮湿的环境下才能够充分地水化。所以，要使水泥能够正常地水化、凝结及硬化，须保持环境适宜的温度、湿度。

4）石膏掺量

适宜的石膏掺入量是保障水泥正常凝结硬化的条件，掺量少，起不到缓凝的作用，掺量多则会导致水泥石的体积安定性不良。

5）龄期

水泥的强度随硬化龄期的增加而提高，只要有适宜的环境（温度、湿度），水泥的强度在几个月、几年甚至几十年后，还会继续增长。

6）外加剂

实际施工过程中，为了满足某些特殊的施工要求，经常加入一些外加剂（如促凝剂或缓凝剂）来调节水泥凝结时间，促凝剂的加入可加速水泥的凝结硬化，提高早期强度；而缓凝剂的加入则会延缓水泥的凝结硬化时间，影响水泥早期强度的发展。

二、通用硅酸盐水泥的技术要求

《通用硅酸盐水泥》（GB 175—2007）对通用硅酸盐水泥的化学指标、碱含量、细度、凝结时间、安定性、强度等作了规定，其中化学指标、凝结时间、安定性、强度中任何一项不符合技术要求时，判定为不合格品。

（一）化学指标

通用硅酸盐水泥的化学指标应符合表 3-5 的规定。不溶物是指水泥经过酸（盐酸）和碱（氢氧化钠溶液）处理后，不能被溶解的残余物。烧失量是指水泥经高温灼烧以后的质量损失率，主要由水泥中未煅烧的组分产生。三氧化硫、游离氧化镁是引起安定性不良的主要原因。氯离子能够引起混凝土中钢筋的锈蚀。

化学指标按照《水泥化学分析方法》（GB/T 176—2017）进行检测。

硅酸盐水泥的化学指标（%） 表 3-5

品种	代号	不溶物	烧失量	三氧化硫	氧化镁	氯离子
硅酸盐水泥	P·I	≤0.75	≤3.0	≤3.5	≤5.0[a]	≤0.06[c]
	P·II	≤1.50	≤3.5			
普通硅酸盐水泥	P·O	—	≤5.0			
矿渣硅酸盐水泥	P·S·A	—	—	≤4.0	≤6.0[b]	
	P·S·B	—	—		—	
火山灰质硅酸盐水泥	P·P			≤3.5	≤6.0	
粉煤灰硅酸盐水泥	P·F					
复合硅酸盐水泥	P·C					

注：a. 如果水泥经压蒸试验合格，则其含量允许放宽到 6.0%；SO_3 的含量（石膏含量）不得超过 3.5%。
　　b. 如果水泥中氧化镁的含量大于 6.0%，需进行水泥压蒸安定性试验并合格。
　　c. 当有更低要求时，该指标由买卖双方确定。

（二）碱含量

碱含量是指水泥中碱性氧化物的含量。碱含量过高对于使用活性骨料的混凝土来说十分不利，因为活性骨料会与水泥所含的碱性氧化物发生化学反应，生成具有膨胀性的碱硅酸凝胶物质，对混凝土的耐久性产生很大影响。这一反应也是通常所说的碱-骨料反应。

《通用硅酸盐水泥》（GB 175—2007）规定，碱含量按（$Na_2O + 0.658K_2O$）计算值表

示。若使用活性骨料,用户要求提供低碱水泥时,水泥中碱含量应不大于0.60%或由供需双方商定。碱含量按照《水泥化学分析方法》(GB/T 176—2017)进行检测。

(三) 细度

细度是指水泥颗粒的粗细程度。水泥的细度不仅影响水泥的水化速度、强度,而且影响水泥的生产成本。通常情况下对强度起决定作用的是尺寸小于40μm的水泥颗粒。水泥颗粒太粗,强度低;水泥颗粒太细,磨耗增高,生产成本上升,且水泥硬化收缩也较大。

《通用硅酸盐水泥》(GB 175—2007)规定,硅酸盐水泥和普通硅酸盐水泥的细度以比表面积表示。比表面积是指单位质量的水泥粉末所具有的总表面积,以 cm^2/g 或 m^2/kg 表示。硅酸盐水泥和普通硅酸盐水泥的比表面积不小于 $300m^2/kg$,按照《水泥比表面积测定方法 勃氏法》(GB/T 8074—2008)进行检测。矿渣硅酸盐水泥、火山灰质硅酸盐水泥、粉煤灰硅酸盐水泥、复合硅酸盐水泥等4种水泥的细度以筛余表示,其80μm方孔筛筛余不大于10%或45μm方孔筛筛余不大于30%。筛余按照《水泥细度检验方法 筛析法》(GB/T 1345—2005)进行检测。

动画:水泥细度试验

(四) 凝结时间

水泥的凝结时间是指标准稠度净浆从加水拌和开始至失去可塑性所需的时间,分为初凝时间和终凝时间。初凝时间是指自水泥开始加水拌和至水泥浆开始失去可塑性所需的时间。终凝时间是指自水泥开始加水拌和至水泥浆完全失去可塑性并开始产生强度所需的时间。

水泥的凝结时间对混凝土工程施工具有重要意义。凝结时间太快,不利于正常施工,因为混凝土的搅拌、输送、浇注等都需要足够的时间,所以要求水泥的初凝时间不能太短;而终凝时间又不能太长,否则影响下一步施工工序的进行。

影响水泥凝结时间的因素有矿物组成及含量、水泥细度、石膏掺量、混合材料的品种和掺量、水灰比等。

《通用硅酸盐水泥》(GB 175—2007)规定,硅酸盐水泥的初凝时间不小于45min,终凝时间不大于390min;普通硅酸盐水泥、矿渣硅酸盐水泥、火山灰质硅酸盐水泥、粉煤灰硅酸盐水泥、复合硅酸盐水泥等5种水泥的初凝时间不小于45min,终凝时间不大于600min。

凝结时间按照《水泥标准稠度用水量、凝结时间、安定性检验方法》(GB/T 1346—2011)进行检测。

(五) 安定性

安定性是指水泥浆体在硬化后体积膨胀是否均匀的性质,也称为体积安定性。

水泥的安定性不良意味着水泥硬化后体积发生膨胀,使已硬化的水泥石由于内应力作用而遭到破坏。引起安定性不良主要有以下三个方面的原因:

（1）熟料中存在过量的游离氧化钙（f-CaO）。
（2）熟料中存在过量的游离氧化镁（f-MgO）。
（3）水泥中存在粉磨时掺入的过量的石膏。

游离氧化钙和游离氧化镁是在水泥煅烧过程中未与其他氧化物（如 SiO_2、Al_2O_3）结合形成矿物，而以游离状态存在的氧化钙和氧化镁。它们相当于过火石灰，水化速度非常缓慢，在其他矿物已正常水化、硬化并产生强度后才开始水化，同时伴有放热和体积膨胀，引起内应力，使周围已硬化的水泥石受到破坏。而过量石膏会与水化产物中的水化铝酸钙、水发生反应生成具有膨胀作用的钙矾石晶体，导致水泥硬化体的破坏。

对于游离氧化钙引起的安定性不良，《通用硅酸盐水泥》（GB 175—2007）规定采用沸煮法检测必须合格，按照《水泥标准稠度用水量、凝结时间、安定性检验方法》（GB/T 1346—2011）进行检测。沸煮法分为雷氏法和试饼法，其中雷氏法为标准法，试饼法为代用法。雷氏法是根据水泥净浆在雷氏夹中沸煮后的膨胀值来判断水泥的安定性，试饼法则是靠观察水泥净浆试饼沸煮后外形变化来判断水泥的安定性。前者为定量方法，后者为定性方法，如果两种方法出现争议则以雷氏法为准。

动画：水泥安定性试验

游离氧化镁与水作用的速度很慢，其引起的安定性不良需要采用《水泥压蒸安定性试验方法》（GB/T 750—1992）规定的压蒸法来检验，而石膏对安定性的影响则要采用长时间在温水中浸泡来检验。这两种方法操作复杂，耗时长，不便检验，因此《通用硅酸盐水泥》（GB 175—2007）对其含量进行严格控制，具体见表3-5中氧化镁和三氧化硫（石膏）的含量要求。

（六）标准稠度用水量

为使水泥的凝结时间、安定性的测定结果具有可比性，此两项指标测定时必须采用一个统一规定的稠度进行，这个规定的稠度，称为标准稠度。按照《水泥标准稠度用水量、凝结时间、安定性检验方法》（GB/T 1346—2011）的规定，以标准法维卡仪试杆沉入净浆并距底板$(6±1)$mm的水泥净浆为标准稠度净浆（标准法）。

动画：水泥标准稠度用水量测定

水泥标准稠度用水量是拌制水泥净浆达到标准稠度所需的加水量，按水泥质量的百分比计算。如前所述，它是水泥技术要求检测的一个准备性指标。

水泥的细度及矿物组成是影响标准稠度用水量的两个主要因素。

（七）强度

强度是水泥重要的力学性能指标，是划分水泥强度等级的依据，影响强度的因素有水泥熟料的矿物组成，混合材料的品种、数量及水泥的细度等。

水泥强度等级是按规定龄期抗压强度和抗折强度来划分的。《通用硅酸盐水泥》（GB 175—2007）规定，通用硅酸盐水泥的强度应符合表3-6的规定。为提高水泥早期强度，我国标准将水泥分为普通型和早强型（R型），早强型水泥 3d 抗压强度可达 28d 抗压强度的 50% 以上。在供应条件允许时，应尽量优先选用早强型水泥，以缩短混凝土养护时间。

通用硅酸盐水泥各龄期的强度值　　表3-6

品种	强度等级	抗压强度（MPa）		抗折强度（MPa）	
		3d	28d	3d	28d
硅酸盐水泥	42.5	≥17.0	≥42.5	≥3.5	≥6.5
	42.5R	≥22.0		≥4.0	
	52.5	≥23.0	≥52.5	≥4.0	≥7.0
	52.5R	≥27.0		≥5.0	
	62.5	≥28.0	≥62.5	≥5.0	≥8.0
	62.5R	≥32.0		≥5.5	
普通硅酸盐水泥	42.5	≥17.0	≥42.5	≥3.5	≥6.5
	42.5R	≥22.0		≥4.0	
	52.5	≥23.0	≥52.5	≥4.0	≥7.0
	52.5R	≥27.0		≥5.0	
矿渣硅酸盐水泥 火山灰质硅酸盐水泥 粉煤灰硅酸盐水泥	32.5	≥10.0	≥32.5	≥2.5	≥5.5
	32.5R	≥15.0		≥3.5	
	42.5	≥15.0	≥42.5	≥3.5	≥6.5
	42.5R	≥19.0		≥4.0	
	52.5	≥21.0	≥52.5	≥4.0	≥7.0
	52.5R	≥23.0		≥4.5	
复合硅酸盐水泥	42.5	≥15.0	≥42.5	≥3.5	≥6.5
	42.5R	≥19.0		≥4.0	
	52.5	≥21.0	≥52.5	≥4.0	≥7.0
	52.5R	≥23.0		≥4.5	

注：R指早强型。

通用硅酸盐水泥各龄期的抗压强度和抗折强度按照《水泥胶砂强度检验方法（ISO法）》（GB/T 17671—2021）进行检测。

（八）水化热

水泥在水化反应时所放出的热量，称为水泥的水化热，通常以 kJ/kg 表示。水泥的水化热大小和释放速率主要与水泥熟料的矿物组成、混合材料的品种与数量、水泥的细度等有关。水化热对于冬季施工的混凝土工程是有利的，但对于大型基础、水坝、桥墩、厚大构件等大体积混凝土工程是不利的。由于水化热聚集在内部不易散发，内外温差产生的应力和温降收缩产生的应力会使混凝土产生裂缝，因此，大体积混凝土工程不宜采用水化热较大、放热较快的水泥，如硅酸盐水泥。

动画：水泥胶砂强度试验

大体积混凝土施工注意事项

【工程实例3-1】　混凝土作为废品处理

【现　　象】　某工程施工过程中，由于道路堵塞，混凝土搅拌车比计划时间晚到工地

30min，工地马上对混凝土采样测试，发现混凝土已达到初凝状态。工程指挥部决定将该批混凝土作为废品处理，全部倒掉。

【原因分析】 水泥在尚未初凝前具有很好的流动性和可塑性，此时浇注混凝土能够振捣均匀、密实，保证混凝土的强度；如果水泥开始凝结了，还继续浇注混凝土，就会影响混凝土的密实度、强度，导致工程出现质量隐患。所以将该批混凝土作为废品处理是正确的。

【工程实例3-2】 水泥不合格

【现　　象】 某工程在地下一层施工结束进行地上一层施工时，突然发生整体坍塌，现场的混凝土结构破坏较严重。

【原因分析】 现场勘察发现混凝土表面出现多处裂纹，后经现场取样检测发现水泥中的游离氧化钙超过国家标准，造成水泥安定性不良，从而导致工程事故的发生。后经水泥生产厂家证实，该批次2000t水泥复检安定性均不合格。

三 水泥石的腐蚀与防治

（一）水泥石的腐蚀

正常情况下，硬化后的水泥石具有良好的耐久性，但处于腐蚀环境的水泥石会受到腐蚀介质的侵害，引起结构变化，最终导致水泥石强度降低，影响其耐久性。

常见的水泥石的腐蚀主要有如下几种。

1. 软水腐蚀

自然界中的江、河、湖水及地下水，由于含有重碳酸盐$Ca(HCO_3)_2$，其硬度较大，称为硬水；而普通淡水中，重碳酸盐的浓度较低，称为软水。

由于硬水中的重碳酸盐可与水泥石中的氢氧化钙反应，生成几乎不溶于水的碳酸钙，并沉淀于水泥石孔隙中，使孔隙密实，阻止了外界水的继续侵入和内部氢氧化钙的析出，所以处于硬水中的水泥石一般不会受到明显的腐蚀。其反应方程式为：

$$Ca(OH)_2 + Ca(HCO_3)_2 = 2CaCO_3 + 2H_2O$$

而处于软水中的水泥石，由于不能进行上述反应且水化产物中的$Ca(OH)_2$溶于水易被流动的水带走，随着水泥水化产物浓度的不断降低，其他水化产物也将发生变化，从而导致水泥石结构的破坏。

一般将处于软水环境中的水泥混凝土制品事先在空气中放置一段时间，使其表面有一定的碳化层后再与软水接触，可降低软水腐蚀的程度。

2. 酸类腐蚀

由于水泥的水化产物呈碱性，且水化产物中有较多的$Ca(OH)_2$，因此当水泥石处于酸性环境中时会产生酸碱中和反应，生成溶解度更大的盐类，消耗水化产物$Ca(OH)_2$，最终导致水泥石破坏。

酸类腐蚀通常分为碳酸腐蚀和一般酸腐蚀，碳酸腐蚀的反应式为：

$$Ca(OH)_2 + CO_2 + H_2O = CaCO_3 + 2H_2O$$

若碳酸的浓度较高，则反应式为：

$$CaCO_3 + CO_2 + H_2O = Ca(HCO_3)_2$$

一般酸腐蚀的反应式为：

$$Ca(OH)_2 + 2HCl = CaCl_2 + 2H_2O$$
$$Ca(OH)_2 + H_2SO_4 = CaSO_4 \cdot 2H_2O$$

上述反应中，$Ca(HCO_3)_2$、$CaCl_2$ 为易溶于水的盐，$CaSO_4 \cdot 2H_2O$ 是膨胀性晶体，均对水泥石的结构有破坏作用。

3. 盐类腐蚀

盐类腐蚀分为硫酸盐腐蚀、氯盐腐蚀及镁盐腐蚀等。

江、河、湖、海及地下水中有时会有含钠、钾等的硫酸盐，它们首先和水泥石中的 $Ca(OH)_2$ 发生反应，生成硫酸钙后又和水泥石中的水化铝酸钙发生反应，生成钙矾石，反应式为：

$$K_2SO_4 + Ca(OH)_2 + 2H_2O = CaSO_4 \cdot 2H_2O + 2KOH$$

$$3CaO \cdot Al_2O_3 \cdot 6H_2O + 3(CaSO_4 \cdot 2H_2O) + 20H_2O = 3CaO \cdot Al_2O_3 \cdot 3CaSO_4 \cdot 32H_2O$$

此反应生成的钙矾石（高硫型水化硫铝酸钙）比原来反应物的体积大 1.5～2.0 倍，这对已硬化的水泥石来说将会产生很大的内应力，从而导致水泥石破坏，由于这种钙矾石是针状晶体、危害大，被称为"水泥杆菌"。实际上，在上述反应中第一步生成 $CaSO_4 \cdot 2H_2O$ 的过程中也会产生膨胀性的破坏作用。

在外加剂、拌和水及环境水中常含有氯盐，它们会与水泥石中的水化铝酸钙反应，生成具有膨胀性的复盐，反应式为：

$$3CaO \cdot Al_2O_3 \cdot 6H_2O + CaCl_2 + 4H_2O = 3CaO \cdot Al_2O_3 \cdot CaCl_2 \cdot 10H_2O$$

氯盐的破坏作用表现在两个方面：一是生成膨胀性复盐，二是氯盐会锈蚀混凝土中的钢筋。

镁盐主要来自海水及地下水中，主要有硫酸镁和氯化镁，它们会与水泥石中的氢氧化钙发生反应，反应式为：

$$MgSO_4 + Ca(OH)_2 + 2H_2O = CaSO_4 \cdot 2H_2O + Mg(OH)_2$$
$$MgCl_2 + Ca(OH)_2 = CaCl_2 + Mg(OH)_2$$

在生成物中，$CaSO_4 \cdot 2H_2O$ 膨胀，$Mg(OH)_2$ 松软（絮状）无胶凝性，$CaCl_2$ 易溶于水。

以上盐类腐蚀中，硫酸盐、氯盐的腐蚀属膨胀性腐蚀，而镁盐腐蚀则既有膨胀性腐蚀，又有溶出性腐蚀，是双重腐蚀。

4. 强碱腐蚀

虽然硅酸盐的水化产物呈碱性，一般碱对其影响不大，但如果 C_3A 含量高，遇强碱（如 NaOH）仍会发生反应，生成易溶于水的铝酸钠，反应式为：

$$3CaO \cdot Al_2O_3 + 6NaOH = 3Na_2O \cdot Al_2O_3 + 3Ca(OH)_2$$

其中，$3Na_2O \cdot Al_2O_3$ 溶于水后会和空气中的 CO_2 发生反应生成 Na_2CO_3，引起结晶膨胀，导致水泥石破坏。

在水泥的实际使用环境中，除上述几种腐蚀外，糖类、酒精、脂肪、氨盐及一些有机酸（醋酸、乳酸等）也会对水泥石产生破坏作用。上述几种腐蚀可归结为三种类型：一是溶解型腐蚀，主要是水泥石中的 $Ca(OH)_2$ 溶解致 $Ca(OH)_2$ 浓度降低，进而引起其他水化产物的溶解；二是离子交换型腐蚀，腐蚀性介质与水泥石中的 $Ca(OH)_2$ 发生离子交换反应，生成易溶解或没有胶结能力的产物，进而破坏水泥石原有的结构；三是膨胀型腐蚀，水泥石中的水化铝酸钙与硫酸盐作用形成膨胀性结晶产物，引起膨胀性破坏。实际工程中，水泥石腐蚀通常不是单一存在而是多种并存，因此说水泥石的腐蚀是一个较复杂的物理化学作用。

水泥石的腐蚀是内外因并存的。内因是水泥石中存在能引起腐蚀的 $Ca(OH)_2$、水化铝酸钙，且水泥石本身的结构不密实；外因是水泥石周围存在液相形式的腐蚀性介质。

硅酸盐水泥的水化产物中由于其 $Ca(OH)_2$ 含量较其他品种水泥多，因此它的耐腐蚀能力相对来说较差。

（二）水泥石腐蚀的防治

1. 合理选择水泥品种

针对腐蚀种类的不同，可选择抗腐蚀能力好的水泥品种，如在硫酸盐环境中选择含 C_3A 较低的抗硫酸盐水泥等。

2. 提高水泥的密实度

水泥石的密实度提高了，会使内部的水化产物不易散失，外界的水分及各种腐蚀性介质不易进来，这样就保护了水泥石不受到腐蚀。

3. 表面加做保护层

在水泥石的表面加做各种保护层（如沥青、玻璃、陶瓷等材料），可以保护水泥免遭腐蚀。

四 通用硅酸盐水泥的性能及应用

（一）硅酸盐水泥的性能

硅酸盐水泥有两种类型：不掺加混合材料的称I型硅酸盐水泥，代号为 P·I。在硅酸盐水泥粉磨时掺加不超过水泥质量 5% 的石灰石或粒化高炉矿渣混合材料的称II型硅酸盐水泥，代号为 P·II。

硅酸盐水泥具有以下特性。

1. 强度高

硅酸盐水泥凝结硬化快、强度高，且强度增长速度快，因此适合于早期强度要求高的工程、高强混凝土结构和预应力混凝土结构。

2. 水化热高

硅酸盐水泥中 C_3S、C_3A 含量高，放热快，早期放热量大，不利于大体积混凝土施工，不适合做大坝等大体积混凝土。但是，水化热对冬季施工较为有利。

3. 抗冻性好

硅酸盐水泥拌合物不易发生泌水现象，硬化后的水泥石较密实，所以抗冻性好。其适用于高寒地区、遭受反复冻融的工程。

4. 碱度高、抗碳化能力强

硅酸盐水泥硬化后水泥石呈碱性，处于碱性环境中的钢筋可在其表面形成一层钝化膜，保护钢筋不锈蚀。而空气中的 CO_2 会与水化产物中的 $Ca(OH)_2$ 发生反应生成 $CaCO_3$，从而

消耗 $Ca(OH)_2$，最终使水泥石碱性变为中性，使钢筋没有碱性环境的保护而发生锈蚀，造成混凝土结构的破坏。由于硅酸盐水泥中 $Ca(OH)_2$ 的含量高，所以其抗碳化能力强，适用于重要的钢筋混凝土结构、预应力混凝土工程及二氧化碳浓度高的环境。

5. 耐腐蚀性差

由于硅酸盐水泥中有大量的 $Ca(OH)_2$ 及水化铝酸三钙，容易受到软水、酸类和一些盐类的腐蚀，因此不适用于受流动水、压力水、酸类及硫酸盐腐蚀的工程。

6. 耐热性差

硅酸盐水泥石在温度为250℃时水化物开始脱水，水泥石强度下降，当受热温度达700℃时会遭到破坏，因此硅酸盐水泥不宜单独用于耐热混凝土工程。

7. 湿热养护效果差

硅酸盐水泥在常规养护条件下硬化快、强度高。但经过蒸汽养护，再经自然养护至28d测得的抗压强度常低于未经蒸汽养护的28d抗压强度。

8. 干缩小、耐磨性好

硅酸盐水泥硬化时干缩小，不易产生干缩裂缝，一般可用于干燥环境工程。由于强度高，干缩小而表面不易起粉，因此耐磨性较好，适用于道路、地面等对耐磨性要求高的工程。

（二）其他通用硅酸盐水泥的性能

通用硅酸盐水泥中，除硅酸盐水泥外，其他品种水泥都掺了大量的混合材料，见表3-1。掺加混合材料的目的是调节水泥的强度等级，改善性能，增加品种和产量，降低成本，扩大使用范围；从环保和可持续发展的角度来看，使用混合材料既解决了工业废料的综合利用问题，又保护了环境，对资源的合理利用起到积极的作用。

1. 混合材料

混合材料分为活性混合材料和非活性混合材料。

1）活性混合材料

活性混合材料是指具有火山灰性或潜在水硬性或兼有火山灰性和潜在水硬性的矿物质材料。

火山灰性是指某一材料磨成细粉，自身单独不具有水硬性，但在常温下与石灰一起加水后能生成具有水硬性水化产物的性质；潜在水硬性是指已磨细的材料与石膏一起和水能生成具有水硬性化合物的性质。

常用的活性混合材料有粒化高炉矿渣、火山灰质混合材料和粉煤灰等。其主要化学成分为活性氧化硅和活性氧化铝。这些活性材料本身难产生水化反应，但在氢氧化钙或石膏溶液中，它们却能产生明显的水化反应，形成水化硅酸钙和水化铝酸钙，反应式为：

$$x Ca(OH)_2 + SiO_2 + mH_2O \longrightarrow xCaO \cdot SiO_2 \cdot nH_2O$$
$$y Ca(OH)_2 + Al_2O_3 + mH_2O \longrightarrow yCaO \cdot Al_2O_3 \cdot nH_2O$$

当有石膏存在的时候，石膏可与上述反应生成的水化铝酸钙进一步反应生成水硬性的水化硫铝酸钙。

常将氢氧化钙、石膏称为活性混合材料的激发剂，氢氧化钙称为碱性激发剂，石膏称为硫酸盐激发剂。激发剂的浓度越高，混合材料活性发挥越充分。

（1）粒化高炉矿渣。粒化高炉矿渣是高炉炼铁的熔融矿渣经水或水蒸气急速冷却后得到的质地疏松、多孔的粒状物，也称为水淬矿渣。由于它冷却快，来不及结晶而形成玻璃体，具有较高的潜在活性，组成玻璃体的物质主要是活性氧化硅及活性氧化铝。应该说明的是，经自然冷却的矿渣（即慢冷矿渣），由于其呈结晶态，基本不具有活性，属于非活性混合材料。

（2）火山灰质混合材料。火山灰质混合材料是指具有火山灰性的天然或人工矿物质材料，泛指以活性氧化硅及活性氧化铝为主要成分的活性混合材料，其应用从火山灰开始，故得名。天然的火山灰质混合材料有火山灰、凝灰岩、沸石岩、浮石、硅藻土或硅藻石；人工的火山灰质混合材料有煤矸石、烧页岩、烧黏土、煤渣、硅质渣等。

（3）粉煤灰。粉煤灰是从电厂煤粉炉烟道中收集的粉末，以氧化硅和氧化铝为主要成分，含少量氧化钙，具有火山灰性。由于粉煤灰从结构上与火山灰质混合材料存在一定差异，又是一种工业废料，所以将其单列。

2）非活性混合材料

非活性混合材料是指在水泥中主要起填充作用而又不影响水泥性能的矿物材料。常用的非活性混合材料主要有石灰石、石英砂、慢冷矿渣等。

2.普通硅酸盐水泥的性能

普通硅酸盐水泥性能上接近硅酸盐水泥，但由于掺了少量混合材料，与硅酸盐水泥相比，早期硬化速度稍慢、强度稍低，水化热有所降低，抗冻性、耐磨性及抗碳化性稍差，耐腐蚀性较好。

3.矿渣硅酸盐水泥、火山灰质硅酸盐水泥、粉煤灰硅酸盐水泥、复合硅酸盐水泥的性能

矿渣硅酸盐水泥、火山灰质硅酸盐水泥、粉煤灰硅酸盐水泥、复合硅酸盐水泥在组成上具有共性，均是掺加了较多的活性混合材料，所以它们在性能上也存在共性。

1）共性性能

与硅酸盐水泥和普通硅酸盐水泥相比，早期强度比较低，后期强度增长较快；水化热小；对养护温度、湿度敏感，适合蒸汽养护；抗冻性、耐磨性及抗碳化性差；耐腐蚀性较好。

2）个性性能

（1）矿渣硅酸盐水泥。保水性差，泌水性大，由矿渣水泥制成的混凝土的抗渗性、抗冻性及耐磨性会受到影响，但矿渣水泥的耐热性较好。

（2）火山灰质硅酸盐水泥。易吸水，具有较高的抗渗性和耐水性。干燥环境下易失水产生体积收缩而出现裂缝。不宜用于长期处于干燥环境和水位变化区的混凝土工程。

（3）粉煤灰硅酸盐水泥。需水量较低、抗裂性较好，适合大体积水工混凝土及地下和海港工程等。

（4）复合硅酸盐水泥。复合硅酸盐水泥掺入混合材料种类不是一种而是两种或以上，其性能取决于所掺混合材料的种类、掺量及相对比例。例如，掺入粒化高炉矿渣和火山灰质混合材料两种混合材料时，如果粒化高炉矿渣掺量大，则其性能就接近矿渣硅酸盐水泥。

（三）通用硅酸盐水泥的应用

各水泥品种的性能不同，其应用也不相同。工程中选择水泥品种时，应根据工程特点

及所处环境条件，以及各水泥品种的性能进行选择，也可参考表3-7。

通用硅酸盐水泥的性能及应用 表3-7

项目		硅酸盐水泥	普通硅酸盐水泥	矿渣硅酸盐水泥	火山灰质硅酸盐水泥	粉煤灰硅酸盐水泥	复合硅酸盐水泥
性能		1. 早期、后期强度高 2. 耐腐蚀性差 3. 水化热大 4. 抗碳化性好 5. 抗冻性好 6. 耐磨性好 7. 不适合蒸汽养护	1. 早期强度稍低，后期强度高 2. 耐腐蚀性较好 3. 水化热较大 4. 抗碳化性较好 5. 抗冻性较好 6. 耐磨性较好 7. 不适合蒸汽养护	1. 早期强度低，后期强度增长快；复合硅酸盐水泥早期强度较高 2. 耐腐蚀性好 3. 水化热小 4. 抗碳化性较差 5. 抗冻性较差 6. 对温度敏感，适合蒸汽养护			
		耐热性差	1. 耐热性稍好 2. 抗渗性好	1. 泌水性大、抗渗性差 2. 干缩较大 3. 耐热性较好	1. 保水性好、抗渗性好 2. 干缩大 3. 耐磨性差	1. 泌水性强、抗渗性差 2. 干缩小、抗裂性好 3. 耐磨性差	干缩较大
应用	适用范围	一般工程的混凝土，要求快硬、高强的混凝土，冬季施工的混凝土，有抗碳化要求的混凝土，严寒地区有抗冻要求的混凝土，有耐磨要求的混凝土		一般工程的混凝土，潮湿环境或处于水中的混凝土，大体积混凝土，耐腐蚀性要求高的混凝土，蒸汽养护的混凝土			
			干燥环境中的混凝土，有抗渗要求的混凝土	有耐热要求的混凝土，有抗渗要求的混凝土	有抗渗要求的混凝土	抗裂性要求较高的混凝土	
	不宜使用	大体积混凝土，耐腐蚀性要求高的混凝土，耐热混凝土，蒸汽养护的混凝土		早期强度要求高的混凝土，冬季施工的混凝土，有抗碳化要求的混凝土，有抗冻要求的混凝土			
				有抗渗要求的混凝土	干燥环境中的混凝土，有耐磨要求的混凝土	有抗渗要求的混凝土，有耐磨要求的混凝土	

【工程实例3-3】 水泥品种的选择

【现　　象】 我国北方某寒冷地区拟建一钢筋混凝土海港码头，准备采用粉煤灰硅酸盐水泥，是否适宜？为什么？

【原因分析】 在混凝土工程中，水泥的品种应根据工程特点和所处环境选择。该码头体积大，地处寒冷地区，处于海水介质中，对水泥提出水化热低、抗冻性好、抗渗性好、抗腐蚀性好的要求。粉煤灰硅酸盐水泥的性能是水化热低、抗冻性差、抗渗性差、抗腐蚀性好，不能满足该工程的要求。因此，建议改用其他品种的水泥。

【工程实例3-4】 混凝土结构出现"起粉"现象

【现　　象】 某电厂锅炉房施工后投入使用，经过一段时间发现室内混凝土结构出现了"起粉"现象，而使用同样混凝土的冷却水池却没有出现该现象。

【原因分析】 经检查发现该锅炉房使用的是火山灰质硅酸盐水泥，这种水泥的保水性好，干缩特别大，在干燥高温的锅炉房环境中，与空气中的二氧化碳反应使水化硅酸钙分解成碳酸钙和氧化硅，因此出现了"起粉"现象。

如果在潮湿环境或水中，火山灰质硅酸盐水泥水化生成的水化硅酸钙凝胶较多，水泥石很致密，提高了抗渗性，因此它特别适用于水中混凝土工程。这也是使用同样混凝土的冷却水池没有出现"起粉"现象的原因。

五、水泥的运输和储存

水泥的储运方式分为散装和袋装两种，发展散装水泥是国家的一项政策，因为水泥散装从节约木材、降低能耗、降低成本、环境保护等方面都是有益的。

水泥在运输与储存时不得受潮和混入杂物。水泥受潮结块时，在颗粒表面产生水化和碳化，从而丧失胶凝能力，严重降低其强度。即使是在良好的储存条件下，水泥也会吸收空气中的水分和二氧化碳，缓慢地发生水化和碳化作用。经测定，袋装水泥储存3个月后，强度约降低10%~20%；6个月后，强度约降低15%~30%；1年后，强度约降低25%~40%。水泥的存放期规定：自水泥出厂之日起，不得超过3个月，超过3个月的水泥使用时应重新检测，以实测强度为准。

水泥在运输与储存时，不同品种和强度等级的水泥应分别储运，不得混杂。袋装水泥堆置高度不能超过10袋。水泥应遵循先存先用的原则。

第二节　其他品种水泥

一、铝酸盐水泥（GB/T 201—2015）

凡以铝酸盐水泥熟料（铝酸钙为主要矿物组成）磨细制成的水硬性胶凝材料都可称为铝酸盐水泥，又称矾土水泥，代号CA。

生产铝酸盐水泥的原料主要有矾土（提供Al_2O_3）和石灰石（提供CaO）。

（一）铝酸盐水泥的矿物组成及分类

铝酸盐水泥的矿物组成主要有铝酸钙$CaO \cdot Al_2O_3$，简写为CA；二铝酸钙$CaO \cdot 2Al_2O_3$，简写为CA_2；硅铝酸二钙$2CaO \cdot Al_2O_3 \cdot SiO_2$，简写为$C_2AS$；七铝酸十二钙$12CaO \cdot 7Al_2O_3$，简写为$C_{12}A_7$。质量优良的铝酸盐水泥，其矿物组成一般是以CA和$CA_2$为主。

铝酸盐水泥按Al_2O_3含量分为CA50、CA60、CA70、CA80四个品种。其中，CA50根据强度划分为CA50-I、CA50-II、CA50-III、CA50-IV四个型号；CA60根据主要矿物组成分为CA60-I（以铝酸钙为主）、CA60-II（以铝酸二钙为主）两个型号。

（二）铝酸盐水泥的技术要求

《铝酸盐水泥》（GB/T 201—2015）对铝酸盐水泥的化学成分、细度、凝结时间、强度、耐火度等作了规定，其中化学成分、细度、凝结时间、强度中任何一项不符合技术要求时，判定为不合格品。

1.化学成分

铝酸盐水泥的化学成分应符合表3-8的规定。

铝酸盐水泥的类型及化学成分含量（%）　　　　　　表3-8

类型	Al_2O_3	SiO_2	Fe_2O_3	碱含量（$Na_2O + 0.658K_2O$）	S（全硫）	Cl^-
CA50	≥50且<60	≤9.0	≤3.0	≤0.50	≤0.2	≤0.06
CA60	≥60且<68	≤5.0	≤2.0			
CA70	≥68且<77	≤1.0	≤0.7	≤0.40	≤0.1	
CA80	≥77	≤0.5	≤0.5			

2. 细度

比表面积不小于300m²/kg或45μm筛余不大于20%。有争议时以比表面积为准。

3. 凝结时间

各品种铝酸盐水泥的凝结时间应符合表3-9要求。

铝酸盐水泥的凝结时间　　　　　　表3-9

水泥类型		初凝时间（min）	终凝时间（min）
CA50、CA70、CA80		≥30	≤360
CA60	CA60-I	≥30	≤360
	CA60-II	≥60	≤1080

4. 强度

各品种铝酸盐水泥不同龄期强度值应符合表3-10的规定。

铝酸盐水泥各龄期的强度值　　　　　　表3-10

水泥品种		抗压强度（MPa）				抗折强度（MPa）			
		6h	1d	3d	28d	6h	1d	3d	28d
CA50	CA50-I	≥20	≥40	≥50	—	≥3	≥5.5	≥6.5	—
	CA50-II		≥50	≥60			≥6.5	≥7.5	
	CA50-III		≥60	≥70			≥7.5	≥8.5	
	CA50-IV		≥70	≥80			≥8.5	≥9.5	
CA60	CA60-I	—	≥65	≥85	—	—	≥7.0	≥10.0	—
	CA60-II		≥20	≥45	≥85		≥2.5	≥5.0	≥10.0
CA70		—	≥30	≥40		—	≥5.0	≥6.0	
CA80		—	≥25	≥30		—	≥4.0	≥5.0	

5. 耐火度

如用户有耐火度要求时，由买卖双方商定。

（三）铝酸盐水泥的特性与应用

1. 凝结速度快，早期强度高

铝酸盐水泥1d强度可达最高强度的80%以上，所以一般用于抢建、抢修工程和早强要求高的工程。

2. 水化热大，且放热量集中

铝酸盐水泥1d的放热量约为总放热量的70%～80%，适合冬季施工，不适合大体积混凝土工程及高温潮湿环境中的工程。

3. 抗硫酸盐腐蚀性较强

铝酸盐水泥因其水化产物中无$Ca(OH)_2$，所以其抗硫酸盐腐蚀性较强，适合抗硫酸盐腐蚀的工程。

4. 耐碱性差

铝酸盐水泥与含碱物质接触会引起铝酸盐水泥的侵蚀，不得用于接触碱性溶液的工程。

5. 耐热性好

铝酸盐水泥可承受1300～1400℃的高温，可以配制不定形耐火材料。

铝酸盐水泥还可用来配制膨胀水泥、自应力水泥、化学建材等。

另外，在《铝酸盐水泥》（GB/T 201—2015）的附录B中，专门规定了CA50用于土建工程时的注意事项：因其后期强度下降较大，应按最低稳定强度设计；为防止凝结时间失控，一般不得与硅酸盐水泥、石灰等能析出氢氧化钙的胶凝物质混合，使用前拌和设备等必须冲洗干净；不得与未硬化的硅酸盐水泥混凝土接触使用，可以与具有脱模强度的硅酸盐水泥接触使用，但接茬处不应长期处于潮湿状态；用于蒸汽养护加速混凝土硬化时，养护温度不得高于50℃；用于钢筋混凝土时，钢筋保护层厚度不得小于60mm；未经试验，不得加入任何外加物。

二 砌筑水泥（GB/T 3183—2017）

（一）砌筑水泥的定义

砌筑水泥是由硅酸盐水泥熟料加入规定的混合材料和适量石膏，磨细制成的保水性较好的水硬性胶凝材料，代号为M。

（二）砌筑水泥的技术要求

（1）三氧化硫：三氧化硫含量不大于3.5%。

（2）氯离子：氯离子含量不大于0.06%。

（3）细度：80μm方孔筛筛余不大于10.0%。

（4）凝结时间：初凝时间不小于60min，终凝时间不大于720min。

（5）安定性：沸煮法检验应合格。

（6）保水率：保水率不小于80%。

（7）强度：砌筑水泥分为12.5、22.5和32.5三个强度等级，不同龄期的强度应符合表3-11的规定。

砌筑水泥各龄期的强度值　　　　　　表3-11

强度等级	抗压强度（MPa）			抗折强度（MPa）		
	3d	7d	28d	3d	7d	28d
12.5	—	≥7.0	≥12.5	—	≥1.5	≥3.0
22.5	—	≥10.0	≥22.5	—	≥2.0	≥4.0
32.5	≥10.0	—	≥32.5	≥2.5	—	≥5.5

（三）砌筑水泥的应用

砌筑水泥主要用于砌筑砂浆、抹面砂浆、垫层混凝土等，不应用于结构混凝土。

三、白色硅酸盐水泥（GB/T 2015—2017）

（一）白色硅酸盐水泥的定义

白色硅酸盐水泥是指由白色硅酸盐水泥熟料、适量石膏和混合材料磨细制成的水硬性胶凝材料，代号为 P·W。其中白色硅酸盐水泥熟料和适量石膏占 70%～100%，石灰岩、白云质石灰岩和石英砂等天然矿物混合材料占 0%～30%。

白色硅酸盐水泥熟料是以适当成分的生料烧至部分熔融，所得以硅酸钙为主要成分，氧化铁含量少的熟料。当 Fe_2O_3 的含量小于 0.5% 时，水泥接近白色，烧制白色硅酸盐水泥要在整个生产过程中控制氧化铁的含量。

（二）白色硅酸盐水泥的主要技术要求

（1）三氧化硫：三氧化硫含量不大于 3.5%。

（2）细度：45μm 方孔筛筛余不大于 30.0%。

（3）安定性：沸煮法检验应合格。

（4）凝结时间：初凝时间不小于 45min，终凝不大于 600min。

（5）白度：白色硅酸盐水泥按照白度分为 1 级和 2 级，代号分别为 P·W-1 和 P·W-2。1 级白度不小于 89，2 级白度不小于 87。白度按照《建筑材料与非金属矿产品白度测量方法》（GB/T 5950—2008）检测，标准白板、仪器及仪器校正、样品保存及制备、结果计算和处理按《白色硅酸盐水泥》（GB/T 2015—2017）附录 A 进行。

（6）强度：白色硅酸盐水泥按照强度分为 32.5、42.5 和 52.5 三个强度等级。不同龄期的强度应符合表 3-12 的规定。

白色硅酸盐水泥各龄期的强度值　　　　表 3-12

强度等级	抗折强度（MPa）		抗压强度（MPa）	
	3d	28d	3d	28d
32.5	≥3.0	≥6.0	≥12.0	≥32.5
42.5	≥3.5	≥6.5	≥17.0	≥42.5
52.5	≥4.0	≥7.0	≥22.0	≥52.5

（三）白色硅酸盐水泥的性能和应用

白色硅酸盐水泥色泽洁白，如在粉磨时加入碱性颜料，可制成彩色水泥，或者在白水泥中加入颜料使其变成彩色水泥。

白色水泥和彩色水泥主要用于建筑装饰。可用于建筑物内外墙面、天棚、柱子的粉刷，镶贴装饰材料的勾缝；配制白色或彩色砂浆用于装饰抹灰，如水刷石、斩假石、水磨石等；配制彩色混凝土；也可用于雕塑。

四 道路硅酸盐水泥（GB/T 13693—2017）

（一）道路硅酸盐水泥的定义

道路硅酸盐水泥是指由道路硅酸盐水泥熟料、0%～10%的活性混合材料和适量石膏磨细制成的水硬性胶凝材料，代号为P·R。

道路硅酸盐水泥熟料是以适当成分的生料烧至部分熔融，所得以硅酸钙为主要成分，含有较多铁铝酸钙的硅酸盐水泥熟料。其中，铝酸三钙的含量不应大于5%，铁铝酸四钙的含量不应小于15%，游离氧化钙的含量不应大于1%。

（二）道路硅酸盐水泥的主要技术要求

（1）氧化镁：氧化镁含量不大于5.0%，如果水泥经压蒸试验合格，则氧化镁的含量允许放宽至6.0%。

（2）三氧化硫：三氧化硫含量不大于3.5%。

（3）烧失量：烧失量不大于3.0%。

（4）氯离子：氯离子含量不大于0.06%。

（5）细度：比表面积为300～450m^2/kg。

（6）凝结时间：初凝时间不小于90min，终凝时间不大于720min。

（7）安定性：沸煮法检验应合格。

（8）干缩率：28d干缩率不大于0.10%。

（9）耐磨性：28d磨耗量不大于3.00kg/m^2。

（10）强度：道路硅酸盐水泥按照28d抗折强度分为7.5和8.5两个强度等级。不同龄期的强度应符合表3-13的规定。

道路硅酸盐水泥各龄期的强度值　　表3-13

强度等级	抗折强度（MPa）		抗压强度（MPa）	
	3d	28d	3d	28d
7.5	≥4.0	≥7.5	≥21.0	≥42.5
8.5	≥5.0	≥8.5	≥26.0	≥52.5

（三）道路硅酸盐水泥的性能和应用

道路硅酸盐水泥早期强度高，特别是抗折强度高、干缩率小、耐磨性好、抗冲击性好，主要用于道路路面、飞机场跑道、广场、车站等对耐磨性、抗干缩性要求较高的混凝土工程。

五 中热硅酸盐水泥、低热硅酸盐水泥（GB/T 200—2017）

（一）中热、低热硅酸盐水泥的定义

中热硅酸盐水泥是指由适当成分的硅酸盐水泥熟料和适量石膏，磨细制成的具有中等水化热的水硬性胶凝材料，代号为P·MH。熟料中硅酸三钙的含量不大于55.0%，铝酸三

钙的含量不大于6.0%，游离氧化钙的含量不大于1.0%。

低热硅酸盐水泥是指由适当成分的硅酸盐水泥熟料和适量石膏，磨细制成的具有低水化热的水硬性胶凝材料，代号为P·LH。熟料中硅酸二钙的含量不小于40.0%，铝酸三钙的含量不大于6.0%，游离氧化钙的含量不大于1.0%。

（二）中热、低热硅酸盐水泥的主要技术要求

（1）氧化镁：氧化镁含量不大于5.0%，如果水泥经压蒸试验合格，则氧化镁的含量允许放宽至6.0%。

（2）三氧化硫：三氧化硫含量不大于3.5%。

（3）烧失量：烧失量不大于3.0%。

（4）不溶物：不溶物含量不大于0.75%。

（5）细度：比表面积不小于250m^2/kg。

（6）凝结时间：初凝时间不小于60min，终凝时间不大于720min。

（7）安定性：沸煮法检验应合格。

（8）强度：中热硅酸盐水泥强度等级为42.5；低热硅酸盐水泥分为32.5和42.5两个强度等级。不同龄期的强度应符合表3-14的规定。

中热、低热硅酸盐水泥各龄期的强度值　　　　表3-14

品种	强度等级	抗折强度（MPa）			抗压强度（MPa）		
		3d	7d	28d	3d	7d	28d
中热硅酸盐水泥	42.5	≥12.0	≥22.0	≥42.5	≥3.0	≥4.5	≥6.5
低热硅酸盐水泥	32.5	—	≥10.0	≥32.5	—	≥3.0	≥5.5
	42.5	—	≥13.0	≥42.5	—	≥3.5	≥6.5

（9）水化热：中热、低热硅酸盐水泥的水化热应符合表3-15的规定。

中热、低热硅酸盐水泥各龄期的水化热　　　　表3-15

品种	强度等级	水化热（kJ/kg）	
		3d	3d
中热硅酸盐水泥	42.5	≤251	≤293
低热硅酸盐水泥	32.5	≤197	≤230
	42.5	≤230	≤260

（三）中热、低热硅酸盐水泥的性能和应用

中热、低热硅酸盐水泥主要适用于要求水化热较低的大坝和大体积混凝土工程。

六　快硬水泥

目前我国使用的快硬水泥品种有快硬硫铝酸盐水泥、快硬铁铝酸盐水泥（JC 933—2003）、快硬高强铝酸盐水泥（JC 416—1991）、快硬高铁硫铝酸盐水泥（JC/T 933—2019）、快凝快硬硫铝酸盐水泥（JC/T 2282—2014）等。

快硬水泥凝结硬化快，早期强度高，水化热大，适用于紧急抢修工程、早期强度要求高的混凝土工程以及冬季施工的混凝土工程，但不得用于大体积混凝土工程。

七、膨胀水泥和自应力水泥

一般水泥硬化时，通常表现为体积收缩，导致混凝土内部产生微裂纹，降低混凝土的耐久性。在浇筑节点、堵塞孔洞、修补缝隙时达不到预期效果。采用膨胀水泥或自应力水泥配制混凝土，可以解决由于收缩带来的不利后果。

膨胀水泥和自应力水泥在硬化过程中会产生一定体积的膨胀，由于这一过程发生在浆体完全硬化之前，故能使水泥石结构密实而不破坏。根据自应力的大小，可以分为膨胀水泥（自应力<2.0MPa）和自应力水泥（自应力≥2.0MPa）。

1. 膨胀水泥

膨胀水泥膨胀性较弱，膨胀时产生的压应力大致能够抵消干缩引起的应力，可以防止混凝土产生干缩裂缝。膨胀水泥主要用于收缩补偿混凝土工程，防渗混凝土（屋顶防渗、水池等），防渗砂浆，结构的加固，构件接缝、接头的灌浆，固定设备的机座及地脚螺栓等。

我国目前使用的膨胀水泥主要有膨胀铁铝酸盐水泥（JC 436—1991）、明矾石膨胀水泥（JC/T 311—2004）、低热微膨胀水泥（GB/T 2938—2008）等。

2. 自应力水泥

自应力水泥的膨胀值较大，在限制膨胀的条件下（配有钢筋时），由于水泥石的膨胀，使混凝土受到压应力的作用，可以抵消或降低由于外界因素使混凝土结构产生的拉应力，达到预应力的目的。这种靠水泥自身水化产生膨胀达到的预应力称为自应力。自应力水泥一般用于自应力钢筋混凝土压力管及其配件。

我国目前使用的自应力水泥主要有自应力铝酸盐水泥（JC 214—1991）、自应力铁铝酸盐水泥（JC/T 437—2010）等。

【工程实例3-5】 混凝土管道接头渗漏

【现　　象】 某地下混凝土管道工程中，用硅酸盐水泥进行了构件接缝，待工程完工使用后部分接头出现渗漏现象。

【原因分析】 上述现象主要是由于硅酸盐水泥干缩造成的渗漏，如果改用膨胀水泥进行接缝，将会避免上述现象的出现。

水泥发展的方向

◀ 本 章 小 结 ▶

本章是课程的重点章节之一，应重点掌握通用硅酸盐水泥的品种、技术要求、性能及应用、腐蚀及防治。通用硅酸盐水泥有6个品种。通用硅酸盐水泥是否为合格品，能否用在工程中，《通用硅酸盐水泥》（GB 175—2007）对水泥的各项技术要求都做了规定，比如硅酸盐水泥的初凝时间应不小于45min，不满足此要求时，为不合格品，不能用在工程中。工作中需要对水泥采样进行检测，以评价其各项技术要求是否满足国家标准的规定。若要合理选择6个品种的通用硅酸盐水泥，将其用在工程中，则需要分析工程特点及所处环境条件对水泥性能的要求，再根据各水泥品种的性能进行匹配。水泥在使用时处在一定的环境中，环境中的介质会对其造成腐蚀，产生危害，需要分析腐蚀的种类以有针对性地采取措施。

若要掌握通用硅酸盐水泥的技术要求、性能及应用、腐蚀与防治，需要进一步深入地熟悉通用硅酸盐水泥的组成、硅酸盐水泥熟料的矿物组成及性质、混合材料的性能、水泥的水化及产物、凝结硬化等内容，这样才能从原理上理解通用硅酸盐水泥的技术要求、各水泥品种表现出来的各异的性能及选用依据、水泥石的腐蚀机理及防治措施，真正做到融会贯通。

工程中还会经常使用其他品种的水泥，如铝酸盐水泥、砌筑水泥、白色硅酸盐水泥、道路硅酸盐水泥、中热和低热硅酸盐水泥、快硬水泥、膨胀水泥和自应力水泥等，这些水泥品种有突出的性能，属于特种水泥，具有专门用途或在特殊要求下使用。

练 习 题

一、填空题

1. 《通用硅酸盐水泥》(GB 175—2007)规定，通用硅酸盐水泥是以_____和适量的_____及规定的_____制成的水硬性胶凝材料。

2. 硅酸盐水泥分为两种类型，未掺加混合材料的称_____型硅酸盐水泥，代号为_____；掺加不超过5%的混合材料的称_____型硅酸盐水泥，代号为_____。

3. 生产硅酸盐水泥熟料的原料主要有_____和_____，有时为调整化学成分还需加入少量_____。

4. 通用硅酸盐水泥的生产可以概括为"两磨一烧"。其中"两磨"分别是指_____和_____，"一烧"是指_____。

5. 硅酸盐水泥熟料中有四种主要矿物组成，分别是_____、_____、_____和_____，其中_____和_____统称为硅酸钙矿物，一般占水泥熟料总量的75%左右。

6. 影响硅酸盐水泥凝结硬化的主要因素有_____、_____、_____、_____、_____、_____等。

7. 对于游离氧化钙引起的安定性不良，《通用硅酸盐水泥》(GB 175—2007)规定采用_____检测必须合格。

8. 游离氧化镁和石膏引起的安定性不良不便通过试验检验，因此《通用硅酸盐水泥》(GB 175—2007)对其_____进行严格控制。

9. 为使水泥的凝结时间、安定性的测定结果具有可比性，此两项指标测定时必须将水泥净浆拌制为_____净浆。

10. 水化热对于_____的混凝土工程是有利的，但对于_____混凝土工程是不利的。

11. 水泥石在使用过程中往往会受到环境中_____、_____、_____和_____等的腐蚀。

12. 生产水泥时常掺入的活性混合材料有_____、_____和_____。

二、单选题

1. 硅酸盐水泥熟料中,( )的凝结硬化速度最快、水化热最大,且硬化时体积收缩最大。
   A. 硅酸三钙   B. 硅酸二钙
   C. 铝酸三钙   D. 铁铝酸四钙

2. 硅酸盐水泥熟料中,( )的水化速度快,水化热大,且主要是早期放出,其强度最高,是决定水泥强度的主要矿物。
   A. 硅酸三钙   B. 硅酸二钙
   C. 铝酸三钙   D. 铁铝酸四钙

3. 水泥在粉磨时掺入适量的石膏,其目的是对水泥起( )作用。
   A. 促凝   B. 缓凝   C. 提高产量   D. 提高强度

4. 《通用硅酸盐水泥》(GB 175—2007)规定,硅酸盐水泥和普通硅酸盐水泥的细度应满足( )的规定。
   A. 比表面积不小于300m²/kg   B. 比表面积不大于300m²/kg
   C. 80μm方孔筛筛余不大于10%   D. 45μm方孔筛筛余不大于30%

5. 《通用硅酸盐水泥》(GB 175—2007)规定,普通硅酸盐水泥、矿渣硅酸盐水泥、火山灰质硅酸盐水泥、粉煤灰硅酸盐水泥、复合硅酸盐水泥的初凝时间和终凝时间分别应满足( )的规定。
   A. 不大于45min,不小于390min
   B. 不大于45min,不小于600min
   C. 不小于45min,不大于600min
   D. 不小于45min,不大于390min

6. 地下工程有抗渗要求时,拌制混凝土应优先选用( )。
   A. 硅酸盐水泥   B. 矿渣硅酸盐水泥
   C. 火山灰质硅酸盐水泥   D. 粉煤灰硅酸盐水泥

7. 热工设备基础的混凝土工程,应优先选用( )。
   A. 硅酸盐水泥   B. 矿渣硅酸盐水泥
   C. 火山灰质硅酸盐水泥   D. 粉煤灰硅酸盐水泥

8. 大体积混凝土工程,不能选用( )。
   A. 硅酸盐水泥   B. 矿渣硅酸盐水泥
   C. 火山灰质硅酸盐水泥   D. 低热硅酸盐水泥

9. 抗硫酸盐腐蚀的混凝土工程应优先选用( )。
   A. 硅酸盐水泥   B. 普通硅酸盐水泥
   C. 火山灰质硅酸盐水泥   D. 膨胀水泥

10. 严寒地区有抗冻要求的混凝土工程应优先选用( )。
    A. 硅酸盐水泥   B. 矿渣硅酸盐水泥
    C. 火山灰质硅酸盐水泥   D. 复合硅酸盐水泥

三、多选题

1. 以下（　　）品种，属于通用硅酸盐水泥。
   A. 硅酸盐水泥　　　　　　　　　　　　B. 普通硅酸盐水泥
   C. 复合硅酸盐水泥　　　　　　　　　　D. 火山灰质硅酸盐水泥
   E. 道路硅酸盐水泥　　　　　　　　　　F. 铝酸盐水泥

2. 《通用硅酸盐水泥》（GB 175—2007）规定，当通用硅酸盐水泥的（　　）中任何一项不符合技术要求时，判定为不合格品。
   A. 化学指标　　　　　　　　　　　　　B. 碱含量
   C. 细度　　　　　　　　　　　　　　　D. 凝结时间
   E. 安定性　　　　　　　　　　　　　　F. 强度

3. 引起水泥安定性不良的原因主要有（　　）。
   A. 熟料中存在过量的游离氧化钙　　　　B. 熟料中存在过量的游离氧化镁
   C. 熟料中存在过量的铝酸三钙　　　　　D. 水泥粉磨时掺入过量的石膏
   E. 水泥中碱含量过多

4. 通用硅酸盐水泥的强度等级是按照（　　）划分的。
   A. 3d 抗压强度　　　　　　　　　　　　B. 3d 抗折强度
   C. 7d 抗压强度　　　　　　　　　　　　D. 7d 抗折强度
   E. 28d 抗折强度　　　　　　　　　　　 F. 28d 抗折强度

5. 防止水泥石腐蚀的措施主要有（　　）。
   A. 合理选择水泥品种　　　　　　　　　B. 提高水灰比
   C. 提高水泥的密实度　　　　　　　　　D. 表面加做保护层

6. 引起水泥石腐蚀的内因主要有（　　）。
   A. 水泥石中存在 $Ca(OH)_2$　　　　　　B. 水泥石中存在水化硅酸钙
   C. 水泥石中存在水化铝酸钙　　　　　　D. 水泥石中存在水化铁酸钙
   E. 水泥石本身结构不密实

7. 由硅酸盐水泥熟料掺入适量石膏和大量活性混合材料磨细得到的水泥品种，其共性有（　　）。
   A. 水化热较大　　　　　　　　　　　　B. 耐腐蚀性较好
   C. 抗冻性较好　　　　　　　　　　　　D. 湿热敏感性强
   E. 抗碳化性较差

8. 水泥品种选择的依据主要有（　　）。
   A. 工程所处环境　　　　　　　　　　　B. 骨料的种类
   C. 工程特点　　　　　　　　　　　　　D. 工程要求的和易性

四、案例题

现有甲、乙两厂生产的硅酸盐水泥熟料，其矿物组成见表3-16，试估计和比较这两厂生产的硅酸盐水泥的强度增长速度和水化热等性质有何差异？为什么？

甲、乙两厂硅酸盐水泥熟料的矿物组成　　　　表 3-16

生产厂	熟料矿物组成（%）			
	C_3S	C_2S	C_3A	C_4AF
甲厂	52	20	12	16
乙厂	45	30	7	18

任务　水泥检测

任务情境

某工程结构形式为现浇混凝土框架结构，采用 C30 商品混凝土，搅拌站需要对配制混凝土的矿渣硅酸盐水泥等进行检测，按照《通用硅酸盐水泥》（GB 175—2007）规定的方法，对水泥的主要指标进行检测，填写水泥的检测记录表，并完成水泥检验报告。

一、一般规定

（一）试验前的准备及注意事项

（1）试验水泥从取样至试验要保持 24h 以上时，应把它储存在基本装满和气密的容器里，这个容器应不与水泥起反应，并在容器上注明生产厂名称、品种、强度等级、出厂日期、送检日期等。

（2）试验室温度为 $(20±2)℃$，相对湿度应不低于 50%，养护箱的温度为 $(20±1)℃$，相对湿度不低于 90%。试体养护池水温应在 $(20±1)℃$ 范围内。

（3）检测前，一切检测用材料（水泥、标准砂、水等）均应与试验室温度相同，即达到 $(20±2)℃$，试验室空气温度和相对湿度及养护池水温在工作期间每天至少记录一次。

（4）养护箱或雾室的温度与相对湿度至少每 4h 记录一次，在自动控制的情况下记录次数可以减至一天记录两次。

（5）检测用水必须是洁净的饮用水，当有争议时应以蒸馏水为准。

（二）水泥现场取样方法

1. 散装水泥

对同一水泥厂生产的同期出厂的同品种、同强度等级的散装水泥，以一次进场的同一出厂编号的水泥为一批，且总量不超过 500t，随机从不少于 3 个罐车中取等量水泥，经混拌均匀后称取不少于 12kg。取样工具如图 3-6 所示，$L=1000\sim2000mm$。

2. 袋装水泥

对同一水泥厂生产的同期出厂的同品种、同强度等级的袋装水泥，以一次进场的同一出厂编号的水泥为一批，且总量不超过 200t。取样应有代表性，可以从 20 个不同部位的袋中取等量样品水泥，经混拌均匀后称取不少于 12kg。取样工具如图 3-7 所示。

检测前,把按上述方法取得的水泥样品,按标准规定将其分成两等份。一份用于标准检测,另一份密封保管3个月,以备有疑问时用于复验。

对水泥质量产生疑问需作仲裁检验时,应按仲裁检验的办法进行。

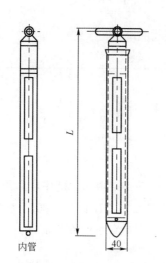
图 3-6　散装水泥取样管(尺寸单位:mm)

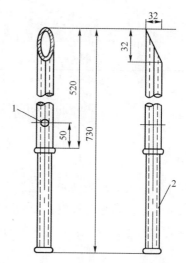
图 3-7　袋装水泥取样管(尺寸单位:mm)
1-气孔;2-手柄

三 细度测定(GB/T 1345—2005)

(一)试验目的

通过筛析法测定水泥的细度,为判定水泥质量提供依据。

(二)试验原理和方法

采用45μm方孔筛和80μm方孔筛对水泥试样进行筛析试验,用筛上筛余物的质量百分数来表示水泥样品的细度。

1. 负压筛析法

用负压筛析仪,通过负压源产生的恒定气流,在规定时间内使试验筛内的水泥达到筛分。

2. 水筛法

将试验筛放在水筛座上,用规定压力的水流,在规定时间内使试验筛内的水泥达到筛分。

3. 手工筛析法

将试验筛放在接料盘(底盘)上,用手工按照规定的拍打速度和转动角度,对水泥进行筛析试验。

(三)主要仪器

1. 试验筛

试验筛分负压筛和水筛两种,其结构尺寸如图 3-8 和图 3-9 所示。筛网应紧绷在筛框上,筛网和筛框接触处应用防水胶密封,防止水泥嵌入。

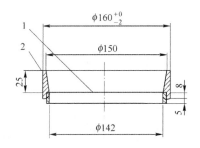
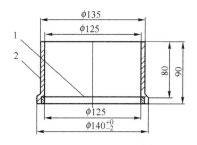

图 3-8 负压筛（尺寸单位：mm）　　图 3-9 水筛（尺寸单位：mm）

1-筛网；2-筛框　　　　　　　　　1-筛网；2-筛框

2. 负压筛析仪

由筛座、负压筛、负压源及收尘器组成，其中筛座由转速为(30±2)r/min 的喷气嘴、负压表、控制板、微电机及壳体构成，如图 3-10 所示。筛析仪负压可调范围为 4000~6000Pa。喷气嘴上口平面与筛网之间距离为 2~8mm，负压源和吸尘器由功率不小于 600W 的工业吸尘器和小型旋风吸尘筒组成，或用其他具有相当功能的设备。

3. 水筛架和喷头

水筛架和喷头的结构如图 3-11 所示。

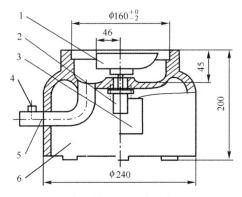
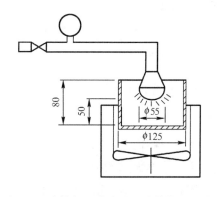

图 3-10 负压筛座（尺寸单位：mm）　　图 3-11 水筛架和喷头（尺寸单位：mm）

1-喷气嘴；2-微电机；3-控制板开口；4-负压表接口；
5-负压源及吸尘器接口；6-壳体

4. 天平

最小分度值不大于 0.01g。

（四）试验步骤

1. 负压筛析法

（1）筛析试验前，应把负压筛放在筛座上，盖上筛盖，接通电源，检查控制系统，调节负压到 4000~6000Pa 范围内。

（2）称取试样，80μm 筛析试验称取试样 25g，45μm 筛析试验称取试样 10g，置于洁净的负压筛中，盖上筛盖，放在筛座上，开动筛析仪连续筛析 2min。在此期间如有试样附着在筛盖上，可轻轻敲击，使试样落下。

（3）筛毕，用天平称取筛余物的质量。当工作负压小于 4000Pa 时，应清理吸尘器内水泥，使负压恢复正常。

2. 水筛法

（1）筛析试验前，调整好水压及水筛架的位置，使其能正常运转，喷头底面和筛网之间距离为 35~75mm。

（2）称取试样，80μm 筛析试验称取试样 25g，45μm 筛析试验称取试样 10g，置于洁净的水筛中，用淡水冲洗至大部分细粉通过后，放在水筛架上，用水压为（0.05±0.02）MPa 的喷头连续冲洗 3min。

（3）筛毕，用少量水把筛余物冲至蒸发皿中，等水泥颗粒全部沉淀后，小心倒出清水，烘干并用天平称量筛余物，精确至 0.01g。

（4）试验筛必须经常保持洁净，筛孔通畅，使用 10 次后要进行清洗。金属框、铜丝筛网清洗时应用专门的清洗剂，不可用弱酸浸泡。

3. 手工干筛法

（1）在没有负压筛析仪和水筛的情况下，允许用手工干筛法测定，称取水泥试样规定同前。将试样倒入干筛内，用一只手执筛往复摇动，另一只手轻轻拍打，拍打速度约为 120 次/min，每 40 次向同一方向转动 60°，使试样均匀分布在筛网上，直至每分钟通过的试样不超过 0.03g 为止。

（2）称量筛余物，称量精确至 0.01g。

（五）结果评定

（1）水泥试样筛余百分数按下式计算（结果精确至 0.1%）：

$$F = R_t/W \times 100\% \tag{3-1}$$

式中：F——水泥试样的筛余百分数；

R_t——水泥筛余物的质量（g）；

W——水泥试样的质量（g）。

（2）筛余结果修正，为使试验结果可比较，应采用试验筛修正系数方法修正上述计算结果，修正系数的确定按《水泥细度检验方法　筛析法》（GB/T 1345—2005）附录 A 进行。

（3）负压筛法与水压筛法或手工干筛法测定的结果发生争议时，以负压筛法为准。

三　标准稠度用水量测定（标准法）（GB/T 1346—2011）

（一）试验目的

水泥的标准稠度用水量，是指水泥净浆达到标准稠度的用水量，以水占水泥质量的百分数表示。通过试验测定水泥的标准稠度用水量，拌制标准稠度的水泥净浆，为测定水泥的凝结时间和安定性提供依据。

（二）试验原理

水泥净浆对标准试杆的下沉具有一定的阻力。不同含水量的水泥净浆对试杆的阻力不同,通过试验确定达到水泥标准稠度时所需加入的水量。

(三)主要仪器

(1)水泥净浆搅拌机,符合《水泥净浆搅拌机》(JC/T 729—2005)的要求。

(2)标准法维卡仪(图3-12)。标准稠度测定用试杆[图3-12c]有效长度为(50±1)mm,由直径为(10±0.05)mm的圆柱形耐腐蚀金属制成。滑动部分的总质量为(300±1)g。与试杆、试针联结的滑动杆表面应光滑,能靠重力自由下落,不得有紧涩和旷动现象。

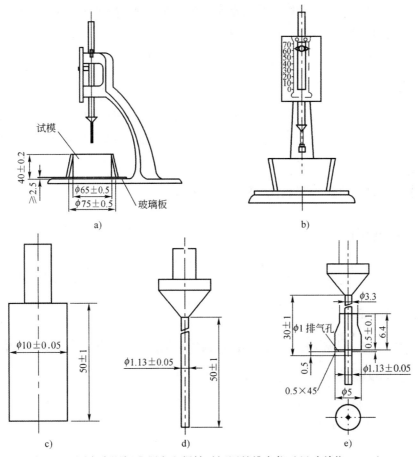

图3-12 测定水泥标准稠度和凝结时间用的维卡仪(尺寸单位:mm)

a)初凝时间测定用立式试模的侧视图;b)终凝时间测定用反转试模的前视图;c)标准稠度试杆;d)初凝用试针;
e)终凝用试针

盛装水泥净浆的试模[图3-12a)]应由耐腐蚀的、有足够硬度的金属制成。试模为深(40±0.2)mm、顶内径(65±0.5)mm、底内径(75±0.5)mm的截顶圆锥体。每个试模应配备一个大于试模、厚度≥2.5mm的平板玻璃底板。

(3)量水器,最小刻度0.1mL,精度1%。

(4)天平,最大称量不小于1000g,分度值不大于1g。

(四)试验步骤

(1)试验前必须做到维卡仪的滑动杆能自由滑动,调整至试杆接触玻璃板时指针应对准零点，净浆搅拌机能正常运行。

（2）用净浆搅拌机搅拌水泥净浆。搅拌锅和搅拌叶片先用湿布擦过，将拌和水倒入搅拌锅内，然后在5～10s内小心将称好的500g水泥加入水中，防止水泥和水溅出；搅拌时，先将锅放在搅拌机的锅座上，升至搅拌位置，启动搅拌机，低速搅拌120s，停15s，同时将叶片和锅壁上的水泥浆刮入锅中间，接着高速搅拌120s后停机。

（3）拌和结束后，立即将拌制好的水泥净浆装入已置于玻璃底板上的试模中，用小刀插捣，轻轻振动数次，刮去多余的水泥净浆；抹平后迅速将试模和底板移到维卡仪上，并将其中心定在试杆下，降低试杆直至与水泥净浆表面接触，拧紧螺丝1～2s后，突然放松，使试杆垂直自由地沉入水泥净浆中；在试杆停止沉入或释放试杆30s时记录试杆与底板之间的距离，升起试杆后，立即擦净；整个操作应在搅拌后1.5min内完成。

（五）结果评定

以试杆沉入净浆距底板(6 ± 1)mm的水泥净浆为标准稠度净浆，其拌和水量为该水泥的标准稠度用水量，按水泥质量的百分比计。如测试结果不能达到标准稠度，应增减用水量，并重复以上步骤，直至达到标准稠度为止。

四、凝结时间测定（GB/T 1346—2011）

（一）试验目的

水泥的凝结时间是重要的技术要求之一。通过试验测定水泥的凝结时间，评定水泥的质量，确定其能否用于工程中。

（二）试验原理

通过试针沉入标准稠度净浆一定深度所需的时间来表示水泥初凝和终凝时间。

（三）主要仪器设备

1.水泥净浆搅拌机

符合《水泥净浆搅拌机》（JC/T 729—2005）的要求。

2.标准法维卡仪

见图3-12，测定凝结时间时取下试杆，用试针代替试杆。试针是由钢制成的圆柱体，其有效长度初凝针为(50 ± 1)mm、终凝针为(30 ± 1)mm，直径为(1.13 ± 0.05)mm。滑动部分的总质量为(300 ± 1)g。与试杆、试针联结的滑动杆表面应光滑，能靠重力自由下落，不得有紧涩和旷动现象。

3.盛装水泥净浆的试模

盛装水泥净浆的试模的要求见标准稠度用水量内容，如图3-12a）所示。

4.量水器

最小刻度0.1mL，精度1%。

5.天平

最大称量不小于1000g，分度值不大于1g。

（四）试件制备

按标准稠度用水量试验的方法制成标准稠度的净浆，将净浆一次装满试模，振动数次刮平，立即放入湿气养护箱中。记录水泥全部加入水中的时间，作为凝结时间的起始时间。

（五）试验步骤

1. 调整凝结时间测定仪

测定仪的试针接触玻璃板时，指针对准零点。

2. 初凝时间测定

试模在湿气养护箱中养护至加水后 30min 时进行第一次测定。测定时，从湿气养护箱中取出试模放到试针下，降低试针使之与水泥净浆表面接触。拧紧螺栓 1~2s 后，突然放松，试针垂直自由地沉入水泥净浆。观察试针停止下沉或释放试针 30s 时指针的读数。当试针沉至距底板(4±1)mm 时，为水泥达到初凝状态。由水泥全部加入水中至初凝状态的时间为水泥的初凝时间，用"min"表示。

3. 终凝时间测定

为了准确观测试针沉入的状况，在试针上安装了一个环形附件［图 3-12e）］。在完成初凝时间测定后，立即将试模连同浆体以平移的方式从玻璃板取下，翻转 180°，直径大端向上、小端向下放在玻璃板上，再放入湿气养护箱中继续养护；临近终凝时间时，每隔 15min 测定一次；当试针沉入试体 0.5mm 时，即环形附件开始不能在试体上留下痕迹时，为水泥达到终凝状态。由水泥全部加入水中至终凝状态的时间为水泥的终凝时间，用"min"表示。

注意：在最初测定操作时应轻轻扶持金属柱，使其徐徐下降，以防试针撞弯，但结果以自由下落为准，在整个测试过程中试针沉入的位置至少要距试模内壁 10mm。临近初凝时，每隔 5min 测定一次，临近终凝时，每隔 15min 测定一次，到达初凝或终凝时应立即重复测一次，当两次结论相同时才能定为到达初凝或终凝状态。每次测定不能让试针落入原针孔，每次测试完毕须将试针擦净并将试模放回湿气养护箱内，整个测试过程要防止试模受振。

五 安定性测定（GB/T 1346—2011）

（一）试验目的

水泥的安定性是重要的技术要求之一。通过试验测定水泥的安定性，评定水泥的质量，确定其能否用于工程中。

（二）试验原理

雷氏法：通过测定雷氏夹沸煮前后两个试针的相对位移来衡量标准稠度水泥试件的膨胀程度，以此评定水泥浆硬化后体积变化是否均匀。

试饼法：观测沸煮后标准稠度水泥试饼外形的变化程度，评定水泥浆硬化后体积变化是否均匀。

(三)主要仪器设备

1. 水泥净浆搅拌机

符合《水泥净浆搅拌机》(JC/T 729—2005)的要求。

2. 沸煮箱

有效容积为410mm×240mm×310mm,箅板结构应不影响试验结果,箅板与加热器之间的距离大于50mm。箱的内层由不易锈蚀的金属材料制成,能在(30±5)min内将箱内的试验用水由室温加热至沸腾并可保持沸腾状态3h以上,整个试验过程中不需要补充水量。

3. 雷氏夹

由铜质材料制成,其结构如图3-13所示。当一根指针的根部先悬挂在一根金属丝或尼龙丝上,另一根指针的根部再挂上300g质量的砝码时,两根针尖距离增加应在$(17.5±2.5)$mm范围以内,即$2x=(17.5±2.5)$mm,如图3-14所示;当去掉砝码后针尖的距离能恢复至挂砝码前的状态。每个雷氏夹需配备质量约为75~85g的玻璃板两块。

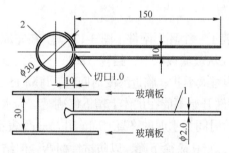

图3-13 雷氏夹(尺寸单位:mm)

1-指针;2-环模

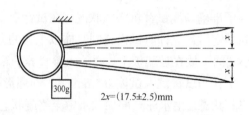

图3-14 雷氏夹受力示意图

4. 雷氏夹膨胀值测定仪

雷氏夹膨胀值测定仪标尺最小刻度为0.5mm,如图3-15所示。

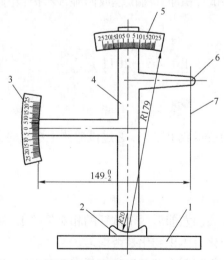

图3-15 雷氏夹膨胀值测定仪(尺寸单位:mm)

1-底座;2-模子座;3-测弹性标尺;4-立柱;5-测膨胀值标尺;6-悬臂;7-悬丝

5. 其他设备

量水器，最小刻度为 0.1mL，精度 1%；天平，感量 1g；湿气养护箱，(20±1)℃，相对湿度不低于 90%。

（四）试样制备

1. 水泥标准稠度净浆的制备

以标准稠度用水量加水，按标准稠度测定方法制成标准稠度的水泥净浆。

2. 试饼的成型

将制好的净浆取出一部分分成两等份，使之呈球形，放在预先准备好的玻璃板上，轻轻振动玻璃板并用湿布擦过的小刀由边缘向中央抹动，做成直径 70～80mm、中心厚约 10mm、边缘渐薄、表面光滑的试饼，接着将试饼放入湿气养护箱内养护(24±2)h。

3. 雷氏夹试件成型

将预先准备好的雷氏夹放在已擦油的玻璃板上，并立即将已制好的标准稠度净浆一次装满雷氏夹，装浆时一只手轻轻扶持试模，另一只手用宽约 10mm 的小刀插捣数次后抹平，盖上稍涂油的玻璃板，接着立刻将试件移至湿气养护箱内养护(24±2)h。

（五）试验步骤

（1）安定性的测定，可以采用试饼法和雷氏法，雷氏法为标准法，试饼法为代用法。雷氏法是测定水泥净浆在雷氏夹中沸煮后的膨胀值，试饼法通过观察水泥净浆试件沸煮后的外形变化来检验水泥的体积安定性。当两种方法发生争议时，以雷氏法测定结果为准。

（2）调整好沸煮箱内水量，保证在整个沸煮过程中水都能超过试件，不需中途添补试验用水，同时又能保证在(30±5)min 内升温至沸腾。

（3）当用雷氏法测量时，先测量试件指针尖端间的距离 A，精确至 0.5mm。接着将试件放入水中篦板上，指针朝上，试件之间互不交叉，然后在(30±5)min 内加热至沸，并恒沸(180±5)min。

（4）当采用试饼法时，应先检查试饼是否完整，如已开裂翘曲，要检查原因，确定无外因时，该试饼已属不合格，不必沸煮。在试饼无缺陷的情况下，将试饼放在沸煮箱的水中篦板上，然后在(30±5)min 内加热至沸，并恒沸(180±5)min。

（六）结果评定

沸煮结束，即放掉箱中的热水，打开箱盖，等箱体冷却至室温，取出试件进行判定。

1. 试饼法

目测试饼未发现裂缝，用钢直尺检查也没有弯曲（使钢直尺和试饼底部紧靠，以两者间不透光为不弯曲），则为安定性合格，反之为不合格。当两个试饼的判定结果有矛盾时，该水泥的安定性为不合格。

2. 雷氏法

测量试件针尖端之间的距离 C，记录至小数点后一位，准确至 0.5mm。当两个试件煮后增加距离（$C-A$）的平均值不大于 5.0mm 时，即认为该水泥的体积安定性合格；当两个试件的（$C-A$）值相差超过 4.0mm 时，应用同一样品立即重做一次试验。若结果仍如此，则认为该水泥安定性不合格。

六　胶砂强度测定（GB/T 17671—2021）

（一）试验目的

通过试验测定水泥的胶砂强度，评定水泥的强度等级或判定水泥的质量。

（二）试验原理

通过测定标准方法制作的胶砂试块的抗压破坏荷载及抗折破坏荷载，确定其抗压强度和抗折强度。

（三）主要仪器设备

1.行星式胶砂搅拌机

搅拌机应符合《行星式水泥胶砂搅拌机》（JC/T 681—2022）的要求，如图 3-16 所示。用多台搅拌机工作时，搅拌锅与搅拌叶片应保持配对使用。叶片与锅之间的间隙，是指叶片与锅壁最近的距离，应每月检查一次。

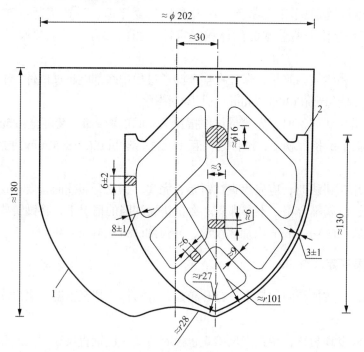

图 3-16　行星式胶砂搅拌机典型的锅和叶片（尺寸单位：mm）
1-搅拌锅；2-搅拌叶片

2.试模

试模由三个水平的模槽组成，如图 3-17 所示。可同时成型三条截面为40mm×40mm、长 160mm 的棱柱体试件，其材质和制造尺寸应符合《水泥胶砂试模》（JC/T 726—2005）的要求。成型操作时，应在试模上面加一个壁高 20mm 的金属模套，当从上往下看时，模套壁与试模内壁应该重叠，超出内壁不应大于 1mm。

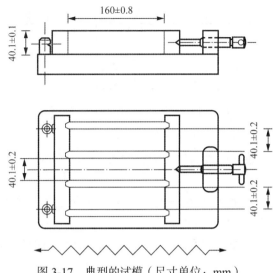

图 3-17　典型的试模（尺寸单位：mm）

为了控制料层厚度和刮平胶砂，应备有两个布料器和刮平金属直边尺，如图 3-18 所示。

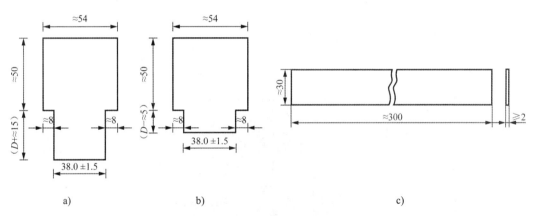

a)　　　　　　　　　　b)　　　　　　　　　　c)

图 3-18　典型的布料器和直边尺（尺寸单位：mm）

a) 大布料器；b) 小布料器；c) 直边尺

D-模套的高度

3. 振实台

振实台为基准成型设备，应符合《水泥胶砂试体成型振实台》（JC/T 682—2022）的要求。振实台应安装在高度约 400mm 的混凝土基座上。混凝土基座体积应大于 $0.25m^3$，质量应大于 600kg。将振实台用地脚螺栓固定在基座上，安装后台盘成水平状态，振实台底与基座之间要铺一层胶砂以保证它们的完全接触。

4. 抗折强度试验机

试验机应符合《水泥胶砂电动抗折试验机》（JC/T 724—2005）的要求。试件在夹具中的受力状态如图 3-19 所示。

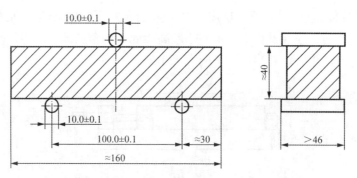

图 3-19 抗折强度测定加荷示意图（尺寸单位：mm）

5. 抗压强度试验机

试验机应符合《水泥胶砂强度自动压力试验机》（JC/T 960—2022）的要求。

6. 抗压夹具

当需要使用夹具时，应把它放在压力机的上下压板之间并与压力机处于同一轴线，以便将压力机的荷载传递至胶砂试件表面。抗压夹具应符合《40mm×40mm水泥抗压夹具》（JC/T 683—2005）的要求，受压面积为40mm×40mm。典型的抗压夹具如图 3-20 所示。

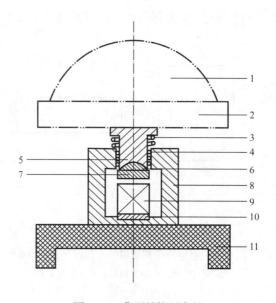

图 3-20 典型的抗压夹具

1-压力机球座；2-压力机上压板；3-复位弹簧；4-滚珠轴承；5-滑块；6-夹具球座；7-夹具上压板；8-夹具框架；9-试件；10-夹具下压板；11-压力机下压板

（四）试件制备

1. 胶砂组成

中国 ISO 标准砂：应完全符合表 3-17 规定的颗粒分布，湿含量小于 0.2%。以(1350±5)g 容量的塑料袋包装，但所用塑料袋材料不得影响试验结果。使用前，中国 ISO 标准砂应妥善存放，避免破损、污染、受潮。

ISO 标准砂的颗粒分布　　　　　　　　　　表 3-17

方孔边长（mm）	累计筛余（%）	方孔边长（mm）	累计筛余（%）
2.00	0	0.50	67±5
1.60	7±5	0.16	87±5
1.00	33±5	0.08	99±1

（1）水泥：水泥样品应储存在气密的容器里，这个容器不应与水泥发生反应。试验前应混合均匀。

（2）水：验收试验或有争议时应使用符合 GB/T 6682 规定的三级水，其他试验可用饮用水。

2. 胶砂的制备

（1）配合比

胶砂的质量配合比应为一份水泥、三份中国 ISO 标准砂和半份水（水灰比为 0.50）。每锅材料需(450±2)g 水泥、(1350±5)g 砂、(225±1)mL 或(225±1)g 水。一锅胶砂成型三条试件。

（2）配料

水泥、标准砂、水和试验仪器及用具的温度应与试验室温度相同，应保持在(20±2)℃，相对湿度应不低于 50%。称量用天平的分度值不大于±1g，加水器分度值不大于±1mL。

（3）搅拌

胶砂采用胶砂搅拌机按以下程序进行搅拌，可以采用自动控制，也可以采用手动控制。把水加入锅里，再加入水泥，把锅固定在固定架上，上升至工作位置；立即开动机器，先低速搅拌(30±1)s 后，在第二个(30±1)s 开始的同时均匀地将砂加入，把搅拌机调至高速再搅拌(30±1)s；停拌 90s，在停拌开始的(15±1)s 内，将搅拌锅放下，用刮刀将叶片、锅壁和锅底上的胶砂刮入锅中；再在高速下继续搅拌(60±1)s。

3. 试件制作

（1）用振实台成型

胶砂制备后立即进行成型。将空试模和模套固定在振实台上，用料勺将锅壁上的胶砂清理到锅内并翻转搅拌胶砂使其更加均匀，成型时将胶砂分两层装入试模。装第一层时，每个槽里放约 300g 胶砂，先用料勺沿试模长度方向划动胶砂以布满模槽，再用大布料器垂直架在模套顶部沿每个模槽来回一次将料层布平，接着振实 60 次。再装入第二层胶砂，用料勺沿试模长度方向划动胶砂以布满模槽，但不能接触已振实胶砂，再用小布料器布平，振实 60 次。每次振实时可将一块用水湿过拧干、比模套尺寸稍大的棉纱布盖在模套上以防止振实时胶砂飞溅。

移走模套，从振实台上取下试模，用一金属直边尺以近似 90°的角度（但向刮平方向稍斜）架在试模模顶的一端，然后沿试模长度方向以横向锯割动作慢慢向另一端移动，将超过试模部分的胶砂刮去。锯割动作的多少和直尺角度的大小取决于胶砂的稀稠程度，较稠的胶砂需要多次锯割，锯割动作要慢以防止拉动已振实的胶砂。用拧干的湿毛巾将试模端板顶部的胶砂擦拭干净，再用同一直边尺以近乎水平的角度将试件表面抹平。抹平的次数要尽量少，总次数不应超过 3 次。最后将试模周边的胶砂擦除干净。

用毛笔或其他方法对试件进行编号。两个龄期以上的试件，在编号时应将同一试模中的3条试件分在两个以上龄期内。

（2）用振动台成型

在搅拌胶砂的同时将试模和下料漏斗卡紧在振动台的中心。将搅拌好的胶砂均匀地装入下料漏斗中，开动振动台，胶砂通过漏斗流入试模。振动(120±5)s停止振动。振动完毕，取下试模，用刮平尺以规定的刮平手法刮去其高出试模的胶砂并抹平、编号。

4. 试件养护

（1）脱模前的处理和养护

在试模上盖一块玻璃板，也可用相似尺寸的钢板或不渗水的、和水泥没有反应的材料制成的板。盖板不应与水泥胶砂接触，盖板与试模之间的距离应控制在2~3mm之间。为了安全，玻璃板应有磨边。

立即将做好标记的试模放入养护室或湿箱的水平架子上养护，湿空气应能与试模各边接触。养护室或湿箱的温度应控制在$(20±1)℃$，相对湿度不低于90%。养护时不应将试模放在其他试模上。一直养护到规定的脱模时间取出脱模。

（2）脱模

脱模应非常小心，脱模时可以用橡皮锤或脱模器。

对于24h龄期的，应在破型试验前20min内脱模。对于24h以上龄期的，应在成型后20~24h之间脱模。

当经24h养护，会因脱膜对强度造成损害时，可以延迟至24h以后脱模，但在试验报告中应予说明。

已确定作为24h龄期试验（或其他不下水直接做试验）的已脱模试件，应用湿布覆盖至做试验时为止。

（3）水中养护

将做好标记的试件立即水平或竖直放在$(20±1)℃$水中养护，水平放置时刮平面应朝上。试件放在不易腐烂的篦子上，并彼此间保持一定距，让水与试件的六个面接触。养护期间试件之间间隔或试件上表面的水深不应小于5mm。每个养护池只养护同类型的水泥试件。

最初用自来水装满养护池（或容器），随后随时加水保持适当的水位。在养护期间，可以更换不超过50%的水。

（4）强度试验试件的龄期

除24h龄期或延迟至48h脱模的试件外，任何到龄期的试件应在试验（破型）前提前从水中取出，揩去试件表面沉积物，并用湿布覆盖至试验时为止。

试件龄期从水泥加水搅拌开始试验时算起。不同龄期强度试验在下列时间里进行：24h±15min；48h±30min；72h±45min；7d±2h；28d±8h。

（五）试验步骤

1. 抗折强度测定

用抗折强度试验机测定抗折强度。

将试件一个侧面放在试验机支撑圆柱上，试件长轴垂直于支撑圆柱，通过加荷圆柱以(50±10)N/s 的速率均匀地将荷载垂直地加在棱柱体相对侧面上，直至折断。保持两个半截棱柱体处于潮湿状态直至抗压试验。

抗折强度按下式计算：

$$R_f = \frac{3F_f L}{2b^3} \tag{3-2}$$

式中：R_f——抗折强度（MPa）；
　　　F_f——折断时施加于棱柱体中部的荷载（N）；
　　　L——支撑圆柱之间的距离（mm）；
　　　b——棱柱体正方形截面的边长（mm）。

2. 抗压强度测定

抗折强度试验完成后，取出两个半截试件，进行抗压强度试验，抗压强度在半截棱柱体的侧面上进行。半截棱柱体中心与压力机压板受压中心差应在±0.5mm 内，棱柱体露在压板外的部分约有 10mm。在整个加荷过程中以(2400±200)N/s 的速率均匀地加荷直至破坏。

抗压强度按下式计算（受压面积计为 1600mm²）：

$$R_c = \frac{F_c}{A} \tag{3-3}$$

式中：R_c——抗压强度（MPa）；
　　　F_c——破坏时的最大荷载（N）；
　　　A——受压部分面积（mm²）。

（六）试验结果

1. 抗折强度

（1）结果的计算和表示

以一组 3 个棱柱体抗折结果的平均值作为试验结果。当 3 个强度值中有一个超出平均值的±10%时，应剔除后再取平均值作为抗折强度试验结果；当 3 个强度值中有两个超出平均值的±10%时，则以剩余一个作为抗折强度结果。

单个抗折强度结果精确至 0.1MPa，算术平均值精确至 0.1MPa。

（2）结果的报告

报告所有单个抗折强度结果以及按规定剔除的抗折强度结果、计算的平均值。

2. 抗压强度

（1）结果的计算和表示

以一组 3 个棱柱体上得到的 6 个抗压强度测定值的平均值作为试验结果。当 6 个测定值中有一个超出 6 个平均值的±10%时，剔除这个结果，再以剩下 5 个的平均值作为结果。当 5 个测定值中有一个超过它们平均值的±10%时，则此组结果作废。当 6 个测定值中同时有两个或两个以上超出平均值的±10%时，则此组结果作废。

单个抗压强度结果精确至 0.1MPa，算术平均值精确至 0.1MPa。

（2）结果的报告

报告所有单个抗压强度结果以及按规定剔除的抗压强度结果、计算的平均值。

水泥物理性能
检验记录

通用硅酸盐水
泥检验报告

观察与思考

1. 国家标准对水泥的技术要求中没有标准稠度用水量，为什么在水泥性能试验中要求测其标准稠度用水量？

2. 某工程所用水泥经安定性检验（雷氏法）合格，但一年后混凝土构件出现开裂，试分析是否可能是水泥安定性不良引起的？

3. 测定水泥胶砂强度时，为何不用普通砂而用标准砂？所用标准砂必须有一定的级配要求，为什么？

4. 某工地一批 42.5 级普通硅酸盐水泥进场，根据标准试验方法测试其 28d 龄期胶砂强度，抗折强度分别为 7.2MPa、7.5MPa、7.6MPa，抗压破坏荷载分别为 78.9kN、78.8kN、79.2kN、79.1kN、79.5kN、79.4kN。试求该组试件 28d 龄期的抗折强度和抗压强度，并判断该批水泥 28d 龄期强度是否合格。

第四章 混凝土

职业能力目标

本章是课程的重点内容之一。通过本章的学习，学生应具备普通混凝土用粗细骨料的检测与评定能力；具备混凝土拌合物和易性的检测与评定能力；具备普通混凝土配合比设计能力；具备根据工程特点及所处环境正确选用混凝土外加剂的能力；具备混凝土强度测定、混凝土质量综合评定能力。

知识目标

掌握普通混凝土组成材料的品种、技术要求及选用原则；掌握混凝土拌合物和易性的含义，影响因素及改善和易性的措施；掌握混凝土力学性能、耐久性能及影响因素；熟悉混凝土强度的评定及质量控制方法；熟悉混凝土变形及产生原因；掌握普通混凝土配合比设计的方法；熟悉混凝土常用外加剂的性能及应用；了解高性能混凝土的提出背景及实现途径；了解混凝土技术的新进展及其发展趋势。

思政目标

从混凝土的组成、现状及发展趋势帮助学生树立起生态文明理念。强调由水泥、天然砂、石组成的传统混凝土，必须朝着绿色、节能、环保方向发展，以此引导学生认识到生态文明建设是关乎中华民族永续发展的根本大计。建筑业的发展不能以牺牲环境为代价，使学生树立起绿水青山就是金山银山的理念；从不同的混凝土组成材料按比例配制出的混凝土，表现出远超个体材料的强大的、优异的性能，使学生认识到个人融入集体，才能得到长久的发展和更大的提高，为社会、国家作出更大的贡献。

第一节 概　述

混凝土是以胶凝材料、粗细骨料和水为主要原材料，根据需要加入矿物掺合料和外加剂等材料，按一定配合比，经拌和、成型、养护等工艺制作的、硬化后具有一定强度的人造石材。

混凝土是现代土木工程中用量最大、用途最广的建筑材料之一。它的出现极大地改善了人类的居住环境和工作环境。特别是钢筋混凝土，由于其具有良好的综合性能，逐步成为工业与民用建筑，以及桥梁、铁路、公路、水利、海洋、矿山和地下工程等建设的主要材料。建设工程的迅速发展，促进混凝土技术不断创新，生态混凝土、纤维混凝土等新品种不断出现，将在未来的城市建设、地下工程建设、宇宙空间站建设等方面发挥巨大作用。

拆模后的混凝土

混凝土框架结构

一、混凝土的分类

混凝土可以从不同角度进行分类。

（一）按干表观密度分类

1. 重混凝土

重混凝土是指干表观密度大于 2800kg/m³ 的混凝土，常采用重晶石、铁矿石、钢屑等做骨料，与锶水泥、钡水泥等共同配制，具有防 X 射线、γ 射线的性能，故又称防辐射混凝土，广泛用作核工业屏蔽结构的材料。

2. 普通混凝土

干表观密度为 2000~2800kg/m³，以水泥为胶凝材料，天然的砂、石作粗细骨料配制而成的混凝土为普通混凝土。它是建筑工程中应用范围最广、用量最大的混凝土，主要用作各种建筑物的承重结构材料。

3. 轻混凝土

轻混凝土是指干表观密度小于 1950kg/m³ 的混凝土。轻混凝土可分为三类：采用浮石、陶粒、火山灰等多种轻骨料制成，干表观密度在 800~1950kg/m³ 的轻骨料混凝土；由水泥浆或水泥砂浆与稳定的泡沫制成，干表观密度在 300~1000kg/m³ 的多孔混凝土，如加气混凝土和泡沫混凝土；无细骨料而只由粗骨料和胶凝材料配制而成，干表观密度在 500~1500kg/m³ 的大孔混凝土。

泡沫混凝土

（二）按胶凝材料分类

混凝土按胶凝材料不同分为水泥混凝土、石膏混凝土、沥青混凝土、聚合物混凝土、水玻璃混凝土、树脂混凝土等。

（三）按用途分类

混凝土按其用途可分为结构混凝土、防水混凝土、耐热混凝土、耐酸混凝土、大体积混凝土、防辐射混凝土、透水混凝土、道路混凝土等。

树脂混凝土排水沟

（四）按生产工艺和施工方法分类

混凝土按生产工艺和施工方法可分为泵送混凝土、喷射混凝土、离心混凝土、碾压混凝土、自密实混凝土等。

喷射、碾压混凝土

（五）按混凝土掺合料分类

混凝土按掺合料可分为粉煤灰混凝土、硅灰混凝土、纤维混凝土等。

混凝土的品种虽然繁多，但在工程中应用最广的是以水泥为胶凝材料的普通混凝土。后面内容如无特别说明，所提到的混凝土均指普通混凝土，对于其他品种的混凝土只作简要的介绍。

二、混凝土的特点

混凝土之所以在建筑工程中得到广泛的应用，是因为混凝土具有其他材料无法替代的性能及良好的经济效益。

（1）性能多样、用途广泛，通过调整组成材料的品种及配合比，可以制成具有不同物理、力学性能的混凝土，以满足不同工程的要求。

（2）混凝土在凝结前，具有良好的塑性，可以浇筑成任意形状、规格的整体结构或构件。

（3）混凝土组成材料中约占80%以上的砂、石骨料，来源十分丰富，符合就地取材和经济的原则。

（4）混凝土与钢筋有良好的黏结性，且二者的线膨胀系数基本相同，复合成的钢筋混凝土，能互补优劣，大大拓宽了混凝土的应用范围。

（5）按合理的方法配制的混凝土，具有良好的耐久性，同钢材、木材相比更耐久，且维修费用低。

（6）可充分利用工业废料做骨料或掺合料，如粉煤灰、矿渣等，有利于环境保护。

混凝土具有以上优点，但也存在一些不容忽视的缺点，主要表现在：

（1）自重大、比强度小。导致建筑物的抗震性能差，工程成本提高。

（2）抗拉强度小，呈脆性，易开裂。混凝土的抗拉强度只是其抗压强度的1/10左右，单独使用混凝土则构件脆性较大。

（3）体积不稳定。当水泥浆量过大时，体积不稳定表现得更加突出。随着温度、环境介质的变化，容易引发体积变化，产生裂纹等缺陷，直接影响混凝土的耐久性。

（4）导热系数大，保温隔热性能差。

（5）硬化速度慢、生产周期长。

（6）混凝土的质量受施工环节的影响比较大，难以得到精确控制。

随着混凝土技术的不断发展，混凝土的不足正在不断被克服，如在混凝土中掺入少量短碳纤维，能大大增强混凝土的韧性、抗拉裂性、抗冲击性；在混凝土中掺入高效减水剂和掺合料，可明显提高混凝土的强度和耐久性；加入早强剂，可缩短混凝土的硬化周期；采用预拌混凝土，可减少现场称料、搅拌不当对混凝土质量的影响，而且使施工现场的环境得到进一步的改善。

三、混凝土的发展方向

随着现代土木工程建设技术水平的不断提高，对混凝土的研究和实践主要围绕两个方面：一是混凝土的耐久性问题；二是混凝土的可持续发展问题。

因混凝土耐久性问题而使建筑物丧失使用功能，将对社会造成极为沉重的负担。对混凝土耐久性问题的探讨将是全世界混凝土专家着力研究的一个重要课题。同其他结构材料相比，混凝土具有不可替代的优势，但随着世界人口的增长，科学技术的发展和建设标准的提高，混凝土技术也在不断发展。混凝土的发展方向必然是既要满足人的需要，又要减轻对环境的影响，走可持续发展道路。

第二节　普通混凝土的组成材料

普通混凝土（以下简称混凝土）是指以水泥、水、细骨料、粗骨料等为基本材料，或再掺加适量外加剂、掺合料等制成的复合材料。搅拌均匀的浆体称为混凝土拌合物，凝结硬化成为坚硬的人造石材称为硬化混凝土。硬化混凝土的结构如图4-1所示。

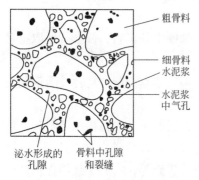

图4-1　硬化混凝土结构示意图

在混凝土中，各组成材料起着不同的作用。水泥与水形成水泥浆，其包裹砂表面并填充砂空隙形成水泥砂浆；水泥砂浆包裹石子表面并填充石子空隙形成混凝土。水泥浆在硬化前主要起润滑、填充、包裹等作用，使混凝土拌合物具有良好的和易性；在硬化后，主要起胶结作用，将砂、石黏结成一个整体，使其具有良好的强度及耐久性。砂、石在混凝土中起骨架作用，故称为骨料。骨料可抑制混凝土的收缩，减少水泥用量，提高混凝土的强度及耐久性。

混凝土的技术性能在很大程度上是由原材料性质及其相对含量决定的，同时与施工工艺（搅拌、振捣、养护等）有关。因此，必须了解原材料性质及其质量要求，合理选择材料，保证混凝土的质量。

一　水泥

水泥是混凝土组成材料中最重要的材料，也是影响混凝土强度、耐久性、经济性的重要的因素，应予以高度重视。配制混凝土所用的水泥应符合现行国家标准的有关规定。除此之外，在配制时应合理地选择水泥品种和强度等级。

（一）水泥品种

水泥品种应根据工程性质与特点、所处的环境条件及施工所处条件进行选择。对于一般建筑结构及预制构件的普通混凝土，宜采用通用硅酸盐水泥；高强度混凝土和有抗冻要求的混凝土宜采用硅酸盐水泥或普通硅酸盐水泥；有预防混凝土碱-骨料反应要求的混凝土工程宜采用碱含量低于0.6%的水泥；大体积混凝土宜采用中、低热硅酸盐水泥或低热矿渣硅酸盐水泥。常用水泥品种按项目三所述原则，参照表3-7选择。

（二）水泥强度等级

水泥强度等级应与混凝土设计强度等级相适应。原则上，高强度等级的水泥配制高强度等级的混凝土，低强度等级的水泥配制低强度等级的混凝土。当用高强度等级水泥配制低强度等级的混凝土时，较少的水泥用量即可满足混凝土的强度要求，但水泥用量过少，严重影响混凝土拌合物的和易性和耐久性；若用低强度等级水泥配制高强度等级混凝土，势必增大水泥用量，减少水灰比，影响混凝土拌合物的流动性，并显著增加混凝土的水化热和混凝土的干缩、徐变，混凝土的强度也得不到保证。

二、细骨料

普通混凝土用骨料，按其粒径大小不同分为细骨料和粗骨料。粒径大于4.75mm的骨料称为粗骨料（粗集料），粒径小于4.75mm的骨料称为细骨料（细集料），俗称砂。根据《建设用砂》（GB/T 14684—2022）将砂分为天然砂和机制砂两类，其种类及特性见表4-1。

混凝土用砂的种类及特性　　　　表4-1

分类	定义	组成	特点
天然砂	自然生成的，经人工开采和筛分的粒径小于4.75mm的岩石颗粒，包括河砂、湖砂、山砂、淡化海砂，但不包括软质、风化的岩石颗粒	河砂、海砂、淡化海砂	长期受水流的冲刷作用，颗粒表面比较光滑，且产源较广，与水泥黏结性差，用它拌制的混凝土流动性好，但强度低。海砂中常含有贝壳碎片及可溶性盐类等有害杂质，不利于混凝土结构
		山砂	表面粗糙、棱角多，与水泥黏结性好，但含泥量和有机质含量多
机制砂	经除土处理，由机械破碎、筛分制成的，粒径小于4.75mm的岩石、矿山尾矿或工业废渣颗粒，但不包括软质、风化的颗粒，俗称机制砂	机制砂	颗粒富有棱角，比较洁净，但砂中片状颗粒及细粉含量较多，且成本较高
		混合砂	由机制砂、天然砂混合制成的砂。当仅靠天然砂不能满足用量需求时，可采用混合砂

骨料的各项性能指标将直接影响混凝土的施工性能和使用性能，《建设用砂》（GB/T 14684—2022）规定了砂的主要技术性质，砂按技术要求分为Ⅰ类、Ⅱ类和Ⅲ类，主要技术要求有颗粒级配和粗细程度、颗粒形态和表面特征、坚固性、含泥量、泥块含量、有害物含量及碱-骨料反应等。

（一）颗粒级配及粗细程度

在混凝土拌合物中，水泥浆包裹砂的表面，并填充砂的空隙，为了节省水泥浆，且使混凝土结构达到较高密实度，选择骨料时，应尽可能选用总表面积小、空隙率小的骨料。而砂的总表面积与粗细程度有关，空隙率则与颗粒级配有关。

1. 颗粒级配

颗粒级配是指粒径大小不同的砂粒互相搭配的情况。同样粒径的砂空隙率最大，如图4-2a）所示；若两种不同粒径的砂搭配起来，空隙率减小，如图4-2b）所示；若三种不同粒径的砂搭配起来，逐级填充使砂形成较密实的体积，空隙率更小，如图4-2c）所示。由此可见，要想使砂空隙率减小，必须考虑砂的颗粒级配。

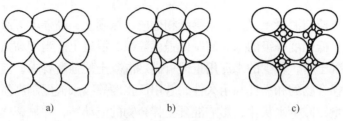

图 4-2 砂的颗粒级配

2. 粗细程度

粗细程度是指不同粒径砂粒混合在一起的总体粗细程度。在相同质量的条件下，粗砂的总表面积小，包裹砂表面所需的水泥浆就少；反之细砂总表面积大，包裹砂表面所需的水泥浆就多。因此，在和易性要求一定的条件下，采用粗砂配制混凝土，可减少拌合用水量，节约水泥用量。但砂过粗，易使混凝土拌合物产生分层、离析和泌水等现象。一般采用中砂拌制混凝土较好。

在拌制混凝土时，砂的粗细程度和颗粒级配应同时考虑。当砂含有较多的粗颗粒，并以适当的中颗粒及少量的细颗粒填充其空隙，则既具有较小的空隙率又具有较小的总表面积，不仅水泥用量少，还可以提高混凝土的密实度与强度。

3. 砂的颗粒级配与粗细程度的评定

通常用筛分析方法测定砂的颗粒级配和粗细程度，并以细度模数 M_x 表示砂的粗细程度，用级配区表示颗粒级配。

筛分析方法采用一套标准的方孔筛，孔径依次为 0.15mm、0.3mm、0.6mm、1.18mm、2.36mm、4.75mm。称取试样 500g，将试样倒入从上到下按孔径从大到小组合的套筛（附筛底）上，然后进行筛分，称取留在各筛上的筛余量，计算各筛上的分计筛余百分率 a_1、a_2、…、a_6 及累计筛余百分率 A_1、A_2、…、A_6。累计筛余百分率与分计筛余百分率的关系见表 4-2。

动画：砂的颗粒级配和粗细程度试验

累计筛余与分计筛余的计算关系　　表 4-2

筛孔尺寸（mm）	筛余量（g）	分计筛余百分率（%）	累计筛余百分率（%）
4.75	m_1	$a_1 = (m_1/500) \times 100\%$	$A_1 = a_1$
2.36	m_2	$a_2 = (m_2/500) \times 100\%$	$A_2 = a_1 + a_2$
1.18	m_3	$a_3 = (m_3/500) \times 100\%$	$A_3 = a_1 + a_2 + a_3$
0.6	m_4	$a_4 = (m_4/500) \times 100\%$	$A_4 = a_1 + a_2 + a_3 + a_4$
0.3	m_5	$a_5 = (m_5/500) \times 100\%$	$A_5 = a_1 + a_2 + a_3 + a_4 + a_5$
0.15	m_6	$a_6 = (m_6/500) \times 100\%$	$A_6 = a_1 + a_2 + a_3 + a_4 + a_5 + a_6$

细度模数 M_x 按式(4-1)计算：

$$M_x = \frac{(A_2 + A_3 + A_4 + A_5 + A_6) - 5A_1}{100 - A_1} \tag{4-1}$$

式中：M_x——细度模数；

$A_6 \sim A_1$——孔径为0.15mm、0.3mm、0.6mm、1.18mm、2.36mm、4.75mm方孔筛的累计筛余百分率。

细度模数M_x越大表示砂越粗，普通混凝土用砂的细度模数一般为3.7~1.6，其中：3.7~3.1为粗砂；3.0~2.3为中砂；2.2~1.6为细砂。

对细度模数为3.7~1.6的普通混凝土用砂，根据0.6mm筛的累计筛余百分率，可将砂分成三个级配区（表4-3），每个级配区对不同孔径的累计筛余百分率均要求在规定的范围内。砂的实际颗粒级配与表4-3相比，除4.75mm和0.6mm筛号外，其余公称粒径的累计筛余可稍超出分界线，但超出总量不应大于5%。

颗粒级配 表4-3

砂的分类	天然砂			机制砂		
级配区	1区	2区	3区	1区	2区	3区
方筛孔	累计筛余（%）					
4.75mm	10~0	10~0	10~0	10~0	10~0	10~0
2.36mm	35~5	25~0	15~0	35~5	25~0	15~0
1.18mm	65~35	50~10	25~0	65~35	50~10	25~0
0.6mm	85~71	70~41	40~16	85~71	70~41	40~16
0.3mm	95~80	92~70	85~55	95~80	92~70	85~55
0.15mm	100~90	100~90	100~90	97~85	94~80	94~75

为了更直观地反映砂的颗粒级配，可将表4-3的规定绘成级配曲线图，其纵坐标为累计筛余百分率，横坐标为筛孔尺寸，绘出1、2、3区的筛分曲线。图4-3是天然砂的级配曲线图。

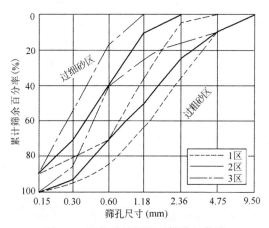

图4-3 天然砂的级配（筛分）曲线

一般处于1区的砂较粗，属于粗砂，其保水性较差，应适当提高砂率，并保证足够的水泥用量，以满足混凝土的和易性；3区砂细颗粒多，配制混凝土的黏聚性、保水性易满足，但混凝土干缩性大，容易产生微裂缝，宜适当降低砂率；2 区砂粗细适中，级配良好，拌制混凝土时宜优先选用。另外可根据筛分曲线偏向情况大致判断砂的粗细程度，当筛分曲线偏向右下方时，表示砂较粗，配制的混凝土拌合物和易性不易控制，且内摩擦力大，不易振捣成型；筛分曲线偏向左上方时，表示砂较细，配制的混凝土需要增加较多的水泥量，且强度会显著降低。

Ⅰ类砂的累计筛余应符合表 4-3 中 2 区的规定，分计筛余应符合表 4-4 的规定；Ⅱ类和Ⅲ类砂的累计筛余应符合表 4-3 的规定。

分计筛余　　　　　　　　　　　表 4-4

方筛孔尺寸（mm）	4.75[a]	2.36	1.18	0.60	0.30	0.15[b]	筛底[c]
分计筛余（%）	0～10	10～15	10～25	20～31	20～30	5～15	0～20

注：a. 对于机制砂，4.75mm 筛的分计筛余不应大于 5%。
　　b. 对于 MB>1.4 的机制砂，0.15mm 和筛底的分计筛余之和不应大于 25%。
　　c. 对于天然砂，筛底的分计筛余不应大于 10%。

【例 4-1】 某天然砂样经筛分析试验，筛余量结果见表 4-5。试分析该砂的粗细程度与颗粒级配并计算细度模数 M_x。

砂样筛分结果　　　　　　　　　　　表 4-5

筛孔尺寸（mm）	筛余量（g）	分计筛余百分率（%）	累计筛余百分率（%）
4.75	8	1.6	1.6
2.36	82	16.4	18
1.18	70	14	32
0.6	98	19.6	51.6
0.3	124	24.8	76.4
0.15	106	21.2	97.6
<0.15	12	2.4	100

【解】 计算分计筛余百分率和累计筛余百分率，见表 4-5。
细度模数按式(4-1)计算，结果如下：

$$M_x = \frac{(A_2 + A_3 + A_4 + A_5 + A_6) - 5A_1}{100 - A_1} = \frac{(18 + 32 + 51.6 + 76.4 + 97.6) - 5 \times 1.6}{100 - 1.6} = 2.72$$

结论：此砂属中砂，将表 4-5 计算出的累计筛余百分率与表 4-3 作对照，得出此砂级配属于 2 区，级配合格。

（二）含泥量、石粉含量和泥块含量

含泥量是指天然砂中粒径小于 0.075mm 的颗粒含量；泥块含量是指砂中原粒径大于 1.18mm，经水浸洗、手捏后变成小于 0.6mm 的颗粒含量。

天然砂中的泥土颗粒极细，通常包裹在砂颗粒表面，妨碍了水泥浆与砂的黏结，使混凝土的强度降低。除此之外，泥会降低混凝土拌合物的流动性，或者在保持相同流动性的条件下增加用水量，从而导致混凝土的强度、耐久性降低；当砂中夹有泥块时，会形成混凝土中的薄弱部分，对混凝土质量影响更大，更应严格控制其含量。

天然砂的含泥量和泥块含量应符合表 4-6 的规定。

天然砂的含泥量和泥块含量 表 4-6

类别	I	II	III
含泥量（按质量计）（%）	≤1.0	≤3.0	≤5.0
泥块含量（按质量计）（%）	0.2	≤1.0	≤2.0

石粉含量是指机制砂中粒径小于 0.075mm 的颗粒含量。机制砂中石粉与天然砂中的泥成分不同，粒径分布不同，在混凝土中的作用不同。一般认为适量的石粉对混凝土质量是有益的。机制砂由机械破碎制成，其颗粒尖锐有棱角，这对骨料和水泥之间的结合是有利的，但对混凝土和砂浆的和易性是不利的，特别是强度等级低的混凝土和水泥砂浆的和易性很差，而适量石粉的存在，则弥补了这一缺陷。此外，石粉主要由 0.04~0.075mm 的微细粒组成，它的掺入对完善混凝土细骨料的级配，提高混凝土密实性都是有益的，进而提高混凝土的综合性能。因此机制砂石粉含量，比天然砂中含泥量要求有所放宽。为防止机制砂在开采、加工等中间环节掺入过量泥土，测石粉含量前必须先通过亚甲蓝试验检验。

亚甲蓝 MB 值是反映石粉吸附性能的指标之一，也是判断机制砂中细粒径小于 0.075mm 颗粒主要是黏土还是石粉的重要方法。黏土对亚甲蓝的吸附性很强，随机制砂中黏土含量的增加，MB 值迅速增大，MB 值与黏土含量呈线性相关。

亚甲蓝 MB 值检验合格或 MB 值≤1.4 的机制砂，石粉含量≤10.0%；亚甲蓝 MB 值检验不合格或 MB 值>1.4 的机制砂，石粉含量按 1.0%、3.0%、5.0%控制使用。这就避免了因机制砂石粉中泥土含量过多而给混凝土带来的负面影响。

机制砂石粉含量应符合表 4-7 的规定。

机制砂石粉含量 表 4-7

类别	亚甲蓝值（MB）	石粉含量（质量分数）（%）
I类	MB ≤ 0.5	≤15.0
	0.5 < MB ≤ 1.0	≤10.0
	1.0 < MB ≤ 1.4 或快速试验合格	≤5.0
	MB > 1.4 或快速试验不合格	≤1.0
II类	MB ≤ 1.0	≤15.0
	1.0 < MB ≤ 1.4 或快速试验合格	≤10.0
	MB > 1.4 或快速试验不合格	≤3.0
III类	MB ≤ 1.4 或快速试验合格	≤15.0
	MB > 1.4 或快速试验不合格	≤5.0

注：砂浆用砂的石粉含量不作限制。

（三）有害物质含量

配制混凝土的砂要求清洁不含杂质以保证混凝土的质量。国家标准规定砂中不应混有草根、树叶、树枝、塑料、煤块等杂物，并对云母、轻物质、硫化物及硫酸盐、氯盐及海砂中贝壳等含量作了规定。

云母呈薄片状，表面光滑，与水泥黏结力差，且本身强度低，会导致混凝土的强度、耐久性降低；轻物质是砂中表观密度小于 2000kg/m³ 的物质，与水泥黏结差，影响混凝土的强度、耐久性；有机物杂质易腐烂，腐烂后析出的有机酸对水泥石有腐蚀作用；硫化物及硫酸盐对水泥石有腐蚀作用；氯盐的存在会使钢筋混凝土中的钢筋锈蚀，因此必须对Cl⁻严格限制；贝壳是指4.75mm以下被破碎了的贝壳，海砂中的贝壳对于混凝土的和易性、强度及耐久性均有不同程度的影响。各有害物质限量须满足表4-8的规定。

有害物质限量 表4-8

类别	Ⅰ	Ⅱ	Ⅲ
云母（按质量计）（%）	≤1.0	≤2.0	
轻物质（按质量计）（%）	≤1.0		
有机物	合格		
硫化物及硫酸盐（按SO_3质量计）（%）	≤0.5		
氯化物（以氯离子质量计）（%）	≤0.01	≤0.02	≤0.06
贝壳*（按质量计）（%）	≤3.0	≤5.0	≤8.0

注：*表示该指标仅适用于海砂，其他砂种不作要求。

（四）坚固性

砂的坚固性是指砂在自然风化和其他外界物理、化学因素作用下，抵抗破裂的能力。

天然砂的坚固性应采用硫酸钠溶液法进行检验，砂样经5次循环后，其质量损失应符合《建设用砂》（GB/T 14684—2022）的规定，Ⅰ类、Ⅱ类砂质量损失率≤8%；Ⅲ类砂质量损失率≤10%。

机制砂除满足硫酸钠溶液检验法外，尚需测压碎指标值来判断砂的坚固性，用单级砂的最大压碎指标值来衡量。Ⅰ类砂压碎指标值≤20%；Ⅱ类砂压碎指标值≤25%；Ⅲ类砂压碎指标值≤30%。

称取330g单粒级试样（0.30～0.60mm、0.60～1.18mm、1.18～2.36mm及2.36～4.75mm四个粒级）倒入已组装的受压钢模内，以500N/s的速度加荷，加荷至25kN，稳荷5s，然后以同样速度卸荷。倒出压过的试样，然后用该粒级的下限筛（如粒级为4.75～2.36mm，则其下限筛孔径为2.36mm）进行筛分，称出试样的筛余量和通过量，第i级砂样的压碎指标按式(4-2)计算：

$$Y_i = \frac{G_2}{G_1 + G_3} \times 100 \qquad (4-2)$$

式中：Y_i——第i单粒级压碎指标值（%）；

G_1——试样的筛余量（g）；

G_2——通过量（g）。

取单粒级最大压碎指标值作为该骨料压碎指标值。

压碎指标值越小，表示砂抵抗压碎破坏能力越强，砂的坚固性越好。

（五）表观密度、松散堆积密度、空隙率

砂的表观密度、松散堆积密度、空隙率应符合以下规定：表观密度不小于2500kg/m³；松散堆积密度不小于1400kg/m³；空隙率不大于44%。

动画：砂的表观密度试验

（六）碱-骨料反应

碱-骨料反应是指水泥、外加剂等混凝土组成物及环境中的碱（以 Na_2O 计，即 $K_2O \times 0.658 + Na_2O$）与集料中碱活性矿物在潮湿环境下缓慢发生并导致混凝土开裂破坏的膨胀反应。碱-骨料反应的类型主要有两种：碱-硅酸反应和碱-碳酸盐反应。前者是指混凝土中的碱与不定型二氧化硅的反应，后者指混凝土中的碱与某些碳酸盐矿物的反应。

对于长期处于潮湿环境的重要混凝土结构用砂，应采用碱-硅酸反应或快速碱-硅酸反应进行碱-骨料反应检验。经碱-骨料反应试验后，试件应无裂缝、酥裂、胶体外溢等现象，在规定的试验龄期膨胀率应小于 0.10%。

三 粗骨料

粒径大于 4.75mm 的骨料称为粗骨料，常用的有碎石和卵石两种（图 4-4）。碎石是天然岩石、卵石或矿山废石经机械破碎、筛分制成的，粒径大于 4.75mm 的岩石颗粒；卵石是由自然风化、水流搬运和分选、堆积形成的，粒径大于 4.75mm 的岩石颗粒。卵石按产源不同可分为河卵石、海卵石、山卵石等。碎石与卵石相比，表面比较粗糙多棱角，表面积大、空隙率大，与水泥的黏结强度较高。因此，在水胶比相同条件下，用碎石拌制的混凝土流动性较小，但强度较高，而卵石则正好相反。因此，在配制高强混凝土时，宜采用碎石。

图 4-4　碎石和卵石

a) 碎石；b) 卵石

《建设用卵石、碎石》（GB/T 14685—2022）规定卵石、碎石按技术要求分为Ⅰ类、Ⅱ类和Ⅲ类。并对颗粒级配、含泥量和泥块含量、针片状颗粒含量、有害物质、坚固性及强度等作了具体规定，以下分别进行介绍。

（一）颗粒级配和最大粒径

粗骨料的颗粒级配对混凝土性能的影响与细骨料相同，且其影响程度更大。级配良好的粗骨料，有利于提高混凝土强度、耐久性，节约水泥用量。

粗骨料颗粒级配的判定也是通过筛分析方法进行的。取一套孔径为 2.36mm、4.75mm、9.50mm、16.0mm、19.0mm、26.5mm、31.5mm、37.5mm、53.0mm、63.0mm、75.0mm 及 90.0mm 的标准方孔筛进行试验，按各筛上的累计筛余百分率划分级配。各粒级石子的累计筛余百分率须满足表 4-9 的规定。

粗骨料的颗粒级配按供应情况分连续粒级和单粒级。连续粒级是指颗粒由小到大连续分级，每一级粗骨料都占有一定的比例，且相邻两级粒径相差较小（比值小于2）。连续粒级的颗粒大小搭配合理，配制的混凝土拌合物和易性好，不易发生分层、离析现象，且水泥用量小，目前多采用连续粒级。

石子的累计筛余百分率（%）　　　　　　表4-9

公称粒级 (mm)		方孔筛（mm）									
		2.36	4.75	9.50	16.0	19.0	26.5	31.5	37.5	53.0	63.0	75.0	90.0
连续粒级	5～16	95～100	85～100	30～60	0～10	0							
	5～20	95～100	90～100	40～80	—	0～10	0						
	5～25	95～100	90～100	—	30～70	—	0～5	0					
	5～31.5	95～100	90～100	70～90	—	15～45	—	0～5	0				
	5～40	—	95～100	70～90	—	30～65	—	—	0～5	0			
单粒粒级	5～10	95～100	80～100	0～15	0								
	10～16		95～100	80～100	0～15								
	10～20		95～100	85～100	—	0～15	0						
	16～25			95～100	55～70	25～40	0～10						
	16～31.5		95～100		85～100			0～10	0				
	20～40			95～100		80～100			0～10	0			
	40～80					95～100			70～100		30～60	0～10	0

单粒级是从1/2最大粒径至最大粒径，粒径大小差别小，单粒级一般不单独使用，主要用于组合成具有要求级配的连续粒级，或与连续粒级混合使用，用以改善级配或配成较大粒度的连续粒级，这种专门组配的骨料级配易于保证混凝土质量，便于大型搅拌站使用。

最大粒径是用来表示粗骨料粗细程度的。公称粒级的上限称为该粒级的最大粒径。例如：5～31.5mm粒级的粗骨料，其最大粒径为31.5mm。粗骨料的最大粒径增大则其总表面积减小，包裹粗骨料所需的水泥浆量就少，在一定和易性及水泥用量条件下，能减少用水量，提高混凝土强度。对中低强度的混凝土，尽量选择最大粒径较大的粗骨料，但一般不宜超过40mm；配制高强度混凝土时最大粒径不宜大于20mm，因为减少用水量获得的强度提高，被大粒径骨料造成的黏结面减少和内部结构不均匀所抵消。

除此之外，根据《混凝土质量控制标准》（GB 50164—2011）的规定，对于混凝土结构，粗骨料最大公称粒径不得大于构件截面最小尺寸的1/4，且不得大于钢筋最小净间距的3/4；对混凝土实心板，骨料的最大公称粒径不宜大于板厚的1/3，且不得大于40mm；对于大体积混凝土，粗骨料最大公称粒径不宜小于31.5mm。

（二）泥、泥块及有害物质含量

粗骨料中泥、泥块及有害物质对混凝土性质的影响与细骨料相同，但由于粗骨料的粒径大，因而造成的缺陷或危害更大。粗骨料中含泥量是指粒径小于0.075mm的颗粒含量；泥块含量指卵石、碎石中原粒径大于4.75mm，经水浸洗、手捏后变成小于2.36mm的颗粒含量。粗骨料中有害物质含量应符合表 4-10 规定。

粗骨料中有害物质含量　　　　　表 4-10

类别	I	II	III
针、片状颗粒含量（质量分数）（%）	≤5	≤8	≤15
卵石含泥量（质量分数）（%）	≤0.5	≤1.0	≤1.5
碎石泥粉含量（质量分数）（%）	≤0.5	≤1.5	≤2.0
泥块含量（质量分数）（%）	0.1	≤0.2	≤0.7
有机物	合格	合格	合格
硫化物及硫酸盐（按 SO_3 质量计）（%）	≤0.5	≤1.0	≤1.0

碎石、卵石中的硫化物和硫酸盐含量，以及有机物等有害物质含量，应符合表 4-10 的规定。

（三）颗粒形状

混凝土用粗骨料的颗粒形状以三维长度相等为理想粒形，如立方体形或球形，而三维长度相差较大时称为针状或片状颗粒。卵石、碎石颗粒的最大一维尺寸大于该颗粒所属粒级的平均粒径 2.4 倍者为针状颗粒；最小一维尺寸小于该颗粒所属粒级的平均粒径 0.4 倍者为片状颗粒。卵石、碎石颗粒的最小一维尺寸小于该颗粒所属粒级的平均粒径 0.5 倍的颗粒为不规则颗粒。针、片状颗粒易折断，且会增大骨料的空隙率和总表面积，使混凝土拌合物的和易性、强度、耐久性降低，因此应限制其在粗骨料中的含量。针、片状颗粒含量可采用针状和片状规准仪（图 4-5）测得，其含量规定见表 4-10。

图 4-5　针、片状规准仪

（四）强度

为保证混凝土的强度，粗骨料必须具有足够的强度。粗骨料的强度指标有两个，一是岩石抗压强度，二是压碎指标值。碎石的强度可用岩石抗压强度和压碎指标值表示，卵石的强度可用压碎指标值表示。

1. 岩石抗压强度

岩石抗压强度是将母岩制成 50mm×50mm×50mm 的立方体试件或 ϕ50mm×50mm 的圆柱体试件，在水中浸泡 48h 以后，取出擦干表面水分，测得其在饱和水状态下的抗压强度值。《建设用卵石、碎石》（GB/T 14685—2022）规定，在水饱和状态下，其抗压强度：岩浆岩应不小于 80MPa，变质岩应不小于 60MPa，水成岩应不小于 30MPa。

2. 压碎指标值

压碎指标值是将 3000g 气干状态的 9.5～19.0mm 的颗粒装入石子压碎指标值试模（图 4-6）。把装有试样的试模置于压力试验机上，开动压力试验机，按 1kN/s 速度均匀加荷至 200kN 并稳荷 5s，然后卸荷。取下加压头，倒出试样，用孔径 2.36mm 的筛筛除被压碎的细粒，称出留在筛上的试样质量，精确至 1g，压碎指标值按式(4-3)计算：

图 4-6　石子压碎指标值试模

$$\delta_e = \frac{m_0 - m_1}{m_0} \times 100\% \tag{4-3}$$

式中：δ_e——压碎指标值；

m_0——试样的质量（g）；

m_1——压碎试验后筛余的试样质量（g）。

压碎指标值是测定碎石或卵石抵抗压碎的能力，可间接地推测其强度的高低，压碎指标值越小，表示石子抵抗压碎的能力越强。其值应满足表 4-11 的规定。

碎石、卵石的压碎指标值　　　　　　　　　　　表 4-11

类别	I	II	III
碎石压碎指标（%）	≤10	≤20	≤30
卵石压碎指标（%）	≤12	≤14	≤16

岩石立方体强度比较直观，但试件加工困难，其抗压强度反映不出石子在混凝土中的真实强度，所以对经常性的生产质量控制常用压碎指标值，而在选采石场或对粗骨料强度有严格要求、高强度混凝土，宜采用岩石抗压强度作检验。《混凝土质量控制标准》（GB 50164—2011）中规定，对于高强混凝土，粗骨料的岩石抗压强度应至少比混凝土设计强度高 30%。

（五）坚固性

坚固性是指卵石、碎石在自然风化和其他外界物理、化学因素作用下抵抗破裂的能力。对粗骨料坚固性要求及检验方法与细骨料基本相同，采用硫酸钠溶液法进行试验，碎石和卵石经 5 次循环后，其质量损失应符合表 4-12 的规定。

碎石、卵石的坚固性指标　　　　　　　　　　　表 4-12

类别	I	II	III
质量损失（%）	≤5	≤8	≤12

（六）碱-骨料反应

同细骨料一样，对于长期处于潮湿环境的重要结构混凝土，其所使用的碎石或卵石应进行碱活性检验。经碱-骨料反应试验后，试件应无裂缝、酥裂、胶体外溢等现象，在规定的试验龄期膨胀率应小于 0.10%。

进行碱活性检验时，首先应采用岩相法检验碱活性骨料的品种、类型和数量。当检验出骨料中含有活性二氧化硅时，应采用快速砂浆棒法或砂浆长度法进行碱活性检验；当检验出骨料中含有活性碳酸盐时，应采用岩石柱法进行碱活性检验。

经上述检验，当判定骨料存在潜在碱-碳酸盐时，不宜用作混凝土骨料；否则，应通过专门的混凝土试验，作最后评定。当判定骨料存在碱-硅酸反应危害时，应控制混凝土中的碱含量不超过 3kg/m³，或采用能抑制碱的有效措施。

四　混凝土用水

混凝土用水包括混凝土拌合用水和养护用水。混凝土用水按水源不同分为饮用水、地表水、地下水、海水及经适当处理过的工业废水。地表水和地下水常溶有较多的有机质和矿物盐类；海水中含有较多硫酸盐，会降低混凝土后期强度，且影响混凝土的抗冻性，同时，海水中含有大量氯盐，对混凝土中的钢筋有加速锈蚀作用。

拌合用水所含物质对混凝土、钢筋混凝土和预应力钢筋混凝土不应产生以下有害作用：

（1）影响混凝土的和易性及凝结。

（2）损害混凝土强度的发展。

（3）降低混凝土的耐久性，加快钢筋腐蚀及导致预应力钢筋脆断。

（4）污染混凝土表面。

混凝土拌合用水，应符合《混凝土用水标准》（JGJ 63—2006）的规定，具体要求见表4-13。

混凝土拌合用水水质要求　　　　　　　　　　　　　　　表4-13

项目	混凝土类别		
	预应力混凝土	钢筋混凝土	素混凝土
pH 值	≥5.0	≥4.5	≥4.5
不溶物（mg/L）	≤2000	≤2000	≤5000
可溶物（mg/L）	≤2000	≤5000	≤10000
Cl^-（mg/L）	≤500	≤1000	≤3500
SO_4^{2-}（mg/L）	≤600	≤2000	≤2700
碱含量（mg/L）	≤1500	≤1500	≤1500

注：碱含量按$Na_2O + 0.658K_2O$计算值来表示。采用非碱活性骨料时，可不检验碱含量。

五　掺合料

混凝土掺合料是指在混凝土搅拌前或搅拌过程中，为改善混凝土性能、调节混凝土强度、节约水泥，与混凝土其他组分一起，直接加入的天然的或人造的矿物材料或工业废料，掺量一般大于水泥质量的5%。混凝土掺合料分活性和非活性两种，通常使用的为活性矿物掺合料，它们具有火山灰活性或潜在水硬性，主要成分为SiO_2和Al_2O_3。这种掺合料本身不具有或具有极低的胶凝特性，但在有水条件下，能与混凝土中的游离氧化钙发生反应，生成凝胶性水化产物，并能在空气或水中硬化，如：粉煤灰、硅灰、磨细高炉矿渣及凝灰岩、硅藻土、沸石粉等天然火山灰质材料。粉煤灰是目前用量最大、使用范围最广的一种掺合料。

（一）粉煤灰

粉煤灰是电厂煤粉炉烟道气体中收集的粉末。粉煤灰按其排放方式的不同，分为干排灰与湿排灰两种。湿排灰含水量大，活性降低较多，质量不如干排灰。粉煤灰按收集方法的不同，分静电收尘灰和机械收尘灰两种。静电收尘灰颗粒细、质量好。

粉煤灰由于其本身的化学成分、结构和颗粒形状等特征，在混凝土中产生活性、形态、微骨料和界面几种效应，总称为"粉煤灰效应"。

1. 活性效应

粉煤灰的活性成分 SiO_2 和 Al_2O_3 与水泥的水化产物在有水的情况下发生反应，生成水化硅酸钙（C-S-H）和水化硫铝酸钙（C-A-S-H）。这些反应几乎都在水泥浆孔隙中进行，生成的水化产物填充、分割原来的大孔，使孔隙细化，降低了混凝土的孔隙率，改变了孔结构，提高了混凝土各组分的黏结作用。

2. 形态效应

粉煤灰的主要矿物组成是海绵状玻璃体、铝硅酸盐玻璃微珠，这些球形玻璃体表面光滑，粒度细，质地致密，内比表面积小，对水的吸附力小。这些物理特性，不仅减小了混凝土的内摩擦阻力，有利于混凝土流动性的提高，而且对混凝土有不同程度的"减水"作用。图 4-7 是粉煤灰在显微镜下的形态。

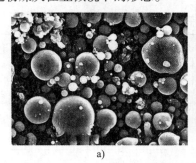
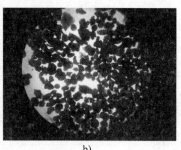

a)   b)

图 4-7 粉煤灰在显微镜下的形态

3. 微骨料效应

粉煤灰中的微细颗粒均匀分布在水泥颗粒之中，填充孔隙，起到"细化孔隙"的作用，同时阻止水泥颗粒的相互黏聚，使之处于分散状态，有利于混合物的水化反应。粉煤灰不会完全与水泥的水化产物发生反应，能长期保持其"微骨料效应"。

4. 界面效应

骨料与水泥石之间的界面是混凝土结构中的薄弱环节。粉煤灰与水泥水化生成的 $Ca(OH)_2$ 发生二次水化反应，生成水化硅酸钙、水化铝酸钙和水化硫铝酸钙，强化了混凝土界面过渡区，同时提高混凝土的后期强度。

按《用于水泥和混凝土中的粉煤灰》（GB/T 1596—2017）的规定，粉煤灰分为 I、II、III 三个等级，相应的技术要求见表 4-14。

拌制砂浆和混凝土用粉煤灰理化性能要求　　　　表 4-14

项目		理化性能要求		
		I级	II级	III级
细度（45μm方孔筛筛余）（%）	F类粉煤灰	≤12.0	≤30.0	≤45.0
	C类粉煤灰			
需水量比（%）	F类粉煤灰	≤95	≤105	≤115
	C类粉煤灰			
烧失量（%）	F类粉煤灰	≤5.0	≤8.0	≤10.0
	C类粉煤灰			

续上表

项目		理化性能要求		
		I级	II级	III级
含水量（%）	F类粉煤灰	≤1.0		
	C类粉煤灰			
三氧化硫（SO_3）质量分数（%）	F类粉煤灰	≤3.0		
	C类粉煤灰			
游离氧化钙（f-CaO）质量分数（%）	F类粉煤灰	≤1.0		
	C类粉煤灰	≤4.0		
二氧化硅（SiO_2）、三氧化二铝（Al_2O_3）和三氧化二铁（Fe_2O_3）总质量分数（%）	F类粉煤灰	≥70.0		
	C类粉煤灰	≥50.0		
密度（g/cm³）	F类粉煤灰	≤2.6		
	C类粉煤灰			
安定性（雷氏法）（mm）	C类粉煤灰	≤5.0		
强度活性指数（%）	F类粉煤灰	≥70.0		
	C类粉煤灰			

注：F类粉煤灰指由无烟煤或烟煤煅烧收集的粉煤灰；C类粉煤灰指由褐煤或次烟煤煅烧收集的粉煤灰。

收集的粉煤灰，氧化钙含量一般大于或等于10%。

粉煤灰作为掺合料，加入混凝土中可改善混凝土拌合物的和易性，且能提高硬化后混凝土的强度、耐久性等，在近十多年来得到广泛的应用，特别是在商品混凝土、泵送高强度混凝土中，粉煤灰的应用效果更好。

（二）硅灰

硅灰是在冶炼硅铁合金或工业硅时，通过烟道排出的粉尘，经收集得到的以无定形二氧化硅为主要成分的粉体材料。硅灰是由非常细的玻璃质球状颗粒组成的，其平均粒径为 0.1～0.2μm，是水泥颗粒粒径的 1/100～1/50，其比表面积约为 20000m²/kg，SiO_2 含量高。硅灰取代水泥后，其作用与粉煤灰类似，可改善拌合物的和易性，降低水化热，提高混凝土强度、耐磨性、抗冻性、抗渗性，且能较好抵制碱-骨料反应。由于硅灰比表面积大，因而其需水量很大，将其作为混凝土掺合料，必须配以减水剂，方可保证混凝土的和易性。硅灰售价较高，故目前主要用于配制高强度混凝土和超高强度混凝土、高抗渗混凝土及有其他要求的高性能混凝土。

硅灰的技术要求应符合《砂浆和混凝土用硅灰》（GB/T 27690—2011）中的规定。

（三）粒化高炉矿渣粉

粒化高炉矿渣是指在高炉冶炼生铁时，得到的以硅铝酸盐为主要成分的熔融物，经淬冷成粒后，具有潜在水硬性的材料；粒化高炉矿渣粉（简称矿渣粉）是指将粒化高炉矿渣经干燥、磨细达到相当细度且符合相应活性指数的粉状材料，其技术要求符合《用于水泥、砂浆和混凝土中的粒化高炉矿渣粉》（GB/T 18046—2017）规定，具体见表 4-15。矿渣粉可等量取代混凝土中的水泥，能显著改善混凝土的各项性能，如：降低水化热、提高强度、提高抗渗性和抗化学腐蚀等耐久性能，抑制碱-骨料反应，适合用于大体积混凝土、地下工程和配制高强度、高性能混凝土。

粒化高炉矿渣粉　　　　　　　　表 4-15

项目		级别		
		S105	S95	S75
密度（g/cm³）		≥2.8		
比表面积（m²/kg）		≥500	≥400	≥300
活性指数（%）	7d	≥95	≥70	≥55
	28d	≥105	≥95	≥75
流动度比（%）		≥95		
初凝时间比（%）		≤200		
含水量（质量分数）（%）		≤1.0		
三氧化硫（质量分数）（%）		≤4.0		
氯离子（质量分数）（%）		≤0.06		
烧失量（质量分数）（%）		≤1.0		
不溶物（质量分数）（%）		≤3.0		
玻璃体含量（质量分数）（%）		≥85		
放射性		$I_{Ra} \leq 1.0$ 且 $I_\gamma \leq 1.0$		

（四）沸石粉

沸石粉是由天然的沸石岩磨细而成的一种火山灰质铝硅酸矿物掺合料。含有一定量活性 SiO_2 和 Al_2O_3，能与水泥生成的 $Ca(OH)_2$ 反应，生成胶凝物质。沸石粉具有很大的内表面积和开放性孔结构，用作混凝土掺合料可改善混凝土拌合物的和易性，提高混凝土强度、抗渗性和抗冻性，抑制碱-骨料反应。沸石粉主要用于配制高强混凝土、流态混凝土及泵送混凝土。

沸石粉技术要求应符合《混凝土和砂浆用天然沸石粉》（JG/T 566—2018）中的规定。

【工程实例 4-1】　我国台湾"海砂屋事件"的起因与危害

【现　　象】　20 世纪 90 年代，随着台湾基建规模的扩大和建筑业的蓬勃发展，台湾岛内出现建筑用河砂奇缺的现象。虽有明文规定工程建设不准使用海砂，但受经济利益驱使，偷用海砂现象已呈蔓延之势。海砂内含海盐，对混凝土中钢筋造成严重腐蚀而导致建筑结构破坏。几年之后，陆续出现房屋、公共建筑的腐蚀破坏现象。该事件被称作"海砂屋事件"。

【原因分析】 海砂中的氯盐,能引起混凝土中钢筋的严重腐蚀破坏,导致结构物不能耐久,甚至造成事故。

海砂含盐量限定值的规定应服从混凝土中Cl^-总量限定值的规定。如果能够保证这个限定值,使用海砂是安全的。反之,超出此限定值,混凝土中Cl^-总量就会达到或超过钢筋腐蚀的"临界值"。若不采取可靠的防护措施,钢筋就会发生腐蚀,结构就会发生破坏。钢筋腐蚀速度与海砂带入的Cl^-总量成正比关系。海砂含盐量越高,其腐蚀破坏出现就越早、发展就越快。这正是滥用海砂的危险所在,也是国内外出现"海砂屋"问题的直接原因。

【工程实例4-2】 石子最大粒径,针、片状颗粒含量超标的危害
【现　　象】 石子最大粒径,针、片状颗粒含量超标,导致混凝土强度降低。
【原因分析】 石子粒径过大,用在钢筋间距较小的结构中,会产生石子被钢筋卡住,浇灌不到位,混凝土产生蜂窝、孔洞的质量问题,导致日后混凝土强度降低;针、片状颗粒含量超过一定界限时,使骨料空隙增加,不仅使混凝土拌合物和易性变差,而且会使混凝土的强度降低。

【工程实例4-3】泵送混凝土出现堵管现象
【现　　象】 某工程施工承台基础混凝土,采用拖式地泵输送混凝土,施工中混凝土搅拌运输车衔接稍有问题,就出现泵管堵塞问题。
【原因分析】 混凝土初始和易性满足要求,如运输距离过长,或泵送衔接不当,混凝土坍落度损失大,一小时坍落度损失有50~70mm,造成混凝土难以泵送,出现泵管堵塞问题。

六　外加剂

混凝土外加剂(简称外加剂)是混凝土中除胶凝材料、骨料、水和纤维组分以外,在混凝土拌制之前或拌制过程中加入的,用以改善新拌混凝土和(或)硬化混凝土性能,对人、生物及环境安全无有害影响的材料。外加剂具有品种多、掺量小、效果明显的特点,被认为是继钢筋混凝土、预应力钢筋混凝土技术后的第三次混凝土技术突破。如泵送混凝土要求高流动性;高层大跨度建筑要求高强、超耐久性;冬季施工要求早强;夏季滑模施工、水坝坝体等大体积混凝土施工要求缓凝等。各种外加剂的应用改善了新拌和硬化混凝土性能,促进了混凝土新技术的发展,也促进了工业副产品在胶凝材料系统中的广泛应用,还有助于节约资源和保护环境。外加剂已经逐步成为优质混凝土必不可少的材料。

(一)外加剂分类

依据《混凝土外加剂术语》(GB/T 8075—2017)规定,混凝土外加剂按其主要使用功能分为四类:

(1)改善混凝土拌合物流变性能的外加剂,如各种减水剂和泵送剂等。
(2)调节混凝土凝结时间、硬化过程的外加剂,如缓凝剂、早强剂、促凝剂和速凝剂等。

（3）改善混凝土耐久性的外加剂，如引气剂、防水剂和阻锈剂等。

（4）改善混凝土其他性能的外加剂，如膨胀剂、防冻剂和着色剂等。

（二）常用外加剂种类

1. 减水剂

减水剂是指在混凝土坍落度基本相同的条件下，能减少拌合用水量的外加剂。减水剂是混凝土外加剂中最重要的品种，按其减水率大小，可分为普通减水剂（以木质素磺酸盐类为代表）、高效减水剂（包括萘系、密胺系、氨基磺酸盐系、脂肪族系等）和高性能减水剂（以聚羧酸系高性能减水剂为代表）。每类减水剂根据其功能不同又有不同分类。

1）减水剂分类

（1）普通减水剂

普通减水剂是在混凝土坍落度基本相同的条件下，减水率不小于8%的外加剂。其主要包括标准型普通减水剂、缓凝型普通减水剂、早强型普通减水剂和引气型普通减水剂。

（2）高效减水剂

高效减水剂是指在混凝土坍落度基本相同的条件下，减水率不小于14%的减水剂。其包括标准型高效减水剂、缓凝型高效减水剂、早强型高效减水剂和引气型高效减水剂。

（3）高性能减水剂

高性能减水剂是在混凝土坍落度基本相同的条件下，减水率不小于25%，与高效减水剂相比坍落度保持性能好、干燥收缩小、且具有一定引气性能的减水剂。其包括标准型高性能减水剂、缓凝型高性能减水剂、早强型高性能减水剂和减缩型高性能减水剂。

2）减水剂作用机理

水泥加水拌和后，由于水泥颗粒间分子凝聚力等因素，会形成絮凝结构，如图4-8a）所示，絮凝结构中包裹着部分拌合水，被包裹的水无法增加混凝土拌合物的流动性，致使拌合物的流动性较低。减水剂多为阴离子型表面活性剂，由亲水基团和憎水基团组成，亲水基团能电离出正离子，本身带负电荷。当混凝土掺入减水剂后，会发生以下三方面变化：

表面活性剂

（1）亲水基团指向水，憎水基团指向固体（如水泥颗粒）、空气（如气泡）或非极性液体（如油），并作定向吸附，形成单分子吸附膜，降低了水泥颗粒的粘连能力，使之易于分散，如图4-8b）所示。

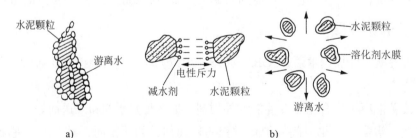

图4-8 水泥浆的絮凝结构和减水剂作用示意图

（2）水泥颗粒表面带有相同的电荷，产生静电斥力，使水泥颗粒相互分散。

（3）亲水基团吸附了大量的极性水分子，增加了水泥颗粒表面水膜厚度，润滑能力增强，水泥颗粒间更易于滑动。

综合上述因素，减水剂在不增加用水量的情况下，提高了混凝土拌合物的流动性，或在不影响拌合物流动性的情况下，起到了减水作用。

3）减水剂的主要经济技术效果

在用水量及水泥用量不变的条件下，可提高混凝土流动性，且不影响混凝土的强度；在保持混凝土拌合物流动性不变的情况下，可减少用水量，提高混凝土的强度，特别是可提高混凝土的早期强度；在保持流动性及强度不变的情况下，可在减少拌合水量的同时，相应减少水泥用量，减少拌合物的泌水、离析现象，显著改善混凝土的孔结构，使混凝土的密实度提高，透水性降低，从而可提高混凝土抗渗、抗冻、抗腐蚀等能力。

4）常用减水剂品种及应用

普通减水剂主要有木质素磺酸钙、木质素磺酸钠、木质素磺酸镁等，减水率在10%左右，一般用于中低强度等级混凝土。掺普通减水剂的混凝土随气温的降低早期强度也降低，因此不适宜用于5℃以下的混凝土施工。

早强型普通减水剂采用由早强剂与普通减水剂复合而成的，宜用于常温、低温和最低温度不低于−5℃环境中施工的有早强要求的混凝土工程。炎热环境条件下不宜使用早强型普通减水剂。

缓凝型普通减水剂主要有木质素磺酸盐类减水剂和多元醇系减水剂，也可将缓凝剂与普通减水剂复合制成缓凝型普通减水剂。

高效减水剂可用于素混凝土、钢筋混凝土、预应力混凝土，并可用于制备高强度混凝土，其中缓凝型高效减水剂可用于大体积混凝土、炎热气候条件下施工的混凝土、大面积浇筑的混凝土、需较长时间停放或长距离运输的混凝土及其他需要延缓凝结时间且有较高减水率要求的混凝土。

高性能减水剂最常用的是聚羧酸系高性能减水剂，主要用于具有高体积稳定性、高耐久性或高工作性要求的混凝土。

其他减水剂的品种及应用范围详见《混凝土外加剂应用技术规范》(GB 50119—2013)。

2. 早强剂

早强剂是指加速混凝土早期强度发展的外加剂。其质量应符合《混凝土外加剂》(GB 8076—2008)的规定。从混凝土开始拌和到凝结硬化形成一定的强度需要一段较长的时间，为了缩短施工周期（例如加速模板及台座的周转、缩短混凝土的养护时间、快速达到混凝土冬季施工的临界强度等），常需要掺入早强剂。

1）常用早强剂品种

混凝土工程中常用下列早强剂：

（1）硫酸盐、硫酸复盐、硝酸盐、碳酸盐、亚硝酸盐、氯盐、硫氰酸盐等无机盐类。

（2）三乙醇胺、甲酸盐、乙酸盐、丙酸盐等有机化合物类。

（3）两种或两种以上无机盐类早强剂或有机化合物类早强剂复合而成的早强剂。

2）适用范围

早强剂宜用于蒸养、常温、低温和最低温度不低于-5℃环境中施工的有早强要求的混凝土工程。炎热条件下，以及环境温度低于-5℃时不宜使用早强剂，不宜用于大体积混凝土，三乙醇胺等有机胺类早强剂不宜用于蒸汽养护混凝土。

早强剂应用的其他要求详见《混凝土外加剂应用技术规范》（GB 50119—2013）。

3. 引气剂

引气剂指能通过物理作用引入均匀分布、稳定且封闭的微小气泡，并能将气泡保留在硬化混凝土中的外加剂。其质量应符合《混凝土外加剂》（GB 8076—2008）的规定。

1）引气剂的作用机理

引气剂是表面活性剂。当搅拌混凝土拌合物时，会混入一些气体，引气剂分子定向排列在气泡上，形成坚固不易破裂的液膜，故可在混凝土中形成稳固、封闭的球形气泡，气泡直径大多在200μm以下，均匀分散，可使混凝土的很多性能得到改善。

2）引气剂的作用效果

（1）改善混凝土拌合物的和易性

气泡具有滚珠作用，能够减小拌合物的摩擦阻力从而提高流动性；同时气泡的存在可阻止固体颗粒的沉降和水分的上升，从而减少拌合物分层、离析和泌水，使混凝土的和易性得到明显改善。

（2）显著提高混凝土的抗冻性和抗渗性

大量均匀分布的封闭气泡一方面阻塞了混凝土中毛细管渗水的通路，另一方面具有缓解水分结冰产生的膨胀压力的作用，从而提高混凝土的抗渗性和抗冻性。

（3）降低弹性模量及强度

气泡的弹性变形，可使混凝土弹性模量降低。另外，气泡的存在使混凝土强度降低，含气量每增加1%，强度要损失3%～5%。但是由于和易性的改善，可以通过保持流动性不变减少用水量，使强度不降低或部分得到补偿。

3）引气剂的品种

引气剂主要有松香树脂类、烷基苯磺酸盐类、脂肪醇磺酸盐类和三萜皂甙等皂甙类，其中松香树脂类中的松香热聚物和松香皂应用最多。引气剂的掺量一般只有水泥质量的万分之几，含气量控制在3%～6%为宜。含气量太小，对混凝土耐久性改善不大；含气量太大，会使混凝土强度下降过多。

引气剂适用于配制抗冻混凝土、抗渗混凝土、泵送混凝土、抗硫酸盐混凝土、轻骨料混凝土、人工砂混凝土等，以及骨料质量差、泌水严重的混凝土，不适宜配制蒸汽养护混凝土及预应力混凝土。

4）缓凝剂

缓凝剂指能延长混凝土凝结时间，并对后期强度无明显影响的外加剂。其质量应符合

《混凝土外加剂》（GB 8076—2008）的规定。

缓凝剂能使混凝土拌合物在较长时间内保持塑性状态，以利于浇灌成型，提高施工质量，而且还可延缓水化放热时间，降低水化热。

缓凝剂的品种有糖类（如糖钙）、羟基羧酸及其盐类（如柠檬酸、酒石酸钾等）、多元醇及其衍生物（如山梨醇）、无机盐类（如锌盐、硼酸盐等）等。掺量不宜过多，否则会引起强度降低，甚至长时间不凝结。

缓凝剂适用于大体积混凝土、碾压混凝土、炎热气候条件下施工的混凝土、大面积浇筑的混凝土、需长时间停放或长距离运输的混凝土、滑模施工及其他需要延缓凝结时间的混凝土，不适用低于 5℃条件下施工的混凝土，也不适用于有早强要求的混凝土及蒸养混凝土。

缓凝剂应用的其他要求详见《混凝土外加剂应用技术规范》（GB 50119—2013）。

5）防冻剂

防冻剂是指能使混凝土在负温下硬化，并在规定养护条件下达到预期性能的外加剂。其质量应符合《混凝土防冻剂》（JC 475—2004）的规定。

防冻剂能显著降低混凝土的冰点，使混凝土液相不冻结或仅部分冻结，以保证水泥的水化作用，并在一定的时间内获得预期强度。防冻剂主要用于冬期施工的混凝土。

为提高防冻剂的防冻效果，目前，工程上使用的防冻剂都是复合外加剂，由防冻组分与早强、引气和减水组分复合而成。

常用防冻剂有如下几类：

（1）以某些醇类、尿素等有机化合物为防冻组分的有机化合物类防冻剂。

（2）以亚硝酸盐、硝酸盐、碳酸盐等无机盐为防冻组分的无氯盐类。

（3）含有阻锈组分，并以氯盐为防冻组分的氯盐阻锈类。

（4）以氯盐为防冻组分的氯盐类。

6）速凝剂

速凝剂是能使混凝土或水泥砂浆迅速凝结硬化的外加剂。速凝剂分粉状和液体两类，其质量应符合《喷射混凝土用速凝剂》（GB/T 35159—2017）的规定。

速凝剂与水泥加水拌和后立即反应，使水泥中的石膏丧失缓凝作用，从而促使 C_3A 迅速水化，产生快速凝结。速凝剂主要用于喷射混凝土、堵漏等。

外加剂除上述之外，还有泵送剂、膨胀剂、阻锈剂、防水剂等，详见《混凝土外加剂应用技术规范》（GB 50119—2013）。

（三）混凝土外加剂性能

混凝土外加剂性能是通过基准混凝土（按照标准规定的试验条件配制的不掺外加剂的混凝土）与受检混凝土（按照标准规定的试验条件配制的掺有外加剂的混凝土）对比，反映不同外加剂加入对混凝土性能的影响。《混凝土外加剂》（GB 8076—2008）对受检混凝土性能指标作了规定，见表4-16。

受检混凝土性能指标

表 4-16

项目	外加剂品种													
	高性能减水剂 HPWR			高效减水剂 HWR			普通减水剂 WR			引气减水剂 AEWR	泵送剂 PA	早强剂 Ac	缓凝剂 Re	引气剂 AE
	早强型 HPWR-A	标准型 HPWR-S	缓凝型 HPWR-R	标准型 HWR-S	缓凝型 HWR-R		早强型 WR-A	标准型 WR-S	缓凝型 WR-R					
减水率（%），不小于	25	25	25	14	14		8	8	8	10	12	—	—	6
泌水率比（%），不大于	50	60	70	90	100		95	100	100	70	70	100	100	70
含气量（%）	≤6.0	≤6.0	≤6.0	≤3.0	≤4.5		≤4.0	≤4.0	≤5.5	≥3.0	≤5.5	—	—	≥3.0
凝结时间之差(min) 初凝 / 终凝	−90~+90 / —	−90~+120 / —	>+90 / —	−90~+120 / —	>+90 / —		−90~+90 / —	−90~+120 / —	>+90 / —	−90~+120 / —	—	−90~+90 / —	>+90 / —	−90~+120 / —
坍落度(mm) 1h经时变化量 / 含气量(%)	— / —	— / —	≤60 / —	— / —	— / —		— / —	— / —	— / —	— / −1.5~+1.5	≤80 / —	— / —	— / —	— / −1.5~+1.5
抗压强度比（%），不小于 1d	180	170	—	140	—		135	—	—	—	—	135	—	—
3d	170	160	—	130	—		130	115	—	115	—	130	—	95
7d	145	150	140	125	125		110	115	110	110	115	110	100	95
28d	130	140	130	120	120		100	110	110	100	110	100	100	90
收缩率比（%），不大于 28d	110	110	110	135	135		135	135	135	135	135	135	135	135
相对耐久性（200次）（%），不小于	—	—	—	—	—		—	—	—	80	—	—	—	80

注：
1. 表中抗压强度比、收缩率比和相对耐久性为强制性性能指标，其余为推荐性指标。
2. 除含气量外，相对耐久性、表中所列数据为掺外加剂混凝土与基准混凝土的差值或比值。
3. 凝结时间之差性能指标中的"—"号表示提前，"+"号表示延缓。
4. 相对耐久性（200次）性能指标中的"≥80"表示将28d龄期的受检混凝土试件快速冻融循环200次后，动弹性模量保留值≥80%。
5. 1h含气量经时变化量是否要测定相对耐久性指标，由供需双方协商确定。
6. 其他品种的外加剂是否需要测定相对耐久性指标，由供需双方协商确定。
7. 当用户对泵送剂等产品有特殊要求时，需要进行补充的试验要求时，试验方法及指标，由供需双方协商决定。

（四）外加剂的选择与使用

1. 外加剂品种的选择

外加剂品种、种类很多，效果各异，尤其是对不同水泥效果不同。选择外加剂时，应根据工程需要、现场的材料条件、产品说明书通过试验确定。

2. 外加剂掺量的确定

外加剂掺量应以外加剂质量占混凝土中胶凝材料总质量的百分数表示。

混凝土外加剂均有适宜掺量。掺量过小，往往达不到预期效果；掺量过大，则会影响混凝土质量，甚至造成质量事故。因此，须通过试验试配，确定最佳掺量。

3. 外加剂的掺加方法

外加剂的掺量很少，必须保证其均匀分散，一般不能直接加入混凝土搅拌机内。对于可溶于水的外加剂，应先配成一定浓度的溶液，使用时连同拌合水一起加入搅拌机内。对于不溶于水的外加剂，应与适量水泥或砂混合均匀后，再加入搅拌机内。

外加剂的掺入时间，对其效果的发挥也有很大影响，如减水剂有先掺法、同掺法、后掺法三种方法。

先掺法是将减水剂与水泥混合，然后再与骨料和水一起搅拌。其优点是使用方便，缺点是减水剂中粗粒子会影响均匀性。一般不常用先掺法。

同掺法是减水剂先溶于水形成溶液后，再与混凝土原材料一起搅拌。优点是计量准确，易于搅拌均匀，缺点是增加了溶解与储存工作。通常采用同掺法。

后掺法是在混凝土拌合物送到浇筑地点后，才加入减水剂并再次搅拌均匀。优点是可避免混凝土运输过程中的分层、离析及坍落度损失，提高减水剂使用效果，缺点是需二次搅拌。该方法也可部分后掺，适用于预拌混凝土。

【工程实例4-4】 氯盐防冻剂锈蚀钢筋

【现　　象】 某旅馆的钢筋混凝土工程在冬季施工，为使混凝土防冻，在浇筑混凝土时掺入水泥用量3%的氯盐。建成使用两年后，在某柱柱顶附近掉下一块直径约40mm的混凝土碎块。

【原因分析】 停业检查事故原因，发现除设计有失误外，其中一重要原因是在浇筑混凝土时掺加的氯盐防冻剂，对钢筋形成腐蚀。观察柱破坏处钢筋，纵向钢筋及箍筋均已生锈，原直径6mm的钢筋因锈蚀直径减至5.2mm左右。细而稀疏的箍筋难以承受柱端截面上纵向筋侧向压屈所产生的横拉力，使箍筋在最薄弱处断裂，断裂后的混凝土保护层易剥落，混凝土碎块下掉。

【工程实例4-5】 混凝土凝结时间延长

【现　　象】 某工程队于7月份在湖南某工地施工，经现场试验确定了一个掺木质素磺酸钠的混凝土配方，使用1个月后，混凝土情况均正常。该工程后因资金问题暂停5个月，随后继续使用原混凝土配方开工。发现混凝土的凝结时间明显延长，影响了工程进度。请分析原因，并提出解决办法。

【原因分析】 因木质素磺酸盐有缓凝作用，七八月份气温较高，水泥水化速度快，适当的缓凝作用是有益的。但到冬季，气温明显下降，故凝结时间就大为延长，解决的办法可考虑改换早强型减水剂或适当减少减水剂用量。

【工程实例 4-6】 混凝土发生急凝现象

【现　　象】 某工程采用了某水泥厂的立窑水泥、某外加剂厂的高效复合减水剂，开始效果不错，后来有一批水泥拌制的掺同样外加剂的混凝土发生急凝现象，导致混凝土结构疏松，最后将已浇筑完成的混凝土全部砸掉。

【原因分析】 查其原因，水泥按水泥标准检验合格，减水剂按减水剂标准检验亦合格，但二者配合制得的混凝土却有严重质量问题。为了查清原因，对出事的水泥、减水剂做了试验，确实有急凝现象，但在水泥中掺入 0.5%～1.0% 的二水石膏后，则得到了有良好工作性和强度的混凝土，证明该水泥由于石膏掺量不足（但达到水泥标准性能）而与减水剂不相容。

第三节　混凝土拌合物的性能

混凝土各组成材料按一定比例拌和而成，尚未凝结硬化时的混合材料称为混凝土拌合物（图 4-9）。混凝土拌合物必须具有良好的和易性，才便于施工，并获得质量均匀、成型密实的混凝土，从而保证混凝土的强度和耐久性。

图 4-9　混凝土拌合物

一　和易性的概念

和易性是指混凝土拌合物易于施工操作（包括搅拌、运输、振捣和养护等），并能获得质量均匀、成型密实的性能。和易性是一项综合技术性质，具体包括流动性、黏聚性、保水性三方面的含义。

流动性是指混凝土拌合物在本身自重或施工机械振捣的作用下，能产生流动并且均匀密实地填满模板的性能。流动性的大小，反映拌合物的稀稠，它直接影响着浇筑施工的难易和混凝土的质量。若拌合物过稠，混凝土难以捣实，易造成内部孔隙；若拌合物过稀，振捣后混凝土易出现水泥砂浆和水上浮而石子下沉的分层离析现象，影响混凝土的匀质性。

黏聚性是指混凝土拌合物在施工过程中其组成材料之间有一定的黏聚力，不致产生分层离析的现象。混凝土拌合物是由密度、粒径不同的固体材料及水组成，各组成材料本身存在有分层的趋向，如果混凝土拌合物中各材料比例不当，黏聚性差，则在施工中易发生分层（拌合物中各组分出现层状分离现象）、离析（混凝土拌合物内某些组分的分离、析出现象）、泌水（水从水泥浆中泌出的现象），尤其是对于流动性大的泵送混凝土来说更为严重。混凝土的黏聚性差，会给工程质量造成严重后果，致使混凝土硬化后产生"蜂窝""麻面"等缺陷，影响混凝土的强度和耐久性。

分层、离析、泌水示意图

保水性是指拌合物保持水分不易析出的能力。混凝土拌合物中的水，一部分是保持水泥水化所需的水量；另一部分是为保证混凝土具有足够的流动性便于浇捣所需的水量。前者以化合水的形式存在于混凝土中，水分不易析出；而后者，若保水性差则会发生泌水现象，泌水会使混凝土丧失流动性，严重影响混凝土的可泵性和工作性，而且会在混凝土内部形成泌水通道，使混凝土密实性变差，降低混凝土的质量。

由上述内容可知，混凝土拌合物的流动性、黏聚性、保水性有其各自的含义，它们之间相互矛盾、相互影响。黏聚性好，则保水性也往往较好，但流动性相对较差；流动性增大时，黏聚性和保水性往往会变差。因此，和易性就是这三方面性质在特定条件下矛盾的统一体。

二、和易性的评定

和易性的内涵比较复杂，到目前为止，还没有找到一个全面、准确的测试方法和衡量指标。常用方法是定量测定流动性的大小，再辅以直观经验来评定拌合物的黏聚性和保水性。根据《普通混凝土拌合物性能试验方法标准》（GB/T 50080—2016）规定，拌合物的流动性用稠度，即坍落度、扩展度和维勃稠度表示。

1. 坍落度和坍落度经时损失测定

坍落度试验适用于骨料最大粒径不大于40mm、坍落度不小于10mm的混凝土拌合物流动性测定。

选取平面尺寸不小于1500mm×1500mm、厚度不小于3mm的钢板，将润湿的坍落度筒放在钢板上，将混凝土拌合物按规定的方法分三层装入坍落度筒内，并均匀插捣，清除筒边底板上的混凝土后，应垂直平稳地提起坍落度筒，并轻放于试样旁边，当试样不再继续坍落或坍落时间达30s时，用钢尺测量出筒高与坍落后混凝土试体最高点之间的高度差（mm），即为该混凝土拌合物的坍落度值（用S表示）。坍落度测定如图4-10所示。坍落度筒的提离过程宜控制在3～7s，从开始装料到提坍落度筒的整个过程应连续进行，并应在150s内完成，将坍落度筒提起后混凝土发生一边崩坍或剪坏现象时，应重新取样另行测定。第二次试验仍出现一边崩坍或剪坏现象，应予记录说明。坍落度值测量应精确至1mm，结果应修约至5mm。

坍落度值越大，表示流动性越大。用捣棒在已坍落的混凝土锥体侧面轻轻敲打，如果锥体保持整体均匀，逐渐下沉，则表示黏聚性良好；若锥体突然倒塌，部分崩裂或出现离析现象，则表示黏聚性不好。

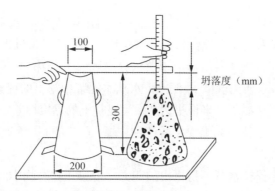

图 4-10 坍落度测定示意图（尺寸单位：mm）

以混凝土拌合物稀浆析出的程度来评定其保水性。坍落度筒提起后如有较多的稀浆从底部析出，锥体部分的混凝土也因失浆而骨料外露，则表明此拌合物保水性不好；如坍落度筒提起后无稀浆或仅有少量稀浆自底部析出，则表示此混凝土拌合物保水性良好。

坍落度能综合反映混凝土的流动性、黏聚性和保水性，是混凝土是否易于施工操作和均匀密实的重要性能指标。

坍落度经时损失反映混凝土拌合物的坍落度随静置时间变化的损失值。

首先测出混凝土拌合物的初始坍落度值H_0，再将全部混凝土拌合物试样装入塑料桶或不被水泥浆腐蚀的金属桶内，应用桶盖或塑料薄膜密封静置60min后，将桶内混凝土拌合物试样全部倒入搅拌机内，搅拌20s，进行坍落度试验，得出静置60min后的坍落度值H_{60}，计算H_0与H_{60}的差值，即为坍落度经时损失值。

2. 扩展度及扩展度经时损失测定

扩展度是混凝土拌合物坍落后扩展的直径，适用于骨料最大公称粒径不大于40mm、坍落度不小于160mm混凝土流动性的测定。

扩展度试验是在坍落度试验的基础上进行的，将拌合物按照规定方法装入坍落度筒后，垂直平稳地提起坍落度筒，提离过程宜控制在 3～7s，当拌合物不再扩散或扩散持续时间已达50s时，使用钢尺测量拌合物展开扩展面的最大直径以及与最大直径呈垂直方向的直径，当两直径之差小于50mm时，应取其算术平均值（mm）作为扩展度值（用F表示），如图 4-11 所示。

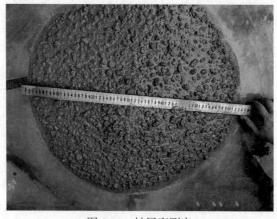

图 4-11 扩展度测定

当两直径之差不小于50mm时，应重新取样另行测定。扩展度不仅能测定拌合物稠度，也可从扩展度的表观形状间接反映抗离析性能的优劣。抗离析性能强的混凝土，在扩展的过程中，始终保持其匀质性，不论是扩展的中心还是边缘，粗骨料的分布都是均匀的，也无浆体从边缘析出。如果粗骨料在中央集堆、水泥浆从边缘析出，这是混凝土在扩展的过程中产生离析而造成的，说明混凝土抗离析性能很差，应记录说明。

扩展度经时损失反映混凝土拌合物的扩展度随静置时间变化的损失值。扩展度经时损失是初始扩展度值与静置60min扩展度值的差值。

3. 维勃稠度测定

维勃稠度试验适用于骨料最大粒径不大于40mm、维勃稠度5～30s的混凝土拌合物流动性的测定。

将混凝土拌合物按规定方法装入坍落度筒内，把坍落度筒垂直提起后，将透明有机玻璃圆盘覆盖在拌合物圆台体的顶面，如图4-12所示。

开启振动台的同时用秒表计时，记录当透明圆盘布满水泥浆时所经历的时间（以s计），称为维勃稠度（用V表示）。维勃稠度越大，表示混凝土的流动性越小。

图4-12 维勃稠度测定仪

三 混凝土拌合物流动性的级别及选用

按照《混凝土质量控制标准》（GB 50164—2011）的规定，混凝土拌合物按照坍落度、维勃稠度和扩展度的大小进行分级，见表4-17。

混凝土拌合物流动性的级别　　　　　表4-17

坍落度级别		维勃稠度级别		扩展度级别	
级别	坍落度（mm）	级别	维勃稠度（s）	级别	扩展度（mm）
S_1	10～40	V_0	≥31	F_1	≤340
S_2	50～90			F_2	350～410
S_3	100～150	V_1	30～21	F_3	420～480
S_4	160～210	V_2	20～11	F_4	490～550
S_5	≥210	V_3	10～5	F_5	560～620
				F_6	≥630

通常将拌合物坍落度小于10mm且须用维勃稠度示其稠度的混凝土称为干硬性混凝土；坍落度为10～90mm的混凝土称为塑性混凝土；坍落度为100～150mm的混凝土称为流动性混凝土；坍落度不低于160mm的混凝土称为大流动性混凝土。

拌合物流动性的选用原则是在满足施工条件及混凝土成型密实的条件下，尽可能选用较小的流动性，以节约水泥并获得质量较高的混凝土。具体选用时，流动性的大小取决于构件截面尺寸、钢筋疏密程度及捣实方法。若构件截面尺寸小、钢筋密、振捣作用不强时，流动性应大一些；反之，流动性应小一些。

四 影响混凝土拌合物和易性的因素

影响混凝土和易性的因素很多，主要有原材料的性质、原材料之间的相对含量（水泥浆量、水胶比、砂率）、环境因素及施工条件等。

（一）胶凝材料浆量与水胶比

混凝土拌合物中的水泥浆，赋予混凝土拌合物以一定的流动性。水胶比是指水与所有胶凝材料用量（水泥用量和活性矿物掺合料用量之和）的比值。在水胶比一定的条件下，水泥浆量越多，则拌合物的流动性越大。但水泥浆量过多，则会产生流浆、泌水、离析和分层等现象，使拌合物黏聚性、保水性变差，而且使混凝土强度、耐久性降低，干缩、徐变增大；水泥浆量过少，不能填满砂石间空隙，或不能很好地包裹骨料表面，会使拌合物流动性降低，黏聚性降低，影响硬化后的强度和耐久性。故拌合物中水泥浆量既不能过多，也不能过少，以满足流动性要求为宜。

在胶凝材料用量一定的条件下，水胶比越小，水泥浆就越稠，拌合物流动性越小。当水胶比过小时，混凝土过于干涩，会使施工困难，且不能保证混凝土的密实性；水胶比增大，流动性加大，但水胶比过大，会由于水泥浆过稀，而使黏聚性、保水性变差，并严重影响混凝土的强度和耐久性。水胶比的大小应根据混凝土的强度和耐久性合理选用。

需要指出的是，无论是水泥浆数量，还是水胶比大小对混凝土拌合物和易性的影响，最终都体现在用水量的多少。实践证明，在配制混凝土时，当混凝土拌合物的用水量一定时，在一定范围内其他材料量的波动对混凝土拌合物流动性影响并不十分显著，则拌合物的流动性基本保持不变，这种关系称为混凝土的"固定用水量法则"。一定条件下，要使混凝土获得一定值的坍落度，需要的单位用水量是一个定值，可以通过试验测定。《普通混凝土配合比设计规程》（JGJ 55—2011）给出了维勃稠度与干硬性混凝土用水量的关系，以及坍落度与塑性混凝土用水量的关系，可供参考，见表4-18和表4-19。从表中可知，用水量的多少与骨料种类和骨料最大粒径有关。当坍落度一定时，石子最大粒径增大，用水量减少；当石子最大粒径不变时，用水量增加则坍落度增大；当石子最大粒径不变时，坍落度不变，碎石的用水量大于卵石用水量。利用此表，可确定混凝土初步配合比的用水量。

干硬性混凝土用水量（kg/m³）　　表4-18

拌合物稠度		卵石最大公称粒径（mm）			碎石最大公称粒径（mm）		
项目	指标	10.0	20.0	40.0	16.0	20.0	40.0
维勃稠度（s）	16~20	175	160	145	180	170	155
	11~15	180	165	150	185	175	160
	5~10	185	170	155	190	180	165

塑性混凝土用水量（kg/m³） 表 4-19

拌合物稠度		卵石最大公称粒径（mm）				碎石最大公称粒径（mm）			
项目	指标	10.0	20.0	31.5	40.0	16.0	20.0	31.5	40.0
坍落度（mm）	10～30	190	170	160	150	200	185	175	165
	35～50	200	180	170	160	210	195	185	175
	55～70	210	190	180	170	220	205	195	185
	75～90	215	195	185	175	230	215	205	195

注：1. 本表用水量系采用中砂时的取值。采用细砂时，每立方米混凝土用水量可增加 5～10kg；采用粗砂时，可减少 5～10kg。
2. 掺用矿物掺合料和外加剂时，用水量应相应调整。

（二）砂率

砂率指混凝土中砂占砂、石总量的百分率，可用式(4-4)来表示。

$$\beta_s = \frac{m_s}{m_s + m_g} \times 100\% \tag{4-4}$$

式中：β_s——砂率；

m_s——砂的质量（kg）；

m_g——石子的质量（kg）。

砂率的变动会使骨料的空隙率和总表面积有显著的变化，因而对混凝土拌合物的和易性有很大的影响。图 4-13 是砂率对坍落度的影响，在一定砂率范围之内，砂与水泥浆形成的水泥砂浆，在粗骨料间起润滑作用，砂率越大，润滑作用越明显，流动性可提高。但砂率过大，即砂用量过多，石子用量过少，骨料的总表面积增大，需要包裹骨料的水泥浆增多，在水泥浆量一定的条件下，骨料表面的水泥浆层相对减薄，导致拌合物流动性降低。砂率过小，虽然总表面积减小，但粗骨料造成的空隙率很大，填充空隙所需的水泥浆量增多，在水泥浆量一定的条件下，骨料表面的水泥浆层同样不足，使流动性降低，而且严重影响拌合物的黏聚性和保水性，产生分层、离析、流浆、泌水等现象。

因此，在进行混凝土配合比设计时，为保证和易性，应选择最佳砂率（也称合理砂率）。合理砂率是指在水泥量、水量一定的条件下，能使混凝土拌合物获得最大的流动性而且保持良好的黏聚性和保水性的砂率，如图 4-13 所示；或者是使混凝土拌合物获得所要求的和易性的前提下，水泥用量最小的砂率，如图 4-14 所示。

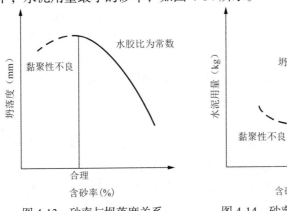

图 4-13 砂率与坍落度关系　　图 4-14 砂率与水泥用量关系

影响合理砂率的因素很多，如水胶比大小、骨料的粗细程度、颗粒级配、表面状态等。通常石子最大粒径较大、级配较好、表面较光滑时，可选择较小的砂率；砂较细时，可选用较小的砂率；施工要求的流动性较大时，粗骨料常易出现离析，为了保证混凝土的黏聚性，可采用较大的砂率；当掺用减水剂或引气剂时，可适当减小砂率。由于影响合理砂率的因素较多，很难用计算方法得出准确的合理砂率，一般在保证混凝土流动性且不离析的条件下，尽量选用较小的砂率，这样可以节约水泥。如无经验，可按骨料的品种、规格及水胶比值参照表4-20选用。

混凝土的砂率   表4-20

水胶比	卵石最大公称粒径（mm）			碎石最大公称粒径（mm）		
	10.0	20.0	40.0	16.0	20.0	40.0
0.40	26~32	25~31	24~30	30~35	29~34	27~32
0.50	30~35	29~34	28~33	33~38	32~37	30~35
0.60	33~38	32~37	31~36	36~41	35~40	33~38
0.70	36~41	35~40	34~39	39~44	38~43	36~41

注：1. 本表数值系中砂的选用砂率，对细砂或粗砂，可相应地减少或增大砂率。
2. 采用人工砂配制混凝土时，砂率可适当增大。
3. 只用一个单粒级粗骨料配制混凝土时，砂率应当增大。

（三）组成材料性质的影响

1. 水泥品种及细度

不同的水泥品种，其标准稠度需水量不同，对混凝土的流动性有一定的影响。如火山灰水泥的需水量大于普通水泥的需水量，在用水量和水胶比相同的条件下，火山灰水泥的流动性相应就小。另外，不同的水泥品种，其特性上的差异也导致混凝土和易性的差异。例如，在相同的条件下，矿渣水泥的保水性较差，而火山灰水泥的保水性和黏聚性好，但流动性小。

水泥颗粒越细，其表面积越大，需水量越大，在相同的条件下，混凝土表现为流动性小，但黏聚性和保水性好。

2. 骨料的性质

骨料的性质是指混凝土所用骨料的品种、级配、粒形、粗细程度、杂质含量、表面状态等。级配良好的骨料空隙率小，在水泥浆量一定的情况下，包裹骨料表面的水泥浆层较厚，其拌合物流动性较大，黏聚性和保水性较好；表面光滑的骨料，其拌合物流动性较大。若杂质含量多，针、片状颗粒含量多，则其流动性变差；细砂比表面积较大，用细砂拌制的混凝土拌合物的流动性较差，但黏聚性和保水性较好。

3. 外加剂和掺合料

在拌制混凝土时，加入某些外加剂，如引气剂、减水剂等，能使混凝土拌合物在不增加水量的条件下，增大流动性、改善黏聚性、降低泌水性，获得较好的和易性。

矿物掺合料加入混凝土拌合物中，可节约水泥用量，减少用水量，改善混凝土拌合物的和易性。

（四）时间、环境因素、施工条件

混凝土拌合物拌制后，随着时间的延长而逐渐变得干稠，流动性减小，这种现象称为坍落度损失。其原因是时间延长，除了与水泥发生水化反应消耗一部分水，另外部分水被骨料吸收，还有部分水蒸发，从而使得流动性变差。施工中应考虑到混凝土拌合物随时间延长对流动性的影响，采取相应的措施。图4-15所示是时间对拌合物坍落度的影响。

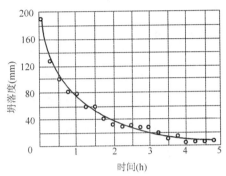

图4-15　时间对拌合物坍落度的影响

环境温度的变化会影响混凝土的和易性。因为环境温度的升高，水分蒸发及水化反应加快，坍落度损失也加快，图4-16所示为温度对混凝土拌合物坍落度的影响。从图中可看出，温度每升高10℃，坍落度就减少约20mm。因此，在施工中为保证混凝土拌合物的和易性，要考虑温度的影响，并采取相应措施。

采用机械搅拌的混凝土拌合物和易性好于人工拌和的混凝土。

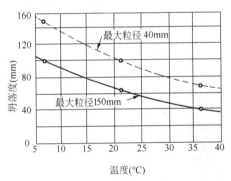

图4-16　温度对拌合物坍落度的影响

针对上述影响混凝土拌合物和易性的因素，在实际工作中，可采取以下措施来改善混凝土拌合物的和易性。

1. 调节混凝土组成材料之间的数量关系

选用质地优良、级配良好的粗、细骨料，并采用合理砂率，这样有利于提高混凝土流动性，改善黏聚性和保水性，同时可节约水泥；当混凝土拌合物坍落度小于设计要求时，保持水胶比不变，适当增加水和胶凝材料用量，或者加入外加剂；当拌合物坍落度大于设计要求，但黏聚性良好时，可保持砂率不变，适当增加砂、石用量。

2. 改进混凝土拌合物的施工工艺

采用高效率的强制式搅拌机，可以提高混凝土的流动性，尤其是低水胶比混凝土拌合物的流动性。预拌混凝土在远距离运输时，为了减小坍落度损失，可以采用二次加水法，即在搅拌站加入大部分水，剩余部分水在快到施工现场时再加入，然后迅速搅拌以获得较好的坍落度。

3.掺外加剂和外掺料

使用外加剂和外掺料是改善混凝土拌合物性能的重要手段，详细内容可参见本项目第二节有关内容。

五 新拌混凝土的凝结时间

新拌混凝土的凝结是由于水泥的水化反应所致，但新拌混凝土的凝结时间与配制混凝土所用水泥的凝结时间并不一致。因为水泥浆凝结时间是以标准稠度的水泥净浆测定的，而新拌混凝土凝结时间是通过测定混凝土拌合物中筛出的砂浆，进行贯入阻力的测定来确定混凝土的凝结时间的，因此这两者的凝结时间有所不同。本方法也可适用于砂浆或灌注料凝结时间的测定。

根据《普通混凝土拌合物性能试验方法标准》（GB/T 50080—2016）的规定，混凝土拌合物的凝结时间是用贯入阻力法进行测定的。所用仪器为贯入阻力仪（图4-17），先用5mm标准筛从拌合物中筛出砂浆，按标准方法装入规定的砂浆试样筒内，置于温度为(20±2)℃的环境中待测，并在整个测试过程中，环境温度应始终保持(20±2)℃。

每隔一定时间测定测针贯入砂浆(25±2)mm时的贯入阻力，绘制贯入阻力与时间的关系曲线，以贯入阻力为3.5MPa及28MPa画两条平行于时间坐标的直线，直线与曲线交点的时间即分别为混凝土拌合物的初凝时间和终凝时间，如图4-18所示。初凝时间表示施工时间的极限，终凝时间表示混凝土强度开始发展。

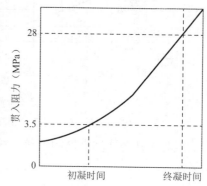

图4-17 混凝土贯入阻力仪　　图4-18 贯入阻力与时间关系曲线

【工程实例4-7】 混凝土坍落度变小

【现　　象】 某混凝土搅拌站原使用砂的细度模数为2.5，后改用细度模数为2.1的砂，混凝土配合比不变，发现混凝土坍落度明显变小。请分析原因。

【原因分析】 因砂粒径变小后，砂的总表面积增大，由于原混凝土配方不变，水泥浆量不变，所以包裹砂表面的水泥浆层变薄，流动性就变差，即坍落度变小。

【工程实例4-8】 混凝土未完全硬化

【现　　象】 某工程钢筋混凝土基础，混凝土设计强度等级为C30。混凝土配合比为1∶1.24∶3.04∶0.44。混凝土所用材料为当地水泥厂生产的强度等级为32.5的普通水泥，本地砂石、自来水及NF减水剂，现场混凝土施工为普通搅拌机搅拌、小车运输、振捣棒振捣，施工时温度为22℃。当混凝土浇筑完成后，第二天发现混凝土没有完全硬化，部分结块，部分呈疏松状，混凝土强度没达到设计要求，工程被停。

【原因分析】 经检测砂中含泥量为6.4%，细度模数1.82。

（1）砂质量：当混凝土强度在C30以上时，砂的含泥量须小于或等于1.0%，现场用砂的含泥量已达6.4%，远超过标准。含泥量的增多，导致泥粒总面积大大增加，需要更多的水泥浆包裹。同时泥本身强度低，降低了混凝土的强度。

（2）砂偏细：现场砂的细度模数是1.82，属细砂。细砂颗粒小，在质量相同的情况下，砂表面积增大，需要的包裹水泥量增多，在水泥量没有增加的情况下，砂粒之间缺少水泥浆，大大降低了混凝土的强度。

第四节　硬化混凝土的性能

硬化混凝土的性能主要包括混凝土的强度、耐久性、变形三个方面，本节主要介绍混凝土的强度和变形。

一、混凝土的强度

混凝土的强度包括抗压强度、抗拉强度、抗弯强度、抗剪强度及钢筋与混凝土的黏结强度，其中混凝土的抗压强度最大，抗压强度与其他强度之间有一定的相关性，可根据抗压强度的大小来估计其他强度值，因此本节重点介绍混凝土的抗压强度。

（一）混凝土的抗压强度与强度等级

根据《混凝土物理力学性能试验方法标准》（GB/T 50081—2019）的规定，按标准方法制作的边长为150mm的立方体试件，成型后立即用不透水的薄膜覆盖表面，在温度为(20±5)℃、相对湿度大于50%的室内静置1～2d后拆模，之后在标准养护条件下［温度(20±2)℃，相对湿度95%以上的标准养护室或在温度为(20±2)℃的不流动的$Ca(OH)_2$饱和溶液中养护］，至28d龄期（从搅拌加水开始计时），经标准方法测试得到的抗压强度值，称为混凝土抗压强度，以f_{cu}来表示。

按照《混凝土结构设计规范》（GB 50010—2010）的规定，混凝土的强度等级应根据混凝土立方体抗压强度标准值确定。所谓混凝土立方体抗压强度标准值（$f_{cu,k}$）是按标准试验方法制作和养护的边长为150mm的立方体试件，在28d龄期，用标准试验方法测得的具有95%保证率的抗压强度。混凝土强度等级采用符号C与立方体抗压强度标准值表示。例如C25表示混凝土立方体抗压强度大于或等于25MPa，且小于30MPa的保证率为95%，即立方体抗压强度标准值为 25MPa。

按照《混凝土质量控制标准》（GB 50164—2011）规定，混凝土强度等级按立方体抗压强度标准值划分为 C10、C15、C20、C25、C30、C35、C40、C45、C50、C55、C60、C65、C70、C75、C80、C85、C90、C95、C100 等 19 个等级。混凝土的强度等级是混凝土结构设计时强度计算取值的依据，建筑物的不同部位或承受不同荷载的结构，应选用不同等级的混凝土。

（二）混凝土的轴心抗压强度

在实际工程中，混凝土结构形式极少是立方体的，大部分是棱柱体形式或圆柱体形式，为了使测得的混凝土强度接近于混凝土结构用的实际情况，在钢筋混凝土结构计算中，计算轴心受压构件时，以混凝土的轴心抗压强度为设计取值。轴心抗压强度以 f_{cp} 表示。

根据《混凝土物理力学性能试验方法标准》（GB/T 50081—2019）的规定，测轴心抗压强度采用 150mm×150mm×300mm 的棱柱体作为标准试件，也可选择 100mm×100mm×300mm 或 200mm×200mm×400mm 的非标准试件，其制作与养护同立方体试件。轴心抗压强度比同截面的立方体抗压强度值小，棱柱体试件高宽比越大，轴心抗压强度越小。通过大量试验表明：在立方体抗压强度 f_{cu} = 10～55MPa 的范围内，轴心抗压强度 f_{cp} 与立方体抗压强度 f_{cu} 的关系为 $f_{cp} = (0.7～0.8)f_{cu}$。

（三）混凝土的抗拉强度

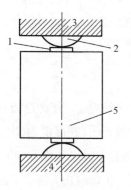

图 4-19　混凝土劈裂抗拉试验装置图

1-垫条；2-垫层；3、4-压力机上、下压板；5-试件

混凝土是一种典型的脆性材料，抗拉强度较低，只有抗压强度的 1/20～1/10，且随着混凝土强度等级的提高，比值有所降低，即抗拉强度的增加不及抗压强度增加得快。因此在钢筋混凝土结构中一般不依靠混凝土抵抗拉力，而是由其中的钢筋承受拉力。但抗拉强度对混凝土抵抗裂缝的产生有着重要的意义，作为确定抗裂程度的重要指标。有时也用它来间接衡量混凝土与钢筋的握裹强度等。

根据《混凝土物理力学性能试验方法标准》（GB/T 50081—2019）的规定，立方体混凝土劈裂抗拉强度是采用边长为 150mm 的立方体试件，在试件的两个相对的表面中线上，加上垫条施加均匀分布的压力，则在外力作用的竖向平面内，产生均匀分布的拉应力（图 4-19），该应力可以根据弹性理论计算得出。此方法不仅大大简化了抗拉试件的制作，并且能较正确地反映试件的抗拉强度。劈裂抗拉强度可按式(4-5)计算：

$$f_{ts} = \frac{2F}{\pi A} = 0.637 \frac{F}{A} \tag{4-5}$$

式中：f_{ts}——混凝土劈裂抗拉强度（MPa）；

F——破坏荷载（N）；

A——试件劈裂面积（mm²）。

混凝土按劈裂试验所得的抗拉强度 f_{ts} 换算成轴拉试验所得的抗拉强度 f_t，应乘以换算系数，该系数可由试验确定。

（四）混凝土的抗折强度

根据《混凝土物理力学性能试验方法标准》（GB/T 50081—2019）的规定，混凝土抗折强度试验采用150mm×150mm×600mm（或550mm）的棱柱体标准试件，按三分点加荷方式加载测得其抗折强度（图4-20），计算公式为：

$$f_{cf} = \frac{FL}{bh^2} \tag{4-6}$$

式中：f_{cf}——混凝土的抗折强度（MPa）；

F——破坏荷载（N）；

L——支座间距（mm）；

b——试件截面宽度（mm）；

h——试件截面高度（mm）。

当采用100mm×100mm×400mm非标准试件时，应乘以尺寸换算系数 0.85；当混凝土强度等级≥C60时，宜采用标准试件。

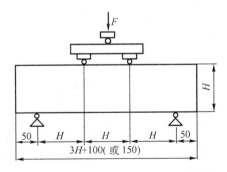

图4-20 混凝土抗折强度试验示意图（尺寸单位：mm）

（五）影响混凝土强度的因素

混凝土受力破坏后，其破坏形式一般有三种：一是骨料本身的破坏，这种破坏的可能性很小，因为通常情况下，骨料强度大于混凝土强度；二是水泥石的破坏，这种现象在水泥石强度较低时发生；三是骨料和水泥石分界面上的黏结面破坏，这是最常见的破坏形式。

由于水泥石和骨料的弹性模量不同，当温度、湿度变化时，水泥石和骨料的变形不同，在界面处往往出现微裂纹；由于拌合物中的泌水作用，部分水分在泌出过程中常因粗骨料的阻隔而聚集于骨料下面形成"水囊"；另外，在混凝土硬化前，水泥浆中的水分向亲水性骨料表面迁移，在骨料表面形成一层水膜。由于以上原因，混凝土在承受外荷载作用前，界面处就已存在微裂纹、孔隙、水囊等缺陷。混凝土受荷后，随着应力的增长，这些微裂纹不断扩展、延伸至水泥石，最终导致混凝土开裂破坏。

通过对水泥石与骨料界面的研究发现，该界面并非一个"面"，而是具有100μm以下厚度的一个"层"，称为"界面过渡层"。界面过渡层是混凝土整体结构中易损薄弱环节，它对混凝土的耐久性、力学性能有着十分关键的影响作用。

综上分析可知，混凝土的强度主要取决于水泥石的强度及水泥浆与骨料表面的黏结强度。而水泥石强度及黏结强度又与水泥强度等级、水胶比、骨料的性质有密切关系，此外混凝土的强度还受施工质量、养护条件及龄期的影响。

1. 胶凝材料强度和水胶比

胶凝材料强度和水胶比是影响混凝土强度的主要因素。水胶比是混凝土中用水量与胶凝材料用量（混凝土中水泥和活性矿物掺合料的总称）的质量比，用W/B表示。其中，胶凝材料是混凝土的活性组分，其强度大小直接影响混凝土的强度，在相同的配合比条件下，水泥强度等级越高，其胶结力越强，所配制的混凝土强度越高。在胶凝材料品种及强度等级一定的条件下，混凝土的强度主要取决于水胶比。水胶比越小，水泥石的强度及其与骨料黏结强度越大，混凝土的强度越高。

需要指出的是，上述规律只适用于混凝土拌合物被充分振捣密实的情况。若水胶比过小，拌合物过于干稠，难以使混凝土振捣密实，则容易出现较多的蜂窝、孔洞等缺陷，反而导致混凝土强度的严重下降。

试验证明，混凝土的强度随水胶比的增大而降低，呈近似双曲线关系；而混凝土强度与胶水比则呈直线关系，如图4-21所示。

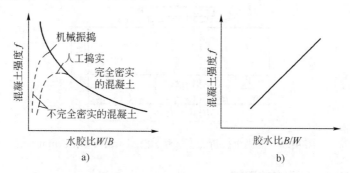

图4-21 混凝土强度与水胶比、胶水比的关系

混凝土强度与胶水比、胶凝材料强度之间的关系可用经验公式(4-7)表示：

$$f_{cu,0} = \alpha_a f_b \left(\frac{B}{W} - \alpha_b \right) \tag{4-7}$$

式中：$f_{cu,0}$——混凝土28d龄期抗压强度（MPa）；

B/W——胶水比；

f_b——胶凝材料28d抗压强度实测值（MPa）。当无法取得胶凝材料强度值时，可按$f_b = \gamma_f \gamma_s f_{ce}$求得，$\gamma_f$、$\gamma_s$为粉煤灰影响系数和高炉矿渣影响系数，可按《普通混凝土配合比设计规程》（JGJ 55—2011）提供的数值选，见表4-21；

f_{ce}——水泥28d胶砂抗压强度实测值（MPa）；当无实测值时，可按式(4-8)计算：

$$f_{ce} = \gamma_c f_{ce,g} \tag{4-8}$$

γ_c——水泥强度等级值的富余系数,可按实际统计资料确定;当缺乏实际统计资料时,可按《普通混凝土配合比设计规程》(JGJ 55—2011)提供的数值选用,见表4-22;

$f_{ce,g}$——水泥强度等级值(MPa);

α_a、α_b——回归系数。应根据工程所使用的原材料,通过实验建立的水胶比与强度关系式确定;当不具备上述统计资料时,其回归系数可按《普通混凝土配合比设计规程》(JGJ 55—2011)提供的数值选用,见表4-23。

粉煤灰影响系数和粒化高炉矿渣粉影响系数　　表4-21

掺量(%)	种类	
	粉煤灰影响系数γ_f	粒化高炉矿渣粉影响系数γ_s
0	1.00	1.00
10	0.85~0.95	1.00
20	0.75~0.85	0.95~1.00
30	0.65~0.75	0.90~1.00
40	0.55~0.65	0.80~0.90
50	—	0.70~0.85

水泥强度等级值富余系数　　表4-22

水泥强度等级值	32.5	42.5	52.5
富余系数γ_c	1.12	1.16	1.10

经验系数　　表4-23

系数	骨料品种	
	碎石	卵石
α_a	0.53	0.49
α_b	0.20	0.13

上述经验公式,一般只适用于混凝土强度等级在C60以下的混凝土。利用此公式,可根据所用的胶凝材料强度值和水胶比估计混凝土28d的强度,也可根据胶凝材料强度值和要求的混凝土强度等级确定所采用的水胶比。

【例4-2】　已知某混凝土所用胶凝材料实测强度为36.4MPa,水胶比为0.45,碎石。试估算该混凝土28d强度值。

【解】　因为$W/B = 0.45$,所以$B/W = 1/0.45 = 2.22$。

混凝土采用碎石,回归系数$\alpha_a = 0.53$,$\alpha_b = 0.20$,代入混凝土强度公式(4-7)有:

$f_{cu} = 0.53 \times 36.4 \times (2.22 - 0.20) = 39.0$MPa

该混凝土28d强度值为39.0MPa。

2. 骨料的影响

骨料在混凝土中起骨架与稳定作用。通常，只有骨料本身的强度较高、有害杂质含量少且级配良好时，才能形成坚强密实的骨架；反之，骨料中含有较多的有害杂质、级配不良且骨料本身强度较低时，混凝土的强度则会较低。

骨料的表面状态也会影响混凝土的强度。碎石混凝土的强度要高于卵石混凝土的强度，这是碎石表面比较粗糙，水泥石与其黏结比较牢固，卵石表面比较光滑，黏结性差的缘故。

骨料的最大粒径增大，可降低用水量及水胶比，提高混凝土的强度。但对于高强混凝土，较小粒径的粗骨料，可明显改善粗骨料与水泥石界面的强度，提高混凝土的强度。

3. 养护条件

养护条件是指混凝土浇筑成型后，所需的温度和湿度。它们是通过影响水泥水化过程而影响混凝土强度，适当的温度和足够的湿度是混凝土强度顺利发展的重要保证。

温度升高，水化速度加快，混凝土强度的发展也快；反之，在低温下混凝土强度发展迟缓。温度对混凝土强度的影响如图4-22所示。当温度处于冰点以下时，由于混凝土中的水分大部分结冰，混凝土的强度不但停止发展，同时还会受到冻胀破坏作用，严重影响混凝土的早期强度和后期强度。一般情况下，混凝土受冻之后再融化，其强度仍可持续增长，但受冻越早，强度损失越大，因此《建筑工程冬期施工规程》（JGJ/T 104—2011）规定，冬期浇筑的混凝土在受冻以前必须达到最低强度，即受冻临界强度。

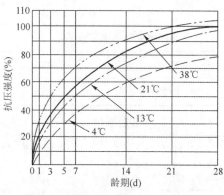

冬期施工混凝土的受冻临界强度

图4-22 混凝土强度与养护温度关系

周围环境的湿度对混凝土的强度发展同样是非常重要的。水是水泥水化反应的必要成分，湿度适当，水泥水化能顺利进行，使混凝土强度得到充分发展。如果湿度不够，水泥水化反应不能正常进行，甚至水化停止，这不仅大大降低混凝土强度，而且使混凝土结构疏松，形成干缩裂缝，严重影响混凝土的耐久性。《混凝土质量控制标准》（GB 50164—2011）中规定：混凝土施工可采用浇水、塑料薄膜覆盖保湿、喷涂养护剂、冬季蓄热养护方法进行养护。混凝土施工养护时间应符合下列规定：对采用硅酸盐水泥、普通硅酸盐水泥或矿渣硅酸盐水泥拌制的混凝土，采用浇水和潮湿覆盖的养护时间不得少于7d；对于采用粉煤灰硅酸盐水泥、火山灰质硅酸盐水泥、复合硅酸盐水泥配制的混凝土，或掺加缓凝型外加剂的混凝土以及大掺量矿物掺合料混凝土，采用浇水和潮湿覆盖的养护时间不得少于14d。图4-23所示为混凝土强度与保持潮湿日期的关系。

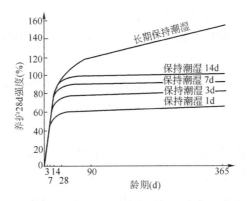

图 4-23 潮湿养护时间与混凝土强度的关系

为加速混凝土强度的发展，提高混凝土早期强度，在工程中还可采用蒸汽养护和压蒸养护。

蒸汽养护是将混凝土放在低于 100℃常压蒸汽中进行养护。掺混合材料的矿渣水泥、火山灰水泥及粉煤灰水泥在蒸汽养护的条件下，不但可以提高早期强度，其 28d 强度也会略有提高。

压蒸养护是将混凝土放在 175℃的温度及 8 个大气压的蒸压釜内进行养护。在高温高压下，加速了活性混合材料的化学反应，使混凝土的强度得以提高。但压蒸养护需要的蒸压釜设备比较庞大，仅在生产硅酸盐混凝土制品时使用。

4. 龄期

龄期是指混凝土在正常养护条件下所经历的时间。混凝土的强度随着龄期增加而增大，最初的 7～14d 发展较快，28d 以后增长缓慢，在适宜的温、湿度条件下其增长过程可达数十年之久。

试验证明，用中等等级的普通硅酸盐水泥（非 R 型）配制的混凝土，在标准养护条件下，混凝土强度的发展大致与龄期的对数成正比例关系，可按式(4-9)推算。

$$f_n = f_{28} \frac{\lg n}{\lg 28} \tag{4-9}$$

式中：f_n——nd 龄期时的混凝土抗压强度（MPa）；

f_{28}——28d 龄期时的混凝土抗压强度（MPa）；

n——养护龄期，$n \geqslant 3$d。

式(4-9)可用于估计混凝土的强度，如已知 28d 龄期的混凝土强度，估算某一龄期的强度；或已知某龄期的强度，推算 28d 的强度，可作为预测混凝土强度的一种方法。但由于影响混凝土强度的因素很多，故只能作参考。

5. 施工条件

混凝土施工过程中，应搅拌均匀、振捣密实、养护良好才能使混凝土硬化后达到预期的强度。采用机械搅拌比人工拌和的拌合物更均匀。一般来说，水胶比越小时，通过振动捣实效果也越显著。当水胶比值逐渐增大时，振动捣实的优越性会逐渐降低，其强度提高一般不超过 10%。

另外，采用分次投料搅拌新工艺，也能提高混凝土强度。其原理是将骨料和水泥投入搅拌机后,先加少量水拌和,使骨料表面裹上一层水胶比很小的水泥浆,以有效地改善骨料界面结构,从而提高混凝土的强度。这种混凝土称为"造壳混凝土"。

6. 试验因素

试验过程中,试件的形状、尺寸、表面状态、含水程度及加荷速度都对混凝土的强度值产生一定的影响。

1）试件的尺寸

在测定混凝土立方体抗压强度时,当混凝土强度等级<C60时,可根据粗骨料最大粒径选用非标准试块,但应将其抗压强度值按表4-24所给出的系数换算成标准试块对应的抗压强度值。当混凝土强度等级≥C60时,宜采用标准试件；使用非标准试件时,其强度的尺寸换算系数可通过试验确定。

混凝土立方体试件尺寸选用及换算系数　　表4-24

骨料最大粒径（mm）	31.5	40	63
试件尺寸（mm）	100×100×100	150×150×150	200×200×200
换算系数	0.95	1	1.05

2）试件的形状

当试件受压面积相同,而高度不同时,高宽比越大,抗压强度越小。这是由于试件受压时,试件受压面与试件承压板之间的摩擦力对其横向膨胀起着约束作用,这种约束作用称为"环箍效应"。"环箍效应"阻碍了近试件表面混凝土裂缝的扩展,使其强度提高。越接近试件的端面,"环箍效应"作用就越大,在距端面大约$\frac{\sqrt{3}}{2}a$处这种效应消失,破坏后的试件形状如图4-24所示。

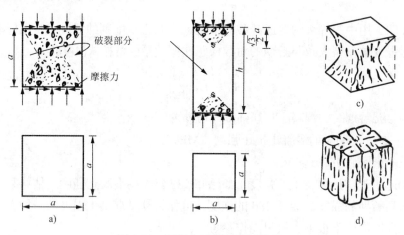

图4-24　混凝土试件的破坏状态

a) 立方体试件；b) 棱柱体试件；c) 试块破坏后的棱锥体；d) 不受压板约束时试块破坏情况

不同尺寸的立方体试块其抗压强度值不同也可通过"环箍效应"来解释。压力机压板对混凝土试件的横向摩阻力是沿周界分布的,大试块尺寸周界与面积之比较小,环箍效应的相对作用小,测得的抗压强度值偏低；另一方面原因是大试块内孔隙、裂缝等缺陷概率大,这也是混凝土强度降低的原因。因此非标准试块所测强度值应按表4-24换算成标准试块的立方体抗压强度。

3）表面状态

当混凝土试件受压面上有油脂类润滑物质时，压板与试件间摩阻力减小，使环箍效应影响减弱，试件将出现垂直裂纹而破坏，如图 4-24d）所示。

4）加荷速度

试验时加荷速度对强度值影响很大。试件破坏是当变形达到一定程度时才发生的，当加荷速度较快时，材料变形的增长落后于荷载的增加，故破坏时强度值偏高。

由上述内容可知，即使原材料、施工工艺及养护条件都相同，但试验条件的不同也会导致试验结果的不同，因此混凝土抗压强度的测定必须严格遵守国家有关试验标准的规定。

7. 掺外加剂和掺合料

掺减水剂，特别是高效减水剂，可大幅度降低用水量和水胶比，使混凝土的强度显著提高，掺高效减水剂是配制高强度混凝土的主要措施，掺早强剂可显著提高混凝土的早期强度。在混凝土中掺入高活性的掺合料（如优质粉煤灰、硅灰、磨细矿渣粉等），可以与水泥的水化产物进一步发生反应，产生大量的凝胶物质，使混凝土更趋于密实，强度也进一步得到提高。

二 混凝土的变形性能

混凝土在硬化和使用过程中，受外力及环境因素的作用，会产生变形。实际使用中的混凝土结构一般会受到基础、钢筋及相邻部位的约束，混凝土的变形会由于约束作用在混凝土内部产生拉应力，当拉应力超过混凝土的抗拉强度时，就会引起混凝土开裂，进而影响混凝土的强度和耐久性。

混凝土的变形包括非荷载作用下的变形和荷载作用下的变形。非荷载作用下的变形包括混凝土的化学收缩、干湿变形及温度变形；荷载作用下的变形分为短期荷载作用下的变形、长期荷载作用下的变形——徐变。

（一）非荷载作用下的变形

1. 化学收缩

混凝土在硬化过程中，水泥水化产物的体积小于水化前反应物体积，从而使混凝土产生收缩，即化学收缩。化学收缩是不可恢复的，其收缩量随混凝土硬化龄期的延长而增加。一般在混凝土成型后 40d 内增长较快，以后逐渐趋于稳定。化学收缩值很小，一般对混凝土结构没有破坏作用，但在混凝土内部可能产生微细裂缝。

2. 湿胀干缩

混凝土的湿胀干缩是指由于外界湿度变化，致使其中水分变化而引起的体积变化。混凝土内部所含水分有三种形式：自由水、毛细管水和凝胶颗粒的吸附水，后两种水发生变化时，混凝土就会产生干湿变形。

混凝土在有水侵入的环境中，由于凝胶体中胶体粒子表面的水膜增厚，使胶体粒子间距离增大，混凝土表现出湿胀现象。混凝土处在干燥环境时，首先蒸发的是自由水，自由

水的蒸发并不引起混凝土的收缩，然后蒸发的是毛细管水，随着毛细管水分的不断蒸发，

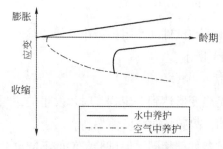

图 4-25 混凝土的干湿变形

负压逐渐增大而产生较大的收缩力，导致混凝土体积收缩或产生收缩开裂；水分继续蒸发，水泥凝胶体中的吸附水也开始蒸发，结果也会导致混凝土体积收缩或产生收缩开裂。干缩后的混凝土再遇到水，部分收缩变形是可恢复的，但约30%~50%的收缩变形是不可恢复的，如图4-25所示。

混凝土的湿胀变形很小，一般无破坏作用，但过大的干缩变形会对混凝土产生较大的危害，使混凝土的表面产生较大的拉应力而引起开裂，严重影响混凝土的耐久性。

混凝土的干缩主要是由水泥石的干缩产生的，因此影响干缩的主要因素是水泥用量及水胶比的大小。除此之外，水泥品种、用水量、骨料种类及养护条件也是影响因素。分述如下：

（1）水泥用量、细度及品种。水泥用量越多，干缩量越大；水泥颗粒越细，需水量越多，干缩量越大；使用火山灰水泥干缩较大，而使用粉煤灰水泥干缩较小。

（2）水胶比及用水量。水胶比越大，硬化后水泥的孔隙越多，干缩量越大；混凝土单位用水量越大，干缩量越大。

（3）骨料种类。弹性模量大的骨料，干缩量小；吸水率大、含泥量大的骨料干缩量大。骨料级配良好，空隙率小，水泥浆量少，则干缩量小。

（4）养护条件。潮湿养护时间长可推迟混凝土干缩的产生与发展，但对混凝土干缩率并无影响，采用湿热养护可降低混凝土的干缩率。

3. 温度变形

混凝土与普通的固体材料一样呈现热胀冷缩现象，相应的变形称为温度变形。混凝土的温度变形系数约为$(1\sim1.5)\times10^{-5}/℃$，即温度每升降1℃，每米胀缩0.01~0.015mm。温度变形对大体积混凝土或大面积混凝土以及纵向很长的混凝土极为不利，易使这些混凝土产生温度裂缝。

大体积混凝土在硬化初期，水泥水化放热量较高，且混凝土又是热的不良导体，内部积聚大量的热量，造成混凝土内外温差很大，有时可达50~70℃，这将使混凝土内部产生膨胀，在混凝土表面产生拉应力，拉应力超过混凝土的极限抗拉强度时，使混凝土产生微细裂缝。在实际施工中可采取低热水泥，减少水泥用量，采用人工降温，沿纵向较长的钢筋混凝土结构设置温度伸缩缝等措施，以减少因温度变形而引起的混凝土质量缺陷。

（二）荷载作用下的变形

1. 短期荷载作用下的变形

混凝土是一种非匀质的复合材料，属于弹塑性体。在静力试验的加荷过程中，若加荷至A点，然后将荷载逐渐卸去，则卸荷时的应力-应变曲线为AC曲线。图4-26所示为混凝土的应力-应变关系图，说明混凝土在受力时，既产生可以恢复的弹性变形又产生不可以恢复的塑性变形，其中$\varepsilon_{弹}$是混凝土的弹性变形，$\varepsilon_{塑}$是混凝土的塑性变形。

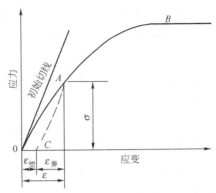

图 4-26 混凝土在压力作用下的应力-应变曲线

在应力-应变曲线上任一点的应力σ与应变ε的比值，称为混凝土在该应力状态下的变形模量。它反映混凝土所受应力与所产生应变之间的关系。在计算钢筋混凝土的变形、裂缝开展及大体积混凝土的温度应力时，均需知道此时混凝土的变形模量。在混凝土结构或钢筋混凝土结构设计中，常用到混凝土的弹性模量。

由于混凝土是弹塑性体，很难准确地测定其弹性模量，只可间接地测定其近似值。根据《混凝土物理力学性能试验方法标准》（GB/T 50081—2019）规定，采用150mm×150mm×300mm的棱柱体作为标准试件，使混凝土的应力在 0.5MPa 和 $1/3 f_{cp}$ 之间经过至少两次预压，在最后一次预压完成后，应力与应变关系基本上成为直线关系，该近似直线的斜率即为所测混凝土的静力受压弹性模量，并称之为混凝土的弹性模量。

混凝土的弹性模量随骨料与水泥石的弹性模量而异。在材料质量不变的条件下，混凝土的骨料含量较多、水胶比较小、养护条件较好及龄期较长时，混凝土的弹性模量就较大。混凝土的弹性模量具有重要的实际意义。在结构设计中，混凝土弹性模量是计算钢筋混凝土变形、裂缝扩展及大体积混凝土温度应力时所必需的参数。

2. 长期荷载作用下的变形——徐变

混凝土在长期不变荷载作用下，随时间的延长，沿着作用力方向发生的变形称为徐变。图 4-27 所示为混凝土在长期荷载作用下变形与荷载间的关系。混凝土在加荷的瞬间，会产生明显的瞬时变形，随着荷载持续时间的延长，逐渐产生徐变。混凝土徐变在加荷早期增长较快，然后逐渐减慢，一般要 2~3 年才趋于稳定。当混凝土卸荷后，一部分变形瞬间恢复，其值小于在加荷瞬间产生的瞬时变形，在卸荷后的一段时间内变形还会继续恢复，称为徐变恢复，最后残存的不能恢复的变形称为残余变形。

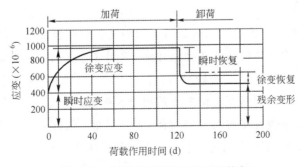

图 4-27 混凝土的徐变与徐变的恢复

影响混凝土徐变的因素主要有：

（1）水泥用量与水胶比。水泥用量越多，水胶比越大，混凝土徐变越大。

（2）骨料的弹性模量及骨料的规格与质量。骨料的弹性模量越大，混凝土的徐变越小；骨料级配越好、杂质含量越少，则混凝土的徐变越小。

（3）养护龄期。混凝土加荷作用时间越早，徐变越大。

（4）养护湿度。养护湿度越高，混凝土的徐变越小。

徐变对钢筋混凝土及大体积混凝土有利，它可消除或减少钢筋混凝土内的应力集中，使应力重新分布，从而使局部应力集中得到缓解，并能消除或减少大体积混凝土由于温度变形所产生的破坏应力；但对预应力钢筋混凝土不利，它可使钢筋的预应力值受到损失。

【工程实例4-9】 混凝土裂缝原因

【现　　象】 混凝土结构拆模后，裂缝在结构表面出现，形状不规则且长短不一，互不连贯，类似干燥的泥浆面。

【原因分析】 水泥用量过大或使用过量的粉砂；混凝土水胶比过大，模板过于干燥，也是导致这类裂缝出现的因素。另外，混凝土浇筑后，表面没有及时覆盖，受风吹日晒，表面游离水分蒸发过快，产生急剧的体积收缩，而混凝土早期强度低，不能抵抗这种变形应力而导致开裂。

【工程实例4-10】 混凝土试件强度不合格

【现　　象】 某工程从夏季开始施工，混凝土试件强度一直稳定合格。而进入秋冬季施工以来，混凝土试件强度却出现偏低现象，甚至有的试件不合格，采用非破损检测工程部位混凝土，强度却合格。

【原因分析】 搅拌站和施工单位技术人员共同分析原因，找出症结。发现工地试验员做完混凝土试件后，对试件并没有进行"标准养护"而是将试件散落在工地上。夏季施工气温偏高，混凝土试件在自然养护条件下温度高，强度也高；秋冬季气温偏低，混凝土试件强度也随之偏低。

小知识

智能混凝土

智能材料，指的是"能感知环境条件，做出相应行动"的材料。它能模仿生命系统，同时具有感知和激励双重功能，能对外界环境变化因素产生感知，自动作出适时、灵敏和恰当的响应，并具有自我诊断、自我调节、自我修复和预报寿命等功能。

智能混凝土是在混凝土原有组分基础上增加复合智能型组分，使混凝土具有自感知和记忆，自适应、自修复特性的多功能材料。根据这些特性可以有效地预报混凝土材料内部的损伤，满足结构自我安全检测需要，防止混凝土结构潜在脆性破坏，并能根据检测结果自动进行修复，显著提高混凝土结构的安全性和耐久性。智能混凝土是自感知和记忆、自适应、自修复等多种功能的综合，缺一不可，以目前的科技水平制备完善的智能混凝土材料还相当困难。但近年来损伤自诊断混凝土、温度自调节混凝土。仿生自愈合混凝土等一系列智能混凝土的相继出现，为智能混凝土的研究打下了坚实的基础。

第五节　混凝土的耐久性

混凝土耐久性是指混凝土在使用条件下抵抗周围环境各种因素长期作用的能力。

混凝土所处的环境条件不同，混凝土耐久性应考虑的因素不同。如受水作用的混凝土，应考虑抗渗性；与水接触并遭受冰冻作用的混凝土，应考虑其抗冻性；处于侵蚀性环境中的混凝土，应具有相应的抗侵蚀性等。图4-28所示为某混凝土柱墩受腐蚀的情况。

混凝土的耐久性是一项综合性质，包括抗渗性、抗冻性、抗侵蚀性、抗碳化、抗碱-骨料反应及阻止混凝土中钢筋锈蚀等性能。《普通混凝土长期性能和耐久性能试验方法标准》（GB/T 50082—2009）和《混凝土耐久性检验评定标准》（JGJ/T 193—2009），对混凝土耐久性作出了相关规定。

图4-28　混凝土柱墩腐蚀

一　混凝土的抗渗性

抗渗性是指混凝土抵抗水、油等压力液体渗透作用的能力。它是一项非常重要的耐久性指标。当混凝土抗渗性较差时，水及有害的介质易渗入混凝土内部，造成侵蚀破坏；当环境温度再降到负温时，导致混凝土的冰冻破坏。

混凝土的抗渗性用抗渗等级 PN 表示，它是以 28d 龄期的标准试件，按规定方法进行试验，用每组 6 个试件中 4 个试件未出现渗水时的最大水压力来表示。混凝土的抗渗等级有 P6、P8、P10、P12 及以上等级，即相应表示混凝土能抵抗 0.6MPa、0.8MPa、1.0MPa 及 1.2MPa 的静水压力而不渗水。图4-29 所示为混凝土抗渗试验装置。

混凝土渗水的主要原因是内部的孔隙形成连通的渗水通道。这些渗水通道主要来源于水泥浆中多余水分蒸发而留下的气孔、水泥浆泌水形成的毛细管道、粗骨料下缘界面聚积的水隙，施工振捣不密实形成的蜂窝、空洞，混凝土硬化后因干缩或热胀等变形形成的裂缝。

渗水通道的多少，主要与混凝土配合比、施工振捣及

图4-29　混凝土抗渗试验装置

养护条件等有关，其中，水胶比是影响抗渗性的一个主要因素。为了提高混凝土的抗渗性可采取掺加引气剂、减小水胶比、选用级配良好的骨料及合理砂率、精心施工、加强养护等措施。尤其是掺加引气剂，在混凝土内部产生不连通的气泡，改变混凝土的孔隙特征，截断渗水通道，可以显著提高混凝土的抗渗性。

二、混凝土的抗冻性

混凝土的抗冻性是指混凝土在吸水饱和状态下，能经受多次冻融循环，能保持强度和外观完整性的能力。在寒冷地区，与水接触同时又受冻的混凝土，要求具有较高的抗冻性。根据《普通混凝土长期性能和耐久性能试验方法标准》（GB/T 50082—2009）规定，混凝土抗冻性能试验方法有三种：慢冻法、快冻法和单面冻融法。

慢冻法采用的试验条件是气冻水融法，该条件对于并非长期与水接触或者不是直接浸泡在水中的工程，如对抗冻要求不太高的工业和民用建筑，以气冻水融"慢冻法"的试验方法测定混凝土抗冻标号。以 28d 龄期的混凝土100mm×100mm×100mm的立方体标准试件在吸水饱和状态下，进行冻融循环试验，抗冻标号以抗压强度损失率不超过25%或质量损失不超过5%的最大冻融循环次数确定。混凝土的抗冻标号分为：D25、D50、D100、D150、D200、D250、D300 及 D300 以上。

快冻法采用的是水冻水融的试验方法，与慢冻法的气冻水融方法有显著区别。快冻法以抗冻等级 FN 表示，抗冻等级以相对动弹性模量下降至不低于 60%或质量损失率不超过5%时的最大冻融循环次数确定。混凝土的抗冻等级分为：F50、F100、F150、F200、F250、F300、F350、F400 及 F400 以上。

单面冻融法适用于测定混凝土试件在大气环境中且与盐接触的条件下，以能够经受的冻融循环次数或者表面剥落质量或超声波相对动弹性模量来表示的混凝土抗冻性能。

混凝土产生冻融破坏有两个必要条件，一是混凝土接触水或混凝土中有一定的游离水，二是建筑物所处的自然条件存在反复交替的正负温度。当混凝土处于冰点以下时，首先是靠近表面的孔隙中游离水开始冻结，产生 9%左右的体积膨胀，在混凝土内部产生冻胀应力，从而使未冻结的水分受压后向混凝土内部迁移。当迁移受到约束时就产生了静水压力，促使混凝土内部薄弱部分，特别是在受冻初期强度不高的部位产生微裂缝。当遭受反复冻融循环时，微裂缝会不断扩展，逐步造成混凝土剥蚀破坏。

混凝土的抗冻性主要取决于混凝土的密实度、内部孔隙率大小与孔的构造特征及充水程度。具有较高密实度及含闭口孔的混凝土具有较高的抗冻性；混凝土中饱和水程度越高，产生的冰冻破坏越严重。提高混凝土抗冻性的有效途径是提高混凝土的密实度和改善孔结构。

三、混凝土的抗碳化性

混凝土的碳化，是指空气中的 CO_2 在湿度适宜的条件下与水泥水化产物$Ca(OH)_2$发生反应，生成碳酸钙和水，使混凝土碱度降低的过程。碳化也称中性化。碳化使混凝土内部碱度降低，对钢筋的保护作用降低，使钢筋易锈蚀。

硬化后的混凝土内部是一种碱性环境，混凝土构件中的钢筋在这种碱性环境中，表面形成一层钝化薄膜，钝化膜能保护钢筋免于生锈。但是当碳化深度穿透混凝土保护层达到钢筋表面时，钢筋表面的钝化膜被破坏，并开始生锈，生锈后的体积比原体积大得多，产生膨胀使混凝土保护层开裂，开裂的混凝土又加速了碳化的进行和钢筋的锈蚀，最后导致混凝土产生顺筋开裂而破坏。图4-30为混凝土碳化和钢筋锈蚀示意图。

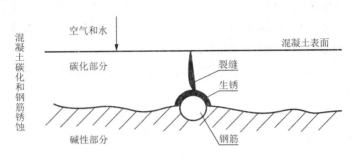

图 4-30　混凝土碳化和钢筋锈蚀示意图

碳化对混凝土也有有利的影响，碳化放出的水分有助于水泥的水化作用，而且碳酸钙可填充水泥石孔隙，提高混凝土的密实度。

碳化作用是一个由表及里逐步扩散深入的过程。碳化的速度受许多因素的影响，主要是：

（1）水泥的品种及掺混合材料的数量。硅酸盐水泥水化生成的氢氧化钙含量较掺混合材料硅酸盐水泥的数量多，因此碳化速度较掺混合材料的硅酸盐水泥慢。

（2）水胶比。在一定的条件下，水胶比越小的混凝土越密实，碳化速度越慢。

（3）环境因素。环境因素主要指空气中 CO_2 的浓度及空气的相对湿度，CO_2 浓度增高，碳化速度加快；在相对湿度达到 50%～70% 情况下，碳化速度最快；在相对湿度达到 100%，或相对湿度在 25% 以下时碳化将停止进行。

四　混凝土的抗碱-骨料反应

混凝土的碱-骨料反应，是指混凝土原材料中的水泥、外加剂、混合材料和水中的碱（Na_2O 或 K_2O）与骨料中的活性成分反应，即在混凝土浇筑成型后若干年（数年至二三十年）逐渐反应，反应生成物吸水膨胀使混凝土产生内部应力而开裂（体积可增大3倍以上），导致混凝土失去设计性能。碱-骨料反应对混凝土造成危害，必须具备以下条件：

（1）水泥中含有较高的碱量。总碱量（按 $Na_2O + 0.658K_2O$ 计）大于 0.6% 时，才会与活性骨料发生碱-骨料反应。

（2）骨料中含有活性 SiO_2 并超过一定数量。它们常存在于流纹岩、安山岩、凝灰岩等天然岩石中。

（3）存在水分。在干燥状态下不会造成碱-骨料反应的危害。

如果混凝土内部具备了碱-骨料反应的条件，就很难控制其反应的发展。以碱-硅酸反应为例，其反应积累期为 10～20 年，即混凝土工程建成投产使用 10～20 年就发生膨胀开裂。当碱-骨料反应发展至膨胀开裂时，混凝土力学性能明显降低，其抗压强度降低 40%，弹性模量降低尤为显著。

五 提高混凝土耐久性的措施

从上述对混凝土耐久性的分析来看，耐久性的各个性能都与混凝土的组成材料、混凝土的孔隙率、孔隙构造密切相关，因此提高混凝土耐久性主要有以下措施。

（1）根据混凝土工程所处的环境条件和工程特点选择合理的水泥品种。

（2）严格控制水胶比，保证足够的胶凝材料用量。依据《混凝土结构设计规范》（GB 50010—2010）规定，设计使用年限为50年的混凝土结构，其最大水胶比和最小胶凝材料用量，见表4-25。

（3）选用杂质少、级配良好的粗、细骨料，并尽量采用合理砂率。

（4）掺引气剂、减水剂等外加剂，可减少水胶比，改善混凝土内部的孔隙构造，提高混凝土耐久性。

（5）掺入高效活性矿物掺料。大量研究表明掺粉煤灰、矿渣、硅粉等掺合料能有效改善混凝土的性能、填充内部孔隙、改善孔隙结构、提高密实度，高掺量混凝土还能抑制碱-骨料反应。

（6）在混凝土施工中，应搅拌均匀、振捣密实、加强养护，增加混凝土密实度，提高混凝土质量。

混凝土的最大水胶比和最小胶凝材料用量　　　　　表4-25

环境等级	条　件	最低强度等级	最大水胶比	最小胶凝材料用量（kg/m³）		
				素混凝土	钢筋混凝土	预应力混凝土
一	（1）室内干燥环境； （2）无侵蚀性静水浸没环境	C20	0.60	250	280	300
二 a	（1）室内潮湿环境； （2）非严寒和非寒冷地区的露天环境； （3）非严寒和非寒冷地区与无侵蚀性的水或土壤直接接触的环境； （4）寒冷和严寒地区的冰冻线以下的无侵蚀性的水或土壤直接接触的环境	C25	0.55	280	300	300
二 b	（1）干湿交替环境； （2）水位频繁变动环境； （3）严寒和寒冷地区的露天环境； （4）严寒和寒冷地区的冰冻线以上与无侵蚀性的水或土壤直接接触的环境	C30（C25）	0.50（0.55）	320		
三 a	（1）严寒和寒冷地区冬季水位冰冻区环境； （2）受除冰盐影响环境； （3）海风环境	C35（C30）	0.45（0.50）	330		
三 b	（1）盐渍土环境； （2）受除冰盐作用环境； （3）海岸环境	C40	0.40	—		
四	海水环境			—		
五	受人为或自然的侵蚀性物质影响的环境			—		

第六节　混凝土的质量控制与强度评定

一、混凝土质量的波动因素及其控制方法

（一）混凝土质量的波动因素

混凝土在生产过程中由于受到许多因素的影响，其质量不可避免地存在波动，造成混凝土质量波动的主要因素有：

（1）混凝土生产前的因素，包括混凝土原材料、配合比、设备使用状况等。

（2）混凝土生产过程中的因素，包括计量、搅拌、运输、浇筑、振捣、养护、试件的制作与养护等。

（3）混凝土生产后的因素，包括批量划分、验收界限、检测方法、检测条件等。

为了使混凝土能够达到设计要求，使其质量在合理范围内波动，确保建筑工程的安全，应在施工过程中对各个环节进行质量检验和生产控制，混凝土硬化后应进行混凝土强度评定。

（二）混凝土质量的控制方法

1. 严格控制各组成材料的质量

混凝土各组成材料的质量均须满足相应的技术标准，且各组成材料的质量与规格必须满足工程设计与施工的要求。

2. 严格计量

严格控制各组成材料的用量，做到称量准确，各组成材料的计量误差须满足《混凝土质量控制标准》（GB 50164—2011）的规定，即胶凝材料的计量误差控制在2%以内，水、外加剂的计量误差控制在1%以内，粗、细骨料的计量误差控制在3%以内，并应随时测定砂、石骨料的含水率，以保证混凝土配合比的准确性。

3. 加强施工过程的控制

采用正确的搅拌方式，严格控制搅拌时间；拌合物在运输时要防止分层、泌水、流浆等现象，且尽量缩短运输时间；浇筑时按规定的方法进行，并严格限制卸料高度，防止离析；采用正确的振捣方式，振捣均匀，严禁漏振和过量振动；保证足够的温度、湿度，加强对混凝土的养护。

4. 加强混凝土质量管理

为了掌握分析混凝土质量波动情况，及时分析发现的问题，可将水泥强度、混凝土坍落度、强度等质量结果绘成图，称为质量管理图。

质量管理图的横坐标为按时间顺序测得的质量指标子样编号，纵坐标为质量指标的特征值，中间一条横坐标为中心控制线，上、下两条线为控制界线，如图4-31所示。

从质量管理图变动趋势，可以判断施工是否正常。若点子在中心线附近较多，即为施工正常。若点子显著偏离中心线或分布在一侧，尤其是有些点子超出上、下控制界线，说

明混凝土质量均匀性已下降，应立即查明原因，加以解决。

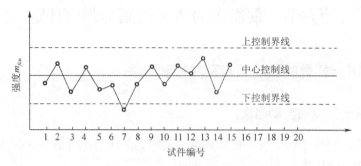

图 4-31 混凝土强度控制图

三、混凝土强度评定的数理统计方法

由于混凝土质量的波动最终反映到混凝土的强度上，而混凝土的抗压强度与其他性能有较好的相关性，因此在混凝土生产质量管理中，常以混凝土的抗压强度作为评定和控制其质量的主要指标。

在正常生产条件下，混凝土的强度受许多随机因素的影响，其强度可以采用数理统计的方法进行分析、处理和评定。

（一）混凝土强度概率的正态分布

对同一强度等级的混凝土，在浇筑地点随机抽取试样，制作 n 组试件（$n \geqslant 30$），测定其 28d 龄期的抗压强度。以抗压强度为横坐标，混凝土强度出现的概率为纵坐标，绘制抗压强度—概率分布曲线，如图 4-32 所示。结果表明曲线接近于正态分布曲线，即混凝土的强度服从正态分布。

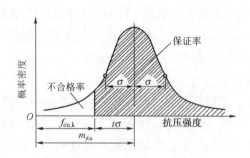

图 4-32 混凝土强度正态分布曲线

正态分布曲线的高峰对应的横坐标为强度平均值，且以强度平均值为对称轴。曲线与横坐标之间所围成的面积为 100%，即概率的总和为 100%，对称轴两边出现的概率各为 50%，对称轴两边各有一拐点。

（二）强度平均值、标准差、变异系数

1. 强度平均值

强度平均值按式(4-10)计算：

$$m_{f_{cu}} = \frac{1}{n}\sum_{i=1}^{n} f_{cu,i} \qquad (4\text{-}10)$$

式中：$m_{f_{cu}}$——n 组试件抗压强度的算术平均值（MPa）；

n——混凝土强度试件的组数；

$f_{cu,i}$——第 i 组试件的抗压强度（MPa）。

强度平均值只能反映混凝土总体强度水平，而不能说明强度波动的大小，即不能说明混凝土施工水平的高低。

2. 标准差

标准差 σ 又称均方差，是正态分布曲线上拐点到对称轴间的距离，是评定质量均匀性的一种指标，可用式(4-11)计算：

$$\sigma = \sqrt{\frac{\sum_{i=1}^{n} f_{cu,i}^2 - nm_{f_{cu}}^2}{n-1}} \qquad (4\text{-}11)$$

式中：n——试件组数（$\geqslant 30$）；

$f_{cu,i}$——第 i 组试件的抗压强度（MPa）；

$m_{f_{cu}}$——n 组试件抗压强度的算术平均值。

标准差 σ 值小，正态分布曲线窄而高，说明强度值分布集中，则混凝土质量均匀性好，混凝土施工质量控制较好；反之混凝土施工质量控制较差。

3. 变异系数

变异系数也是用来评定混凝土质量均匀性的指标。对平均强度水平不同的混凝土之间质量稳定性的比较，可考虑用相对波动的大小，即以标准差对强度平均值的比值，称为变异系数 C_v，按式(4-12)计算：

$$C_v = \frac{\sigma}{\bar{f}_{cu}} \qquad (4\text{-}12)$$

C_v 值越小，说明混凝土质量越均匀，施工管理水平越高。

（三）混凝土强度保证率与混凝土配制强度

强度保证率 P（%）是指在混凝土强度整体中，大于设计强度等级值 $f_{cu,k}$ 的强度值出现的概率，即图 4-32 中阴影部分的面积。低于强度等级的概率，为不合格率，即图 4-32 中阴影部分以外的面积。

根据混凝土的设计强度等级值 $f_{cu,k}$、强度平均值 $m_{f_{cu}}$、变异系数 C_v 或标准差 σ，计算出概率度 t：

$$t = \frac{m_{f_{cu}} - f_{cu,k}}{C_v m_{f_{cu}}} \qquad (4\text{-}13)$$

则强度保证率 P（%）就可由正态分布曲线方程求得，或利用表 4-26 查得。

不同t值对应的P值 表4-26

t	0.00	0.50	0.80	0.84	1.00	1.04	1.20	1.28	1.40	1.50	1.60
P（%）	50.0	69.2	78.8	80.0	84.1	85.1	88.5	90.0	91.9	93.3	94.5
t	1.645	1.70	1.75	1.81	1.88	1.96	2.00	2.05	2.33	2.50	3.00
P（%）	95.0	95.5	96.0	96.5	97.0	97.5	97.7	98.0	99.0	99.4	99.87

根据《普通混凝土配合比设计规程》（JGJ 55—2011）的规定，混凝土强度应具有95%的保证率，这就使得混凝土的配制强度必须高于强度值。令配制强度$f_{cu,0} = m_{f_{cu}}$，代入概率度计算公式得：

$$f_{cu,0} = f_{cu,k} + t\sigma \tag{4-14}$$

式中：$f_{cu,0}$——混凝土配制强度（MPa）；

$f_{cu,k}$——混凝土设计强度等级值（MPa）；

t——与要求的保证率相对应的概率度；

σ——混凝土强度标准差（MPa）。

查表4-26，混凝土强度保证率为95%时，对应取$t = 1.645$，混凝土配制强度为：

$$f_{cu,0} \geq f_{cu,k} + t\sigma \geq f_{cu,k} + 1.645\sigma \tag{4-15}$$

由上式可知，设计要求的混凝土强度保证率越大，所对应的t值越大，配制强度就越高；混凝土质量稳定性越差时（σ越大），配制强度就越高。

施工单位的混凝土强度标准差σ应按下列规定计算：

（1）当施工单位有30组1～3个月以上近期该种混凝土的试验资料时，可按数理统计方法按照公式(4-11)计算。

当混凝土强度等级不大于C30时，若计算得到的σ小于3.0MPa，则取$\sigma = 3.0$MPa；当混凝土强度等级大于C30且小于C60时，若计算得到的σ小于4.0MPa，则取$\sigma = 4.0$MPa。

（2）当施工单位不具有近期的同一品种、同一强度等级混凝土强度资料时，其强度标准差σ可按表4-27选用。

混凝土的σ取值表（JGJ 55—2011） 表4-27

混凝土强度等级	≤C20	C25～C45	C50～C55
σ值（MPa）	4.0	5.0	6.0

三 混凝土强度的评定

（一）统计方法一

当连续生产的混凝土，生产条件在较长时间内保持一致，且同一品种、同一强度等级混凝土的强度变异性保持稳定时，应由连续的3组试件组成一个检验批，其强度应同时符合下列规定：

$$m_{f_{cu}} \geq f_{cu,k} + 0.7\sigma_0 \tag{4-16}$$

$$f_{\text{cu,min}} \geq f_{\text{cu,k}} - 0.7\sigma_0 \tag{4-17}$$

检验批混凝土立方体抗压强度的标准差应按式(4-18)计算：

$$\sigma_0 = \sqrt{\frac{\sum_{i=1}^{n} f_{\text{cu},i}^2 - nm_{f_{\text{cu}}}^2}{n-1}} \tag{4-18}$$

式中：σ_0——检验批混凝土立方体抗压强度的标准差（MPa）；当检验批混凝土立方体抗压强度标准差σ_0计算值小于 2.5MPa 时，应取 2.5MPa；

$f_{\text{cu},i}$——前一个检验期内同一品种、同一强度等级的第i组混凝土试件的立方体抗压强度代表值（N/mm^2）；该检验期不应少于 60d，也不得大于 90d；

$m_{f_{\text{cu}}}$——同一检验批混凝土立方体抗压强度的平均值（MPa）；

n——前一检验期内的样本容量，在该期间样本容量不应少于 45。

当混凝土强度等级≤C20 时，其强度的最小值尚应满足式(4-19)的要求：

$$f_{\text{cu,min}} \geq 0.85 f_{\text{cu,k}} \tag{4-19}$$

当混凝土强度等级＞C20 时，其强度的最小值尚应满足式(4-20)的要求：

$$f_{\text{cu,min}} \geq 0.90 f_{\text{cu,k}} \tag{4-20}$$

（二）统计方法二

当混凝土的生产条件在较长时间内不能保持一致且混凝土强度变异不能保持稳定时，或在前一个检验期内的同一品种混凝土没有足够的数据用以确定验收批混凝土立方体抗压强度标准差时，应由不少于 10 组的试件组成一个检验批，其强度应同时满足下列要求：

$$m_{f_{\text{cu}}} \geq f_{\text{cu,k}} + \lambda_1 \cdot S_{f_{\text{cu}}} \tag{4-21}$$

$$f_{\text{cu,min}} \geq \lambda_2 \cdot f_{\text{cu,k}} \tag{4-22}$$

同一检验批混凝土立方体抗压强度的标准差$S_{f_{\text{cu}}}$应按式(4-23)计算：

$$S_{f_{\text{cu}}} = \sqrt{\frac{\sum_{i=1}^{n} f_{\text{cu},i}^2 - nm_{f_{\text{cu}}}^2}{n-1}} \tag{4-23}$$

式中：$S_{f_{\text{cu}}}$——同一检验批混凝土立方体抗压强度的标准差（MPa）。当检验批混凝土强度标准差$S_{f_{\text{cu}}}$计算值小于 2.5MPa 时，应取 2.5MPa；

λ_1、λ_2——合格评定系数，按表 4-28 取用。

混凝土强度的合格评定系数　　　　表 4-28

试件组数	10～14	15～19	≥20
λ_1	1.15	1.05	0.95
λ_2	0.90	0.85	

（三）非统计方法

对于试件数量有限，不具备按以上两种统计方法评定混凝土强度条件的工程，可采用非统计方法评定，其强度应同时满足下列要求：

$$m_{f_{\text{cu}}} \geq \lambda_3 \cdot f_{\text{cu,k}} \tag{4-24}$$

$$f_{cu,min} \geq \lambda_4 \cdot f_{cu,k} \qquad (4\text{-}25)$$

式中：λ_3，λ_4——合格评定系数，按表 4-29 取用。

混凝土强度的非统计法合格评定系数　　　表 4-29

合格评定系数	混凝土强度等级	
	<C60	≥C60
λ_3	1.15	1.10
λ_4	0.95	

当检验评定结果不能满足统计法或非统计法的要求时，该批混凝土强度判定为不合格。对不合格批混凝土制成的构件或结构，可按有关标准规定，采用非破损或局部破损的检测方法，对混凝土的强度进行检测、鉴定和处理。

【工程实例 4-11】

【现　　象】　三个施工单位同样生产 C20 混凝土。甲单位管理水平较高，乙单位管理水平中等，丙单位管理水平低劣，统计甲、乙、丙三个单位混凝土的标准差分别为 2.0MPa、4.0MPa、6.0MPa，试分析标准差的大小对试配强度大小以及对混凝土成本的影响。

【原因分析】　三个施工单位均按 95% 的保证率要求控制混凝土的配制强度，甲、乙、丙三单位混凝土配制强度分别为：

$$f_{cu,0} = 20 + 1.645 \times 2.0 = 23.29 \text{MPa}$$

$$f_{cu,0} = 20 + 1.645 \times 4.0 = 26.58 \text{MPa}$$

$$f_{cu,0} = 20 + 1.645 \times 6.0 = 29.87 \text{MPa}$$

由以上计算可看出，施工质量好（标准差 $\sigma = 2.0$MPa）的混凝土配制强度 23.29MPa 与施工质量低劣（标准差 $\sigma = 6.0$MPa）的混凝土配制强度 29.87MPa 具有同等的保证率。因此，施工人员必须明确，要尽量提高施工管理水平，使混凝土强度标准差降到最低值，这样既能保证工程质量又能降低工程造价，是真正有效的节约措施。

第七节　普通混凝土配合比设计

普通混凝土配合比是指混凝土中胶凝材料、骨料、水、外加剂、掺合料等各组成材料用量之间的数量比例关系。配合比的表示方法有两种：一种是以每 1m³ 混凝土中各项材料的质量表示，如 1m³ 混凝土中水泥 247kg、粉煤灰 106kg、水 172kg、砂 770kg、石子 1087kg、外加剂 3.53kg；另一种是以各材料间的质量比来表示（将水泥的质量定为 1），将上述数据换算成质量比则表示为：水泥∶粉煤灰∶砂∶石子 = 1∶0.43∶3.12∶4.40，水胶比 0.49。

一　混凝土配合比设计的基本要求

（1）混凝土拌合物应满足施工所要求的和易性要求。
（2）应满足混凝土结构设计要求的强度等级。

(3)应满足与使用环境相适应的耐久性要求。
(4)在满足以上三项技术性质的前提下,尽量节约水泥,降低成本。

二 混凝土配合比设计的基本资料

在进行混凝土配合比设计之前,必须详细掌握下列基本资料:
(1)掌握工程设计要求的强度等级、表示质量稳定性的强度标准差或施工质量水平,以便确定混凝土配制强度。
(2)掌握工程所处环境对混凝土耐久性的要求,以便确定所配制混凝土的最大水胶比和最小胶凝材料用量。
(3)掌握混凝土的施工方法、结构断面尺寸及钢筋配置情况,以便确定混凝土拌合物的坍落度及骨料最大粒径。
(4)掌握原材料的性能指标,包括:水泥的品种、强度等级、密度;砂、石骨料的品种、级配、视密度、堆积密度等;拌和用水的水质及来源;掺合料和外加剂的品种、性能等。

三 混凝土配合比设计的三个基本参数

普通混凝土配合比设计,实质是确定胶凝材料、水、砂与石子这四项基本组成材料用量之间的三个比例关系,即:水与胶凝材料之间的比例关系,用水胶比(W/B)表示;砂与石子之间的比例关系,用砂率(β_s)表示;胶凝材料浆与骨料之间的比例关系,用单位用水量(1m³混凝土的用水量)来反映。混凝土配合比的三个基本参数即水胶比、砂率、单位用水量。

三个参数直接影响着混凝土的性能。水胶比的大小影响着混凝土的强度和耐久性,确定水胶比的原则是必须同时满足强度和耐久性的要求;用水量的多少,是控制混凝土拌合物流动性大小的重要参数,确定单位用水量的原则是以拌合物达到要求的流动性为准;砂率反映砂石的配合关系,砂率的改变不仅影响拌合物的流动性,而且对黏聚性和保水性也有很大的影响,应选定合理的砂率。

四 普通混凝土配合比设计的方法和步骤

混凝土的配合比首先根据选定的原材料及配合比设计的基本要求,通过经验公式、经验数据进行初步设计,得出"初步配合比";在初步配合比的基础上,经过试拌、检验、调整到和易性满足要求时,得出"试拌配合比";在试验室进行混凝土强度检验、复核(如有其他性能要求,则做相应的检验项目,如抗冻性、抗渗性等),得出"设计配合比"(也称为"试验室配合比");最后根据现场原材料情况(如砂、石含水情况等)修正设计配合比,得出"施工配合比"。

（一）初步配合比的确定

1. 确定配制强度（$f_{cu,0}$）

（1）当混凝土的设计强度等级小于 C60 时，配制强度应按式(4-15)确定，即：

$$f_{cu,0} \geqslant f_{cu,k} + 1.645\sigma$$

式中：$f_{cu,0}$——混凝土的配制强度（MPa）；

$f_{cu,k}$——混凝土立方体抗压强度标准值，即混凝土设计强度等级值（MPa）；

σ——混凝土强度标准差（MPa）。

上式中σ的大小反映施工单位的质量管理水平，σ越大，说明混凝土施工质量越不稳定。当施工单位不具有近期的同一品种混凝土强度资料时，混凝土强度标准差σ按表 4-27 选用。

（2）当混凝土设计强度等级不小于 C60 时，配制强度应按下式确定：

$$f_{cu,0} \geqslant 1.15 f_{cu,k} \tag{4-26}$$

式中的符号意义同前。

2. 确定水胶比（W/B）

混凝土强度等级小于 C60 时，按混凝土强度经验公式(4-7)计算水胶比，即：

$$f_{cu,0} = \alpha_a f_b \left(\frac{B}{W} - \alpha_b \right)$$

则

$$\frac{W}{B} = \frac{\alpha_a f_b}{f_{cu,0} + \alpha_a \alpha_b f_b}$$

式中α_a、α_b、f_b意义同式(4-7)。

计算出的水胶比值应满足混凝土耐久性对最大水胶比的要求，即查表 4-25 进行复核，若算出的水胶比值小于规定的最大水胶比值，即取计算值；若大于规定的最大水胶比值，则取规定的最大水胶比值。

3. 确定单位用水量（m_{w0}）

（1）干硬性和塑性混凝土用水量的确定

水胶比在 0.40～0.80 范围时，根据粗骨料的品种、最大粒径及施工要求的混凝土拌合物稠度，其用水量可按表 4-18 和表 4-19 选取。水胶比小于 0.40 的混凝土用水量，应通过试验确定。

（2）流动性和大流动性混凝土用水量的确定

①以表 4-19 中坍落度 90mm 的用水量为基础，按坍落度每增大 20mm，用水量增加 5kg，计算出未掺外加剂时混凝土的用水量。当坍落度增大到 180mm 以上时，随坍落度相应增加的用水量可减少。

②掺外加剂时混凝土的用水量按式(4-27)计算：

$$m_{w0} = m'_{w0}(1 - \beta) \tag{4-27}$$

式中：m_{w0}——计算配合比混凝土每立方米的用水量（kg/m³）；

m'_{w0}——未掺外加剂时推定的满足实际坍落度要求混凝土每立方米的用水量（kg/m³）；

β——外加剂的减水率，其值按试验确定。

4. 确定混凝土中外加剂用量

混凝土中的外加剂用量按式(4-28)计算：

$$m_{a0} = m_{b0}\beta_a \tag{4-28}$$

式中：m_{a0}——每立方米混凝土中外加剂用量（kg/m³）；

m_{b0}——每立方米混凝土中胶凝材料用量（kg/m³）；

β_a——外加剂掺量（%），其值按试验确定。

5. 确定胶凝材料、矿物掺合料和水泥用量

（1）每立方米混凝土的胶凝材料用量（m_{b0}）。

每立方米混凝土的胶凝材料用量（m_{b0}），根据已确定的单位混凝土用水量和已确定的水胶比（W/B）值，按式(4-29)计算：

$$m_{b0} = \frac{m_{w0}}{\dfrac{W}{B}} \tag{4-29}$$

胶凝材料用量应满足混凝土耐久性对最小胶凝材料用量的要求（即查表4-25），若计算出的胶凝材料用量小于规定的最小胶凝材料用量值，则取规定的最小胶凝材料用量值。

（2）每立方米混凝土的矿物掺合料用量（m_{f0}）。

每立方米混凝土的矿物掺合料用量（m_{f0}），应按式(4-30)计算：

$$m_{f0} = m_{b0}\beta_f \tag{4-30}$$

式中：β_f——矿物掺合料掺量。

矿物掺合料掺量应通过试验确定。当采用硅酸盐水泥或普通硅酸盐水泥时，钢筋混凝土中矿物掺合料最大掺量宜符合表4-30的规定。对基础大体积混凝土，粉煤灰、粒化高炉矿渣粉和复合掺合料的最大掺量可增加5%。

钢筋混凝土中矿物掺合料最大掺量 表4-30

矿物掺合料种类	水胶比	最大掺量（%）	
		采用硅酸盐水泥时	采用普通硅酸盐水泥时
粉煤灰	≤0.40	45	35
	>0.40	40	30
粒化高炉矿渣粉	≤0.40	65	55
	>0.40	55	45
钢渣粉	—	30	20
磷渣粉	—	30	20
硅灰	—	10	10
复合掺合料	≤0.40	65	55
	>0.40	55	45

注：1. 采用其他通用硅酸盐水泥时，宜将水泥混合材掺量20%以上的混合材量计入矿物掺合料。
2. 复合掺合料各组分的掺量不宜超过单掺时的最大掺量。
3. 在混合使用两种或两种以上矿物掺合料时，矿物掺合料总掺量应符合表中复合掺合料的规定。

（3）每立方米混凝土的水泥用量（m_{c0}）。

每立方米混凝土的水泥用量（m_{c0}），应按式(4-31)计算：

$$m_{c0} = m_{b0} - m_{f0} \tag{4-31}$$

式中符号意义同前。

6. 确定合理砂率（β_s）

砂率值应根据骨料的技术指标、混凝土拌合物性能和施工要求，参考既有历史资料确定；如无统计资料，可按下列规定执行：

（1）坍落度小于10mm的混凝土，其砂率应经试验确定。

（2）坍落度为10~60mm的混凝土，其砂率可根据粗骨料品种、最大公称粒径及水胶比按表4-20选取。

（3）坍落度大于60mm的混凝土，其砂率可经试验确定，也可在表4-20的基础上，按坍落度每增大20mm、砂率增大1%的幅度予以调整。

7. 确定1m³混凝土的砂石用量（m_{s0}、m_{g0}）

砂、石用量的确定可采用体积法或质量法求得。

（1）体积法（绝对体积法）

假定1m³混凝土拌合物体积等于各组成材料绝对体积及拌合物中所含空气的体积之和，据此可列出下列方程组，解得m_{s0}、m_{g0}：

$$\begin{cases} \dfrac{m_{c0}}{\rho_c} + \dfrac{m_{f0}}{\rho_f} + \dfrac{m_{s0}}{\rho_s} + \dfrac{m_{g0}}{\rho_g} + \dfrac{m_{w0}}{\rho_w} + 0.01\alpha = 1 \\ \beta_s = \dfrac{m_{s0}}{m_{s0} + m_{g0}} \times 100\% \end{cases} \tag{4-32}$$

式中：ρ_c——水泥的密度（kg/m³）；

ρ_s、ρ_g——砂、石的视密度（kg/m³）；

ρ_f——矿物掺合料密度（kg/m³）；

ρ_w——水的密度（kg/m³），可取1000kg/m³；

α——混凝土含气量的百分数，在不用引气剂或引气型外加剂时$\alpha=1$。

（2）质量法（假定表观密度法）

根据经验，当原材料比较稳定时，所配制的混凝土拌合物的表观密度将接近一个固定值，因此，可假定1m³混凝土拌合物的质量为$m_{c\rho}$，由以下方程组解出m_{s0}、m_{g0}。

$$\begin{cases} m_{f0} + m_{c0} + m_{w0} + m_{s0} + m_{g0} = m_{c\rho} \\ \beta_s = \dfrac{m_{s0}}{m_{s0} + m_{g0}} \times 100\% \end{cases} \tag{4-33}$$

$m_{c\rho}$可根据积累的试验资料确定，在无资料时，其值可取2350~2450kg/m³。

通过上述步骤便可将水泥、水、掺合料、砂和石的用量全部求出，得到初步配合比。

（二）配合比的试配、调整与确定

1. 试配

初步配合比多是借助经验公式或经验数据计算得到，不一定能满足实际工程的和易性要求。因此，应进行试配与调整，直到混凝土拌合物的和易性满足要求为止，此时得出的配合比即为混凝土的试拌配合比，它可作为检验混凝土强度之用。

混凝土试配应采用强制式搅拌机进行搅拌，每盘混凝土的最小搅拌量有以下规定：骨料最大粒径小于或等于 31.5mm 时为 20L；最大粒径 40mm 时为 25L；当采用机械搅拌时，搅拌量不应小于搅拌机额定搅拌量的 1/4。

按初步配合比称取试配材料的用量，将拌合物搅拌均匀后，测定其坍落度，并观察其黏聚性和保水性。当不符合要求时，应进行调整。当坍落度低于设计要求时，可保持水胶比不变，增加适量水泥浆；当坍落度过大时，可在保持砂率不变的条件下增加骨料；当含砂不足，黏聚性和保水性不良时，可适当增大砂率，反之应减少砂率，一般调整幅度为1%~2%。每次调整后再试拌，直到符合和易性要求为止。

经过上述的试拌和调整所得出的试拌配合比仅仅满足混凝土和易性要求，其强度是否符合要求，还需进一步进行混凝土强度试验，并应符合下列规定：

（1）应采用三个不同的配合比。其中一个为试拌配合比，另外两个配合比的水胶比较试拌配合比分别增加和减少 0.05，用水量与试拌配合比相同，砂率可分别增加或减少 1%。

（2）进行混凝土强度试验时，拌合物性能应符合设计和施工要求。

（3）进行混凝土强度试验时，每个配合比应至少制作一组试件，并应标准养护到 28d 或设计规定龄期时试压。

2. 配合比的调整和确定

（1）配合比的调整相关规定：

①根据上述混凝土强度试验结果，绘制强度和胶水比的线性关系图或插值法确定略大于配制强度对应的胶水比（称为设计胶水比），该胶水比即是满足强度要求的胶水比。

②在试拌配合比的基础上，用水量（m_w）和外加剂用量（m_a）应根据确定的水胶比作调整。

③胶凝材料用量（m_b）应以用水量乘以确定的胶水比计算得出。

④粗骨料和细骨料用量（m_g 和 m_s）应根据用水量和胶凝材料用量进行调整。

（2）混凝土拌合物表观密度和配合比校正系数

①配合比调整后的混凝土拌合物的表观密度应按公式(4-34)计算：

$$\rho_{c,c} = m_c + m_f + m_g + m_s + m_w \tag{4-34}$$

式中：$\rho_{c,c}$——混凝土拌合物的表观密度计算值（kg/m³）；

m_c、m_f、m_g、m_s、m_w——每立方米混凝土的水泥用量、矿物掺合料用量、粗骨料用量、细骨料用量和用水量（kg/m³）。

②混凝土配合比校正系数应按式(4-35)计算：

$$\delta = \frac{\rho_{c,t}}{\rho_{c,c}} \tag{4-35}$$

式中：δ——配合比校正系数；

$\rho_{c,t}$——混凝土拌合物的表观密度实测值（kg/m³）。

（3）校正

当混凝土表观密度实测值 $\rho_{c,t}$ 与计算值 $\rho_{c,c}$ 之差不超过计算值的 2%时，不需校正；当两者之差超过计算值的 2%时，应将配合比中的各项材料用量乘以校正系数，即为混凝土的设计配合比。

(三）施工配合比的确定

混凝土的设计配合比是以干燥状态骨料为准，而工地上的砂、石材料都含有一定的水分，故现场材料的实际用量应按砂、石含水情况进行修正，修正后的配合比为施工配合比。

假设工地砂、石含水率分别为 $a\%$ 和 $b\%$，则施工配合比为：

$$\begin{cases} m'_c = m_c \\ m'_f = m_f \\ m'_s = m_s(1 + a\%) \\ m'_g = m_g(1 + b\%) \\ m'_w = m_w - m_s \cdot a\% - m_g \cdot b\% \end{cases} \tag{4-36}$$

五、普通混凝土配合比设计实例

某高层办公楼的基础底板设计使用强度等级 C30 混凝土，建筑环境等级为二 a 类，采用泵送施工工艺，要求坍落度为 180mm。混凝土搅拌单位无历史统计资料。工程采用的原材料如下：

（1）水泥：选用 P·O 42.5 水泥，密度为 3.1kg/m³。

（2）粉煤灰：F 类Ⅱ级，密度为 2.2kg/m³，掺量 20%。

（3）矿粉：S95，密度为 2.9kg/m³，掺量 20%。

（4）碎石：5～31.5 连续粒级，表观密度为 2650kg/m³。

（5）天然砂：河砂，细度模数 2.70，级配为Ⅱ区，表观密度为 2600kg/m³。

（6）聚羧酸高效减水剂：减水率 20%，掺量 2.0%，密度为 1.1kg/m³。

（7）水：选用自来水，密度为 1.0kg/m³。

试进行混凝土配合比设计。

（一）初步配合比设计

1. 计算混凝土配制强度（$f_{cu,0}$）

本单位无历史统计资料，查表 4-27，得 $\sigma = 5.0$MPa，则

$$f_{cu,0} = f_{cu,k} + 1.645\sigma = 30 + 1.645 \times 5 = 38.2 \text{MPa}$$

2. 计算胶凝材料强度（f_b）

（1）水泥强度（f_{ce}）

查表 4-22，得 $\gamma_c = 1.16$，则

$$f_{ce} = \gamma_c \times f_{ce,g} = 1.16 \times 42.5 = 49.3 \text{MPa}$$

（2）胶凝材料强度（f_b）

粉煤灰、矿粉掺量均为 20%，查表 4-21，得 $\gamma_f = 0.85$，$\gamma_s = 1.00$，则

$$f_b = \gamma_f \times \gamma_s \times f_{ce} = 0.85 \times 1.00 \times 49.3 = 41.9 \text{MPa}$$

3. 确定水胶比（W/B）

（1）小于 C60 的混凝土根据强度要求计算水胶比。

$$f_{cu,0} = \alpha_a f_b \left(\frac{B}{W} - \alpha_b\right)$$

$$\frac{W}{B} = \frac{\alpha_a f_b}{f_{cu,0} + \alpha_a \alpha_b f_b}$$

粗骨料为碎石，查表4-23，得$\alpha_a = 0.53$，$\alpha_b = 0.20$，则

$$\frac{W}{B} = \frac{0.53 \times 41.9}{38.2 + 0.53 \times 0.20 \times 41.9} = \frac{22.207}{42.6414} = 0.52$$

（2）根据耐久性要求，查表4-25，二a类条件下混凝土最大水胶比限值为0.55，计算值小于最大值，最终确定水胶比：

$$\frac{W}{B} = 0.52$$

4.确定单位用水量（m_{w0}）

（1）查表4-19，坍落度为90mm不掺减水剂时混凝土用水量为205kg；按每增加20mm坍落度增加5kg水，得未掺减水剂时的用水量为：

$$m_{w0} = 205 + \frac{180 - 90}{20} \times 5 = 227.5\text{kg}$$

（2）掺外加剂时，根据外加剂的减水率β相应减少用水量，则

$$m_{w0} = 227.5 \times (1 - 20\%) = 182\text{kg}$$

5.计算每立方米混凝土的胶凝材料用量（m_{b0}）

（1）根据已确定的水胶比W/B和单位用水量m_{w0}计算出1m³混凝土中的胶凝材料用量：

$$m_{b0} = \frac{m_{w0}}{W/B} = \frac{182}{0.52} = 350\text{kg}$$

（2）根据耐久性要求，查表4-25，比较计算值和最小胶凝材料用量要求限值，取最大值。

$$m_{b0} = 350\text{kg}$$

6.计算每立方米混凝土的细骨料用量

水泥用量（m_{c0}）、粉煤灰用量（m_{f0}）、矿粉用量（m_{k0}）、外加剂用量（m_{a0}）分别为：

$$m_{f0} = m_{b0} \times 20\% = 70\text{kg}$$

$$m_{k0} = m_{b0} \times 20\% = 70\text{kg}$$

$$m_{c0} = m_{b0} - m_{f0} - m_{k0} = 350 - 70 - 70 = 210\text{kg}$$

$$m_{a0} = m_{b0} \times 2.0\% = 7\text{kg}$$

7.确定合理砂率（β_s）

坍落度大于60mm，根据水胶比、粗骨料情况查表4-20，按坍落度每增大20mm，砂率增大1%计算，砂率取41%。

8. 计算每立方米混凝土的砂用量 m_{s0}、石用量 m_{g0}

（1）质量法（假定表观密度法）

质量法基本原理为 $1m^3$ 混凝土的总质量等于各组成材料质量之和，假定混凝土拌合物的表观密度为 $2400kg/m^3$，则：

$$\begin{cases} m_{cp} = 210 + 70 + 70 + m_{s0} + m_{g0} + 182 + 7 = 2400 \\ \beta_s = \dfrac{m_{s0}}{m_{s0} + m_{g0}} = 0.41 \end{cases}$$

解方程，得：$m_{s0} = 763kg$，$m_{g0} = 1098kg$。

（2）体积法（绝对体积法）

体积法的基本原理为 $1m^3$ 混凝土的总体积等于各组成材料体积及混凝土中所含的少量空气体积之总和，α 为混凝土含气量百分率（％），在不使用引气型外加剂时，可取 $\alpha = 1$，则：

$$\begin{cases} \dfrac{210}{3100} + \dfrac{70}{2200} + \dfrac{70}{2900} + \dfrac{m_{s0}}{2600} + \dfrac{m_{g0}}{2650} + \dfrac{182}{1000} + \dfrac{7}{1100} + 0.01 \times \alpha = 1 \\ \beta_s = \dfrac{m_{s0}}{m_{s0} + m_{g0}} = 0.41 \end{cases}$$

解方程，得：$m_{s0} = 731kg$，$m_{g0} = 1052kg$。

通过上述步骤，计算出 $1m^3$ 混凝土中的水泥、矿物掺合料、水、砂、石、外加剂的用量，得到初步配合比为：

$$\begin{cases} m_{c0} = 210kg \\ m_{f0} = 70kg \\ m_{k0} = 70kg \\ m_{s0} = 763kg \\ m_{g0} = 1098kg \\ m_{w0} = 182kg \\ m_{a0} = 7kg \end{cases}$$

（二）试拌配合比（校准和易性）

按照混凝土初步计算得到的配合比，在试验室进行试拌试验，粗骨料最大粒径为31.5mm，拌制量为20L，测定混凝土坍落度为150mm，加 1kg 胶凝材料浆体后，测得混凝土坍落度为180mm，满足工程要求的和易性。测得混凝土的表观密度为 $2400kg/m^3$，确定该混凝土的试拌配合比。计算步骤如下：

（1）计算拌制 20L 混凝土时各材料的用量

$$\begin{cases} m_{c拌} = 210 \times 0.02 = 4.2\text{kg} \\ m_{f拌} = 70 \times 0.02 = 1.4\text{kg} \\ m_{k拌} = 70 \times 0.02 = 1.4\text{kg} \\ m_{s拌} = 763 \times 0.02 = 15.26\text{kg} \\ m_{g拌} = 1098 \times 0.02 = 21.96\text{kg} \\ m_{w拌} = 182 \times 0.02 = 3.64\text{kg} \\ m_{a拌} = 7 \times 0.02 = 0.14\text{kg} \end{cases}$$

（2）调整后各材料的用量

增加 1kg 胶凝材料浆体，其中胶凝材料为 $1/(1+0.52) = 0.66$kg，水为 $1 - 0.66 = 0.34$kg。

$$\begin{cases} m_{c拌} = 4.2 + 0.66 \times (1 - 0.2 - 0.2) = 4.60\text{kg} \\ m_{f拌} = 1.4 + 0.66 \times 0.2 = 1.53\text{kg} \\ m_{k拌} = 1.4 + 0.66 \times 0.2 = 1.53\text{kg} \\ m_{s拌} = 15.26\text{kg} \\ m_{g拌} = 21.96\text{kg} \\ m_{w拌} = 3.64 + 0.34 = 3.98\text{kg} \\ m_{a拌} = 0.14\text{kg} \end{cases}$$

（3）计算试拌配合比

调整后拌合物的总量为：

$$m_{拌} = 4.60 + 1.53 + 1.53 + 15.26 + 21.96 + 3.98 + 0.14 = 49\text{kg}$$

$$\begin{cases} m_{c拌} = \dfrac{4.60}{49} \times 2400 = 225\text{kg} \\ m_{f拌} = \dfrac{1.53}{49} \times 2400 = 75\text{kg} \\ m_{k拌} = \dfrac{1.53}{49} \times 2400 = 75\text{kg} \\ m_{s拌} = \dfrac{15.26}{49} \times 2400 = 747\text{kg} \\ m_{g拌} = \dfrac{21.96}{49} \times 2400 = 1076\text{kg} \\ m_{w拌} = \dfrac{3.98}{49} \times 2400 = 195\text{kg} \\ m_{a拌} = \dfrac{0.14}{49} \times 2400 = 7\text{kg} \end{cases}$$

（三）**确定设计配合比**（校准强度、耐久性）

按照混凝土试拌配合比，试验室制作混凝土强度试件和耐久性试件，检测混凝土的强度和耐久性，经检测均满足工程要求，故试拌配合比可以作为设计配合比使用，得出设计配合比（即试验室配合比）。

$$\begin{cases} m_c = 225\text{kg} \\ m_f = 75\text{kg} \\ m_k = 75\text{kg} \\ m_s = 747\text{kg} \\ m_g = 1076\text{kg} \\ m_w = 195\text{kg} \\ m_a = 7\text{kg} \end{cases}$$

（四）计算施工配合比

该工程用砂的含水率为 3%，石子的含水率为 1%，则施工配合比为：

$$\begin{cases} m'_c = 225\text{kg} \\ m'_f = 75\text{kg} \\ m'_k = 75\text{kg} \\ m'_s = 747 \times (1+3\%) = 769\text{kg} \\ m'_g = 1076 \times (1+1\%) = 1087\text{kg} \\ m'_w = 195 - 747 \times 3\% - 1076 \times 1\% = 162\text{kg} \\ m'_a = 7\text{kg} \end{cases}$$

混凝土配合比设计原始记录

混凝土试配记录

第八节　其他品种混凝土

一、高强度混凝土

高强度混凝土是指强度等级为 C60 及 C60 以上的混凝土。高强度混凝土具有抗压强度高、刚度大、变形小，适应现代工程结构向大跨度、重载、高耸发展和承受恶劣环境条件的需要，高强度混凝土可获得明显的工程效益和经济效益。高效减水剂及超细掺合料的使用，使在普通施工条件下制得高强度混凝土成为可能。但随着混凝土强度提高，其抗拉强度与抗压强度比值会下降，脆性增大。

《普通混凝土配合比设计规程》（JGJ 55—2011）对高强度混凝土配制作出如下规定：

（1）水泥应选用硅酸盐水泥或普通硅酸盐水泥，水泥用量不宜大于 500kg/m^3。

（2）粗骨料宜采用连续级配，其最大公称粒径不宜大于 25.0mm，针片状颗粒含量不宜大于 5.0%，含泥量不应大于 0.5%，泥块含量不应大于 0.2%。

（3）细骨料的细度模数宜为 2.6～3.0，含泥量不应大于 2.0%，泥块含量不应大于 0.5%。

（4）宜采用减水率不小于 25% 的高性能减水剂。

（5）宜复合掺用粒化高炉矿渣粉、粉煤灰和硅灰等矿物掺合料，粉煤灰等级不应低于 II 级，矿物掺合料掺量宜为 25%～40%；对强度等级不低于 C80 的高强度混凝土宜掺用硅灰，硅灰掺量不宜大于 10%。胶凝材料的总量不应大于 600kg/m^3。

二 高性能混凝土

随着现代工程结构高度和跨度不断增加，使用的环境日益严酷，工程建设对混凝土的性能要求越来越高，为了适应现代建筑的发展，研究和开发了高性能混凝土（High Performance Concrete，简称 HPC）。

高性能混凝土是近期混凝土技术发展的主要方向，国外学者曾称其为"21 世纪混凝土"。1990 年 5 月，在美国国家标准与技术研究所（NIST）、美国混凝土协会（ACI）主办的第一届高性能混凝土讨论会上，首次提出"高性能混凝土"的概念，将其定义为：高性能混凝土是一种要能符合特殊性能综合与均匀性要求的混凝土，此混凝土往往不能用常规的混凝土组分材料和通常的搅拌、浇捣和养护的习惯做法所获得。

日本学者认为：高性能混凝土应具有高工作性（高流动性、黏聚性与可浇筑性）、低温升、低干缩率、高抗渗性和足够的强度。

中国工程院院士、著名水泥基复合材料专家吴中伟认为，应该根据混凝土用途和经济合理等条件对其性能有所侧重，并据此提出了高性能混凝土的定义：高性能混凝土是一种新型的高技术混凝土，是在大幅度提高常规混凝土性能的基础上，采用现代混凝土技术制作的混凝土。高性能混凝土通常应具有高施工性、高耐久性、高体积稳定性等特点。

《高性能混凝土评价标准》（JGJ/T 385—2015）规定：高性能混凝土是以建设工程设计、施工和使用对混凝土性能特定要求为总体目标，先用优质常规原材料、合理掺加外加剂和矿物掺合料，采用较低水胶比并优化配合比，通过预拌和绿色生产方式以及严格的施工措施，制成的具有优异的拌合物性能、力学性能、耐久性能和长期性能的混凝土。

需要说明的是，高性能混凝土是针对工程具体要求尤其是特定要求制作的混凝土，如典型腐蚀环境条件下必须采用相应的高耐久性；钢筋密集的结构部位应具备免振捣施工的自密实性。传统混凝土侧重于强度作为设计和施工的目标，高性能混凝土则强调综合性能，即施工性能、耐久性能和长期性能。

三 轻质混凝土

凡干表观密度小于 1950kg/m³ 的混凝土统称为轻混凝土。轻混凝土根据原材料和生产工艺的不同分为轻骨料混凝土、多孔混凝土和大孔混凝土。

1. 轻骨料混凝土

堆积密度不大于 1100kg/m³ 的轻粗骨料和堆积密度不大于 1200kg/m³ 的轻细骨料统称为轻骨料。《轻骨料混凝土技术规程》（JGJ 51—2002）规定，用轻粗骨料、轻细骨料（或普通砂）、水泥和水配制而成的干表观密度小于 1950kg/m³ 的混凝土称为轻骨料混凝土。

按细骨料不同，轻骨料混凝土分为全轻混凝土（粗、细骨料均为轻骨料）和砂轻混凝土（由普通砂或部分轻砂做细骨料配制而成的轻骨料混凝土）；按骨料种类可划分为工业废料混凝土（如粉煤灰混凝土）、天然轻骨料混凝土（如浮石混凝土）和人造轻骨料混凝土（如膨胀珍珠岩混凝土）。

由于轻骨料表观密度小、表面粗糙、表面积大、易于吸水等特点，所以拌合物的流动性范围较小，流动性过大易使骨料上浮、离析；流动性过小则捣实困难。混凝土的用水量包括两部分：一部分被骨料吸收，其数量相当于骨料 1h 的吸水量，称为附加用水量；另一部分为使拌合物获得要求流动性的用水量，称为净用水量。在进行轻骨料混凝土配合比设计时，应将轻骨料预湿并考虑其附加用水量，以防止拌合物在运输和浇筑过程中产生的坍落度损失。

轻骨料混凝土的强度等级，按立方体抗压强度标准值，划分为 LC5.0、LC7.5、LC10、LC15、LC20、LC25、LC30、LC35、LC40、LC45、LC50、LC55、LC60 共 13 个强度等级。影响轻骨料混凝土强度的主要因素有：骨料性质、水泥浆强度及施工质量等。

轻骨料混凝土按干表观密度划分为 600、700、800、900、1000、1100、1200、1300、1400、1500、1600、1700、1800、1900 共 14 个等级，导热系数在 0.23～1.01W/(m·K)之间。干表观密度数值见表 4-31。

轻骨料混凝土的干表观密度　　　　　　　　　　表 4-31

密度等级	干表观密度（kg/m³）	密度等级	干表观密度（kg/m³）
600	560～650	1300	1260～1350
700	660～750	1400	1360～1450
800	760～850	1500	1460～1550
900	860～950	1600	1560～1650
1000	960～1050	1700	1660～1750
1100	1060～1150	1800	1760～1850
1200	1160～1250	1900	1860～1950

与普通混凝土相比，轻骨料混凝土表观密度低、弹性模量低、抗震性好、导热系数低、保温性能好。轻骨料混凝土按用途可分为保温轻骨料混凝土、结构保温轻骨料混凝土和结构轻骨料混凝土，见表 4-32。

轻骨料混凝土按用途分类　　　　　　　　　　表 4-32

类别名称	混凝土强度等级的合理范围	混凝土密度等级的合理范围	用途
保温轻骨料混凝土	LC5	≤800	主要用于保温的围护结构或热工构筑物
结构保温轻骨料混凝土	LC5～LC15	800～1400	主要用于既承重又保温的围护结构
结构轻骨料混凝土	LC15～LC50	1400～1950	主要用于承重构件或构筑物

轻骨料混凝土的施工工艺，基本上与普通混凝土相同，但由于轻骨料的堆积密度小、呈多孔结构、吸水率较大，配制而成的轻骨料混凝土也具有某些特征。因此在施工过程中应充分注意，才能确保工程质量。在气温 5℃以上的季节施工时，应对轻骨料进行预湿处理，在正式拌制混凝土前，应对轻骨料的含水率进行测定，以及时调整拌和用水量；轻骨料混凝土的拌制，宜采用强制式搅拌机；拌合物的运输和停放时间不宜过长，否则，容易

出现离析；浇灌后应及时注意养护。

由于轻骨料混凝土具有质量小、比强度高、保温隔热性好、耐火性好、抗震性好等特点，因此与普通混凝土相比，更适合用于高层、大跨结构、耐火等级要求高的建筑、要求节能的建筑。

2. 多孔混凝土

多孔混凝土是一种内部分布着大量细小封闭孔隙的轻质混凝土。按照孔隙的生成方式，多孔混凝土主要有加气混凝土和泡沫混凝土。加气混凝土是以含钙材料（石灰、水泥），含硅材料（石英砂、尾矿粉、粉煤灰、粒化高炉矿渣、页岩等）和适量加气剂（铝粉）为原料，经过磨细、配料、搅拌、浇筑、切割和压蒸养护等工序生产而成的一种多孔混凝土（图 4-33）。

泡沫混凝土是将由水泥等拌制的浆料与泡沫剂搅拌造成的泡沫进行混合搅拌，经浇筑、养护、硬化而成的一种多孔混凝土（图 4-34）。泡沫混凝土应用广泛，如制备泡沫混凝土砌块，具有质量小、防火隔热、防冻、施工简便等特点，可用于填充回填、墙面屋面保温等。

图 4-33　加气混凝土砌块

图 4-34　泡沫混凝土砌块

3. 大孔混凝土

大孔混凝土是指无细骨料的混凝土，可分为普通无砂大孔混凝土和轻骨料大孔混凝土。为提高混凝土的强度，可加入少量细骨料，制成少砂大孔混凝土。大孔混凝土的导热系数小、保温性好、抗冻性好，适用于制作墙体小型空心砌块、砖和各种板材，也可用于现浇墙体。普通大孔混凝土还可制成滤水管、滤水板等，广泛用于市政工程。

四　抗渗混凝土

抗渗混凝土是指抗渗等级大于或等于 P6 的混凝土，主要用于水工工程、地下基础工程、屋面防水工程等。抗渗混凝土一般是通过混凝土组成材料等质量改善，合理选择混凝土配合比和骨料级配，以及掺加适量外加剂，达到混凝土内部密实或是堵塞混凝土内部毛细管通路，使混凝土具有较高的抗渗性。目前，常用的抗渗混凝土有普通抗渗混凝土、外加剂抗渗混凝土和膨胀水泥抗渗混凝土。

1. 普通抗渗混凝土

普通抗渗混凝土是通过调整配合比来提高混凝土的抗渗性。普通抗渗混凝土是根据工程所需抗渗要求配置的，其中石子的骨架作用减弱，水泥砂浆除满足填充与黏结作用外，还要求在粗骨料周围形成足够厚度的、质量良好的砂浆包裹层，避免粗骨料直接接触形成互相连通的渗水孔网，从而提高混凝土的抗渗性。

根据《普通混凝土配合比设计规程》(JGJ 55—2011)，普通抗渗混凝土的配合比设计应符合以下要求：

（1）水泥宜采用普通硅酸盐水泥。

（2）粗骨料宜采用连续级配，其最大公称粒径不宜大于 40.0mm，含泥量不得大于 1.0%，泥块含量不得大于 0.5%。

（3）细骨料宜采用中砂，含泥量不得大于 3.0%，泥块含量不得大于 1.0%。

（4）抗渗混凝土宜掺用外加剂和矿物掺合料，粉煤灰等级应为I级或II级。每立方米混凝土中的胶凝材料用量不宜小于 320kg。

（5）砂率宜为 35%～45%。

（6）水胶比对混凝土的抗渗性有很大影响，除应满足强度要求外，还应符合表 4-33 的规定。

抗渗混凝土最大水胶比限值　　　　　　　　　表 4-33

抗渗等级	最大水胶比	
	C20～C30 混凝土	C30 以上混凝土
P6	0.60	0.55
P8～P12	0.55	0.50
>P12	0.50	0.45

2. 外加剂抗渗混凝土

外加剂抗渗混凝土，是在混凝土中掺入适宜品种和数量的外加剂，改善混凝土内部结构，隔断或堵塞混凝土中的各种孔隙、裂缝及渗水通道，以达到改善抗渗性的一种混凝土。常用的外加剂有引气剂、防水剂、膨胀剂或引气减水剂等。

3. 膨胀水泥抗渗混凝土

用膨胀水泥配制的抗渗混凝土，因膨胀水泥在水化过程中形成大量的钙矾石，而产生膨胀，在有约束的条件下，能改善混凝土的孔结构，使毛细孔减少，孔隙率降低，提高混凝土的密实度和抗渗性。

五　粉煤灰混凝土

粉煤灰混凝土是指掺入一定粉煤灰掺合料的混凝土。

粉煤灰是从燃煤粉电厂的锅炉烟尘中收集到的细粉末，其颗粒呈球形，表面光滑，呈灰或暗灰色。按氧化钙含量分为高钙灰（CaO 含量为 15%～35%，活性相对较高）和低钙灰（CaO 含量低于 10%，活性较低），我国大多数电厂排放的粉煤灰为低钙灰。

在混凝土中掺入一定量的粉煤灰后，性能得到改善：一方面由于粉煤灰本身具有良好的火山灰性和潜在水硬性，能同水泥一样，水化生成硅酸钙凝胶，起到增强作用；另一方面，粉煤灰中含有大量微珠，具有较小的表面积，因此在用水量不变的情况下，可以有效地改善拌合物的和易性；若保持拌合物流动性不变，可以减少用水量，从而提高混凝土的强度和耐久性。

由于粉煤灰的活性发挥较慢，往往粉煤灰混凝土的早期强度低。因此，粉煤灰混凝土的强度等级龄期可适当延长。《粉煤灰混凝土应用技术规范》（GB/T 50146—2014）中规定，粉煤灰混凝土设计强度等级的龄期，地上工程宜为28d，地面工程宜为28d或60d，地下工程宜为60d或90d，大体积混凝土工程宜为90d或180d。

在混凝土中掺入粉煤灰后，虽然可以改善混凝土某些性能，但由于粉煤灰水化消耗了$Ca(OH)_2$，降低了混凝土的碱度，因而影响了混凝土的抗碳化性能，减弱了混凝土对钢筋的防锈作用，为了保证混凝土结构的耐久性，《粉煤灰混凝土应用技术规范》（GB/T 50146—2014）中规定了粉煤灰取代水泥的最大限量。

综上所述，在混凝土中加入粉煤灰，可使混凝土的性能得到改善，提高工程质量；节约水泥、降低成本；利用工业废渣，节约资源。因此粉煤灰混凝土可广泛应用于大体积混凝土、抗渗混凝土、抗硫酸盐和抗软水侵蚀混凝土、轻骨料混凝土、地下工程混凝土等。

六　纤维混凝土

纤维混凝土是指在水泥基混凝土中掺入各向均匀分布的短纤维形成的复合材料。它具有普通钢筋混凝土所没有的许多优良品质，在抗拉强度、抗弯强度、抗裂强度和冲击韧性等方面有明显的改善。

常用的纤维材料有钢纤维、玻璃纤维、石棉纤维、碳纤维和合成纤维等。所用的纤维必须具有耐碱、耐海水、耐气候变化的特性。国内外研究、应用钢纤维较多，因为钢纤维对抑制混凝土裂缝的形成、提高混凝土抗拉和抗弯强度、增加韧性效果最佳。

在纤维混凝土中，纤维的含量、几何形状、长径比、弹性模量等对混凝土性能有重要影响。以钢纤维为例：拌制一般钢纤维混凝土，钢纤维长度20～60mm，直径0.3～0.9mm，长径比为30～80；钢纤维体积率应根据设计要求确定，且不应小于0.35%；选用直径小、形状非圆形的钢纤维效果较佳；钢纤维混凝土一般可提高抗拉强度2倍左右，提高抗冲击强度5倍以上。

目前，纤维混凝土主要用于对耐磨性、抗冲击性、抗劣性要求高的工程，如机场跑道、高速公路、桥面面层、水坝覆面、桩头等部位。

纤维混凝土虽然有普通混凝土不可相比的长处，但目前还受到一定的限制。例如，施工和易性较差，搅拌、浇筑和振捣时会发生纤维成团和折断等质量问题；黏结性能有待进一步改善；纤维价格较高等。随着各类纤维性能的改善、纤维混凝土技术的提高，纤维混凝土在建筑工程中将会得到广泛应用。图4-35、图4-36所示为玻璃纤维和玻璃纤维混凝土。

图4-35　玻璃纤维

图4-36　玻璃纤维混凝土

七、大体积混凝土

《大体积混凝土施工标准》（GB 50496—2018）规定：大体积混凝土是混凝土结构物实体最小尺寸不小于 1m 的大体量混凝土，或预计会因混凝土中胶凝材料水化引起的温度变化和收缩而导致有害裂缝产生的混凝土。

大体积混凝土由于水泥水化热不容易很快散失，内部温升较高，在与外部环境温差较大时容易产生温度裂缝。对混凝土进行温度控制是大体积混凝土最突出的特点。

大体积混凝土的原材料应符合下列规定：

（1）水泥宜采用中、低热硅酸盐水泥或低热矿渣硅酸盐水泥。当采用硅酸盐水泥或普通硅酸盐水泥时，应掺加矿物掺合料，胶凝材料 3d 和 7d 的水化热不宜大于 240kJ/kg 和 280kJ/kg。

（2）细骨料宜采用中砂，细度模数宜大于 2.3，含泥量不应大于 3%；粗骨料宜为连续级配，粒径宜为 5.0～31.5mm，含泥量不应大于 1%。

（3）宜掺用矿物掺合料和缓凝型减水剂。

大体积混凝土配合比设计应符合下列规定：

（1）混凝土拌合物的坍落度不宜大于 180mm。

（2）拌合水用量不宜大于 170kg/m³。

（3）粉煤灰和矿渣掺量不宜大于胶凝材料的 50% 和 40%，水胶比不宜大于 0.45。

（4）砂率宜为 38%～45%。

在工程实践中，如大坝、大型基础、大型桥墩以及海洋平台等体积较大的混凝土均属大体积混凝土。大体积混凝土结构的裂缝，绝大多数是由温度裂缝引起的。为了最大限度地降低温升，控制温度裂缝，在工程中常用的防止混凝土产生裂缝的措施主要有：

（1）采用中、低热的水泥品种。

（2）对混凝土结构合理进行分缝分块。

（3）在满足强度和其他性能要求的前提下，尽量降低水泥用量。

（4）掺加适宜的外加剂。

（5）选择适宜的骨料。

（6）控制混凝土的出机温度和浇筑温度。

（7）预埋水管、通水冷却，降低混凝土的内部温升。

（8）采取表面保温隔热，降低内外温差等措施降低或推迟热峰，控制混凝土的温升。

八、聚合物混凝土

用部分或全部聚合物（树脂）作为胶结材料配制而成的混凝土称为聚合物混凝土。

聚合物混凝土与普通混凝土相比，具有强度高、耐化学腐蚀性、耐磨性、耐水性、耐冻性好，易于黏结，电绝缘性好等优点。

聚合物混凝土一般可分为三种：聚合物水泥混凝土、聚合物胶结混凝土和聚合物浸渍混凝土。

1. 聚合物水泥混凝土（PCC）

聚合物水泥混凝土是以水溶性聚合物（如天然或合成橡胶乳液、热塑性树脂乳液等）和水泥共同为胶凝材料，并掺入粗、细骨料制成的。这种聚合物能均匀分布于混凝土内，填充水泥水化物和骨料之间的孔隙，并与水泥水化物结合成一个整体，使混凝土的密实度得以提高。聚合物水泥混凝土主要用于耐久性要求高的路面、机场跑道、耐腐蚀性地面、桥面及修补混凝土工程中。

2. 聚合物胶结混凝土（REC）

聚合物胶结混凝土又称树脂混凝土、是以合成树脂为胶结材料，以砂石为骨料的一种聚合物混凝土。常用的合成树脂有环氧树脂、聚酯树脂、聚甲基丙烯酸甲酯等。

树脂混凝土具有强度高和耐腐蚀性、耐磨性、抗冻性好等优点，缺点是硬化时收缩大、耐久性差，成本较高，只能用于特殊工程（如耐腐蚀工程、修补混凝土构件及堵缝材料等）。此外，树脂混凝土因其美观的外表，又称人造大理石，可以制成桌面、地面砖、浴缸等装饰材料。

3. 聚合物浸渍混凝土（PIC）

聚合物浸渍混凝土是将已硬化的普通水泥混凝土，经干燥和真空处理后浸渍在以树脂为原料的液态单体中，然后再用加热或辐射的方法使单体产生聚合作用，使混凝土与聚合物形成一个整体。常用的单体是甲基丙烯酸甲酯、苯乙烯、丙烯氰等。此外，还需加入催化剂和交联剂等。

在聚合物浸渍混凝土中，聚合物填充了混凝土内部的空隙，提高了混凝土的密实度，使聚合物浸渍混凝土的抗渗、抗冻、耐蚀、耐磨、抗冲击等性能都得到显著提高。另外这种混凝土抗压强度可达 150MPa 以上，抗拉强度可达 24MPa。

由于聚合物浸渍混凝土造价较高，实际应用并不普遍。主要用于要求耐腐蚀、高强度、耐久性好的结构，如管道内衬、隧道衬砌、桥面板、海洋构筑物等。

小知识

透水混凝土

透水混凝土具有独特的、多孔渗水的结构。其透水性是利用了粗骨料之间的孔隙，使水能够渗入混凝土中。当透水混凝土应用于公路或人行道时，雨水便能透过混凝土而进入土壤，而不会积在路面影响交通。

由于具有众多优良性能，透水混凝土在停车场的建造中应用越来越多。与其他排水方式相比，透水混凝土的透水不仅方便、自然而且有利于环保，并能提高土地的利用率。因此，美国环境保护署正式发文推荐使用透水混凝土，尤其是在排水要求高的工程。另外，和大多数混凝土构筑物一样，透水混凝土表面的自然色对光线具有良好的反射性，从而能够减少对太阳光热量的吸收并有利于提高周围的温度，这样就能避免形成"热岛效应"，而这一点是沥青混凝土不能相比的。（热岛效应是指深色建筑物，尤其是在城市中，由于建筑物表面吸收热量能力强，使得建筑物表面温度比周围环境温度高。）

同时，透水混凝土也被认为是绿色建材。它的原材料可使用再生骨料，而它本身也是可再生利用的。因此，可以用它来创造环境友好的建筑结构。

本章小结

本章以普通混凝土为学习重点。掌握普通混凝土各组成材料的技术要求；熟悉常用外加剂的性质和应用；掌握混凝土拌合物的和易性，硬化混凝土的强度、耐久性；掌握普通混凝土配合比设计的方法和步骤，能通过试验验证混凝土配合比设计正确与否。在学习普通混凝土的基础上，了解高性能混凝土、轻质混凝土等其他品种混凝土。

练习题

一、简答题

1. 试述普通混凝土各组成材料的作用。
2. 对混凝土用砂，为何要提出颗粒级配和粗细程度要求？
3. 怎样测定粗骨料的强度？石子的强度指标是什么？
4. 为什么要限制石子的最大粒径？怎样确定石子的最大粒径？
5. 掺合料掺到混凝土中会起到什么作用？常用的掺合料有哪些？
6. 如何测定塑性混凝土拌合物和干硬性混凝土拌合物的流动性？它们的指标各是什么？单位是什么？
7. 影响混凝土和易性的主要因素是什么？它们是怎样影响的？
8. 配制混凝土时为什么要选用合理砂率？砂率太大和太小有什么不好？选择砂率的原则是什么？
9. 改善混凝土拌合物和易性的主要措施有哪些？
10. 如何确定混凝土的强度等级？混凝土强度等级如何表示？普通混凝土划分几个强度等级？
11. 在进行混凝土抗压试验时，下述情况下，强度试验值有无变化？如何变化？
（1）试件尺寸加大；
（2）试件高宽比加大；
（3）试件受压面加润滑剂；
（4）加荷速度加快。

12. 混凝土的抗压强度与其他强度之间有无相关性？混凝土的立方体抗压强度与棱柱体抗压强度及抗拉强度之间存在什么关系？

13. 影响混凝土强度的主要因素有哪些？其中最主要的因素是什么？为什么？

14. 何谓混凝土的耐久性，一般指哪些性质？

15. 干缩和徐变对混凝土性能有什么影响？减小混凝土干缩和徐变的措施有哪些？

16. 碳化对混凝土性能有什么影响？碳化带来的最大危害是什么？

17. 试述混凝土产生干缩的原因。影响混凝土干缩值大小的主要因素有哪些？

18. 如果混凝土在加荷以前就产生裂缝，试分析裂缝产生的原因。

19. 影响混凝土碳化速度的主要因素有哪些？防止混凝土碳化的措施有哪些？

20. 何谓碱-骨料反应？混凝土发生碱-骨料反应的必要条件是什么？如何防治？

21. 常用外加剂有哪些？各类外加剂在混凝土中的主要作用有哪些？

22. 何谓混凝土减水剂？简述减水剂的作用机理和种类。

23. 试述高性能混凝土的特点及配制的技术途径。

二、选择题

1. 普通混凝土的抗拉强度为抗压强度的（ ）。
   A. 1/10～1/5 B. 1/20～1/10
   C. 1/30～1/20 D. 1/40～1/30

2. 在混凝土中，砂、石主要起（ ）作用。
   A. 包裹 B. 填充
   C. 骨架 D. 黏结
   E. 润滑

3. 石子粒径增大时，混凝土用水量应（ ）。
   A. 增大 B. 不变
   C. 减小 D. 无法确定

4. 建筑工程一般采用（ ）做细骨料。
   A. 山砂 B. 河砂
   C. 湖砂 D. 海砂

5. 混凝土对砂的技术要求是（ ）。
   A. 空隙率小 B. 总表面积小
   C. 总表面积小，尽可能粗 D. 空隙率小，尽可能粗

6. 下列砂中，（ ）不属于普通混凝土用砂。
   A. 粗砂 B. 中砂
   C. 细砂 D. 特细砂

7. 某烘干砂500g在各号筛（4.75mm、2.36mm、1.18mm、0.6mm、0.3mm、0.15mm）的累计筛余百分率分别为5%、15%、25%、60%、80%、98%，则该砂属于（ ）。
   A. 粗砂 B. 中砂
   C. 细砂 D. 特细砂

8. 混凝土用砂的粗细及级配的评定方法是（   ）。
   A. 沸煮法 B. 筛析法
   C. 软炼法 D. 雷氏法

9. 当水胶比大于 0.60 时，碎石较卵石配制的混凝土强度（   ）。
   A. 大得多 B. 差不多
   C. 小得多 D. 无法确定

10. 混凝土用石子的粒形宜选择（   ）。
    A. 针状形 B. 片状形
    C. 方圆形 D. 椭圆形

三、计算题

1. 干砂 500g，其筛分结果见表 4-34，试评定此砂的颗粒级配和粗细程度。

表 4-34

筛孔尺寸（mm）	4.75	2.36	1.18	0.6	0.3	0.15	<0.15
筛余量（g）	25	50	100	125	100	75	25

2. 某室内现浇混凝土梁，混凝土设计强度等级为 C30，泵送混凝土，要求坍落度为 180mm，施工单位无近期混凝土强度统计资料，所用原材料如下：

   水泥：强度等级 42.5 的普通硅酸盐水泥，密度为 3.1kg/m³，28d 实测强度为 48.0MPa；

   粉煤灰：II级，掺量10%，表观密度 ρ_f = 2200kg/m³；

   中砂：级配合格，表观密度 ρ_s = 2600kg/m³；

   碎石：最大粒径为 5～31.5mm，级配合格，表观密度 ρ_g = 2700kg/m³；

   外加剂：萘系高效减水剂，减水率 24%；

   水：自来水。

   试确定初步配合比。

3. 已知混凝土经试拌调整后，拌合物各项材料的用量为：水泥 4.5kg，水 2.7kg，砂 9.9kg，碎石 18.9kg。测得混凝土拌合物的表观密度为 2400kg/m³。

   （1）试计算 1m³ 混凝土的各项材料用量。

   （2）如施工现场砂、石含水率分别为 1.0%和 1.1%，求施工配合比。

   （3）如果不进行配合比换算，直接把试验室配合比用在施工现场，则混凝土的实际配合比如何变化？对混凝土的强度将产生多大的影响？（采用强度等级为 42.5 的矿渣水泥）

4. 某工地拌和混凝土时，施工配合比为：强度等级 42.5 水泥 308kg、水 127kg、砂 700kg、碎石 1260kg，经测定砂的含水率为 4.2%，石子的含水率为 1.6%，求该混凝土的设计配合比。

任务 普通混凝土用砂、石检测

任务情境

某工程现浇混凝土框架柱,采用 C30 商品混凝土,搅拌站需要对配制混凝土的天然砂及碎石进行检测,依照《建设用砂》(GB/T 14684—2022)、《建设用卵石、碎石》(GB/T 14685—2022)、《混凝土质量控制标准》(GB 50164—2011),对砂、石的主要指标进行检测,填写砂、石的检测记录表,并完成砂、石检验报告。

一、取样与处理

(一)取样方法

(1)在料堆上取样时,取样部分应均匀分布,取样前先将取样部位表层铲除,然后由各部位抽取大致相等的砂 8 份、石子 16 份,各自组成一组样品。

(2)从皮带运输机上取样时,应在皮带运输机机尾的出料处用接料器定时抽取砂 4 份、石子 8 份,各自组成一组样品。

(3)从火车、汽车、货船上取样时,应从不同部位和深度抽取大致相等的砂 8 份、石子 16 份,各自组成一组样品。

(二)取样数量

砂、石单项试验的最少取样数量应符合《建设用砂》(GB/T 14684—2022)、《建设用卵石、碎石》(GB/T 14685—2022)要求。当进行几项试验时,如能保证试样经一项试验后不致影响另一项试验的结果,可用同一试样进行几项不同的试验。

砂单项试验最少取样数量

石子单项检验最少取样质量

筛分析外,当其余检验项目存在不合格项时,应加倍取样进行复验。当复验仍有一项不满足标准要求时,应按不合格品处理。

(三)样品的缩分

1. 砂的样品缩分

砂的样品缩分方法可选择下列两种方法之一。

(1)分料器法

将样品在潮湿状态下拌和均匀,然后通过分料器,取接料斗中的其中一份再次通过分料器。重复上述过程,直至把样品缩分到试验所需量为止。

(2)人工四分法

将所取样品置于平板上,在潮湿状态下拌和均匀,并堆成厚度约为 20mm 的圆饼,然后沿互相垂直的两条直径把圆饼分成大致相等的四份,取其中对角线的两份重新拌匀,再堆成圆饼。重复上述过程,直至把样品缩分到试验所需量为止。

堆积密度、机制砂坚固性试验所用试样可不经缩分,在拌匀后直接进行试验。

2. 石的样品缩分

碎石或卵石缩分时,应将样品置于平板上,在自然状态下拌和均匀,并堆成锥体,然后沿互相垂直的两条直径把锥体分成大致相等的四份,取其对角的两份重新拌匀,再堆成锥体。重复上述过程,直至把样品缩分到试验所需量为止(图4-37)。

图4-37 石的样品缩分

二、砂的颗粒级配与细度模数检测

(一)试验目的

评定普通混凝土用砂的颗粒级配,计算砂的细度模数并评定其粗细程度。

(二)检测原理

将砂样通过一套由不同孔径组成的标准套筛,测定砂样中不同粒径砂的颗粒含量,以此判定砂的粗细程度和颗粒级配。

(三)主要设备和器具

(1)方孔筛:应满足现行《试验筛 技术要求和检验 第1部分:金属丝编织网试验筛》(GB/T 6003.1)、《试验筛 技术要求和检验 第2部分:金属穿孔板试验筛》(GB/T 6003.2)中方孔试验筛的规定,孔径为0.15mm、0.30mm、0.60mm、1.18mm、2.36mm、4.75mm及9.50mm的筛各一只,并附有筛底和筛盖。

图4-38 试验筛

(2)天平:称量1000g,感量1g。

(3)鼓风烘箱:能使温度控制在(105±5)℃。

(4)摇筛机,浅盘和硬、软毛刷等。

试验装置如图4-38所示。

(四)试样制备

按规定取样4.4kg,筛除大于9.5mm的颗粒(算出其筛余百分率),并将试样缩分至约

1100g，放在干燥箱中于(105±5)℃下烘干至恒量，待冷却至室温后，分为大致相等的两份备用。

（五）试验步骤

（1）称取烘干试样 500g，精确至 1g。将试样倒入按孔径大小从上到下（大孔在上，小孔在下）组合的套筛（附筛底）上，然后进行筛分。

（2）将套筛置于摇筛机上，摇 10min 后取下套筛，按筛孔大小顺序再逐个用手筛，筛至每分钟通过量小于试样总量的 0.1% 为止。通过的试样并入下一号筛中，并和下一号筛中的试样一起过筛。这样顺序进行，直至各号筛全部筛完为止。

（3）称出各号筛的筛余量，精确至 1g。试样在各号筛上的筛余量不得超过按式(4-37)计算出的量。

$$G = \frac{Ad^{1/2}}{200} \tag{4-37}$$

式中：G——在一个筛上的筛余量（g）；
$\quad\quad A$——筛面面积（mm^2）；
$\quad\quad d$——筛孔尺寸（mm）。

当筛余量超过计算值时，应按下列方法之一处理：

①将该粒级试样分成少于按上式计算出的量，分别筛分，并以筛余量之和作为该号筛的筛余量。

②将该粒级及以下各粒级的筛余混合均匀，称出其质量，精确至 1g。再用四分法缩分为大致相等的两份，取其中一份，称出其质量，精确至 1g，继续筛分。计算该粒级及以下各粒级的分计筛余量时应根据缩分比例进行修正。

（六）结果计算与评定

（1）计算分计筛余百分率：分计筛余百分率为各号筛的筛余量与试样总量之比，计算精确至 0.1%。

（2）计算累计筛余百分率：累计筛余百分率为该号筛的分计筛余百分率加上该号筛以上各筛的分计筛余百分率之和，计算精确至 0.1%。筛分后，当每号筛的筛余量与筛底的剩余量之和同原试样质量之差超过 1% 时，需重新试验。

（3）根据各筛的累计筛余百分率，评定颗粒级配。

（4）砂的细度模数 M_x 按式(4-1)计算，精确至 0.01，即：

$$M_x = \frac{(A_2 + A_3 + A_4 + A_5 + A_6) - 5A_1}{100 - A_1}$$

式中：A_1、A_2、A_3、A_4、A_5、A_6——孔径为 4.75mm、2.36mm、1.18mm、0.60mm、0.30mm、0.15mm 筛的累计筛余百分率，代入公式计算时，A_i 不带%。

（5）累计筛余百分率取两次试验结果的算术平均值，精确至 1%。细度模数取两次试验结果的算术平均值，精确至 0.1；当两次试验的细度模数之差超过 0.20 时，需重新试验。

三、砂的表观密度检测（标准法）

（一）试验目的

测定砂的表观密度，为计算砂的空隙率和混凝土配合比设计提供依据。

（二）试验原理

用天平测出砂的质量，通过排液体体积法测定砂的表观体积，按砂表观密度的计算公式即可得出。

（三）主要设备和器具

（1）天平：称量1kg，感量1.0g。

（2）容量瓶：500mL。

（3）鼓风烘箱：能使温度控制在$(105 ± 5)$℃。

（4）干燥器、搪瓷盘、滴管、毛刷、温度计等。

（四）试样制备

将缩分至660g左右的试样在烘箱中于$(105 ± 5)$℃下烘干至恒重，放在干燥器中冷却至室温后，分为大致相等的两份备用。

（五）试验步骤

（1）称取试样300g（m_0），精确至1g。将试样装入容量瓶，注入冷开水至接近500mL的刻度处，用手旋转摇动容量瓶，使砂样充分摇动，排除气泡，塞紧瓶盖，静置24h。然后用滴管小心加水至容量瓶500mL刻度处，塞紧瓶塞，擦干瓶外水分，称出其质量m_1，精确至1g。

（2）倒出瓶内水和试样，洗净容量瓶，再向容量瓶内注水至500mL刻度处，水温与上次水温相差不超过2℃，并在15～25℃范围内，塞紧瓶塞，擦干瓶外水分，称出其质量m_2，精确至1g。

（六）试验结果

（1）砂的表观密度ρ_0按式(4-38)计算，精确至10kg/m³：

$$\rho_0 = \left(\frac{m_0}{m_0 + m_2 - m_1} - \alpha_t \right) \times \rho_\text{水} \tag{4-38}$$

式中：$\rho_\text{水}$——水的密度（kg/m³），取值1000kg/m³；

m_0——烘干试样的质量（g）；

m_1——试样、水及容量瓶的总质量（g）；

m_2——水及容量瓶的总质量（g）；

α_t——水温对表观密度影响的修正系数。当温度是15℃、16℃、17℃、18℃、19℃、

20℃、21℃、22℃、23℃、24℃、25℃时，对应的修正系数分别是 0.002、0.003、0.003、0.004、0.004、0.005、0.005、0.006、0.006、0.007、0.008。

（2）表观密度取两次试验结果的算术平均值，精确至 10kg/m³；如两次试验结果之差大于 20kg/m³，应重新试验。

四 砂的堆积密度与空隙率试验

（一）试验目的

测定砂的堆积密度，为计算砂的空隙率和混凝土配合比设计提供依据。

（二）试验原理

通过测定装满规定容量筒的砂的质量和体积（自然堆积状态下）计算堆积密度及空隙率。

（三）主要设备和器具

（1）鼓风烘箱：能使温度控制在(105±5)℃。

（2）天平：称量 10kg，感量 1g。

（3）容量筒：圆柱形金属筒，内径 108mm，净高 109mm，壁厚 2mm，筒底厚约 5mm，容积为 1L。

（4）直尺、漏斗或料勺、搪瓷盘、毛刷、垫棒等。

（四）试样制备

按规定的取样方法取样，用搪瓷盘装取试样约 3L，放在烘箱中于(105±5)℃温度下烘干至恒重，待冷却至室温后，筛除公称直径大于 4.75mm 的颗粒，分为大致相等的两份备用。

（五）试验步骤与试验结果

1. 松散堆积密度

取试样一份，用漏斗或铝制勺，缓慢将其装入容量筒（漏斗出料口或料勺距容量筒筒口不应超过 50mm），直至试样装满并超出容量筒筒口。然后用直尺将多余的试样沿筒口中心线向相反方向刮平，称其质量（m_2）。测定过程如图 4-39 所示。

2. 紧密堆积密度

取试样一份，分两层装入容量筒。装完一层后，在筒底垫放一根直径为 10mm 的钢筋，将筒按住，左右交替颠击地面各 25 下，然后再装第二层；第二层装满后用同样方法颠实（但筒底所垫钢筋的方向应与第一层放置方向垂直）；第二层装完并颠实后，加料直至试样超出容量筒筒口，然后用直尺将多余的试

图 4-39 松散堆积密度测定

样沿筒口中心线向两个相反方向刮平，称其质量（m_2）。

3.试验结果

松散堆积密度和紧密堆积密度均按式(4-39)计算，精确至 $10kg/m^3$：

$$\rho_0' = \frac{m_2 - m_1}{V_0'} \tag{4-39}$$

式中：m_1——容量筒的质量（g）；

m_2——容量筒和砂总质量（g）；

V_0'——容量筒的容积（L）。

以两次试验结果的算术平均值作为测定结果。

4.空隙率

空隙率按式(4-40)计算，精确至1%：

$$V_0 = \left(1 - \frac{\rho_1}{\rho_2}\right) \times 100\% \tag{4-40}$$

式中：V_0——空隙率；

ρ_1——试样的松散（或紧密）堆积密度（kg/m^3）；

ρ_2——试样表观密度（kg/m^3）。

五 石子的颗粒级配试验

（一）试验目的

测定碎石或卵石的颗粒级配。

（二）试验原理

称取规定的试样，经标准的石子套筛进行筛分，称取筛余量，计算各筛的分计筛余百分数和累计筛余百分数，与国家标准规定的各筛孔尺寸的累计筛余百分数进行比较，满足相应指标者即为级配合格。

（三）主要设备和器具

（1）方孔筛：应满足现行《试验筛 技术要求和检验 第1部分：金属丝编织网试验筛》（GB/T 6003.1）、《试验筛 技术要求和检验 第2部分：金属穿孔板试验筛》（GB/T 6003.2）中方孔筛的规定，孔径为 2.36mm、4.75mm、9.50mm、16.0mm、19.0mm、26.5mm、31.5mm、37.5mm、53.0mm、63.0mm、75.0mm 及 90mm 的筛各一只，并附有筛底和筛盖。方孔筛的筛框内径为 300mm。

（2）天平：称量 10kg，感量 1g。

（3）烘箱：温度控制范围为(105 ± 5)℃。

（4）摇筛机、搪瓷盘、毛刷等。

（四）试样制备

按缩分法将试样缩分至略大于表 4-35 规定的数量，烘干或风干后备用。

颗粒级配试验所需试样数量　　　　　　表 4-35

最大粒径（mm）	9.5	16.0	20.0	26.5	31.5	37.5	63.0	85.0
试样最小质量（kg）	1.9	3.2	3.8	5.0	6.3	7.5	12.6	16.0

（五）试验步骤

（1）称取表 4-35 规定数量的试样一份，精确到 1g。将试样倒入按孔径大小从上到下组合的套筛（附筛底）上，然后进行筛分。

（2）将套筛置于摇筛机上，摇 10min；取下套筛，按筛孔大小再逐个用手筛，筛至每分钟通过量小于试样总量 0.1% 为止。通过的颗粒并入下一号筛中，并和下一号筛中的试样一起过筛，这样顺序进行，直至各号筛全部筛完为止。当筛余颗粒的粒径大于 19.0mm 时，在筛分过程中，允许用手指拨动颗粒。

（3）称出各号筛的筛余量，精确至 1g。

（六）结果计算与评定

（1）计算分计筛余百分率：分计筛余百分率为各号筛的筛余量与试样总质量之比，计算精确至 0.1%。

（2）计算累计筛余百分率：累计筛余百分率为该号筛的分计筛余百分率加上该号筛以上各筛的分计筛余百分率之和，计算精确至 1%。

（3）根据各号筛的累计筛余百分率，评定该试样的颗粒级配。

六　碎石或卵石的表观密度试验

（一）试验目的

测定碎石或卵石的表观密度，为计算石子的空隙率和混凝土配合比设计提供依据。

（二）试验原理

利用排液体体积法测定石子的表观体积，计算石子的表观密度。

1. 液体比重天平法

1）主要设备和器具

（1）液体天平：称量 5kg，感量 5g，其型号及尺寸应能允许在臂上悬挂盛试样的吊篮，并能将吊篮放在水中称量，如图 4-40 所示。

（2）吊篮：直径和高度均为 150mm，由孔径为 1～2mm 的筛网或钻有 2～3mm 孔洞的耐锈蚀金属板制成。

（3）盛水容器：有溢流孔。

（4）鼓风干燥箱：温度控制范围为 (105±5)℃。

（5）方孔筛：孔径为 4.75mm 的筛一只。
（6）温度计、搪瓷盘、毛巾等。

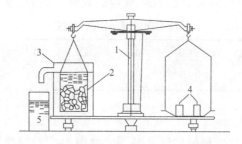

图 4-40　液体天平

1-5kg 天平；2-吊篮；3-带有溢流孔的金属容器；4-砝码；5-容器

2）试样制备

按缩分法将试样缩分至略大于表 4-36 规定的数量，风干后筛除小于 4.75mm 的颗粒，刷洗干净后分成两份备用。

表观密度试验所需试样数量　　　　　　　　　　表 4-36

最大公称粒径（mm）	10.0	16.0	20.0	25.0	31.5	40.0	63.0	80.0
试样最小质量（kg）	2.0	2.0	2.0	2.0	3.0	4.0	6.0	6.0

3）试验步骤

（1）取试样一份装入吊篮，并浸入盛水的容器中，水面至少高出试样表面 50mm。

（2）浸水 24h 后，移放到称量用的盛水容器中，并用上下升降吊篮的方法排除气泡（试样不得露出水面）。吊篮每升降一次约为 1s，升降高度为 30～50mm。

（3）测定水温后（此时吊篮应全浸在水中），准确称出吊篮及试样在水中的质量 m_2，精确至 5g。称量时盛水容器中水面的高度由容器的溢流孔控制。

（4）提起吊篮，将试样置于浅盘中，放入烘箱中于 (105±5)℃ 温度下烘干至恒重。取出来放在带盖的容器中冷却至室温后，称其质量 m_0，精确至 5g。

（5）称量吊篮在同样温度的水中的质量 m_1，精确至 5g。称量时盛水容器的水面高度仍应由溢流孔控制。

注：试验的各项称量可以在 15～25℃ 的温度范围内进行，但从试样加水静止的 2h 起至试验结束，其温度变化不应超过 2℃。

4）试验结果

（1）表观密度 ρ_0 应按式(4-41)计算，精确至 $10kg/m^3$：

$$\rho_0 = \left(\frac{m_0}{m_0 + m_1 - m_2} - \alpha_t \right) \times \rho_{水} \tag{4-41}$$

式中：m_0——试样的干燥质量（g）；
　　　m_1——吊篮在水中的质量（g）；
　　　m_2——吊篮及试样在水中的质量（g）；
　　　$\rho_{水}$——水的密度（kg/m^3），取值 $1000kg/m^3$；

α_t——不同水温下碎石或卵石的表观密度影响的修正系数。

（2）以两次测定结果的算术平均值作为测定值，精确至 10kg/m³。若两次结果之差大于 20kg/m³，应重新取样进行试验。对颗粒材质不均匀的试样，若两次试验结果之差超过20kg/m³，可取四次测定结果的算术平均值作为测定值。

2. 广口瓶法

本方法不宜用于测定公称粒径大于 37.5mm 的碎石或卵石的表观密度。

1）主要设备和器具

（1）鼓风干燥：能使温度控制在(105±5)℃。

（2）天平：称量 20kg，感量 1g。

（3）广口瓶：1000mL，磨口，带玻璃片。

（4）方孔筛：孔径为 4.75mm 的筛一只。

（5）温度计、搪瓷盘、毛巾、刷子等。

2）试样制备

同液体比重天平法的试样制备方法。

3）试验步骤

（1）将试样浸水饱和，然后装入广口瓶中。装试样时，广口瓶应倾斜放置，注入饮用水，用玻璃片覆盖瓶口，用上下左右摇晃的方法排除气泡。

（2）气泡排尽后，向瓶中添加饮用水直至水面凸出瓶口边缘。然后用玻璃片沿瓶口迅速滑行，使其紧贴瓶口水面。擦干瓶外水分后，称取试样、水、瓶和玻璃片的总质量m_1，精确至 1g。

（3）将瓶中试样倒入浅盘中，放在烘箱中于(105±5)℃温度下烘干至恒质量。取出来放在带盖的容器中，冷却至室温后称其质量m_0，精确至 1g。

（4）将瓶洗净，重新注入饮用水，用玻璃片紧贴瓶口水面，擦干瓶外水分后称其质量m_2，精确至 1g。

注：试验时各项称量可以在 15~25℃范围内进行，但从试样加水静止的 2h 起至试验结束，其温度变化不应超过 2℃。

4）试验结果

（1）表观密度ρ_0应按式(4-42)计算，精确至 10kg/m³：

$$\rho_0 = \left(\frac{m_0}{m_0 + m_2 - m_1} - \alpha_t\right) \times \rho_水 \tag{4-42}$$

式中：m_0——试样的干燥质量（g）；

m_1——试样、水、瓶和玻璃片总质量（g）；

m_2——水、瓶和玻璃片总质量（g）；

$\rho_水$——水的密度（kg/m³），取值 1000kg/m³；

α_t——不同水温下碎石或卵石的表观密度影响的修正系数。

（2）以两次测定结果的算术平均值作为测定值，精确至 10kg/m³。两次结果之差应小于 20kg/m³，否则重新取样进行试验。对颗粒材质不均匀的试样，若两次测定结果之差超过 20kg/m³，可取四次测定结果的算术平均值作为测定值。

七、石子的堆积密度试验

（一）试验目的

测定石子的堆积密度，为计算石子的空隙率和混凝土配合比设计提供依据。

（二）试验原理

测定石子在自然堆积状态下的堆积体积，计算石子的堆积密度。

（三）主要设备和器具

（1）磅秤：称量 50kg 或 100kg，感量 50g。

（2）台秤：称量 10kg，感量 10g。

（3）容量筒：容量筒规格见表 4-37。

（4）垫棒：直径 16mm、长 600mm 的圆钢。

（5）直尺、小铲等。

容量筒的规格要求　　　　　　　　　　表 4-37

碎石或卵石的最大粒径（mm）	容量筒容积（L）	容量筒规格		
		内径（mm）	净高（mm）	壁厚（mm）
9.5、16.0、20.0、26.5	10	208	294	2
31.5、37.5	20	294	294	3
53.0、63.0、75.0	30	360	294	4

（四）试样制备

按规定的取样方法取样，烘干或风干后，拌匀分为大致相等的两份备用。

（五）试验步骤

1. 松散堆积密度

（1）称量容量筒的质量 m_2（g）。

（2）取试样一份，用小铲将试样从容量筒口中心上方 50mm 处缓缓倒入，让试样自由落下，当容量筒上部试样呈堆体，且容量筒四周溢满时，即停止加料。除去凸出容量筒口表面的颗粒，并以合适的颗粒填入凹陷部分，使表面稍凸起部分和凹陷部分的体积大致相等（试验过程应防止触动容量筒），称取试样和容量筒的总质量 m_1，精确至 10g。

2. 紧密堆积密度

（1）称量容量筒的质量 m_2（g）。

（2）取试样一份分三层装入容量筒。装完第一层后，在筒底垫放一根直径为 16mm 的圆钢，将筒按住，左右交替颠击地面各 25 次，再装入第二层，第二层装满后用同样方法颠实（但筒底所垫圆钢的方向与第一层时的方向垂直），然后装入第三层，如法颠实。再加试样直至超过筒口，用钢尺沿筒口边缘刮去高出的试样，并用合适的颗粒填平凹处，使表面稍凸起部分与凹陷部分的体积大致相等。称取试样和容量筒的总质量m_1，精确至10g。

（六）试验结果

（1）松散堆积密度或紧密堆积密度ρ'_0按下式计算，精确至10kg/m³：

$$\rho'_0 = \frac{m_2 - m_1}{V'_0}$$

式中：m_1——容量筒质量（g）；

　　　m_2——容量筒和试样的总质量（g）；

　　　V_0——容量筒的容积（L）。

砂检验记录

碎石（卵石）检验记录

（2）堆积密度取两次试验结果的算术平均值，精确至10kg/m³。

❓ 观察与思考

1. 为什么要进行砂石的级配试验？若用级配不符合要求的砂、石子配制混凝土有何缺点？

2. 砂的级配曲线为何越靠右下角，所对应的砂越粗？

任务　普通混凝土检测

任务情境

某工程现浇混凝土框架柱，采用C30商品混凝土，坍落度要求为130mm，根据《普通混凝土拌合物性能试验方法标准》（GB/T 50080—2016）、《混凝土物理力学性能试验方法标准》（GB/T 50081—2019），对该混凝土拌合物的流动性和混凝土强度进行测定，填写混凝土拌合物和混凝土强度检测记录表，并完成混凝土拌合物性能检验报告及混凝土立方体抗压强度检验报告。

一、普通混凝土拌合物性能检测

（一）试验依据

《普通混凝土拌合物性能试验方法标准》（GB/T 50080—2016）。

（二）一般规定

（1）骨料最大公称粒径应符合《普通混凝土用砂、石质量及检验方法标准》（JGJ 52—2006）的规定。

（2）试验环境相对湿度不宜小于50%，温度应保持在(20±5)℃，所用材料、试验设备、容器及辅助设备的温度宜与试验室温度保持一致。

（3）现场试验时，应避免混凝土拌合物试样受到风、雨、雪及阳光直射的影响。

（4）制作混凝土拌合物性能试验用试样时，所采用的搅拌机应符合《混凝土试验用搅拌机》（JG/T 244—2009）的规定。

（三）取样与试样制备

（1）同一组混凝土拌合物的取样，应在同一盘混凝土或同一车混凝土中取样。取样量应多于试验所需量的1.5倍，且不宜小于20L。

（2）混凝土拌合物的取样应具有代表性，宜采用多次采样的方法。宜在同一盘混凝土或同一车混凝土中的1/4处、1/2处和3/4处分别取样，并搅拌均匀；第一次取样和最后一次取样的时间间隔不宜超过15min。

（3）宜在取样后5min内开始各项性能试验。

（4）试验室制备混凝土拌合物的搅拌应符合下列规定：

①混凝土拌合物应采用搅拌机搅拌，搅拌前应将搅拌机冲洗干净，并预拌少量同种混凝土拌合物或水胶比相同的砂浆，搅拌机内壁挂浆后将剩余料卸出。

②称好的粗骨料、胶凝材料、细骨料和水应依次加入搅拌机，难溶和不溶的粉状外加剂宜与胶凝材料同时加入搅拌机，液体和可溶外加剂宜与拌合水同时加入搅拌机。

③混凝土拌合物宜搅拌2min以上，直至搅拌均匀。

④混凝土拌合物一次搅拌量不宜少于搅拌机公称容量的1/4，且不应大于搅拌机公称容量，且不应小于20L。

（5）试验室搅拌混凝土时，材料用量应以质量计。骨料的称量精度应为±0.5%；水泥、掺合料、水、外加剂的称量精度均应为±0.2%。

（四）坍落度试验

1. 试验目的

坍落度试验适用于骨料最大粒径不大于40mm、坍落度值不小于10mm的混凝土拌合物的坍落度测定。

图4-41 坍落度仪

2. 主要设备和器具

（1）坍落度仪：由坍落度筒、漏斗、测量标尺、捣棒等组成，如图4-41所示。

（2）两把钢尺：钢尺的量程不应小于300mm，分度值不应大于1mm。

（3）底板：应采用平面尺寸不小于1500mm×1500mm、厚度不小于3mm的钢板，其最大挠度不应大于3mm。

3. 试验步骤

（1）湿润坍落度筒及底板，在坍落度筒内壁和底板上应无明水。底板应放置在坚实的水平面上，并把坍落度筒放在底板中心。用脚踩住两边的脚踏板，坍落度筒在装料时保持固定的位置。

（2）把按要求取得或制备的混凝土试样用小铲分三层均匀地装入筒内，使捣实后每层高度为筒高的三分之一左右。每层用捣棒插捣 25 次，插捣应沿螺旋方向由外向中心进行，各次插捣应在截面上均匀分布。插捣筒边混凝土时，捣棒可以稍稍倾斜。插捣底层混凝土时，捣棒应贯穿整个深度。插捣第二层和顶层时，捣棒应插透本层至下一层的表面。浇灌顶层时，混凝土应灌到高出筒口。插捣过程中，如混凝土拌合物低于筒口，应随时添加。顶层插捣完后，刮去多余的混凝土，并用抹刀抹平。

4.试验结果

（1）清除筒边底板上的混凝土后，应垂直平稳地提起坍落度筒，并轻放于试样旁边；当试样不再继续坍落或坍落时间达 30s 时，用钢尺测量出筒高与坍落后混凝土试体最高点之间的高度差，作为该混凝土拌合物的坍落度值。

（2）坍落度筒的提离过程宜控制在 3～7s；从开始装料到提坍落度筒的整个过程应连续进行，并应在 150s 内完成。将坍落度筒提起后混凝土发生一边崩坍或剪坏现象时，应重新取样另行测定；若第二次试验仍出现一边崩坍或剪坏现象，应予记录说明。

混凝土拌合物坍落度值测量应精确至 1mm，结果应修约至 5mm。

（五）扩展度试验

1.试验目的

扩展度试验适用于骨料最大粒径不大于 40mm、坍落度值不小于 160mm 的混凝土拌合物的扩展度测定。

2.主要设备和器具

（1）坍落度仪：应符合《混凝土坍落度仪》（JG/T 248—2009）的规定。

（2）钢尺：量程不应小于 1000mm，分度值不应大于 1mm。

（3）底板：应采用平面尺寸不小于1500mm×1500mm、厚度不小于 3mm 的钢板，其最大挠度不应大于 3mm。

3.试验步骤及结果

（1）试验设备准备、混凝土拌合物装料和插捣应符合坍落度试验规定。

（2）清除筒边底板上的混凝土后，应垂直平稳地提起坍落度筒，坍落度筒的提离过程宜控制在 3～7s；当混凝土拌合物不再扩散或扩散持续时间已达 50s 时，应使用钢尺测量混凝土拌合物展开扩展面的最大直径以及与最大直径呈垂直方向的直径。

（3）当两直径之差小于 50mm 时，应取其算术平均值作为扩展度试验结果；当两直径之差不小于 50mm 时，应重新取样另行测定。

（4）发现粗骨料在中央堆集或边缘有浆体析出时，应记录说明。

（5）扩展度试验从开始装料到测得混凝土扩展度值的整个过程应连续进行，并应在 4min 内完成。

（6）混凝土拌合物扩展度值测量应精确至 1mm，结果修约至 5mm。

（六）维勃稠度试验

1.试验目的

维勃稠度试验宜用于骨料最大公称粒径不大于 40mm、维勃稠度在 5～30s 的混凝土拌合物维勃稠度的测定。

2. 主要设备和器具

（1）维勃稠度仪：组成如图 4-42 所示，实物如图 4-12 所示。

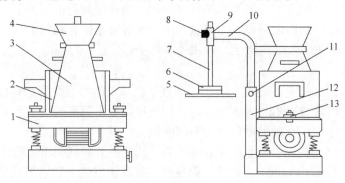

图 4-42 维勃稠度仪

1-振动台；2-容器；3-坍落度筒；4-喂料斗；5-透明圆盘；6-荷重；7-测杆；8-测杆螺栓；9-套筒；10-旋转架；11-定位螺栓；12-支柱；13-固定螺栓

（2）捣棒、小铲、秒表（精度 0.5s）等。

3. 试验步骤

（1）把维勃稠度仪放置在坚实的水平面上，用湿布湿润容器、坍落度筒、喂料斗内壁及其他用具，无明水。

（2）将喂料斗提到坍落度筒上方扣紧，校正容器位置，使其中心与喂料斗中心重合，然后拧紧固定螺栓。

（3）将混凝土拌合物试样用小铲经喂料斗分三层均匀地装入坍落度筒内，装料及插捣的方法同坍落度与坍落扩展度试验。

（4）顶层插捣完应将喂料斗转离，沿坍落度筒口刮平顶面，垂直地提起坍落度筒，不应使混凝土拌合物试样产生横向的扭动。

（5）将透明圆盘转到混凝土圆台体顶面，放松测杆螺栓，应使透明圆盘转至混凝土锥体上部，并下降至与混凝土顶面接触。

（6）拧紧定位螺栓，开启振动台，同时用秒表计时，当振动到透明圆盘的底面被水泥浆布满的瞬间停止计时，并关闭振动台。

动画：普通混凝土拌合物稠度试验

4. 试验结果

由秒表读出的时间即为该混凝土拌合物的维勃稠度值，精确至 1s。如维勃稠度值小于 5s 或大于 30s，则此种混凝土所具有的稠度已超出本仪器的适用范围。

注：坍落度不大于 50mm 或干硬性混凝土和维勃稠度大于 30s 的特干硬性混凝土拌合物的稠度可采用增实因数法来测定。

二、混凝土力学性能试验

（一）试验依据

《混凝土物理力学性能试验方法标准》（GB/T 50081—2019）。

（二）混凝土的取样

（1）混凝土的取样或试验室试样制备应符合《普通混凝土拌合物性能试验方法标准》（GB/T 50080—2016）中的有关规定。

（2）混凝土抗压强度试验应以三个试件为一组，每组试件所用的拌合物应从同一盘混凝土（或同一车混凝土）中取样或在试验室制备。

（三）混凝土试件的制作与养护

1.混凝土试件的尺寸

混凝土试件的尺寸应根据混凝土中骨料的最大粒径按表 4-38 选定。

混凝土试件尺寸选用表   表 4-38

试件尺寸	骨料最大粒径（mm）	
	立方体抗压强度试验	劈裂抗拉强度试验
100mm × 100mm × 100mm	31.5	19.0
150mm × 150mm × 150mm	37.5	37.5
200mm × 200mm × 200mm	63.0	—

2.混凝土试件的制作

（1）成型前，应检查试模尺寸；试模内表面应涂一薄层矿物油或其他不与混凝土发生反应的脱模剂。

（2）宜根据混凝土拌合物稠度或试验目的确定适宜的成型方法。混凝土应充分密实，避免分层离析。

①用振动台振实制作试件：将混凝土拌合物一次性装入试模，装料时应用抹刀沿试模内壁插捣，并使混凝土拌合物高出试模上口；试模应附着或固定在振动台上，振动时应防止试模在振动台上自由跳动，振动应持续到表面出浆且无明显大气泡溢出为止，不得过振。

②用人工插捣制作试件：将混凝土拌合物分两层装入试模，每层装料厚度应大致相等。插捣应按螺旋方向从边缘向中心均匀进行。在插捣底层混凝土时，捣棒应达到试模底部；插捣上层时，捣棒应贯穿上层后插入下层 20~30mm；插捣时捣棒应保持垂直，不得倾斜。然后应用抹刀沿试模内壁插拔数次。每层插捣次数在每 10000mm² 截面积内不得少于 12 次；插捣后应用橡皮锤轻轻敲击试模四周，直至插捣棒留下的空洞消失为止。

③用插入式振捣棒制作试件：将混凝土拌合物一次装入试模，装料时，应用抹刀沿试模内壁插捣，并使混凝土拌合物高出试模上口。宜用直径为 25mm 的插入式振捣棒插入试模，振捣时振捣棒距试模底板为 10~20mm，且不得触及试模；底板振动应持续到表面出浆且无明显大气泡溢出为止，不得过振，振捣时间宜为 20s；振捣棒拔出时应缓慢，拔除后不得留有孔洞。其他混凝土的成型方法详见《普通混凝土拌合物性能试验方法标准》（GB/T 50080—2016）。

（3）试件成型后，刮除试模上口多余的混凝土，待混凝土临近初凝时，用抹刀沿着试模口抹平，试件表面与试模边缘的高度差不得超过 0.5mm。

3.混凝土试件的养护

（1）试件成型后应立即用塑料薄膜覆盖表面，或采取其他保持试件表面湿度的方法。

（2）根据试验目的不同，试件可采用标准养护或与构件同条件养护。确定混凝土特征值、强度等级或进行材料性能研究时应采用标准养护；检验现浇混凝土工程或预制构件中混凝土强度时应采用同条件养护。

（3）采用标准养护的试件，应在温度为(20±5)℃、相对湿度大于 50%的环境中静置 24~48h，然后编号、拆模。拆模后应立即放入温度为(20±2)℃，相对湿度为 95%以上的标准养护室中养护，或在温度为(20±2)℃的不流动的 $Ca(OH)_2$ 饱和溶液中养护。标准养护室内的试件应放在支架上，彼此间隔 10~20mm；试件表面应保持潮湿，并不得被水直接冲淋。

（4）同条件养护试件的拆模时间可与实际构件的拆模时间相同，拆模后，试件仍需保持同条件养护。

（5）标准养护龄期为 28d（从搅拌加水开始计时）。

（四）混凝土立方体抗压强度试验

1.试验目的

测定混凝土立方体抗压强度，作为评定混凝土质量的主要依据。

2.试验原理

将混凝土制成标准的立方体试件，经 28d 标准养护后，测其抗压破坏荷载，计算抗压强度。

3.主要设备和器具

（1）压力试验机：应符合《液压式万能试验机》（GB/T 3159—2008）的规定。测量精度为±1%，其量程应能使试件的预期破坏荷载值大于全量程的 20%，且小于全量程的 80%。试验机应具有加荷速度指示装置或加荷速度控制装置，并应能均匀、连续地加荷；上、下压板之间可各垫以钢垫板，钢垫板的承压面均应机械加工。

（2）振动台：频率为(50±3)Hz，空载振幅约为 0.5mm。

（3）试模：由铸铁或钢制成，应具有足够的刚度并拆装方便。

（4）捣棒、小铁铲、金属直尺、镘刀等。

4.试验步骤

（1）试件到达养护龄期，自养护地点取出后应及时进行试验，以免试件内部的温度发生显著变化。试件放置试验机前，应将试件表面与上、下承压板面擦拭干净。

（2）以试件成型时的侧面为承压面，将试件安放在试验机的下压板或垫板上，试件的中心应与试验机下压板中心对准。启动试验机，试件表面与上、下承压板或钢垫板应均匀接触。

（3）试验过程中应连续均匀加荷，加荷速度应取 0.3~1.0MPa/s。当立方体抗压强度小于 30MPa 时，加荷速度宜取 0.3~0.5MPa/s；立方体抗压强度为 30~60MPa 时，加荷速度宜取 0.5~0.8MPa/s；立方体抗压强度不小于

动画：混凝土立方体抗压强度试验

60MPa 时，加荷速度宜取 0.8～1.0MPa/s。

（4）当试件接近破坏而开始迅速变形时，应停止调整试验机油门，直至试件破坏。然后记录破坏荷载 F（N）。

5. 试验结果

（1）混凝土立方体抗压强度 f_{cc} 按式(4-43)计算，精确至 0.1MPa：

$$f_{cc} = \frac{F}{A} \tag{4-43}$$

式中：F——试件破坏荷载（N）；

A——试件承压面积（mm^2）。

（2）取 3 个试件抗压强度测定值的算术平均值作为该组试件的抗压强度值。当 3 个测定值中的最大值或最小值中有一个与中间值的差值超过中间值的 15% 时，则应把最大及最小值剔除，取中间值作为该组试件的抗压强度值；如最大值和最小值与中间值的差值均超过中间值的 15%，则该组试件的试验结果无效。

（3）混凝土抗压强度以150mm×150mm×150mm立方体试件的抗压强度为标准值。混凝土强度等级小于 C60 时，用非标准试件测得的强度值均应乘以尺寸换算系数：200mm×200mm×200mm试件的换算系数为 1.05；100mm×100mm×100mm试件的换算系数为0.95。当混凝土强度等级大于或等于C60时，宜采用150mm×150mm×150mm标准试件；采用非标准试件时，尺寸换算系数应由试验确定，在未进行试验确定的情况下，对100mm×100mm×100mm试件可取为 0.95；混凝土强度等级大于C100时，尺寸换算系数应经试验确定。

混凝土拌合物检测记录　　混凝土拌合物性能检验报告　　混凝土立方体抗压强度检测记录　　混凝土立方体抗压强度检验报告

❓ 观察与思考

1. 混凝土拌合物的和易性包括哪几个方面？如何判定？

2. 试验室搅拌混凝土时，材料用量应以质量计。水泥、掺合料、水、外加剂的称量精度应控制在什么范围？

3. 混凝土强度试验中为何要规定试件的尺寸条件、养护条件及加荷速度？

4. 在进行混凝土强度试验时，要求试块的侧面（与试模壁相接触的四面）受压，为什么？

第五章 建筑砂浆

◎ 职业能力目标

通过对建筑砂浆组成材料、基本性质、配合比及应用的学习，学生应能进行砂浆和易性、砂浆强度的检测，并能进行砌筑砂浆配合比的设计。

◎ 知识目标

掌握砌筑砂浆、抹灰砂浆的技术性质；熟悉砌筑砂浆、抹灰砂浆组成材料的品种、规格和技术要求；熟悉砌筑砂浆、抹灰砂浆的配合比选用原则；了解砌筑砂浆、抹灰砂浆的配合比设计方法和步骤；了解防水砂浆、新型砂浆和特种砂浆的发展和应用。

◎ 思政目标

建筑砂浆由施工现场拌制逐步向预制砂浆、干混砂浆的方向发展，由此引入科学发展观、可持续发展理念，逐步培养学生树立保护环境、节约资源的意识，形成绿水青山就是金山银山，人与自然和谐共生的认知格局；由建筑砂浆材料检测引入责任担当和质量意识，培养学生具备科学严谨、认真负责、脚踏实地的学习和工作态度。

建筑砂浆由胶凝材料、细骨料、掺合料和水按一定的比例配制而成。其与混凝土的主要区别是组成材料中没有粗骨料，因此建筑砂浆也称为细骨料混凝土。建筑砂浆分为施工现场配制的砂浆和由专业生产厂生产的预拌砂浆。

建筑砂浆的主要用途包括：在砌体工程中，用于把单块砖、石、砌块等黏结起来构成砌体，用于砖墙的勾缝、大中型墙板及各种构件的接缝；在装饰工程中，用于墙面、地面及梁、柱等结构表面的抹灰，镶贴石材、瓷砖等。

建筑砂浆主要用途

根据所用胶凝材料的不同，建筑砂浆分为水泥砂浆、石灰砂浆和混合砂浆等；根据用途，建筑砂浆可分为砌筑砂浆、抹面砂浆、防水砂浆及特种砂浆等。

第一节 砌筑砂浆

将砖、石、砌块等黏结成为砌体的砂浆称为砌筑砂浆。砌筑砂浆的作用主要包括：把分散的块状材料黏结成坚固的整体,提高砌体的强度、稳定性;使上层块状材料所受的荷载能够均匀传递到下层;填充块状材料之间的缝隙,提高建筑物的保温、隔声、防潮等性能。

一、砌筑砂浆对组成材料的要求

为了保证砌筑砂浆的质量,配制砂浆的各种组成材料应满足一定的技术要求。

(一)水泥

砌筑砂浆用水泥宜采用通用硅酸盐水泥或砌筑水泥。水泥强度应根据砂浆品种及强度等级的要求进行选择。M15及以下强度等级的砌筑砂浆宜选用32.5级通用硅酸盐水泥或砌筑水泥;M15以上强度等级的砌筑砂浆宜选用42.5级通用硅酸盐水泥。

水泥进场时应对其品种、等级、包装或散装仓号、出厂日期等进行检查,并应对其强度、安定性进行复验,其质量必须符合《通用硅酸盐水泥》(GB 175—2007)的有关规定。

当在使用中对水泥质量存疑或水泥出厂超过三个月(快硬硅酸盐水泥超过一个月)时,应进行复查试验,并按复验结果使用。

不同品种的水泥,不得混合使用。

(二)砂(细骨料)

砂宜选用中砂,并应符合《普通混凝土用砂、石质量及检验方法标准》(JGJ 52—2006)的规定,且应全部通过4.75mm的筛孔。机制砂、山砂及特细砂,应经试配能满足砌筑砂浆技术条件要求才能选用。

由于砂浆层较薄,对砂的最大粒径应有限制。砌筑毛石砌体宜选用粗砂,砂的最大粒径应小于砂浆层厚度的1/5;砖砌体用砂,宜选用中砂,最大粒径不大于2.5mm;抹面及勾缝的砂浆应使用细砂。

(三)混合材料

为了改善砂浆的和易性和节约水泥,可在砂浆中加入一些混合材料,如石灰膏、电石膏、粉煤灰等。

砂浆中掺加的混合材料应符合《砌筑砂浆配合比设计规程》(JGJ/T 98—2010)的规定:

(1)生石灰熟化成石灰膏时,应用孔径不大于3mm×3mm的网过滤,熟化时间不得少于7d;磨细生石灰粉的熟化时间不得少于2d。沉淀池中储存的石灰膏,应采取防止干燥、冻结和污染的措施。严禁使用脱水硬化的石灰膏。

(2)制作电石膏的电石渣应用孔径不大于3mm×3mm的网过滤,检验时应加热至70℃并保持20min,并应待乙炔挥发完后再使用。

(3)消石灰粉不得直接用于砌筑砂浆中。

(4)石灰膏、电石膏试配时的稠度,应为(120±5)mm。

(5)粉煤灰、粒化高炉矿渣粉、硅灰、天然沸石粉应分别符合现行国家标准的规定。当采用其他品种矿物掺合料时,应有可靠的技术依据,并应在使用前进行试验验证。

(6)采用保水增稠材料时,应在使用前进行试验验证,并应有完整的型式检验报告。

（四）外加剂

为了使砂浆具有良好的和易性及其他施工性能，可在砂浆中掺入某些外加剂（如有机塑化剂、引气剂、早强剂、缓凝剂、防冻剂等）。外加剂应符合现行国家标准的规定，使用外加剂需在使用前进行试验验证。引气型外加剂还应有完整的型式检验报告。

型式检验与
出厂检验

（五）水

砂浆拌和用水应符合《混凝土用水标准》（JGJ 63—2006）的规定。应选用不含有害杂质的洁净水来拌制砂浆。

二 砌筑砂浆的技术性质

砌筑砂浆分为现场配制砂浆和预拌砂浆。

现场配制砂浆是由水泥、细骨料、水，以及根据需要加入的石灰、活性掺合料或外加剂在现场配制成的砂浆，分为水泥砂浆和水泥混合砂浆。

预拌砂浆是指由专业厂家生产的湿拌砂浆或干混砂浆。

湿拌砂浆和
干混砂浆

（一）砌筑砂浆拌合物的表观密度

水泥砂浆拌合物的表观密度不应小于1900kg/m³；水泥混合砂浆及预拌砌筑砂浆拌合物的表观密度不应小于1800kg/m³。该表观密度值是对以砂为细骨料拌制的砂浆密度值的规定，不包含轻骨料砂浆。

（二）砂浆拌合物的和易性

砂浆拌合物的和易性是指砂浆易于施工并能保证质量的综合性质。和易性好的砂浆不仅在运输和施工过程中不易产生分层、离析、泌水，而且能在粗糙的砖、石基面上铺成均匀的薄层，与基层保持良好的黏结，便于施工操作。和易性包括流动性和保水性两个方面。

1. 流动性

砂浆的流动性，是指砂浆在自重或外力作用下产生流动的性能，用稠度表示。稠度的大小值用"沉入度"表示，通常用砂浆稠度测定仪测定。

砂浆流动性的选择与砌体种类、施工方法及天气情况有关。流动性过大，砂浆太稀，不仅铺砌困难，而且硬化后强度降低；流动性过小，砂浆太稠，则难以铺平。一般情况下，砂浆用于多孔吸水的砌体材料或干热的天气，流动性应大一些；用于密实不吸水的材料或湿冷的天气，流动性应小一些。砂浆稠度按表5-1选用。

砌筑砂浆的施工稠度（JGJ/T 98—2010）　　　　　表5-1

砌体种类	施工稠度（mm）
烧结普通砖砌体、粉煤灰砖砌体	70～90
混凝土砖砌体、普通混凝土小型空心砌块砌体、灰砂砖砌体	50～70
烧结多孔砖砌体、烧结空心砖砌体、轻集料混凝土小型空心砌块砌体、蒸压加气混凝土砌块砌体	60～80
石砌体	30～50

2. 保水性

保水性是衡量砂浆保水性能的指标。砂浆的保水性用"保水率"表示，反映砂浆拌合物在运输及停放时内部组分的稳定性。

保水性良好的砂浆水分不易流失，易于摊铺成均匀密实的砂浆层；反之，保水性差的砂浆，在施工过程中容易泌水、分层离析，使流动性变差；同时由于水分易被砌体吸收，影响胶凝材料的正常硬化，从而降低砂浆的黏结强度。砌筑砂浆的保水率应符合表 5-2 的规定。

砌筑砂浆的保水率 表 5-2

砂浆种类	保水率（%）
水泥砂浆	≥80
水泥混合砂浆	≥84
预拌砌筑砂浆	≥88

（三）砂浆的强度和强度等级

砂浆的强度是以 3 个70.7mm×70.7mm×70.7mm的立方体试块，在标准条件下养护 28d 后，用标准方法测得的抗压强度（MPa）平均值来评定的。

水泥砂浆及预拌砌筑砂浆的强度等级可分为 M5、M7.5、M10、M15、M20、M25、M30；水泥混合砂浆的强度等级可分为 M5、M7.5、M10、M15。

（四）砂浆的黏结力

砌筑砂浆应具有足够的黏结力，以便将块状材料黏结成坚固的整体。一般来说，砂浆的抗压强度越高，黏结力越强。此外，黏结力大小还与砌筑底面的润湿程度、清洁程度及养护条件等因素有关。粗糙的、洁净的、湿润的表面黏结力较好。

砂浆试模和试块

（五）砂浆的抗冻性

有抗冻性要求的砌体工程，砌筑砂浆应进行冻融试验。砌筑砂浆的抗冻性应符合表 5-3 的规定，且当设计对抗冻性有明确要求时，尚应符合设计规定。

砌筑砂浆的抗冻性 表 5-3

使用条件	抗冻指标	质量损失率（%）	强度损失率（%）
夏热冬暖地区	F15	≤5	≤25
夏热冬冷地区	F25		
寒冷地区	F35		
严寒地区	F50		

三 砌筑砂浆的配合比设计

砌筑砂浆配合比设计应根据原材料的性能、砂浆技术要求、块体种类及施工条件进行计算或查表选择，并应经试配、调整后确定。

（一）现场配制水泥混合砂浆的配合比设计

根据《砌筑砂浆配合比设计规程》（JGJ/T 98—2010）规定，现场配制水泥混合砂浆的配合比设计有以下几个步骤。

1. 计算砂浆试配强度

砂浆试配强度计算式为：

$$f_{m,0} = k f_2 \tag{5-1}$$

式中：$f_{m,0}$——砂浆的试配强度（MPa），应精确至 0.1MPa；

　　　f_2——砂浆强度等级值（MPa），应精确至 0.1MPa；

　　　k——系数，按表 5-4 取值。

k 值　　　　　　　　　　　　　　　　　　表 5-4

施工水平	k
优良	1.15
一般	1.20
较差	1.25

2. 计算水泥用量

水泥用量计算式为：

$$Q_C = \frac{1000(f_{m,0} - \beta)}{\alpha \cdot f_{ce}} \tag{5-2}$$

式中：Q_C——每立方米砂浆的水泥用量（kg），应精确至 1kg；

　　　f_{ce}——水泥的实测强度（MPa），应精确至 0.1MPa；

　　　α、β——砂浆的特征系数，其中：α 取 3.03，β 取 −15.09。

注：各地区也可用本地区试验资料确定 α、β 值，统计用的试验组数不得少于 30 组。

在无法取得水泥的实测强度值时，可按下式计算：

$$f_{ce} = \gamma_c \cdot f_{ce,k} \tag{5-3}$$

式中：$f_{ce,k}$——水泥强度等级值（MPa）；

　　　γ_c——水泥强度等级值的富余系数，宜按实际统计资料确定；无统计资料时可取 1.0。

3. 计算石灰膏用量

石灰膏用量计算式为：

$$Q_D = Q_A - Q_C \tag{5-4}$$

式中：Q_D——每立方米砂浆的石灰膏用量（kg），应精确至 1kg；石灰膏使用时的稠度宜为 (120 ± 5)mm；

　　　Q_A——每立方米砂浆中水泥和石灰膏的总质量（kg），应精确至 1kg，可取 350kg；

　　　Q_C——每立方米砂浆的水泥用量（kg），应精确至 1kg。

4. 确定砂用量

每立方米砂浆中的砂用量，应将干燥状态（含水率小于 0.5%）的堆积密度值作为计算值（kg）。

5. 确定用水量

每立方砂浆中的用水量，可根据砂浆稠度等要求选用210～310kg。

需要注意以下几点：

（1）混合砂浆中的用水量，不包括石灰膏中的水。

（2）当采用细砂或粗砂时，用水量分别取上限或下限。

（3）稠度小于70mm时，用水量可小于下限。

（4）施工现场气候炎热或干燥季节，可酌量增加用水量。

（二）现场配制水泥砂浆的配合比选用

水泥砂浆的材料用量可按表5-5选用。

每立方米水泥砂浆材料用量（kg）　　　　表5-5

强度等级	水泥	砂	用水量
M5	200～230	砂的堆积密度值	270～330
M7.5	230～260		
M10	260～290		
M15	290～330		
M20	340～400		
M25	360～410		
M30	430～480		

注：1. M15及M15以下强度等级水泥砂浆，对应水泥强度等级为32.5级；M15以上强度等级水泥砂浆，对应水泥强度等级为42.5级。

2. 当采用细砂或粗砂时，用水量分别取上限或下限。

3. 稠度小于70mm时，用水量可小于下限。

4. 施工现场气候炎热或干燥季节，可酌量增加用水量。

5. 试配强度应按式(5-1)计算。

（三）现场配制水泥粉煤灰砂浆的配合比选用

水泥粉煤灰砂浆的材料用量可按表5-6选用。

每立方米水泥粉煤灰砂浆材料用量（kg）　　　　表5-6

强度等级	水泥和粉煤灰总量	粉煤灰	砂	用水量
M5	210～240	粉煤灰掺量可占胶凝材料总量的15%～25%	砂的堆积密度值	270～330
M7.5	240～270			
M10	270～300			
M15	300～330			

注：1. 表中水泥强度等级为32.5级。

2. 当采用细砂或粗砂时，用水量分别取上限或下限。

3. 稠度小于70mm时，用水量可小于下限。

4. 施工现场气候炎热或干燥季节，可酌量增加用水量。

5. 试配强度应按式(5-1)计算。

(四）预拌砌筑砂浆的试配要求

预拌砌筑砂浆应符合下列规定：

（1）在确定湿拌砌筑砂浆稠度时应考虑砂浆在运输和储存过程中的稠度损失。

（2）湿拌砌筑砂浆应根据凝结时间要求确定外加剂掺量。

（3）干混砌筑砂浆应明确拌制时的加水量范围。

（4）预拌砌筑砂浆的性能、搅拌、运输、储存等应符合相关标准的规定。

预拌砌筑砂浆的试配应符合下列规定：

（1）预拌砌筑砂浆生产前应进行试配，试配强度应按式(5-1)计算确定，试配时稠度取70~80mm。

（2）预拌砌筑砂浆中可掺入保水增稠材料、外加剂等，掺量应经试配后确定。

(五）砌筑砂浆配合比试配、调整与确定

（1）按计算或查表所得配合比，采用工程实际使用材料进行试拌时，应测定其拌合物的稠度和保水率。当不能满足要求时，应调整材料用量，直到符合要求为止。然后确定为试配时的砂浆基准配合比。

（2）试配时至少应采用三个不同的配合比，其中一个为基准配合比，其他配合比的水泥用量应按基准配合比分别增加或减少10%。在保证稠度、保水率合格的条件下，可将用水量、石灰膏、保水增稠材料或粉煤灰等活性掺合料用量作相应调整。

（3）对三个不同配合比进行调整后，应按《建筑砂浆基本性能试验方法标准》（JGJ/T 70—2009）的规定检验性能，并选定符合试配强度及和易性要求、水泥用量最低的配合比作为砂浆的试配配合比。

（4）砌筑砂浆试配配合比尚应按以下步骤进行校正：

①根据确定的砂浆配合比材料用量，按下式计算砂浆的理论表观密度值：

$$\rho_t = Q_C + Q_D + Q_S + Q_W \tag{5-5}$$

式中：ρ_t——砂浆的理论表观密度值（kg/m³），应精确至10kg/m³；

Q_C——每立方米砂浆的水泥用量（kg），应精确至1kg；

Q_D——每立方米砂浆的石灰膏用量（kg），应精确至1kg；石灰膏使用时的稠度宜为(120±5)mm；

Q_S——每立方米砂浆中砂的用量（kg），应精确至1kg；

Q_W——每立方米砂浆中水的用量（kg），应精确至1kg。

②根据下式计算砂浆配合比校正系数：

$$\delta = \rho_c / \rho_t \tag{5-6}$$

式中：ρ_c——砂浆的实测表观密度值（kg/m³），应精确至10kg/m³。

其余符号意义同前。

当砂浆的实测表观密度值与理论表观密度值之差的绝对值不超过理论值的2%时，可将以上试配配合比确定为砂浆设计配合比；当超过2%时，应将试配配合比中每项材料用量均乘以校正系数（δ）后，确定为砂浆设计配合比。

四、砌筑砂浆配合比设计实例

【例 5-1】 要求设计用于砌筑砖墙的水泥混合砂浆配合比。设计强度等级为 M10，稠度为 70～90mm。

原材料的主要参数：水泥为 32.5 级矿渣水泥；中砂堆积密度为 1450kg/m³，含水率为 2%；石灰膏稠度为 120mm；施工水平为一般。

【解】

（1）计算试配强度 $f_{m,0}$。

$$f_{m,0} = kf_2$$
$$f_2 = 10.0 \text{MPa}$$

取 $k = 1.20$（查表 5-4 得），则：

$$f_{m,0} = 1.20 \times 10.0 = 12.0 \text{MPa}$$

（2）计算水泥用量 Q_C。

$$Q_C = \frac{1000(f_{m,0} - \beta)}{\alpha \cdot f_{ce}}$$

取 $\alpha = 3.03$，$\beta = -15.09$；水泥强度等级富余系数取 1.0，$f_{ce} = 32.5 \text{MPa}$，则：

$$Q_C = \frac{1000 \times (12.0 + 15.09)}{3.03 \times 32.5} = 275 \text{kg/m}^3$$

（3）计算石灰膏用量 Q_D。

$$Q_D = Q_A - Q_C$$
$$Q_A = 350 \text{kg/m}^3$$
$$Q_D = 350 - 275 = 75 \text{kg/m}^3$$

（4）计算砂用量 Q_S。

$$Q_S = 1450 \times (1 + 2\%) = 1479 \text{kg/m}^3$$

（5）根据砂浆稠度要求，选择用水量。

$$Q_W = 260 \text{kg/m}^3$$

砂浆试配时各材料的用量比例为：

$$\text{水泥}:\text{石灰膏}:\text{砂} = 275:75:1479 = 1:0.27:5.38$$

【例 5-2】 要求设计用于砌筑砖墙的水泥砂浆，设计强度等级为 M7.5，稠度 70～90mm。原材料的主要参数：水泥为 32.5 级矿渣水泥；中砂堆积密度为 1400kg/m³；施工水平为一般。

【解】

（1）根据表 5-5 选取水泥用量 240kg/m³。
（2）砂用量：$Q_S = 1400 \text{kg/m}^3$。
（3）根据表 5-5 选取用水量 300kg/m³。

砂浆试配时各材料的用量比例（质量比）为：

水泥∶砂 = 240∶1400 = 1∶5.83

【工程实例 5-1】

【现　　象】 某工地采用 M10 水泥砂浆砌筑砖墙，施工中将水泥直接倒在砂堆上，采用人工拌和。该砌体灰缝饱满度及黏结性均差，试分析原因。

【原因分析】

（1）砂浆的均匀性可能有问题。水泥直接倒在砂堆上采用人工拌和的方法导致原料混合不够均匀，宜采用机械搅拌。

（2）仅以水泥与砂配制的砌筑砂浆，水泥用量虽可满足强度要求，但往往流动性及保水性较差，而降低砌体饱满度及黏结性，影响砌体强度，可掺入少量石灰膏、石灰粉或微沫剂等以改善砂浆的和易性。

第二节　抹灰砂浆与防水砂浆

一、抹灰砂浆

一般抹灰工程用砂浆也称抹灰砂浆，是指大面积涂抹于建筑物墙、顶棚、柱等表面的砂浆。抹灰砂浆包括水泥抹灰砂浆、水泥粉煤灰抹灰砂浆、水泥石灰抹灰砂浆、掺塑化剂水泥抹灰砂浆、聚合物水泥抹灰砂浆及石膏抹灰砂浆等。抹灰砂浆可以保护墙体不受风雨、潮气等侵蚀，提高墙体的耐久性；同时也使建筑表面平整、光滑、清洁美观。

（一）抹灰砂浆的组成材料

1. 胶凝材料

配制强度等级不大于 M20 的抹灰砂浆，宜用 32.5 级通用硅酸盐水泥或砌筑水泥；配制强度等级大于 M20 的抹灰砂浆，宜用强度等级不低于 42.5 级的通用硅酸盐水泥。通用硅酸盐水泥宜采用散装的。通用硅酸盐水泥和砌筑水泥应分别符合《通用硅酸盐水泥》（GB 175—2007）和《砌筑水泥》（GB/T 3183—2017）的规定。不同品种、不同等级、不同厂家的水泥，不得混合使用。

2. 砂

抹灰砂浆宜用中砂。砂中不得含有有害杂质。砂的含泥量不应超过 5%，且不应含有 4.75mm 以上粒径的颗粒，并应符合《普通混凝土用砂、石质量及检验方法标准》（JGJ 52—2006）的规定。机制砂、山砂及细砂应经试配试验证明能满足抹灰砂浆要求后再使用。

3. 水

抹灰砂浆的拌和用水应符合《混凝土用水标准》（JGJ 63—2006）的规定。

4. 掺合料

用通用硅酸盐水泥拌制抹灰砂浆时，可掺入适量的石灰膏、粉煤灰、粒

抹灰砂浆掺加石灰膏的规定

化高炉矿渣粉、沸石粉等，不应掺入消石灰粉。用砌筑水泥拌制抹灰砂浆时，不得再掺加粉煤灰等矿物掺合料。

拌制抹灰砂浆，可根据需要掺入改善砂浆性能的添加剂。掺入的纤维、聚合物、缓凝剂等应具有产品合格证书、产品性能检测报告。

（二）抹灰砂浆的主要技术性质

1. 抹灰砂浆的表观密度

水泥抹灰砂浆拌合物、水泥粉煤灰抹灰砂浆拌合物的表观密度不宜小于1900kg/m³；水泥石灰抹灰砂浆拌合物、掺塑化剂水泥抹灰砂浆拌合物的表观密度不宜小于1800kg/m³。

2. 抹灰砂浆的和易性

抹灰砂浆的施工稠度宜按表5-7选用。聚合物水泥抹灰砂浆的施工稠度宜为50～60mm，石膏抹灰砂浆的施工稠度宜为50～70mm。

抹灰砂浆的施工稠度 表5-7

抹灰层	施工稠度（mm）
底层	90～110
中层	70～90
面层	70～80

抹灰砂浆的和易性要优于砌筑砂浆，以便提高抹灰砂浆的黏结力及可操作性。水泥抹灰砂浆、水泥粉煤灰抹灰砂浆保水率不宜小于82%；水泥石灰抹灰砂浆、掺塑化剂水泥抹灰砂浆的保水率不宜小于88%；聚合物水泥抹灰砂浆保水率不宜小于99%。

3. 抹灰砂浆的强度

水泥抹灰砂浆强度等级应为M15、M20、M25、M30，拉伸黏结强度不应小于0.20MPa；水泥粉煤灰抹灰砂浆强度等级应为M5、M10、M15，拉伸黏结强度不应小于0.15MPa；水泥石灰抹灰砂浆强度等级应为M2.5、M5、M7.5、M10，拉伸黏结强度不应小于0.15MPa；掺塑化剂水泥抹灰砂浆强度等级应为M5、M10、M15，拉伸黏结强度不应小于0.15MPa；聚合物水泥抹灰砂浆抗压强度等级不应小于M5，拉伸黏结强度不应小于0.30MPa；石膏抹灰砂浆抗压强度不应小于4MPa，拉伸黏结强度不应小于0.40MPa。

抹灰砂浆的品种及强度等级应满足设计要求。抹灰砂浆强度不宜比基体材料强度高两个及以上强度等级，并应符合下列规定：

（1）对于无粘贴饰面砖的外墙，底层抹灰砂浆宜比基体材料高一个强度等级或等于基体材料强度。

（2）对于无粘贴饰面砖的内墙，底层抹灰砂浆宜比基体材料低一个强度等级。

（3）对于有粘贴饰面砖的内墙和外墙，中层抹灰砂浆宜比基体材料高一个强度等级且不宜低于M15，并宜选用水泥抹灰砂浆。

（4）孔洞填补和窗台、阳台抹面等宜采用M15或M20水泥抹灰砂浆。

(三)抹灰砂浆的配合比设计

1. 一般规定

抹灰砂浆在施工前应进行配合比设计,砂浆的试配抗压强度应按式(5-1)计算。

式中,砂浆生产(拌制)质量水平为优良、一般、较差时,k值分别取为1.15、1.20、1.25。

抹灰砂浆配合比应采取质量计量。抹灰砂浆中可加入纤维,掺量应经试验确定。用于外墙的抹灰砂浆的抗冻性应满足设计要求。

2. 水泥抹灰砂浆

水泥抹灰砂浆配合比的材料用量可按表5-8选用。

水泥抹灰砂浆配合比的材料用量(kg/m³)　　　　表5-8

强度等级	水泥	砂	水
M15	330~380	砂的堆积密度值	250~300
M20	380~450		
M25	400~450		
M30	460~530		

3. 水泥粉煤灰抹灰砂浆

配制水泥粉煤灰抹灰砂浆不应使用砌筑水泥。粉煤灰取代水泥的用量不宜超过30%。用于外墙时,水泥用量不宜少于250kg/m³。配合比的材料用量可按表5-9选用。

水泥粉煤灰抹灰砂浆配合比的材料用量(kg/m³)　　　　表5-9

强度等级	水泥	粉煤灰	砂	水
M5	250~290	内掺,等量取代水泥量的10%~30%	砂的堆积密度值	270~320
M10	320~350			
M15	350~400			

4. 水泥石灰抹灰砂浆

水泥石灰抹灰砂浆配合比的材料用量可按表5-10选用。

水泥石灰抹灰砂浆配合比的材料用量(kg/m³)　　　　表5-10

强度等级	水泥	粉煤灰	砂	水
M2.5	200~230	(350~400)−C	砂的堆积密度值	180~280
M5	230~280			
M7.5	280~330			
M10	330~380			

注:表中C为水泥用量。

5. 掺塑化剂水泥抹灰砂浆

掺塑化剂水泥抹灰砂浆使用时间不应大于2.0h。掺塑化剂水泥抹灰砂浆配合比的材料用量可按表5-11选用。

掺塑化剂水泥抹灰砂浆配合比的材料用量（kg/m³）　　表5-11

强度等级	水泥	砂	水
M5	260~300	砂的堆积密度值	250~280
M10	330~360		
M15	360~410		

6. 聚合物水泥抹灰砂浆

聚合物水泥抹灰砂浆宜为专业工厂生产的干混砂浆，用于面层时，宜采用不含砂的水泥基腻子。砂浆种类应与使用条件相匹配。宜采用42.5级通用硅酸盐水泥；宜选用粒径不大于1.18mm的细砂。使用前应搅拌均匀，静停时间不宜少于6min，拌合物不应有生粉团。可操作时间宜为1.5~4.0h。具有防水性能要求的，抗渗性能不应小于P6级。

7. 石膏抹灰砂浆

石膏抹灰砂浆宜为专业工厂生产的干混砂浆，应搅拌均匀，拌合物不应有生粉团，且应随拌随用。初凝时间不应小于1h，终凝时间不应大于8h，宜掺加缓凝剂。抗压强度不应小于4MPa。抗压强度为4MPa的石膏抹灰砂浆配合比的材料用量可按表5-12选用。

抗压强度为4MPa石膏抹灰砂浆配合比的材料用量（kg/m³）　　表5-12

石膏	砂	水
450~650	砂的堆积密度值	260~400

8. 试配、调整与确定

（1）抹灰砂浆试配时，应考虑工程实际需求，搅拌应符合《砌筑砂浆配合比设计规程》（JGJ/T 98—2010）的规定。

（2）选取抹灰砂浆配合比后，应先试拌，测定拌合物的稠度和分层度（或保水率），如不满足要求，应调整材料用量，直到满足要求为止。

（3）抹灰砂浆试配时，至少应采用3个不同的配合比，其中一个为基准配合比，其余两个配合比的水泥用量应按基准配合比分别增加和减少10%。在保证稠度、保水率满足要求的条件下，可将用水量或石灰膏、粉煤灰等矿物掺合料用量作相应调整。

（4）抹灰砂浆的试配稠度应满足施工要求，分别测定不同配合比砂浆的抗压强度、保水率及拉伸黏结强度。符合要求且水泥用量最低的配合比，作为抹灰砂浆配合比。

（四）抹灰砂浆的施工和养护

（1）一般抹灰工程用砂浆宜选用预拌抹灰砂浆；抹灰砂浆应采用机械搅拌；抹灰砂浆施工应在主体结构质量验收合格后进行。

（2）为了保证抹灰层表面平整，避免开裂脱落，抹灰通常应分层进行。底层砂浆应与基层黏结牢固，因此要求砂浆具有良好的工作性和黏结力，并具有较好的保水性，以防止水分被基层吸收而影响黏结；中层抹灰主要起找平作用；面层砂浆主要起保护装饰作用。水泥抹灰砂浆每层厚度宜为5~7mm，水泥石灰抹灰砂浆每层厚度宜为7~9mm，并应等前一层达到六七成干后再涂抹后一层。

抹灰层的平均厚度宜符合下列规定：

①内墙。普通抹灰的平均厚度不宜大于20mm，高级抹灰的平均厚度不宜大于25mm。

②外墙。墙面抹灰的平均厚度不宜大于 20mm，勒脚抹灰的平均厚度不宜大于 25mm。

③顶棚。现浇混凝土抹灰的平均厚度不宜大于 5mm，条板、预制混凝土抹灰的平均厚度不宜大于 10mm。

④蒸压加气混凝土砌块基层抹灰平均厚度宜控制在 15mm 以内，当采用聚合物水泥砂浆抹灰时，平均厚度宜控制在 5mm 以内，采用石膏砂浆抹灰时，平均厚度宜控制在 10mm 以内。

（3）强度高的水泥抹灰砂浆不应涂抹在强度低的水泥抹灰砂浆基层上。

（4）当抹灰层厚度大于 35mm 时，应采取与基体黏结的加强措施。不同材料的基体交接处应设加强网，加强网与各基体的搭接宽度不应小于 100mm。

（5）各层抹灰砂浆在凝结硬化前，应防止暴晒、淋雨、水冲、撞击、振动。水泥抹灰砂浆、水泥粉煤灰抹灰砂浆和掺塑化剂水泥抹灰砂浆宜在润湿的条件下养护。

（五）抹灰砂浆的选用

抹灰砂浆的品种宜根据使用部位或基体种类按表 5-13 选用。

抹灰砂浆的品种选用　　　　　　表 5-13

使用部位或基体种类	抹灰砂浆品种
内墙	水泥抹灰砂浆、水泥石灰抹灰砂浆、水泥粉煤灰抹灰砂浆、掺塑化剂水泥抹灰砂浆、聚合物水泥抹灰砂浆、石膏抹灰砂浆
外墙、门窗洞口外侧壁	水泥抹灰砂浆、水泥粉煤灰抹灰砂浆
温（湿）度较高的车间和房屋、地下室、屋檐、勒脚等	水泥抹灰砂浆、水泥粉煤灰抹灰砂浆
混凝土板和墙	水泥抹灰砂浆、水泥石灰抹灰砂浆、聚合物水泥抹灰砂浆、石膏抹灰砂浆
混凝土顶棚、条板	聚合物水泥抹灰砂浆、石膏抹灰砂浆
加气混凝土砌块（板）	水泥石灰抹灰砂浆、水泥粉煤灰抹灰砂浆、掺塑化剂水泥抹灰砂浆、聚合物水泥抹灰砂浆、石膏抹灰砂浆

二、防水砂浆

用作防水层的砂浆称为防水砂浆，砂浆防水层又称为刚性防水层，适用于不受振动和具有一定刚度的混凝土或砖石砌体工程，应用于地下室、水塔、水池、地下工程等的防水。

防水砂浆包括聚合物水泥防水砂浆、掺外加剂或掺合料的防水砂浆，宜采用多层抹压法施工。

防水砂浆是以水泥、砂石为原材料，或掺少量外加剂、高分子聚合物等材料，通过调整配合比，抑制或减少孔隙率，改变孔隙特征，增加各原材料界面间的密实度等方法，配制成具有一定抗渗透能力的水泥砂浆类防水材料。防水砂浆主要优点是造价低，耐久性好，施工工序少，维修方便等；主要缺点是由于温差变形，易开裂渗水。

（一）防水砂浆的组成材料

1.胶凝材料

使用硅酸盐水泥、普通硅酸盐水泥或特种水泥，不得使用过期或受潮结块的水泥。

2. 砂

砂宜采用中砂，含泥量不应大于1%，硫化物和硫酸盐含量不应大于1%。

3. 水

拌制水泥砂浆用水，应符合《混凝土用水标准》（JGJ 63—2006）的有关规定。

4. 掺加料或外加剂

聚合物乳液的外观应为均匀液体，无杂质、无沉淀、不分层。聚合物乳液的质量要求应符合《建筑防水材料用聚合物乳液》（JC/T 1017—2020）的有关规定。

外加剂的技术性能应符合现行国家有关标准的质量要求。

（二）防水砂浆的性能

防水砂浆的主要性能应符合表 5-14 的要求。

防水砂浆的主要性能要求　　　　表 5-14

防水砂浆种类	黏结强度（MPa）	抗渗性（MPa）	抗折强度（MPa）	干缩率（%）	吸水率（%）	冻融循环（次）	耐碱性	耐水性（%）
掺外加剂、掺合料的防水砂浆	>0.6	≥0.8	同普通砂浆	同普通砂浆	≤3	>50	10%NaOH溶液浸泡14d无变化	—
聚合物水泥防水砂浆	>1.2	≥1.5	≥8.0	≤0.15	≤4	>50	—	≥80

注：耐水性指标是指砂浆浸水168h后材料的黏结强度及抗渗性的保持率。

（三）防水砂浆施工注意事项

（1）基层表面应平整、坚实、清洁，并应充分湿润、无明水。

（2）基层表面的孔洞、缝隙，应采用与防水层相同的防水砂浆堵塞并抹平。

（3）施工前应将预埋件、穿墙管预留凹槽内嵌填密封材料后，再施工水泥砂浆防水层。

（4）防水砂浆的配合比和施工方法应符合所掺材料的规定，其中聚合物水泥砂浆的用水量应包括乳液中的含水量。

（5）水泥砂浆防水层应分层铺抹或喷射，铺抹时应压实、抹平，最后一层表面应提浆压光。

（6）聚合物水泥防水砂浆拌和后应在规定时间内用完，施工中不得任意加水。

（7）水泥砂浆防水层各层应紧密粘合，每层宜连续施工；必须留设施工缝时，应采用阶梯坡形槎，但离阴阳角处的距离不得小于 200mm。

（8）水泥砂浆防水层不得在雨天、五级及以上大风中施工。冬期施工时，气温不应低于 5℃。夏季不宜在 30℃以上烈日照射下施工。

（9）水泥砂浆防水层终凝后，应及时进行养护，养护温度不宜低于 5℃，并应保持砂浆表面湿润，养护时间不得少于 14d。

（10）聚合物水泥防水砂浆未达硬化状态时，不得浇水或直接受雨水冲刷，硬化后应采用干湿交替的养护方法。潮湿环境中，可在自然条件下养护。

【工程实例 5-2】

【现　　象】　某工程室内地面采用水泥砂浆抹灰，验收时发现地面有开裂、空鼓和起砂等问题，试分析原因。

【原因分析】

1. 地面开裂和空鼓的原因

1）自身原因

（1）温度变化时，往往会产生温度裂缝，所以大面积的地面必须分段分块，做伸缩缝。

（2）水泥砂浆在凝结石化过程中，因水分挥发造成体积收缩而产生裂缝。

（3）尚未达到设计强度等级时，如受到振动则容易造成开裂；实际施工时立体交叉作业不可避免，若地面未达到一定强度就打洞钻孔、运输踩踏，都会造成开裂。

2）施工原因

（1）基层灰砂浮尘没有彻底清除、冲洗干净，砂浆与基层黏结不牢。

（2）基层不平整，突出的地方砂浆层薄，收缩失水快，该处易空鼓。

（3）基层不均匀沉降，会产生裂纹或空鼓。

（4）配合比不合理，搅拌不均匀。一般地面的水泥砂浆配合比宜为 1∶2（水泥∶砂），如果水泥用量过大，可能导致裂缝。

3）材料原因

对水泥、砂等原材料检验不严格，砂含泥量过大，水泥强度等级达不到要求或存放时间过长等原因，均会使水泥砂浆地面产生裂缝。

2. 地面起砂原因

（1）砂浆拌制时加水过量或搅拌不均匀。

（2）表面压实次数不够，压得不实，出现析水起砂现象。

（3）压光时间掌握不好，或在终凝后压光，砂浆表层遭破坏而起砂。

（4）砂浆收缩时浇水，吃水程度不同，水分过多处起砂脱皮。

（5）使用的水泥强度等级低，造成砂浆达不到要求的强度等级。

第三节　新型砂浆与特种砂浆

一　保温砂浆

建筑保温砂浆是以膨胀珍珠岩或膨胀蛭石、胶凝材料为主要成分，掺加其他功能组分制成的用于建筑物墙体绝热的干拌混合物，使用时需加适当面层。保温砂浆分为无机保温砂浆和有机保温砂浆。

（一）无机保温砂浆

用于建筑物内外墙粉刷的无机保温节能砂浆材料，根据胶凝材料的不同分为水泥基无机保温砂浆和石膏基无机保温砂浆。无机保温砂浆具有节能利废、保温隔热、防火防冻、耐老化的优异性能，有着广泛的市场需求。

无机保温砂浆保温系统构造

1. 无机保温砂浆的特性

1）无机保温砂浆有极佳的温度稳定性和化学稳定性

无机保温砂浆材料保温系统系由纯无机材料制成。耐酸碱、耐腐蚀、不开裂、不脱落、稳定性高，不存在老化问题，与建筑墙体同寿命。

2）施工简便，综合造价低

无机保温砂浆材料保温系统可直接抹在毛坯墙上，其施工方法与水泥砂浆找平层相同。该产品使用的机械、工具简单，施工便利，与其他保温系统比较具有施工期短、质量容易控制等优势。

3）适用范围广，阻止冷热桥产生

无机保温砂浆材料保温系统适用于各种墙体基层材质，各种形状复杂墙体的保温。全封闭、无接缝、无空腔，没有冷热桥产生。不但能做外墙外保温，还可以做外墙内保温，或外墙内外同时保温，以及屋顶的保温和地热的隔热层等，为节能体系的设计提供一定的灵活性。

4）绿色环保无公害

无机保温砂浆材料保温系统无毒、无味、无放射性污染，对环境和人体无害，可以利用部分工业废渣，具有良好的综合利用及环保效益，宜大量推广使用。

5）强度高

无机保温砂浆材料保温系统与基层黏结强度高，不易产生裂纹及空鼓，与其他保温材料相比具有一定的技术优势。

6）防火阻燃安全性好

无机保温砂浆材料保温系统防火、不燃烧，可广泛用于密集型住宅、公共建筑、大型公共场所、易燃易爆场所、对防火要求严格的场所等；还可作为防火隔离带施工，提高建筑防火标准。

7）热工性能好

无机保温砂浆材料保温系统蓄热性能好，其导热系数可以达到 $0.07W/(m·K)$ 以下，且导热性能可以方便地调整，以便配合力学强度的需要及实际使用功能的要求，可以在不同的场合使用，如地面、天花板等。

8）防霉效果好

无机保温砂浆材料可以防止冷热桥传导，防止室内结露后产生霉斑。

9）经济性好

采用适当配方的无机保温砂浆材料保温系统取代传统的室内外抹灰双面施工，可以达到技术性能和经济性能的最优化方案。

2. 无机保温砂浆的品种

无机保温砂浆主要有玻化微珠保温砂浆和膨胀珍珠岩保温砂浆。

玻化微珠保温砂浆是以中空玻化微珠为轻质骨料与玻化微珠保温胶粉料按一定比例混合搅拌均匀而成，是应用于外墙内外保温的一种新型无机保温砂浆材料。其具有强度高、质轻、保温、隔热好、电绝缘性能好、耐磨、耐腐蚀、防辐射等显著特点，现场施工加水搅拌即可使用。

玻化微珠保温砂浆

膨胀珍珠岩保温砂浆是用天然酸性玻璃质火山熔岩，经破碎、烘干、投入高温焙烧炉，瞬时膨胀而成的。膨胀珍珠岩保温砂浆可用于建筑物、热力设备等作为松填绝热保温材料。以水泥、水玻璃、沥青、树脂等作为胶结料，可制成各种形状的绝热制品，如板管等。具有保温性能和环保性能好、耐久性好，使用寿命长等特点。

（二）有机保温砂浆

有机保温砂浆是一种用于建筑物内外墙的保温节能材料，以有机类的轻质保温颗粒作为轻骨料，加胶凝材料、聚合物添加剂及其他填充料等组成的聚合物干粉砂浆保温材料。其具有热工性能好、工程造价低、耐候性好及施工简便等优点。目前常用的是胶粉聚苯颗粒保温砂浆。

胶粉聚苯颗粒保温砂浆

有机保温砂浆的特性如下：

（1）导热系数低，保温隔热性能好，导热系数 $\leqslant 0.060W/(m \cdot K)$。

（2）抗压强度高，黏结力强，附着力强，耐冻融、干燥收缩率及浸水线性变形率小，不易空鼓、开裂。

（3）具有极佳的温度稳定性和化学稳定性。

（4）胶粉聚苯颗粒保温砂浆材料保温系统适用于各种墙体基层材质，各种形状复杂墙体的保温。全封闭、无接缝、无空腔，没有冷热桥产生。适用于多层、高层建筑的钢筋混凝土结构、加气混凝土结构、砌块结构、烧结砖和非烧结砖等外墙保温工程。

（5）施工方便，现场加水搅拌均匀即可施工。

（6）造价低，性价比高。

二 吸声砂浆

吸声砂浆指具有一定吸声功能的砂浆，常用于室内墙面、平顶等。一般绝热砂浆都具有多孔结构，因而也具备一定的吸声功能。

吸声砂浆与保温砂浆类似，一般采用轻质多孔骨料配制而成。由于骨料内部孔隙率大，吸声性能十分优良。工程中常采用水泥、石灰膏、砂、锯末（体积比约为1∶1∶3∶5）配制吸声砂浆，还可在石灰、石膏砂浆中掺入玻璃纤维、矿物棉等松软纤维材料配制吸声砂浆。

三 防辐射砂浆

防辐射砂浆是指在水泥浆中加入重晶石粉、砂配制而成的具有防辐射能力的砂浆。按水泥∶重晶石粉∶重晶石砂 = 1∶0.25∶(4～5)配制的砂浆具有防 X 射线辐射的能力。若在水泥砂中掺入硼砂、硼酸可配制具有防中子辐射能力的砂浆。这类砂浆常用于射线防护工程中。

四 预拌砂浆

（一）定义和特点

预拌砂浆是指专业厂家生产的湿拌砂浆或干混砂浆。

湿拌砂浆是指由水泥、细骨料、矿物掺合料、外加剂、添加剂和水,按一定比例,在搅拌站经计量、拌制后,运至使用地点,并在规定时间内使用的拌合物。

干混砂浆又称为干粉料、干混料或干粉砂浆,是由胶凝材料、干燥细骨料、添加剂及根据性能确定的其他组分,按一定比例,在专业厂家经计量、混合而成的干态混合物,通过散装或袋装运输到工地,按规定比例加水或配套组分拌和使用。

预拌砂浆的特点是集中生产,性能优良,质量稳定,品种多样,运输、储存和使用方便,储存期可达3个月至半年。

预拌砂浆的使用,有利于提高砌筑、抹灰、装饰、修补工程的施工质量,改善砂浆现场施工条件。

(二)分类

1. 湿拌砂浆的分类

湿拌砂浆按用途分为湿拌砌筑砂浆、湿拌抹灰砂浆、湿拌地面砂浆和湿拌防水砂浆,其中湿拌抹灰砂浆按施工方法又分为普通抹灰砂浆和机喷抹灰砂浆,其品种、代号见表5-15。

湿拌砂浆的品种和代号　　　　表5-15

品种	湿拌砌筑砂浆	湿拌抹灰砂浆	湿拌地面砂浆	湿拌防水砂浆
代号	WM	WP	WS	WW

按强度等级、抗渗等级、稠度和保塑时间的分类见表5-16。

湿拌砂浆分类　　　　表5-16

项目	湿拌砌筑砂浆	湿拌抹灰砂浆		湿拌地面砂浆	湿拌防水砂浆
		普通抹灰砂浆(G)	机喷抹灰砂浆(S)		
强度等级	M5、M7.5、M10、M15、M20、M25、M30	M5、M7.5、M10、M15、M20	M15、M20	M15、M20、M25	M15、M20
抗渗等级	—	—	—	—	P6、P8、P10
稠度(mm)	50、70、90	70、90、100	90、100	50	50、70、90
保塑时间(h)	6、8、12、24	6、8、12、24		4、6、8	6、8、12、24

2. 干混砂浆的分类

1)干湿砂浆的分类

干混砂浆按用途主要分为干混砌筑砂浆、干混抹灰砂浆、干混地面砂浆、干混普通防水砂浆、干混陶瓷砖黏结砂浆、干混界面砂浆、干混聚合物水泥防水砂浆、干混自流平砂浆、干混耐磨地坪砂浆、干混填缝砂浆、干混饰面砂浆和干混修补砂浆,其代号见表5-17。干混砌筑砂浆按施工厚度分为普通砌筑砂浆和薄层砌筑砂浆;干混抹灰砂浆按施工厚度或施工方法分为普通抹灰砂浆、薄层抹灰砂浆和机喷抹灰砂浆,见表5-18。

干混砂浆的品种和代号 表5-17

品种	干混砌筑砂浆	干混抹灰砂浆	干混地面砂浆	干混普通防水砂浆	干混陶瓷砖黏结砂浆	干混界面砂浆
代号	DM	DP	DS	DW	DTA	DIT
品种	干混聚合物水泥防水砂浆	干混自流平砂浆	干混耐磨地坪砂浆	干混填缝砂浆	干混饰面砂浆	干混修补砂浆
代号	DWS	DSL	DFH	DTG	DDR	DRM

部分干混砂浆分类 表5-18

项目	干混砌筑砂浆		干混抹灰砂浆			干混地面砂浆	干混普通防水砂浆
	普通砌筑砂浆（G）	薄层砌筑砂浆（T）	普通抹灰砂浆（G）	薄层砌筑砂浆（T）	机喷抹灰砂浆（S）		
强度等级	M5、M7.5、M10、M15、M20、M25、M30	M5、M10	M5、M7.5、M10、M15、M20	M5、M7.5、M10	M5、M7.5、M10、M15、M20	M15、M20、M25	M15、M20
抗渗等级	—	—	—	—	—	—	P6、P8、P10

2）常用干混砂浆

（1）砌筑干混砂浆

砌筑干混砂浆具有优异的黏结能力和保水性，使砂浆在施工中凝结得更加密实，在干燥砌块基面也能保证砂浆的有效黏结；具有干缩率低的特性，能够最大限度地保证墙体尺寸的稳定性；凝结硬化后具有刚中带韧的特性，能够提高建筑物的安全性能。

（2）抹灰干混砂浆

抹灰干混砂浆能承受一系列外部作用；有足够的抗水冲能力，可用在浴室和其他潮湿的房间抹灰工程中；能减少抹灰层数，提高工效；具有良好的和易性，施工好的基面光滑平整、均匀；具有良好的抗流挂性能、对抹灰工具的低黏性、易施工性；更好的抗裂、抗渗性能。

（3）瓷砖黏结干混砂浆

瓷砖黏结干混砂浆可节约材料用量，实现薄层黏结；黏结力强，能减少分层和剥落，避免空鼓、开裂；操作简单方便，施工质量和效率得到大幅提高。

（4）聚苯板（EPS）黏结砂浆

聚苯板黏结砂浆对基底和聚苯乙烯板有良好的黏结力；有足够的变形能力（柔性）和良好的抗冲击性；自身重量轻，对墙体要求低，能直接在混凝土和砖墙上使用；环保无毒，节约大量能源；有极佳的黏结力和表面强度；低收缩、不开裂、不起壳、具有长期的耐候性与稳定性；有良好的施工性能，加水即用，避免现场随意搅拌砂浆，质量稳定；耐碱、耐水、抗冻融，快干、早强，施工效率高。

（5）外保温抹面干混砂浆

外保温抹面干混砂浆是指聚苯乙烯颗粒添加纤维素、胶粉、纤维等添加剂制成的具有保温隔热性能的砂浆产品。加水即可使用，施工方便；黏结强度高，不易空鼓、脱落；物理力学性能稳定、收缩率低、防止收缩开裂或龟裂；可在潮湿基面上施工；干燥硬化快，施工周期短；绿色环保，隔热效果卓越；密度小，减轻建筑自重，有利于结构设计。

（三）预拌砂浆使用注意事项

预拌砂浆的品种选用应根据设计、施工等的要求确定。不同品种、规格的预拌砂浆不应混合使用。

预拌砂浆施工时，施工环境温度宜为 5～35℃。当温度低于 5℃或高于 35℃时，应采取保证工程质量的措施。五级及以上大风、雨天和雪天的露天环境条件下，不应进行预拌砂浆施工。

【工程实例 5-3】

【现　　象】　某工程墙体与门窗框交接处出现抹灰层空鼓、裂缝及脱落现象。

【危　　害】　直接影响到清水墙面的美观，使室内装饰面破坏，影响正常使用。

【原因分析及处理措施】

（1）基体表面未清理干净，如基体表面有尘土、脱模剂和油渍等影响抹灰层黏结强度的物质未彻底清理干净。处理措施：抹灰前必须清除干净基层表面污垢、隔离剂等。

（2）基体表面光滑，抹灰前未作毛化处理或毛化处理有遗漏。处理措施：基层应凿毛或用 1∶1 的水泥浆加 10%的 107 胶（聚乙烯醇缩甲醛胶黏剂）先薄薄刷一层以增大黏结强度。

（3）抹灰前基体表面浇水不透，抹灰后砂浆中的水分很快被基体吸收，水化不充分。处理措施：抹灰前基层要湿透，砖基应浇水两遍以上，加气混凝土基层应提前浇水。

（4）一次抹灰过厚等。处理措施：分层抹灰。

小知识

传统砂浆与干混砂浆的区别

1. 传统砂浆

传统砂浆一般采用现场搅拌的方式，有以下弊端：

（1）质量难以保证：受设备、技术、管理等因素的限制，容易造成计量不准确；砂石质量、级配、杂质含量、水分含量不稳定；搅拌不均匀；施工时间难以掌握。

（2）工作效率低：现场配制砂浆，需大量人力、时间去购买、存放和计量原材料。

（3）损耗多：现场配制难以按配方严格执行，造成原材料不合理使用和浪费，现场搅拌约有 20%～30%的材料损失。

（4）污染环境：现场搅拌，粉尘量大，占地多，污染环境，影响文明施工。

（5）难以满足特殊要求：随着新型墙体材料的发展，传统砂浆不能满足与之适应的要求。专用砂浆一般需加外加剂，而现场添加外加剂很难保证产品的质量，不利于推广使用新型墙体材料，达不到保护资源、利废节能的目的。

2. 干混砂浆

干混砂浆是在工厂将所有原材料按配比混合好作为商品出售的干混砂浆，在施工现场只需按比例加水拌和即可，优点如下：

（1）质量稳定：技术人员控制管理，设备专业，用料合理，配料准确，混合均匀，质量可靠，可保证建筑施工质量。

（2）工作效率高：可一次购买到符合要求的砂浆，随到随用，大大提高工作效率。

（3）满足特殊要求：技术人员可按实际需要的性能添加外加剂，对原材料进行适当调配，以达到目的。

（4）保护环境：干混砂浆占地少，无粉尘，无噪声，可减少环境污染。

（5）节省原料：因按配比生产，一般不会造成原料浪费。

（6）利废环保：可利用粉煤灰、炉渣等废料。

（7）建筑干混砂浆是无机材料，无毒无味，利于健康居住，属于绿色材料。

（8）适合机械化施工，从而成倍地提高工作效率，降低工程造价。

◀ 本 章 小 结 ▶

本章重点介绍了砌筑砂浆的组成材料、技术性质、配合比设计及应用；介绍了抹面砂浆及防水砂浆的性质及应用；还介绍了几类新型砂浆和特种砂浆的性质。通过本章的学习，使学生对常用的建筑砂浆有较为深入的理解，为今后工作中合理选择和应用建筑砂浆打下一定的基础。

练 习 题

一、填空题

1. 建筑砂浆是由_____、_____、_____和_____按一定比例配制而成的。它与混凝土的主要区别是组成材料中没有_____，因此建筑砂浆也称为细集料混凝土。

2. 根据所用胶凝材料的不同，建筑砂浆分为_____、_____和_____等，根据用途又分为_____、_____、_____及_____等。

3. 砌筑砂浆用水泥宜采用_____水泥或_____水泥。

4. M15及以下强度等级的砌筑砂浆宜选用_____级的通用硅酸盐水泥或砌筑水泥；M15以上强度等级的砌筑砂浆宜选用_____级通用硅酸盐水泥。

5. 砌筑砂浆分为_____砂浆和_____砂浆。

6. 新拌砂浆的和易性包括_____和_____，分别用_____和_____表示。

7. 砂浆的强度是以_____个_____×_____×_____的立方体试块，在标准条件下养护_____天后，用标准方法测得的抗压强度（MPa）的_____值来评定的。

8. 当抹灰层厚度大于_____时，应采取与基体黏结的加强措施。不同材料的基体交接处应设加强网，加强网与各基体的搭接宽度不应小于_____。

二、简答题

1. 新拌砂浆的和易性包括哪两方面含义？分别如何测定？
2. 影响砂浆抗压强度的主要因素有哪些？
3. 普通抹面砂浆的作用是什么？不同部位应采用哪种抹面砂浆？

三、设计题

要求设计用于砌筑砖墙的水泥混合砂浆配合比。设计强度等级为 M7.5，稠度为 70～90mm。

原材料的主要参数：水泥，32.5 级矿渣水泥；中砂，堆积密度为 1450kg/m³，含水率为 2%；石灰膏，稠度 120mm；施工水平，一般。

任务　建筑砂浆检测

任务情境

某县委党校工程，其中教学楼为框架剪力墙结构。地下一层围护结构，采用 MU20 蒸压灰砂普通砖、M7.5 水泥砂浆砌筑；要求设计用于砌筑砖墙的水泥砂浆，设计强度等级为 M7.5，稠度为 70～90mm。原材料的主要参数：水泥，32.5 级矿渣水泥；中砂，堆积密度为 1400kg/m³；施工水平，一般。

砌筑砂浆配合比设计依照《砌筑砂浆配合比设计规程》（JGJ/T 98—2010）规定进行。依据《建筑砂浆基本性能试验方法标准》（JGJ/T 70—2009）对砌筑砂浆相关性能进行检测，填写检测记录表，并完成相应检测报告。

一　试验依据

《建筑砂浆基本性能试验方法标准》（JGJ/T 70—2009）。

二　取样及试样制备

（一）取样

（1）建筑砂浆试验用料应从同一盘砂浆或同一车砂浆中取样。取样量应不少于试验所需量的 4 倍。

（2）施工中取样进行砂浆试验时，其取样方法和原则应按相应的施工验收规范执行。取样部位一般在使用地点的砂浆槽、砂浆运送车或搅拌机出料口，至少从三个不同部位取样。现场取来的试样，试验前应人工搅拌均匀。

（3）从取样完毕到开始进行各项性能试验不宜超过 15min。

（二）砂浆拌合物试验室制备方法

1. 主要仪器

（1）砂浆搅拌机。

（2）磅秤：称量 50kg，感量 50g。

（3）台秤：称量 10kg，感量 5g。

（4）拌和铁板、拌铲、抹刀、量筒等。

2. 一般要求

（1）试验室制备砂浆拌合物时，所用原材料应提前 24h 运入室内。拌和时试验室的温度应保持在(20 ± 5)℃。

注：需要模拟施工条件下所用的砂浆时，所用原材料的温度宜与施工现场保持一致。

（2）试验所用原材料应与现场使用材料一致。砂应通过公称粒径 5mm 筛。

（3）试验室拌制砂浆时，材料用量应以质量计。称量精度：水泥、外加剂、掺合料等为±0.5%，砂为±1%。

（4）试验室应采用机械搅拌，搅拌用量宜为搅拌机容量的 30%～70%，搅拌时间不应少于 120s。掺有掺合料和外加剂的砂浆，搅拌时间不应小于 180s。

三 砂浆稠度试验

（一）试验目的

本方法适用于确定砂浆配合比或施工过程中控制砂浆的稠度，以达到控制用水量的目的。

（二）主要仪器

（1）砂浆稠度测定仪：由试锥、容器和支座三部分组成，如图 5-1 所示。试锥高度为 145mm，锥底直径为 75mm，试锥连同滑杆的质量应为(300 ± 2)g；圆锥筒高 180mm，锥底内径为 150mm；支座分底座、支架及刻度显示三部分。

（2）捣棒、拌铲、抹刀、秒表等。

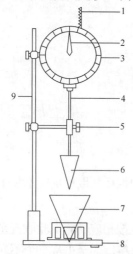

图 5-1 砂浆稠度测定仪

1-齿条测杆；2-摆针；3-刻度盘；4-滑杆；
5-制动螺栓；6-试锥；7-圆锥筒；8-底座；9-支架

（三）试验步骤

（1）用少量润滑油轻擦滑杆，再将滑杆上多余的油用吸油纸擦净，使滑杆能自由滑动。

（2）用湿布擦净圆锥筒内壁和试锥表面，将砂浆拌合物一次装入圆锥筒，使砂浆表面低于容器口约 10mm，用捣棒自圆锥筒中心向边缘插捣 25 次，然后轻轻地将圆锥筒摇动或敲击 5～6 下，使砂浆表面平整，将圆锥筒置于稠度测定仪的底座上。

(3）拧松制动螺栓，向下移动滑杆，当试锥尖端与砂浆表面刚接触时，拧紧制动螺栓，使齿条测杆下端刚刚接触滑杆上端，读出刻度盘上的读数（精确至1mm）。

(4）拧松制动螺栓，同时计时，10s后立即拧紧螺栓，将齿条测杆下端接触滑杆上端，从刻度盘上读出下沉深度，精确至1mm，两次读数的差值即为砂浆的稠度值。

(5）圆锥筒内的砂浆，只允许测定一次稠度，重复测定时，应重新取样测定。

（四）试验结果

(1）取两次试验结果的算术平均值，精确至1mm。

(2）两次试验值之差如大于10mm，应重新取样测定。

四 密度试验

（一）试验目的

本方法用于测定砂浆拌合物捣实后的质量密度（单位体积质量），以确定每立方米砂浆拌合物中各组成材料的实际用量。

（二）主要仪器

(1）容量筒：金属制成，内径108mm，净高109mm，筒壁厚2mm，容积为1L。

(2）天平：称量5kg，感量5g。

(3）钢制捣棒：直径10mm，长350mm，端部磨圆。

(4）砂浆密度测定仪。

(5）振动台：振幅为(0.5 ± 0.05)mm，频率为(50 ± 3)Hz。

(6）秒表。

（三）试验步骤

(1）首先将拌好的砂浆按稠度试验方法测定稠度，当砂浆稠度大于50mm时，宜采用人工插捣法，当砂浆稠度不大于50mm时，宜采用机械振动法。

(2）用湿布擦净容量筒的内表面，称量容量筒质量m_1，精确至5g；将容量筒的漏斗套上（图5-2），将砂浆拌合物装满容量筒并略有富余，根据稠度选择试验方法。

①采用人工插捣时，将砂浆拌合物一次装满容量筒，并稍有富余，用捣棒由边缘向中心均匀插捣25次，插捣过程中如砂浆沉落到低于筒口，则应随时添加砂浆，再用木槌沿容器外壁敲击5~6下。

②采用振动法时，将砂浆拌合物一次装满容量筒，连同漏斗在振动台上振10s，振动过程中如砂浆低于筒口则应随时添加砂浆。

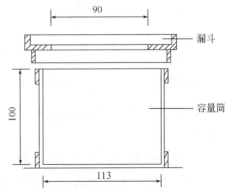

图5-2 砂浆密度测定仪（尺寸单位：mm）

（3）捣实或振动后，将筒口多余的砂浆拌合物刮去，使砂浆表面平整，然后将容量筒外壁擦净，称出砂浆与容量筒总质量m_2，精确至5g。

（四）试验结果

（1）砂浆拌合物的质量密度按下式计算：

$$\rho = \frac{m_2 - m_1}{V} \times 1000 \tag{5-7}$$

式中：ρ——砂浆拌合物的质量密度（kg/m³）；

m_1——容量筒质量（kg）；

m_2——容量筒及试样质量（kg）；

V——容量筒容积（L）。

（2）取两次试验结果的算术平均值，精确至10kg/m³。

五 砂浆分层度试验

（一）试验目的

测定砂浆拌合物在运输及停放时间内各组分的稳定性。

（二）主要仪器

（1）砂浆分层度筒：如图5-3所示，内径为150mm，无底圆筒高度为200mm，有底圆筒净高为100mm，由金属板制成，上、下层连接处需加宽3~5mm，并设有橡胶垫圈。

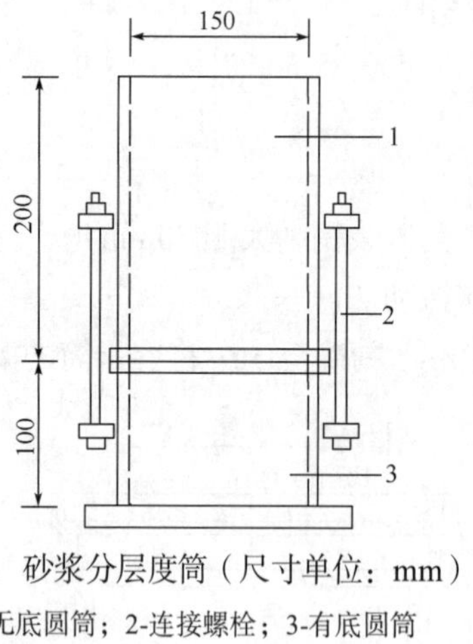

（2）水泥胶砂振动台：振幅为(0.85±0.05)mm，频率为(50±3)Hz。

（3）砂浆稠度测定仪。

（4）捣棒、拌铲、抹刀、木槌等。

图5-3 砂浆分层度筒（尺寸单位：mm）

1-无底圆筒；2-连接螺栓；3-有底圆筒

（三）试验步骤

1. 标准法

（1）将砂浆拌合物按稠度试验方法测定稠度。

（2）将砂浆拌合物一次装入分层度筒内，待装满后，用木槌在容器周围距离大致相等的四个不同部位轻轻敲击1~2下，如砂浆沉落到低于筒口，则应随时添加，然后刮去多余的砂浆并用抹刀抹平。

（3）静置30min后，去掉上节200mm高砂浆，剩余的100mm砂浆倒出，放在拌和锅内拌2min，再按稠度试验方法测其稠度。前后测得的稠度之差即为该砂浆的分层度值。

2.快速测定法

（1）将砂浆拌合物按稠度试验方法测定稠度。

（2）将分层度筒预先固定在振动台上，砂浆一次装入分层度筒内，振动20s。

（3）去掉上节200mm砂浆，剩余100mm砂浆倒出，放在拌和锅内拌2min，再按稠度试验方法测其稠度，前后测得的稠度之差即为该砂浆的分层度值。

（四）试验结果

（1）取两次试验结果的算术平均值作为该砂浆的分层度值，单位为mm。

（2）两次试验分层度值之差如大于10mm，应重做试验。

六 砂浆保水性试验

（一）试验目的

测定砂浆保水性，以判定砂浆拌合物在运输及停放时内部组分的稳定性。

（二）主要仪器

（1）金属或硬塑料圆环试模：内径为100mm，内部高度为25mm。

（2）可密封的取样容器：应清洁、干燥。

（3）2kg的重物。

（4）医用棉纱：尺寸为110mm×110mm，宜选用纱线稀疏、厚度较小的棉纱。

（5）超白滤纸：符合《化学分析滤纸》（GB/T 1914—2017）中速定性滤纸。直径为110mm，克重为200g/m^2。

（6）2片金属或玻璃的方形或圆形不透水片，边长直径大于110mm。

（7）天平：量程200g，感量0.1g；量程2000g，感量1g。

（8）烘箱。

（三）试验步骤

（1）称量下不透水片与干燥试模质量m_1和8片定性滤纸质量m_2。

（2）将砂浆拌合物一次性填入试模，并用抹刀插捣数次，当填充砂浆略高于试模边缘时，用抹刀以45°角一次性将试模表面多余的砂浆刮去，然后再用抹刀以较平的角度在试模表面反方向将砂浆刮平。

（3）抹掉试模边的砂浆，称量试模、下不透水片与砂浆总质量m_3。

（4）用2片医用棉纱覆盖在砂浆表面，棉纱表面上放8片滤纸，用不透水片盖在滤纸表面，用2kg的重物压着不透水片。

（5）静止2min后移走重物及不透水片，取出滤纸（不包括棉纱），迅速称量滤纸质量m_4。

（6）用砂浆的配比及加水量计算砂浆的含水率，若无法计算，可按规定测定砂浆的含水率。

（四）试验结果

砂浆保水性应按下式计算：

$$W = \left[1 - \frac{m_4 - m_2}{\alpha \times (m_3 - m_1)}\right] \times 100\% \tag{5-8}$$

式中：W——保水性；
　　　m_1——下不透水片与干燥试模质量（g）；
　　　m_2——8片滤纸吸水前的质量（g）；
　　　m_3——试模、下不透水片与砂浆总质量（g）；
　　　m_4——8片滤纸吸水后的质量（g）；
　　　α——砂浆含水率。

动画：砂浆稠度和保水性试验

取两次试验结果的平均值作为结果，如两个测定值中有1个超出平均值的5%，则此组试验结果无效。

（五）砂浆含水率测试方法

称取100g砂浆拌合物试样，置于一干燥并已称重的盘中，在(105±5)℃的烘箱中烘干至恒重，砂浆含水率应按下式计算：

$$\alpha = \frac{m_5}{m_6} \times 100\% \tag{5-9}$$

式中：α——砂浆含水率，精确至0.1%；
　　　m_5——烘干后砂浆样本损失的质量（g）；
　　　m_6——砂浆样本的总质量（g）。

七、砂浆立方体抗压强度试验

（一）试验目的

测定砂浆的立方体抗压强度，确定砂浆是否达到设计要求的强度等级。

（二）主要仪器

（1）试模：尺寸为70.7mm×70.7mm×70.7mm的带底试模，应具有足够的刚度并拆装方便。

（2）压力试验机：精度为1%，试件破坏荷载应不小于压力机量程的20%，且不大于全量程的80%。

（3）振动台、垫板、钢制捣棒等。

（三）试件制作及养护

（1）采用立方体试件，每组试件3个。

（2）应用黄油等密封材料涂抹试模的外接缝，试模内涂刷薄层机油或脱模剂，将拌制好的砂浆一次性装满砂浆试模，成型方法根据稠度而定。当稠度≥50mm 时采用人工振捣成型，当稠度<50mm 时采用振动台振实成型。

①人工振捣：用捣棒均匀地由边缘向中心按螺旋方向插捣 25 次，插捣过程中如砂浆沉落低于试模口，应随时添加砂浆。可用油灰刀插捣数次，并用手将试模一边抬高 5～10mm，各振动 5 次，使砂浆高出试模顶面 6～8mm。

②机械振动：将砂浆一次装满试模，放置到振动台上，振动时试模不得跳动，振动 5～10s 或持续到表面出浆为止；不得过振。

（3）待表面水分稍干后，将高出试模部分的砂浆沿试模顶面刮去并抹平。

（4）试件制作后应在室温为(20 ± 5)℃环境下静置(24 ± 2)h，当气温较低时，可适当延长时间，但不应超过两昼夜，然后对试件进行编号、拆模。试件拆模后，应立即放入温度为(20 ± 2)℃、相对湿度为 90%以上的标准养护室中养护。养护期间，试件彼此间隔不少于 10mm，混合砂浆试件上面应覆盖以防有水滴在试件上。

（四）试验步骤

（1）试件从养护地点取出后，应及时进行试验。试验前将试件表面擦拭干净，测量尺寸，并检查其外观。计算试件的承压面积，如实测尺寸与公称尺寸之差不超过 1mm，可按公称尺寸进行计算。

（2）将试件安放在试验机的下压板（或下垫板）上，试件的承压面应与成型时的顶面垂直，试件中心应与试验机下压板（或下垫板）中心对准。

（3）开动试验机，当上压板与试件（中上垫板）接近时，调整球座，使接触面均衡受压。

（4）承压试验应连续而均匀地加荷，加荷速度应为 0.25～1.5kN/s（砂浆强度不大于 5MPa 时，宜取下限；砂浆强度大于 5MPa 时，宜取上限）。

（5）当试件接近破坏而开始迅速变形时，停止调整试验机油门，直至试件破坏，记录破坏荷载。

（五）试验结果

（1）砂浆立方体抗压强度 $f_{m,cu}$ 应按下式计算，精确至 0.1MPa：

$$f_{m,cu} = \frac{N_u}{A} \tag{5-10}$$

式中：$f_{m,cu}$——砂浆立方体试件抗压强度（MPa）；

N_u——试件破坏荷载（N）；

A——试件承压面积（mm^2）。

（2）以三个试件测定值的算术平均值的 1.3 倍（f_2）作为该组试件的砂浆立方体抗压强度平均值（精确至 0.1MPa）。

当 3 个测值的最大值或最小值中有一个与中间值的差值超过中间值的 15%时，则把最大值及最小值一并舍除，取中间值作为该组试件的抗压强度值；当有两个测值与中间值的差值均超过中间值的 15%时，则该组试件的试验结果无效。

❓ 观察与思考

1. 砂浆取样时，为什么至少要从三个不同部位取样？现场取来的试样，试验前为什么还要人工搅拌均匀？
2. 试验室制备砂浆拌合物时，所用原材料为什么要提前 24h 运入室内？
3. 进行砂浆稠度试验时，装料前为什么要用湿布擦净圆锥筒内壁和试锥表面？
4. 砂浆分层度太大或太小分别说明什么？是不是越小越好？

第六章
墙体材料

职业能力目标

通过对墙体材料基本知识的学习，学生应掌握常用墙体材料的优点与缺点及各自的适用环境，初步具有合理选择墙体材料、分析和处理施工中由于墙体材料质量等原因导致的工程技术问题的能力。

知识目标

掌握烧结普通砖、烧结多孔砖、烧结空心砖和蒸压加气混凝土砌块的技术性质、特点及应用；熟悉非烧结砖和其他常用砌块的类型、技术性质及应用；了解常用板材的类型、特点及应用；了解新型墙体材料的发展与革新。

思政目标

从墙体材料的革新过程引入思政元素"坚持科学发展观"，让学生树立保护环境的可持续发展的理念；由工业固体废料在新型墙体材料中的应用引入思政元素"加强生态文明建设"，使学生形成节约资源和保护环境相结合、绿水青山就是金山银山的认知格局；由墙体材料的检测和质量验收引入思政元素"责任担当和安全意识"，培养学生具备科学严谨、认真负责、脚踏实地的学习和工作态度。

  墙体在建筑中起承重、维护或分隔作用，墙体材料与建筑物的功能、自重、成本、工期及建筑能耗等有着直接的关系。墙体材料是房屋建筑的主要围护材料和结构材料，是构成建筑物墙体的制品单元，主要有砖、砌块、板材三大类。

  墙体材料的发展与土地、资源、能源、环境和建筑节能有密切的关系。传统的墙体材料主要以实心黏土砖为主，由于具有一定的强度、较好的耐久性及隔声性能、价格低廉等优点，加上原料取材方便、生产工艺简单，所以应用历史悠久。但它也存在很多缺点，如消耗大量黏土资源，毁坏农田，自重大、能耗高、尺寸小、施工效率低，保温隔热和抗震性能较差等。"新型墙体材料"这一概念是相对于传统的墙体材料黏土实心砖而言的，它是伴随着我国墙

新型墙体材料
产品目录

体材料的革新过程而提出的专门名称。使用新型墙体材料，可以有效减少环境污染，节省大量的生产成本，增加房屋使用面积，减轻建筑自身重量，有利于抗震等，其中相当一部分品种属于绿色建材。目前，国家大力提倡和推广应用新型墙体材料。

第一节 砖

砖是指建筑用的人造小型块材，外形多为直角六面体，也有异形的。其长度不超过365mm，宽度不超过240mm，高度不超过115mm。

砖按生产工艺可分为烧结砖和非烧结砖两大类。烧结砖是指经成型、干燥、焙烧而制成的砖，常结合主要原材料命名，如烧结黏土砖、烧结粉煤灰砖、烧结页岩砖、烧结煤矸石砖等；非烧结砖主要有蒸养砖和蒸压砖，蒸养砖是经常压蒸汽养护硬化而制成的砖，蒸压砖是经高压蒸汽养护硬化而制成的砖。

常用砖

砖按孔洞率可分为实心砖（图6-1）、微孔砖、多孔砖（图6-2）和空心砖（图6-3）。实心砖是无孔洞或孔洞率小于25%的砖；微孔砖是通过掺入成孔材料（如聚苯乙烯微珠、锯末等），经焙烧，在砖内形成微孔的砖；多孔砖是孔的尺寸小而数量多的砖；空心砖是孔的尺寸大而数量少的砖。

图6-1 实心砖

图6-2 多孔砖

图6-3 空心砖

一 烧结普通砖

烧结普通砖（图6-1）是指以黏土、页岩、粉煤灰、煤矸石、污泥等为主要原料，经成型、干燥和焙烧而制成，无孔洞或孔洞率小于25%的普通砖。《烧结普通砖》（GB/T 5101—2017）将建筑渣土、淤泥、污泥及其他固体废弃物纳入制砖原料范围，体现了国家加强生态文明建设、节约资源、保护环境的发展理念。

（一）烧结普通砖的分类、规格、产品标记

1. 按主要原料分类

烧结普通砖按主要原料分为黏土砖（N）、页岩砖（Y）、煤矸石砖（M）、粉煤灰砖（F）、建筑渣土砖（Z）、淤泥砖（U）、污泥砖（W）、固体废弃物砖（G）。

采用两种原材料，掺配比质量大于50%的为主要原材料；采用3种或

砖的分类（按主要原料）

3 种以上原材料，掺配比质量最大者为主要原材料；污泥掺量达到 30%以上的可称为污泥砖。

2. 按窑中焙烧气氛分类

焙烧窑中为氧化气氛时，可烧得红砖；若焙烧窑中为还原气氛，红色的高价氧化铁被还原为青灰色的低价氧化铁，则所烧得的砖呈现青色。青砖较红砖耐碱，耐久性较好。

3. 按火候分类

烧结普通砖按火候可分为正火砖、欠火砖和过火砖。

由于砖在焙烧时窑内温度分布（火候）难以绝对均匀，除了正火砖（合格品）外，还常出现欠火砖和过火砖。欠火砖色浅、敲击声发哑、吸水率大、强度低、耐久性差；过火砖色深、敲击时声音清脆、吸水率低、强度较高、但有弯曲变形。欠火砖和过火砖均属不合格产品。

4. 烧结普通砖的规格

烧结普通砖的外形为直角六面体，其公称尺寸为：长 240mm、宽 115mm、高 53mm。常用配砖（砌筑时与主规格砖配合使用的砖）规格为175mm×115mm×53mm。

5. 烧结普通砖的产品标记

烧结普通砖的产品标记按产品名称的英文缩写、类别、强度等级和标准编号顺序编写。

示例：烧结普通砖，强度等级 MU15 的黏土砖，标记为：

　　　　　　FCB　N　MU15　GB/T 5101

（二）烧结普通砖的技术性质

以黏土、页岩、煤矸石、粉煤灰、建筑渣土、淤泥（江、河、湖淤泥）、污泥等为主要原料，经焙烧而成的烧结普通砖各项技术指标应符合《烧结普通砖》（GB/T 5101—2017）的规定，其中规定的主要技术性质如下。

1. 尺寸偏差

烧结普通砖的外形为直角六面体，公称尺寸为240mm×115mm×53mm（图6-4），加上砌筑用灰缝的厚度10mm，则 4 块砖长、8 块砖宽、16 块砖厚均为1m，故每 1m³ 砖砌体理论需用砖 512 块。

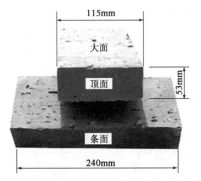

动画：烧结普通砖尺寸测量及外观质量检查

图 6-4　烧结普通砖的尺寸及平面名称

2. 外观质量

烧结普通砖的外观质量包括两条面高度差、弯曲、杂质凸出高度、缺棱掉角、裂纹、完整面等内容。

3. 泛霜

在新砌筑的砖砌体表面，有时会出现一层白色的粉末、絮团或絮片，这种现象称为泛霜（图6-5）。出现泛霜的原因是砖内含有较多可溶性盐类，这些盐类在砌筑施工时溶解进入砖内的水中，当水分蒸发时在砖的表面结晶成霜状。这些结晶的粉状物有损于建筑物的外观，而且结晶膨胀也会引起砖表层的疏松甚至剥落。泛霜程度划分为：

（1）无泛霜：试样表面的盐析几乎看不到。

（2）轻微泛霜：试样表面出现一层细小明显的霜膜，但试样表面仍清晰。

（3）中等泛霜：试样部分表面或棱角出现明显霜层。

图6-5 烧结普通砖的泛霜

（4）严重泛霜：试样表面出现起砖粉、掉屑及脱皮现象。

4. 石灰爆裂

石灰爆裂是指烧结砖或烧结砌块的原料或内燃物质中夹杂着石灰石，焙烧时被烧成生石灰，砖或砌块吸水后，体积膨胀而发生的爆裂现象。石灰爆裂严重时使砖砌体强度降低，直至破坏。

5. 强度等级

烧结普通砖根据抗压强度平均值和强度标准值分为 MU30、MU25、MU20、MU15、MU10 五个强度等级。

强度试验按《砌墙砖试验方法》（GB/T 2542—2012）规定的方法进行。抽取10块砖试样进行抗压强度试验，加荷速度为(5 ± 0.5)kN/s。试验后分别按式(6-1)和式(6-2)计算出强度标准差s和强度标准值f_k。

$$s = \sqrt{\frac{1}{9}\sum_{i=1}^{10}(f_i - \bar{f})^2} \tag{6-1}$$

$$f_k = \bar{f} - 1.83s \tag{6-2}$$

式中：s——10块砖试样的抗压强度标准差（MPa）；

$\bar{f}$——10块砖试样的抗压强度平均值（MPa）；

f_i——单块砖试样的抗压强度值（MPa）；

f_k——强度标准值（MPa）。

动画：烧结普通砖抗压强度试验

根据试验结果，按表6-1评定砖的强度等级。

烧结普通砖强度等级（GB/T 5101—2017） 表6-1

强度等级	抗压强度平均值$\bar{f}$（MPa），≥	强度标准值f_k（MPa），≥
MU30	30.0	22.0
MU25	25.0	18.0

续上表

强度等级	抗压强度平均值 f（MPa），≥	强度标准值 f_k（MPa），≥
MU20	20.0	14.0
MU15	15.0	10.0
MU10	10.0	6.5

6. 抗风化性能

抗风化性能是指在干湿变化、温度变化、冻融变化等物理因素作用下，材料不破坏并长期保持原有性质的能力，是材料耐久性的重要内容之一。地域不同，对材料的风化作用程度就不同。

（1）风化区的划分

风化区用风化指数进行划分。风化指数是指日气温从正温降至负温或负温升至正温的每年平均天数，与每年从霜冻之日起至消失霜冻之日止这一期间降雨总量（以 mm 计）的平均值的乘积。风化指数大于或等于 12700 为严重风化区，风化指数小于 12700 为非严重风化区。全国风化区划分见表 6-2。各地如有可靠数据，也可按计算的风化指数划分本地区的风化区。

风化区划分（GB/T 5101—2017） 表 6-2

严重风化区	非严重风化区
1. 黑龙江省；2. 吉林省；3. 辽宁省；4. 内蒙古自治区；5. 新疆维吾尔自治区；6. 宁夏回族自治区；7. 甘肃省；8. 青海省；9. 陕西省；10. 山西省；11. 河北省；12. 北京市；13. 天津市；14. 西藏自治区	1. 山东省；2. 河南省；3. 安徽省；4. 江苏省；5. 湖北省；6. 江西省；7. 浙江省；8. 四川省；9. 贵州省；10. 湖南省；11. 福建省；12. 台湾省；13. 广东省；14. 广西壮族自治区；15. 海南省；16. 云南省；17. 上海市；18. 重庆市

（2）抗风化性能评价

烧结普通砖的抗风化性能用抗冻融试验或吸水率试验来衡量。严重风化区中的 1、2、3、4、5 地区的砖应进行冻融试验；其他地区砖的 5h 沸煮吸水率和饱和系数符合要求时可不做冻融试验，否则应进行冻融试验；淤泥砖、污泥砖、固体废弃物砖应进行冻融试验。

烧结普通砖的技术要求

（三）烧结普通砖的性能特点及应用

烧结普通砖具有一定的强度，较好的耐久性，是应用最久、应用范围最为广泛的墙体材料。其中实心黏土砖由于有破坏耕地、能耗高、绝热性能差等缺点，国务院办公厅《关于进一步推进墙体材料革新和推广节能建筑的通知》（国办发〔2005〕33 号）要求到 2010 年底，所有城市都禁止使用实心黏土砖。

烧结普通砖目前可用来砌筑墙体、柱、拱、烟囱、沟道、地面及基础等；还可与轻骨料混凝土、加气混凝土、岩棉等复合砌筑成各种轻质墙体；在砌体中配制适当钢筋或钢丝网制作柱、过梁等，可代替钢筋混凝土柱、过梁使用。

二、烧结多孔砖

烧结多孔砖（图6-2）是指以黏土、页岩、煤矸石、粉煤灰等为主要原料，经成型、干燥和焙烧而制成，孔洞率大于或等于28%，主要用于承重部位的多孔砖。烧结多孔砖的生产工艺与烧结普通砖基本相同，但对原材料的可塑性要求较高。

（一）烧结多孔砖的分类和产品标记

根据主要原料的不同，烧结多孔砖可分为黏土砖（N）、页岩砖（Y）、煤矸石砖（M）、粉煤灰砖（F）、淤泥砖（U）和固体废弃物砖（G）。

烧结多孔砖按产品名称、品种、规格、强度等级、密度等级和标准编号顺序编写。

示例： 规格尺寸290mm×140mm×90mm、强度等级MU25、密度等级1200级的黏土烧结多孔砖，标记为：

烧结多孔砖　N　290×140×90　MU25　1200　GB 13544—2011

（二）烧结多孔砖的技术性质

烧结多孔砖的技术性能应满足《烧结多孔砖和多孔砌块》（GB 13544—2011）的要求。其主要技术性质如下。

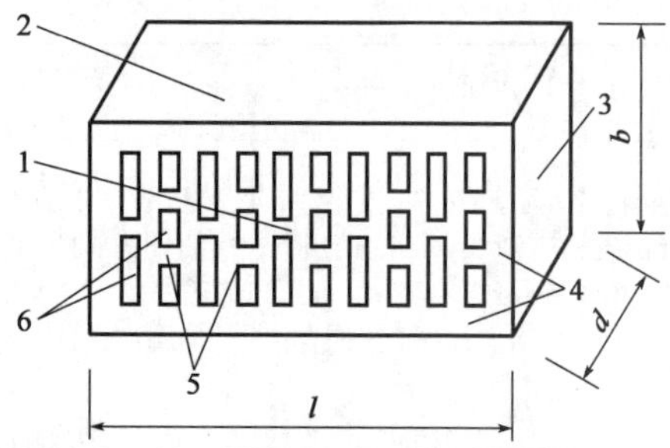

1. 规格与孔洞尺寸要求

多孔砖的外形为直角六面体（图6-6），常用规格的长度、宽度与高度尺寸为：290，240，190，180，140，115，90（mm）。

孔洞尺寸应符合：矩形孔的孔长$L \leqslant 40mm$、孔宽$b \leqslant 13mm$；手抓孔一般为$(30\sim40)mm \times (75\sim85)mm$；所有孔宽应相等，孔采用单向或双向交错排列；孔洞排列上下、左右应对称，分布均匀，手抓孔的长度方向尺寸必须平行于砖的条面；孔四个角应做成过渡圆角，不得做成直尖角。

图6-6　烧结多孔砖外形示意图
1-大面（坐浆面）；2-条面；3-顶面；4-外壁；5-肋；6-孔洞；l-长度；b-宽度；d-高度

2. 强度等级

烧结多孔砖根据抗压强度平均值和抗压强度标准值分为MU30、MU25、MU20、MU15、MU10五个强度等级。强度要求同烧结普通砖，按表6-1评定其强度等级。

3. 抗风化性能

风化区的划分见表6-2。严重风化区中的1、2、3、4、5地区的烧结多孔砖和其他地区以淤泥、固体废弃物为主要原料生产的烧结多孔砖必须进行冻融试验，其他地区以黏土、粉煤灰、页岩、煤矸石为主要原料生产的烧结多孔砖的5h沸煮吸水率和饱和系数符合要求时可不做冻融试验，否则必须进行冻融试验。

烧结多孔砖和多孔砌块的技术要求

4.密度等级

烧结多孔砖按照3块砖的干燥表观密度平均值划分为1000、1100、1200、1300四个等级。

（三）烧结多孔砖的性能特点及应用

烧结多孔砖由于具有较好的保温性能，对黏土的消耗相对较少，是目前一些实心黏土砖的替代产品。

烧结多孔砖主要用于六层以下建筑物的承重部位，砌筑时要求孔洞方向垂直于承压面。常温砌筑应提前1~2天浇水湿润，砌筑时砖的含水率宜控制在10%~15%范围内。地面以下或室内防潮层以下的砌体不得使用多孔砖。

三 烧结空心砖

烧结空心砖（图6-3）是指以黏土、页岩、煤矸石等为主要原料，经成型、干燥和焙烧制成，孔洞率大于或等于40%，主要用于非承重部位的空心砖。

（一）烧结空心砖的分类和产品标记

根据主要原料的不同，烧结空心砖也可分为黏土砖（N）、页岩砖（Y）、煤矸石砖（M）、粉煤灰砖（F）、淤泥砖（U）、固体废弃物砖（G）、建筑渣土砖（Z）。

烧结空心砖的产品标记按产品名称、类别、规格、密度等级、强度等级和标准编号顺序编写。

示例： 规格尺寸290mm×190mm×90mm、密度等级800、强度等级MU7.5的页岩空心砖，标记为：

烧结空心砖　Y(290×190×90)　800　MU7.5　GB/T 13545—2014

（二）烧结空心砖的技术性质

烧结空心砖的技术性能应满足《烧结空心砖和空心砌块》（GB/T 13545—2014）的要求。其主要技术性质如下。

1.规格

空心砖的外形为直角六面体（图6-7）。其长度规格尺寸（mm）为390、290、240、190、180（175）、140；宽度规格尺寸（mm）为190、180（175）、140、115；高度规格尺寸（mm）为180（175）、140、115、90。

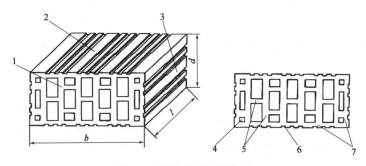

图6-7　烧结空心砖示意图

1-顶面；2-大面；3-条面；4-壁孔；5-粉刷槽；6-外壁；7-肋；l-长度；b-宽度；d-高度

2. 密度等级

烧结空心砖根据体积密度分为 800、900、1000、1100 四个密度等级。

3. 强度等级

烧结空心砖根据抗压强度平均值和抗压强度标准值（变异系数 $\delta \leqslant 0.21$）或抗压强度最小值（变异系数 $\delta > 0.21$）分为 MU10.0、MU7.5、MU5.0、MU3.5 四个强度等级，按表 6-3 评定其强度等级。

烧结空心砖强度等级（GB/T 13545—2014） 表 6-3

强度等级	抗压强度（MPa）		
	抗压强度平均值 $\bar{f}$，≥	变异系数 $\delta \leqslant 0.21$ 强度标准值 f_k，≥	变异系数 $\delta > 0.21$ 单块最小抗压强度值 f_{min}，≥
MU10.0	10.0	7.0	8.0
MU7.5	7.5	5.0	5.8
MU5.0	5.0	3.5	4.0
MU3.5	3.5	2.5	2.8

4. 抗风化性能

风化区的划分见表 6-2。严重风化区中的 1、2、3、4、5 地区的烧结空心砖必须进行冻融试验，其他地区烧结空心砖的 5h 沸煮吸水率和饱和系数符合要求时可不做冻融试验，否则必须进行冻融试验。

烧结空心砖和空心砌块的技术要求

（三）烧结空心砖的性能特点及应用

烧结空心砖强度较低，具有良好的保温、隔热功能。

烧结空心砖主要用于多层建筑的隔断墙和填充墙，使用时孔洞方向平行于承压面；烧结空心砖墙宜采用全顺侧砌，上下皮竖缝相互错开 1/2 砖长；烧结空心砖墙底部至少砌 3 皮普通砖，在门窗洞口两侧一砖范围内，需用普通砖实砌；烧结空心砖墙中不够整砖部分，宜用无齿锯加工制作非整砖块，不得用砍凿方法将砖打断；地面以下或室内防潮层以下的基础不得使用烧结空心砖砌筑。

四、烧结普通砖、烧结多孔砖、烧结空心砖的质量判定

1. 检验项目

（1）出厂检验项目：尺寸偏差、外观质量、强度等级、欠火砖、酥砖和螺旋纹砖。

（2）型式检验项目：尺寸偏差、外观质量、强度等级、欠火砖、酥砖和螺旋纹砖、泛霜、石灰爆裂、抗风化性能、放射性核素限量。

2. 型式检验

有下列情况之一者，应进行型式检验：

(1)新厂生产试制定型检验。

(2)正式生产后,原材料、工艺等发生较大的改变,可能影响产品性能时。

(3)正常生产时,每半年进行一次(放射性物质一年进行一次)。

(4)出厂检验结果与上次型式检验结果有较大差异时。

3. 检验批量

3.5万块～15万块为一批,不足3.5万块按一批计。

4. 产品质量判定

(1)外观检验样品中有欠火砖、酥砖和螺旋纹砖,则判该批产品不合格。

(2)出厂检验按出厂检验项目和在时效范围内最近一次型式检验中的抗风化性能、石灰爆裂及泛霜项目的技术指标进行判定,其中有一项不合格,则判该批产品不合格。

(3)型式检验按型式检验项目的各项技术指标进行判定,其中有一项不合格,则判该批产品不合格。

五 蒸压(养)砖

蒸压(养)砖是将含钙材料(石灰、电石渣等)和含硅材料(砂、粉煤灰、煤矸石、灰渣、炉渣等)与水拌和,经压制成型、常压或高压蒸汽养护而成的砖,主要品种有灰砂砖、粉煤灰砖、炉渣砖等。这些砖的强度较高,可以替代普通烧结黏土砖使用。

(一)蒸压灰砂多孔砖

蒸压灰砂多孔砖(图6-8)是以石灰和砂为主要原料,允许掺入颜料和外加剂,经坯料制备、压制成型、高压蒸汽养护而成的多孔砖。高压蒸汽养护是采用高压蒸汽(绝对压力不低于0.88MPa,温度174℃以上)对成型后的坯体或制品进行水热处理的养护方法,简称蒸压。蒸压灰砂多孔砖就是通过蒸压养护,使原来在常温常压下几乎不与氢氧化钙反应的砂(晶体二氧化硅),产生具有胶凝能力的水化硅酸钙凝胶,水化硅酸钙凝胶与$Ca(OH)_2$晶体共同将未反应的砂粒黏结起来,从而使砖具有强度。

图6-8 蒸压灰砂多孔砖

1. 蒸压灰砂多孔砖的技术要求

蒸压灰砂多孔砖的尺寸规格一般为240mm×115mm×90mm(115mm),孔洞采用圆形或其他孔形,孔洞垂直于大面。

蒸压灰砂多孔砖产品采用产品名称、规格、强度等级、产品等级、标准编号的顺序标记。

示例:强度等级为15级,优等品,规格尺寸为240mm×115mm×90mm的蒸压灰砂多孔砖,标记为:

蒸压灰砂多孔砖 240×115×90 15 A JC/T 637—2009

根据《蒸压灰砂多孔砖》(JC/T 637—2009)的规定,蒸压灰砂多孔砖按尺寸允许偏差和外观质量将产品分为优等品（A）和合格品（C）两个等级，按抗压强度分为MU30、MU25、MU20、MU15四个等级，各强度等级的抗压强度及抗冻性应符合表6-4的规定。

蒸压灰砂多孔砖的强度等级（JC/T 637—2009） 表6-4

强度等级	抗压强度（MPa）		冻后抗压强度（MPa）	单块砖的干质量损失
	平均值，≥	单块最小值，≥	平均值，≥	（%），≤
MU30	30.0	24.0	24.0	2.0
MU25	25.0	20.0	20.0	
MU20	20.0	16.0	16.0	
MU15	15.0	12.0	12.0	

注：冻融循环次数应符合以下规定：夏热冬暖地区15次，夏热冬冷地区25次，寒冷地区35次，严寒地区50次。

2. 蒸压灰砂多孔砖的性能特点与应用

蒸压灰砂多孔砖属于国家大力发展、应用的新型墙体材料。在工程中，应结合其性能，合理选择使用。

（1）组织致密、强度高、大气稳定性好、干缩小、外形光滑平整、尺寸偏差小、色泽淡灰，可加入矿物颜料制成各种颜色的砖，具有较好的装饰效果。可用于防潮层以上的建筑承重部位。

（2）耐热性、耐酸性差，抗流水冲刷能力差。蒸压灰砂多孔砖中的一些组分（如水化硅酸钙、氢氧化钙等）不耐酸，也不耐热。因此，蒸压灰砂多孔砖应避免用于长期受热高于200℃及承受急冷、急热或有酸性介质侵蚀的建筑部位。砖中的氢氧化钙等组分在流动水作用下会流失，所以蒸压灰砂多孔砖不能用于有流水冲刷的部位。

（3）与砂浆黏结力差。蒸压灰砂多孔砖的表面光滑，与砂浆黏结力差。在砌筑时必须采取相应的措施，如增加结构措施，选用高黏度的专用砂浆。

（二）蒸压粉煤灰多孔砖

蒸压粉煤灰多孔砖（图6-9）是以粉煤灰、生石灰（或电石渣）为主要原料，掺加适量石膏、外加剂和骨料，经坯体制备、压制成型、高压蒸汽养护而成的多孔砖。

图6-9 蒸压粉煤灰多孔砖

1. 蒸压粉煤灰多孔砖的技术要求

蒸压粉煤灰多孔砖的外形为直角六面体。其长度规格尺寸（mm）为360、330、290、240、190、140；宽度规格尺寸（mm）为240、190、115、90；高度规格尺寸（mm）为115、90。

蒸压粉煤灰多孔砖产品采用产品代号（AFPB）、规格尺寸、强度等级、标准编号的顺序标记。

示例：规格尺寸240mm×115mm×90mm、强度等级MU15的多孔砖，标记为：

AFPB　240mm×115mm×90mm　MU15　GB 26541

根据《蒸压粉煤灰多孔砖》(GB 26541—2011)的规定,蒸压粉煤灰多孔砖按强度分为 MU15、MU20、MU25 三个等级,见表 6-5;孔洞率应不小于 25%,不大于 35%;吸水率应不大于 20%。

蒸压粉煤灰多孔砖的强度等级(GB 26541—2011)　　表 6-5

强度等级	抗压强度(MPa),≥		抗折强度(MPa),≥	
	五块平均值	单块最小值	五块平均值	单块最小值
MU15	15.0	12.0	3.8	3.0
MU20	20.0	16.0	5.0	4.0
MU25	25.0	20.0	6.3	5.0

2. 蒸压粉煤灰多孔砖的性能特点与应用

蒸压粉煤灰多孔砖在性能上与蒸压灰砂多孔砖相近。在工程中,应结合其性能,合理选择使用。

(1)蒸压粉煤灰多孔砖可用于工业与民用建筑的墙体和基础。但用于基础或易受冻融和干湿交替作用的建筑部位时,必须采用 MU15 及以上强度等级的砖。

(2)因砖中含有氢氧化钙,蒸压粉煤灰多孔砖应避免用于长期受热高于 200℃及承受急冷、急热或有酸性介质侵蚀的建筑部位。

(3)蒸压粉煤灰多孔砖初始吸水能力差,后期的吸水能力较大,施工时应提前湿水,保持砖的含水率在 10%左右,以保证砌筑质量。

(4)由于蒸压粉煤灰多孔砖出釜后收缩较大,因此,出釜一周后才能用于砌筑。

(5)用蒸压粉煤灰多孔砖砌筑的建筑物,应适当增设圈梁及伸缩缝或其他措施,以避免或减少收缩裂缝。

【工程实例 6-1】　砖在清水墙体中的应用

【现　　象】　华北某市在建筑房屋的时候,用砖砌筑外墙,砖墙外墙面砌成后,只需要勾缝,即为成品,不需要外墙面装饰(图 6-10)。墙体灰浆饱满,砖缝规范美观,使建筑更具韵味。

图 6-10　砖在清水墙体中的应用

【原因分析】 烧结砖结实耐用、花色多样，是很好的墙体砌筑和装饰材料。另外，本工程所用烧结砖在制作过程中添加了防腐蚀成分，具有相当强的防腐蚀作用。在一些特殊环境下（比如下酸雨），烧结砖也能抵抗腐蚀，很好地保持墙面的美观。

第二节 砌　　块

砌块是指建筑用的人造块材，外形多为直角六面体，也有异形的。砌块系列中主规格的长度、宽度或高度有一项或一项以上分别大于 365mm、240mm 或 115mm，但高度不大于长度或宽度的 6 倍，长度不超过高度的 3 倍。

砌块的分类方法很多，按用途可分为承重砌块和非承重砌块；按有无孔洞可分为实心砌块（也称密实砌块，无孔洞或空心率小于 25%）和空心砌块（空心率等于或大于 25%）；按产品规格可分为大型砌块（主规格的高度大于 980mm）、中型砌块（主规格的高度为 380~980mm）和小型砌块（主规格的高度大于 115mm 且小于 380mm）；按生产工艺可分为烧结砌块和蒸压蒸养砌块；按材质可分为轻骨料混凝土砌块、混凝土砌块、硅酸盐砌块、粉煤灰砌块和加气混凝土砌块等。

常用砌块

砌块是发展迅速的新型墙体材料，生产工艺简单、材料来源广泛、可充分利用地方资源和工业废料、节约耕地资源、造价低廉、制作使用方便，同时由于其尺寸大，可机械化施工，可提高施工效率、改善建筑物功能、减轻建筑物自重。

一、蒸压加气混凝土砌块

蒸压加气混凝土砌块是以钙质材料（水泥、石灰等）和硅质材料（砂、矿渣、粉煤灰等）为主要原料，掺加加气剂（铝粉等），经加水搅拌，由化学反应形成孔隙，经浇注成型、预养切割、蒸压养护等工艺制成的多孔硅酸盐砌块。

蒸压加气混凝土砌块按尺寸偏差分为I型和II型，I型适用于薄灰缝砌筑，II型适用于厚灰缝砌筑。

（一）蒸压加气混凝土砌块的产品标记

蒸压加气混凝土砌块按其名称代号（AAC-B）、强度和干密度分级、规格尺寸和标准编号的顺序进行标记。

示例： 抗压强度为 A3.5、干密度为 B05、规格尺寸为 600mm×200mm×250mm 的蒸压加气混凝土I型砌块，标记为：

　　　　AAC-B　A3.5　B05　600×200×250(I)　GB/T 11968

（二）蒸压加气混凝土砌块的技术性质

蒸压加气混凝土砌块的技术性能应满足《蒸压加气混凝土砌块》（GB/T 11968—2020）的要求。其主要技术性质如下。

1. 规格尺寸

蒸压加气混凝土砌块的常用规格尺寸见表 6-6。如需要其他规格，可由供需双方协商解决。

蒸压加气混凝土砌块的规格尺寸（GB/T 11968—2020）　　　　表 6-6

长度 L（mm）	宽度 B（mm）	高度 H（mm）
600	100、120、125	200、240、250、300
	150、180、200	
	240、250、300	

2. 外观质量

蒸压加气混凝土砌块的外观质量包括缺棱掉角、裂纹长度、损坏深度、平面弯曲、直角度等内容。蒸压加气混凝土砌块不许出现表面疏松、分层、表面油污现象。

蒸压加气混凝土砌块的技术要求

3. 抗压强度和干密度

蒸压加气混凝土砌块按抗压强度分为 A1.5、A2.0、A2.5、A3.5、A5.0 五个级别；按干密度分为 B03、B04、B05、B06、B07 五个级别；强度级别 A1.5、A2.0 和干密度级别 B03、B04 适用于建筑保温。抗压强度和干密度应符合表 6-7 的规定。

蒸压加气混凝土砌块的抗压强度和干密度（GB/T 11968—2020）　　　　表 6-7

强度级别	抗压强度（MPa）		干密度级别	平均干密度（kg/m³）
	平均值	最小值		
A1.5	≥1.5	≥1.2	B03	≤350
A2.0	≥2.0	≥1.7	B04	≤450
A2.5	≥2.5	≥2.1	B04	≤450
			B05	≤550
A3.5	≥3.5	≥3.0	B04	≤450
			B05	≤550
			B06	≤650
A5.0	≥5.0	≥4.2	B05	≤550
			B06	≤650
			B07	≤750

（三）蒸压加气混凝土砌块的性能特点及应用

（1）蒸压加气混凝土砌块由于其多孔构造，表观密度小，只相当于黏土砖和灰砂砖的

1/4～1/3、普通混凝土的 1/5，使用这种材料，可以使整个建筑的自重比普通砖混结构的自重降低 40%以上。由于建筑自重减轻，能大大提高建筑物的抗震能力。

（2）蒸压加气混凝土砌块导热系数小［0.10～0.28W/(m·K)］，具有保温隔热、隔声、加工性能好、施工方便、耐火等特点。缺点是干燥收缩大，易出现与砂浆层黏结不牢现象。

（3）蒸压加气混凝土砌块适用于低层建筑的承重墙，多层和高层建筑的隔离墙、填充墙以及工业建筑的围护墙体和绝热材料。作为保温隔热材料也可用于复合墙板和屋面结构中。典型应用场景如图 6-11 所示。

图 6-11　蒸压加气混凝土砌块砌筑的墙体

（4）在无可靠的防护措施时，蒸压加气混凝土砌块不得用于处于水中或高湿度和有侵蚀介质的环境中，也不得用于建筑物的基础和温度长期高于 80℃的建筑部位。

二　普通混凝土小型砌块

普通混凝土小型砌块是以水泥、矿物掺合料、砂、石、水等为原材料，经搅拌、振动成型、养护等工艺制成的小型砌块，包括空心砌块（代号 H）和实心砌块（代号 S）；按使用时砌筑墙体的结构类型和受力情况，分为承重砌块（代号 L）和非承重砌块（代号 N）。普通混凝土小型砌块的主规格为 390mm×190mm×190mm，配以 3～4 种辅助规格，即可组成墙用砌块基本系列，普通混凝土小型砌块的外形如图 6-12 所示。

普通混凝土小型砌块按砌块的抗压强度（MPa）分级见表 6-8。

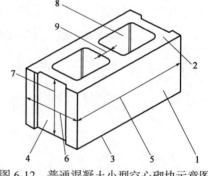

图 6-12　普通混凝土小型空心砌块示意图

1-条面；2-坐浆面（肋厚较小的面）；
3-铺浆面（肋厚较大的面）；4-顶面；
5-长度；6-宽度；7-高度；8-壁；9-肋

普通混凝土小型砌块（GB/T 8239—2014）　　　　表 6-8

砌块种类	承重砌块（L）	非承重砌块（N）
空心砌块（H）	7.5、10.0、15.0、20.0、25.0	5.0、7.5、10.0
实心砌块（S）	15.0、20.0、25.0、30.0、35.0、40.0	10.0、15.0、20.0

（一）普通混凝土小型砌块的产品标记

普通混凝土小型砌块按砌块种类、规格尺寸、强度等级、标准代号的顺序进行标记。

示例：

（1）规格尺寸 390mm×190mm×190mm、强度等级 MU15.0、承重结构用实心砌块，标记为：

LS　390×190×190　MU15.0　GB/T 8239—2014

（2）规格尺寸 395mm×190mm×194mm、强度等级 MU5.0、非承重结构用空心砌块，标记为：

NH　395×190×194　MU5.0　GB/T 8239—2014

（二）普通混凝土小型砌块的现行标准与技术性质要求

根据《普通混凝土小型砌块》（GB/T 8239—2014）的规定，普通混凝土小型砌块各等级砌块的抗压强度要求见表 6-9；承重砌块吸水率应不大于 10%，非承重砌块吸水率应不大于 14%；软化系数应不小于 0.85。

普通混凝土小型砌块的强度等级（GB/T 8239—2014）　表6-9

抗压强度（MPa）	MU5.0	MU7.5	MU10	MU15	MU20	MU25	MU30	MU35	MU40
平均值，≥	5.0	7.5	10.0	15.0	20.0	25.0	30.0	35.0	40.0
单块最小值，≥	4.0	6.0	8.0	12.0	16.0	20.0	24.0	28.0	32.0

（三）普通混凝土小型空心砌块的性能特点及应用

（1）普通水泥混凝土小型空心砌块的导热系数随混凝土材料及孔型和空心率的不同而有差异，空心率为 50%时，其导热系数约为 0.26W/(m·K)。对于承重墙和外墙砌块要求其干缩率小于 0.5mm/m；非承重墙和内墙砌块要求其干缩率小于 0.6mm/m。

（2）普通混凝土小型空心砌块一般用于地震设计烈度为 8 度或 8 度以下的建筑物墙体。在砌块的空洞内浇注配筋芯柱，能提高建筑物的延性。

（3）普通混凝土小型空心砌块适用于各类低层、多层和中高层的工业与民用建筑承重墙、隔墙和围护墙，以及花坛等市政设施，也可用作室内、外装饰装修材料。

（4）普通混凝土小型空心砌块在砌筑时一般不宜浇水，但在气候特别干燥、炎热时，可在砌筑前稍喷水湿润。

（5）装饰混凝土小型空心砌块，外饰面有劈裂、磨光和条纹等面型，做清水墙时不需另做外装饰。

三　轻集料混凝土小型空心砌块

轻集料混凝土小型空心砌块是由轻集料混凝土拌合物，经砌块成型机成型、养护而制成的一种空心率大于 25%、表观密度不大于 1400kg/m³ 的轻质墙体材料。轻集料混凝土小型空心砌块的主规格为 390mm×190mm×190mm。

轻集料混凝土小型空心砌块按所用原材料可分为天然轻集料（如浮石、火山渣）混凝土小型空心砌块、工业废渣类集料（如煤渣、自燃煤矸石）混凝土小型空心砌块、人造轻集料（如黏土陶粒、页岩陶粒、粉煤灰陶粒）混凝土小型空心砌块；按孔的排数分为单排孔、双排孔、三排孔和四排孔共四类。

（一）轻集料混凝土小型空心砌块的产品标记

轻集料混凝土小型空心砌块按代号（LB）、类别（孔的排数）、密度等级、强度等级、标准编号的顺序进行标记。

示例：符合 GB/T 15229，双排孔，密度等级为 800 级、强度等级为 MU3.5 的轻集料混凝土小型空心砌块，其标记为：

LB 2 800 MU3.5 GB/T 15229—2011

（二）轻集料混凝土小型空心砌块的现行标准与技术性质要求

轻集料混凝土小型空心砌块的技术性能应满足《轻集料混凝土小型空心砌块》（GB/T 15229—2011）的要求。其具体规定如下。

1. 密度等级

轻集料混凝土小型空心砌块按干表观密度可分为 700、800、900、1000、1100、1200、1300、1400 八个等级。

2. 强度等级

轻集料混凝土小型空心砌块按抗压强度分为：MU2.5、MU3.5、MU5.0、MU7.5 和 MU10.0 五个等级。同一强度等级砌块的抗压强度和密度等级范围应符合表 6-10 的规定。

轻集料混凝土小型空心砌块的强度等级（GB/T 15229—2011） 表 6-10

强度等级		MU2.5	MU3.5	MU5.0	MU7.5	MU10.0
抗压强度（MPa）	平均值，≥	2.5	3.5	5.0	7.5	10.0
	单块最小值，≥	2.0	2.8	4.0	6.0	8.0
密度等级范围（kg/m³），≤		800	1000	1200	1200（1300）	1200（1400）

注：1. 当砌块的抗压强度同时满足 2 个强度等级或 2 个以上强度等级要求时，应以满足要求的最高强度等级为准。
　　2. 括号里是对自然煤矸石掺量不小于砌块质量 35% 的砌块的要求。

（三）轻集料混凝土小型空心砌块的性能特点及应用

轻集料混凝土小型空心砌块具有轻质、保温隔热性能好、抗震性能好等特点，在保温隔热要求较高的围护结构中应用广泛，是替代普通黏土砖的具有良好发展前途的墙体材料。

四、石膏砌块

石膏砌块是以建筑石膏为主要原料，经加水搅拌、浇注成型和干燥制成的块状轻质建筑石膏制品。在生产中还可以加入各种轻集料、填充料、纤维增强材料等辅助材料，也可加入发泡剂、憎水剂。

（一）石膏砌块的分类和产品标记

1. 产品分类

（1）按石膏砌块的结构分为空心石膏砌块和实心石膏砌块。

空心石膏砌块是带有水平或垂直方向预制孔洞的砌块，代号为 K；实心石膏砌块是无预制孔洞的砌块，代号为 S。

（2）按石膏砌块的防潮性能分为普通石膏砌块和防潮石膏砌块。

普通石膏砌块是在成型过程中未做防潮处理的砌块，代号为 P；防潮石膏砌块是在成型过程中经防潮处理，具有防潮性能的砌块，代号为 F。

石膏砌块的主要品种有磷石膏空心砌块、粉煤灰石膏内墙多孔砌块、植物纤维石膏渣空心砌块等。

2. 产品标记

石膏砌块按产品名称、类别代号、规格尺寸、标准编号的顺序进行标记。

示例：规格尺寸为 666mm×500mm×100mm 的空心防潮石膏砌块，标记为：

石膏砌块　KF　666×500×100　JC/T 698—2010

（二）石膏砌块的现行标准与技术要求

石膏砌块的技术性能应满足《石膏砌块》（JC/T 698—2010）的要求。石膏砌块的标准外形为长方体，纵横边缘分别设有榫头和榫槽，其推荐尺寸为：长度 600mm、666mm，高度 500mm，厚度 80mm、100mm、120mm、150mm，即三块砌块组成 1m² 墙面。

石膏砌块的外表面不应有影响使用的缺陷，其物理力学性能应符合表 6-11 的规定。

石膏砌块物理力学性能（JC/T 698—2010）　　　　表 6-11

项目		要求
表观密度（kg/m³）	实心石膏砌块	≤1100
	空心石膏砌块	≤800
断裂荷载（N）		≥2000
软化系数		≥0.6

（三）石膏砌块的性能特点及应用

（1）石膏砌块与混凝土相比，其耐火性能要高 5 倍，其导热系数一般小于 0.15W/(m·K)，是良好的节能墙体材料且有良好的隔声性能；墙体轻，相当于黏土实心砖质量的 1/4~1/3，抗震性好。石膏砌块可钉、可锯、可刨、可修补，加工处理十分方便，干法施工，施工速度快，石膏砌块配合精密、墙体光洁、平整，墙面不须抹灰；另外，石膏砌块具有"呼吸"水蒸气功能，可提高居住舒适度。

（2）在生产石膏砌块的原料中可掺加一部分粉煤灰、炉渣，除使用天然石膏外，还可以使用化学石膏（如烟气脱硫石膏、氟石膏、磷石膏等），使相当一部分废渣变废为宝；在生产石膏砌块的过程中，基本无废水、废气和固定废弃物排放；在使用过程中，不会产生对人体有害的物质。因此，石膏砌块是一种很好的保护和改善生态环境的绿色建材。

（3）石膏砌块强度较低，耐水性较差，主要用于框架结构和其他结构建筑的非承重墙体，一般作为内隔墙用。若采用合适的固定及支撑结构，墙体还可以承受较大的荷载（如挂吊柜、热水器、厕所用具等）。掺入特殊添加剂的防潮砌块，可用于浴室、厕所等空气湿度较大的场合。

【工程实例6-2】　混凝土小型空心砌块墙体细裂纹

【现　　象】　北京某小区混凝土小型空心砌块墙体局部出现细裂纹。

【原因分析】　混凝土小型空心砌块墙体局部出现细裂纹现象，主要是该处砌块含水率过高。由于混凝土小型空心砌块在运至现场后敞开放置，并未密封，所以相对含水率随环境而变化，无法控制。个别砌块含水过多，干燥时收缩率比其他部位要大，导致开裂。

【工程实例6-3】　加气混凝土砌块墙抹面层易干裂或空鼓

【现　　象】　加气混凝土砌块墙体抹面时，采用与烧结普通砖墙体一样的方法，即往墙上浇水后即抹，发现一般的砂浆往往易被加气混凝土吸去水分而容易干裂或空鼓。

【原因分析】　加气混凝土砌块的气孔大部分是"墨水瓶"结构，只有小部分是水分蒸发形成的毛细孔，肚大口小，毛细管作用较差，故吸水速度缓慢。烧结普通砖淋水后易吸足水，而加气混凝土表面浇水不少，实则吸水不多。用一般的砂浆抹灰易被加气混凝土吸去水分，进而产生开裂或空鼓。所以，加气混凝土砌块墙体可分多次浇水，宜采用保水性好、黏结强度高的抗裂砂浆。

第三节　板　材

随着建筑结构体系和新型墙体材料的发展，各种复合墙体也迅速兴起。以板材为主要围护墙体的建筑体系具有轻质、节能、施工便捷、开间布置灵活、节约空间等特点，具有很好的发展前景。本节着重介绍工程中常用的两类复合墙体。

常用板材

一　含保温层的复合墙体

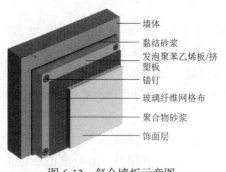

图6-13　复合墙板示意图

为满足对墙体，特别是外墙的保温、隔热、防水、隔声和承重等多种功能的要求，可采用两种以上的材料结合在一起的墙板，于是许多新型复合墙体相继问世。复合墙板一般由结构层、保温层和装饰层组成，如图6-13所示。该墙体强度高、绝热性好、施工方便，使承重材料和轻质保温材料的性能都得到发挥，克服了单一材料强度高、不保温或保温好、不承重的局限性。目前我国已用于建筑的复合墙体材料主要有钢丝网架水泥夹芯板、混凝土岩棉复合外墙板和超轻隔热夹芯板等。

1. 钢丝网架水泥夹芯板

此类复合墙板的典型代表是"泰柏板"。泰柏板又称舒乐板、3D板、三维板、节能型钢丝网架夹芯板轻质墙板，是一种新型建筑材料。其以强化钢丝焊接而成的三维笼为构架，填充阻燃 EPS 泡沫塑料或岩棉板芯材而组成；两侧配以直径为 2mm 的冷拔钢丝网片，钢丝网目为50mm×50mm，腹丝斜插过芯板焊接而成；施工时直接拼装，不需龙骨，表面涂抹砂浆层后形成无缝隙的整体墙面，如图 6-14 所示。

泰柏板具有节能、质量小、强度高、防火、抗震、隔热、隔声、抗风化、耐腐蚀的优良性能，并有组合性强、易于搬运、安装方便、速度快、节省工期的特点。使用该产品制作的墙体，整体性能好，整面墙为一整体。适用于高层建筑的内隔墙、多层建筑围护墙、复合保温墙体的外保温层、低层建筑或双轻体系（轻板、轻框架）的承重墙以及屋面、吊顶和新旧楼房加层。

钢丝网架水泥夹芯板于 20 世纪 80 年代初从国外引进我国，发展很快。后来又相继出现以整块聚苯泡沫保温板为芯材的"舒乐舍板"和以岩棉保温板为芯材的 GY 板（或称钢丝网岩棉夹芯复合板）。

2. 混凝土岩棉复合外墙板

混凝土岩棉复合外墙板的内外表面采用 20～30mm 厚的钢筋混凝土，中间填以岩棉，内外两层面板用钢筋连接，如图 6-15 所示。

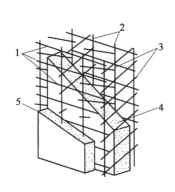

图 6-14 泰柏板构造示意图

1-横丝；2-竖丝；3-斜丝；4-轻质芯材；
5-水泥砂浆

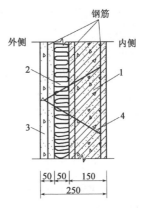

图 6-15 混凝土岩棉复合外墙板示意图
（尺寸单位：mm）

1-钢筋混凝土结构承重层；2-岩棉保温层；
3-混凝土外装饰保护层；4-钢筋连接件

混凝土岩棉复合板按构造分，有承重混凝土岩棉复合外墙板和非承重薄壁混凝土岩棉复合外墙板。承重混凝土岩棉复合外墙板主要用于大模和大板高层建筑，非承重薄壁混凝土岩棉复合外墙板可用于框架轻板体系和高层大模体系建筑的外墙工程。其夹层厚度应根据热工计算确定。

3. 超轻隔热夹芯板

超轻隔热夹芯板是外层采用高强度材料的轻质薄板，内层以轻质的保温隔热材料为芯材，通过自动成型机，用高强度黏结剂将两者黏合，再经加工、修边、开槽、落料而成的复合板材（图 6-16）。用于外层的薄板主要有铝合金板、不锈钢板、彩色镀锌钢板、石膏纤维板等，芯材有玻璃棉毡、岩棉、阻燃型发泡聚苯乙烯、矿棉、硬质发泡聚氨酯等。

图 6-16 超轻隔热夹芯板示例

一般规格尺寸为宽度1000mm，厚度30mm、40mm、50mm、60mm、80mm、100mm，长度按用户需要而定。

超轻隔热夹芯板的最大特点就是质轻（每平方米重约10～14kg）、隔热［导热系数为0.031W/(m·K)］，具有良好的防潮性能和较高的抗弯、抗剪强度，并且安装灵活便捷，可多次拆装重复使用，故广泛用于厂房、仓库和净化车间、办公室、商场等，还可用于加层、组合式活动房、室内隔断、天棚、冷库等。

二 龙骨面板复合墙体

龙骨面板复合墙体主要以薄板和龙骨组成墙体，通常以墙体轻钢龙骨或石膏龙骨为骨架，以矿棉、岩棉、玻璃棉、泡沫塑料等作为保温、吸声填充层，外覆以新型薄板。目前，薄板品种主要有纸面石膏板、石棉水泥板、纤维增强硅酸钙板等。这类墙体的主要特点是轻质、高强、应用形式灵活、施工方便。

1. 纤维增强水泥平板（TK板）

纤维增强水泥平板是以低碱水泥、耐碱玻璃为主要原料，加水混合成浆，制坯、压制、蒸养而成的薄型平板，其尺寸规格为：长1200～3000mm，宽800～900mm，厚40mm、50mm、60mm、80mm。

该板质量小、强度高，防火、防潮，不易变形，可加工性好，适用于各类建筑物的复合外墙和内墙及有防潮、防火要求的隔墙。

2. 水泥刨花板

水泥刨花板以水泥和木材加工的下脚料——刨花为主要原料，加入适量水和化学助剂，经搅拌、成型、加压、养护而成；具有自重小、强度高、防水、防火、防蛀、保温、隔声等性能，可加工性好；主要用于建筑的内外墙板、天花板、壁橱板等。

3. 纸面石膏板

纸面石膏板以掺入纤维增强材料的建筑石膏为芯材，两面用纸做护面而成，有普通型、耐水型、耐火型、耐水耐火型四种。板的长度为1500～3660mm，宽度为600mm、900mm、1200mm和1220mm，厚度为9.5mm、12mm、15mm、18mm、21mm和25mm。

纸面石膏板具有表面平整、尺寸稳定、轻质、隔热、吸声、防火、抗震、施工方便、能调节室内湿度等特点，广泛应用于室内隔墙板、复合墙板内墙板、天花板等。

4. 石膏纤维板

石膏纤维板以建筑石膏、纸筋和短切玻璃纤维为原料；表面无护面纸，规格尺寸同纸面石膏板；抗弯强度高，性能同纸面石膏板；价格较便宜；可用于框架结构的内墙隔断。

5. 植物纤维复合板

植物纤维复合板主要是利用农作物的废弃物（如稻草、麦秸、玉米秆、甘蔗渣等）经适当处理后与合成树脂或石膏、石灰等胶结材料混合、热压成型。主要品种有稻草板、稻壳板、蔗渣板等。这类板材具有质量小、保温隔声效果好、节能、废物利用等特点，适用于非承重的内隔墙、天花板以及复合墙体的内壁板。

【工程实例6-4】 外墙保温材料发生火灾

【现　　象】　辽宁省沈阳市一商住楼外墙保温材料发生火灾，火势从下往上蔓延，火势特别严重，从下面一直烧到上顶，将黑夜照亮，浓烟往外扩散。

【原因分析】　建筑保温材料应采用不燃材料。《建筑设计防火规范》（GB 50016—2014）对建筑保温和外墙装饰做了严格的规定。该规范要求，建筑的内外保温系统宜采用燃烧性能为 A 级的保温材料，不宜采用 B2 级保温材料，严禁采用 B3 级保温材料。其中，A 级保温材料为不燃材料，不会导致火焰蔓延；B1 级保温材料为难燃性建筑材料，有较好的阻燃作用，其在空气中遇明火或在高温作用下难起火，不易很快发生蔓延；B2 级保温材料属于易燃材料，有较大的火灾危险，如必须采用 B2 级保温材料，需采取严格的构造措施进行保护。其中，住宅建筑高度大于 100m 的应使用 A 级保温材料，27～100m 的住宅建筑应使用不低于 B1 级的保温材料。同时该规范要求，当建筑外墙保温系统采取 B1 或 B2 级保温材料时，应在保温系统中每层设置水平防火隔离带。

小知识

目前，建筑保温技术主要包括外墙外保温和外墙内保温两种。

1. 外墙外保温体系

外墙外保温是指在垂直外墙的外表面上建造保温层。该外墙用砖石或混凝土建造。外保温可用于新建墙体，也可用于既有建筑外墙的改造。由于是从外侧保温，其构造必须满足水密性、抗风压及湿度变化的要求，不致产生裂缝，并能抵抗外界可能产生的碰撞作用，还能在相邻部位（如门窗洞口、穿墙管道等）之间以及在边角处、面层装饰等方面，得到适当的处理。

2. 外墙内保温体系

外墙内保温是在墙体结构内侧覆盖一层保温材料，通过黏结剂固定在墙体结构内侧，之后在保温材料外侧做保护层及饰面。目前内保温多采用粉刷石膏作为黏结和抹面材料，通过使用聚苯板或聚苯颗粒等保温材料达到保温效果。

❓ 观察与思考

1. 随着墙体材料的发展，我国提出了"新型墙体材料"这一概念，烧结砖是否可以作为新型墙体材料进行生产和应用？

2. 蒸压加气混凝土砌块是目前建筑墙体使用最为广泛的一种墙体材料，结合当前建筑向装配式发展的趋势，思考蒸压加气混凝土砌块如何适应装配式建筑。

◀ **本 章 小 结** ▶

本章主要介绍了墙体材料的种类、性能特点和应用。

（1）国家推广使用的新型墙体材料的种类及标准。

（2）烧结普通砖、蒸压加气混凝土砌块的技术性质要求、检测试验方法、质量判定以及性能特点与应用。

（3）烧结多孔砖、烧结空心砖、蒸压蒸养砖、混凝土小型砌块、石膏砌块等的生产工艺、技术性质、性能特点与应用。

（4）建筑用复合墙板的种类、性能特点与应用。

练 习 题

一、填空题

1. 目前所用的墙体材料有_____、_____和_____三大类。
2. 烧结普通砖的外形为直角六面体，其标准尺寸是_____。
3. 烧结多孔砖主要用于_____，砌筑时要求孔洞方向_____承压面；烧结空心砖主要用于_____，使用时孔洞方向_____承压面。
4. 根据生产工艺不同，砌墙砖分为_____和_____。
5. 烧结普通砖产品名称的英文缩写是_____，蒸压加气混凝土砌块名称代号是_____。
6. 蒸压加气混凝土砌块按抗压强度分为_____、_____、_____、_____、_____五个级别，按干密度分为_____、_____、_____、_____、_____五个级别，强度级别_____和干密度级别_____适用于建筑保温。
7. 蒸压加气混凝土砌块按尺寸偏差分为_____和_____，_____适用于薄灰缝砌筑，_____适用于厚灰缝砌筑。

二、选择题（不定项选择）

1. 烧结普通砖的强度等级是按（　　）来评定的。
   A. 抗压强度及抗折强度
   B. 大面及条面抗压强度
   C. 抗压强度平均值及单块最小抗压强度值
   D. 抗压强度平均值及强度标准值
2. 黏土砖在砌筑墙体前一定要经过浇水润湿，其目的是（　　）。
   A. 把砖冲洗干净　　　　　　　　B. 保证砌筑砂浆的稠度
   C. 增加砂浆对砖的胶结力　　　　D. 减少砌筑砂浆的用水量
3. 检验烧结普通砖的强度等级，需取（　　）块试样进行试验。
   A. 1　　　　　B. 5　　　　　C. 10　　　　　D. 15

4. 砌筑有保温要求的非承重墙时，宜选用（　　）。
   A. 混凝土砖　　　　　　　　　　B. 烧结多孔砖
   C. 烧结空心砖　　　　　　　　　D. A + B

5. 高层建筑安全通道的墙体（非承重墙）应选用的材料是（　　）。
   A. 普通黏土烧结砖　　　　　　　B. 烧结空心砖
   C. 加气混凝土砌块　　　　　　　D. 石膏空心条板

6. 隔热要求高的非承重墙体应优先选用（　　）。
   A. 加气混凝土　　B. 烧结多孔砖　　C. 普通混凝土板　　D. 膨胀珍珠岩板

7. 红砖在砌筑前，一定要进行浇水湿润，目的是（　　）。
   A. 把红砖冲洗干净　　　　　　　B. 保证砌筑时，砌筑砂浆的稠度
   C. 增加砂浆对砖的胶结力　　　　D. 减少砌筑砂浆的用水量

8. 砌 $1m^3$ 的砖砌体，需用烧结普通砖的数量是（　　）块。
   A. 488　　　　　B. 512　　　　　C. 546　　　　　D. 584

9. 烧结普通砖在墙体中广泛应用，主要是由于其具有下述除（　　）外的性能特点。
   A. 一定的强度　　B. 高强　　　　C. 耐久性较好　　D. 隔热性较好

10. 以下对于蒸压加气混凝土砌块的描述，正确的是（　　）。
    A. 孔隙率大，表观密度约为烧结黏土砖的 1/3
    B. 保温隔热性能好
    C. 隔声性能好、抗震性强、耐火性好、易于加工、施工方便
    D. 因为蒸压加气混凝土砌块的孔隙率大，所以其吸水性极强，而且导湿快
    E. 干燥收缩较大，在砌筑时要严格控制砌块的含水率

三、简答题

1. 烧结普通砖有哪些优点和缺点？主要用途有哪些？
2. 烧结空心砖和烧结多孔砖有何区别？试述各自的用途。
3. 烧结普通砖、蒸压加气混凝土砌块如何进行产品标记？
4. 试述常用的复合墙板有哪些？各自有什么特点？

四、计算题

现有一批烧结粉煤灰普通砖，经抽样测定其抗压强度，试验结果见表 6-12，试评定该砖的强度等级。

表 6-12

砖编号	1	2	3	4	5	6	7	8	9	10
受压面尺寸（mm×mm）	115×113	115×111	115×112	115×112	115×114	115×113	115×114	115×113	115×112	115×112
破坏荷载（kN）	251	260	222	204	240	253	199	263	220	238

任务 烧结普通砖及蒸压加气混凝土砌块检测

任务情境

某大学教学楼工程，±0.000以下围护结构砌筑采用某新型墙体材料厂生产的烧结粉煤灰普通砖，±0.000以上填充墙砌筑采用某粉煤灰综合利用公司生产的蒸压加气混凝土砌块。依照《烧结普通砖》（GB/T 5101—2017）、《砌墙砖试验方法》（GB/T 2542—2012）、《蒸压加气混凝土砌块》（GB/T 11968—2020）、《蒸压加气混凝土性能试验方法》（GB/T 11969—2020），对一批烧结普通砖和一批蒸压加气混凝土砌块进行进场委托检测，委托检测信息见表6-13。填写烧结普通砖、蒸压加气混凝土砌块的检测记录表，并完成烧结普通砖、蒸压加气混凝土砌块检验报告。

烧结普通砖及蒸压加气混凝土砌块委托检测信息　　　　　表6-13

材料名称	规格尺寸（mm×mm×mm）	等级	进场数量	检测项目
烧结粉煤灰普通砖	240×115×53	MU20	5万块	抗压强度
蒸压加气混凝土砌块	600×300×200（Ⅰ）	A3.5　B06	1100块	干密度 抗压强度

一、烧结普通砖抗压强度检测

1. 取样

烧结普通砖按（3.5～15）万块为一检验批，不足3.5万块亦按一批计。本次任务中，烧结普通砖进场数量为5万块，可按1个检验批计。

用随机抽样法在进场产品堆垛中抽取外观质量合格的样品10块做抗压强度试验。

2. 试样制备

（1）将砖样锯成两个半截砖，两个半截砖用于叠合部分的长不得小于100mm（图6-17）；如果不足100mm，应另取备用试样补足。

（2）将已切割开的半截砖放入室温的净水中浸20～30min后取出，在铁丝网架上滴水20～30min，以断口相反方向装入制样模具中。用插板控制两个半砖间距不大于5mm，砖大面与模具间距不大于3mm，砖断面、顶面与模具间垫以橡胶垫或其他密封材料，模具内表面涂油或脱模剂。制样模具及插板如图6-18所示。

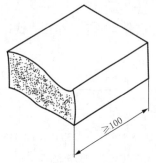

图6-17 烧结普通砖半截砖长度示意图（尺寸单位：mm）

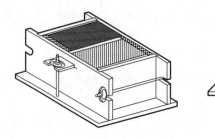

图6-18 一次成型制样模具及插板

（3）将净浆材料按照配制要求，置于搅拌机中搅拌均匀。

（4）将装好试样的模具置于振动台上，加入适量搅拌均匀的净浆材料，振动 0.5~1min，停止振动，静置至净浆材料达到初凝时间后拆模。

（5）将制好的试件置于不低于 10℃的不通风室内养护 4h 后进行抗压强度试验。

3. 主要仪器及标准材料

（1）材料试验机：试验机的示值相对误差不超过±1%，其上、下加压板至少应有一个球铰支座，预期最大破坏荷载应在量程的 20%~80%之间。

（2）钢直尺：分度值不大于 1mm。

（3）振动台、制样模具、搅拌机：符合《砌墙砖抗压强度试样制备设备通用要求》（GB/T 25044—2010）的要求。

（4）切割设备。

（5）抗压强度试验用净浆材料：符合《砌墙砖抗压强度试验用净浆材料》（GB/T 25183—2010）的要求。

4. 试验步骤

测量每个试件的连接面或受压面的长度L和宽度B尺寸各两个，分别取其算术平均值，精确至 1mm；将试件平放在加压板的中央，垂直于受压面匀速加压，加荷速度以$(5±0.5)$kN/s，直至试件破坏，记录最大破坏荷载P。

5. 结果计算及评定

（1）每块试件的抗压强度按式(6-3)计算：

$$R_p = \frac{P}{L \times B} \tag{6-3}$$

式中：R_p——单块砖样抗压强度（MPa），精确至 0.1MPa；

P——最大破坏荷载（N）；

L——受压面（连接面）长度（mm）；

B——受压面（连接面）宽度（mm）。

烧结普通砖抗压强度检测记录

烧结普通砖抗压强度检验报告

（2）结果评定：分别按式(6-1)和式(6-2)计算出强度标准差s和强度标准值f_k。按表 6-1 评定烧结普通砖的强度等级。填写烧结普通砖的检测记录表，并完成烧结普通砖检验报告。

二 蒸压加气混凝土砌块干密度和抗压强度检测

1. 取样

蒸压加气混凝土砌块按同品种、同规格、同等级的砌块，以 30000 块为一批，不足 30000 块亦按一批计。本次任务中，蒸压加气混凝土砌块进场数量为 1100 块，可按 1 个检验批计。

从外观质量和尺寸偏差合格的样品中随机抽取 6 块砌块制作试件，进行干密度（3 组）和抗压强度试验（3 组）。

2. 试件制备

（1）试件的制备采用机锯。锯切时不应将试件弄湿。

（2）试件应沿制品发气方向中心部分上、中、下顺序锯取一组，"上"块的上表面距离制品顶面30mm，"中"块在制品正中处，"下"块的下表面距离制品底面30mm。

（3）试件逐块编号，从同一块试样中锯切出的试件为同一组试件，以"Ⅰ、Ⅱ、Ⅲ…"表示组号；当同一组试件有上、中、下位置要求时，以下标"上、中、下"注明试件锯取的位置；当同一组试件没有位置要求时，则以下标"1、2、3…"注明，以区别不同试件；平行试件（与试件在同一块试样中同时锯切用于对比或留存的另一组试件）以"Ⅰ、Ⅱ、Ⅲ…"加注上标"+"以示区别。试件以"↑"标明发气方向。试件锯取部位如图6-19所示。

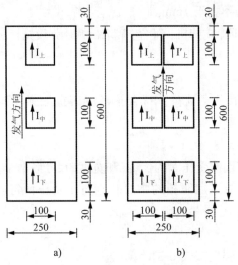

图6-19 蒸压加气混凝土砌块试件锯取示意图
a) 干密度试件；b) 抗压强度试件

3. 主要仪器和试验室

（1）材料试验机：精度不低于±2%，预期最大破坏荷载应在量程的20%～80%之间。

（2）电热鼓风干燥箱：最高温度200℃。

（3）钢直尺：规格为300mm，分度值为1mm。

（4）游标卡尺或数显卡尺：规格为300mm，分度值为0.1mm。

（5）托盘天平或磅秤：称量2000g，感量0.1g。

（6）试验室：室温(20±5)℃。

4. 试验步骤

（1）干密度试验：取试件1组3块，逐块量取长、宽、高三个方向的轴线尺寸，精确至0.1mm，计算试件的体积V；称取试件质量M，精确至1g；将试件放入电热鼓风干燥箱内，在(60±5)℃下保持续24h，然后在(80±5)℃下保持24h，再在(105±5)℃下烘干至恒质量M_0（恒质量指在烘干过程中间隔4h，前后两次质量差不超过2g）。

（2）抗压强度试验：取100mm×100mm×100mm立方体试件1组3块，测量试件的尺寸，精确至0.1mm，并计算试件的受压面积A_i；将试件放在试验机的下压板的中心位置，试件的受压方向应垂直于制品的发气方向；开动试验机，当上压板与试件接近时，调整球座，使其接触均衡；以(2.0±0.5)kN/s的速度连续而均匀地加荷，直至试件破坏，记录破坏荷载P_i。

5. 结果计算及评定

（1）单块试件干密度按式(6-4)计算：

$$r_0 = \frac{M_0}{V} \times 10^6 \tag{6-4}$$

式中：r_0——单个试件干密度（kg/m³）；

M_0——试件烘干后质量（g）；

V——试件体积（mm³）。

（2）单块试件抗压强度按式(6-5)计算：

$$f_{cc} = \frac{P_i}{A_i} \tag{6-5}$$

式中：f_{cc}——单块试件的抗压强度（MPa）；

P_i——最大破坏荷载（N）；

A_i——试件受压面积（mm²）。

（3）结果评定：计算每组试件干密度的算术平均值，精确至 1kg/m³；计算每组试件抗压强度的算术平均值，精确至 0.1MPa；以 3 组抗压强度试件测定结果判定抗压强度级别，以 3 组干密度试件测定结果判定干密度级别；抗压强度平均值和最小值、干密度平均值均符合表 6-7 的规定，判定该批砌块抗压强度和干密度合格，否则为不合格。填写蒸压加气混凝土砌块的检测记录表，并完成蒸压加气混凝土砌块检验报告。

蒸压加气混凝土砌块干密度、抗压强度检测记录

蒸压加气混凝土砌块干密度、抗压强度检验报告

第七章 建筑钢材

职业能力目标

通过对建筑钢材化学性质、主要技术性能的学习，学生应初步具有对建筑钢材技术指标进行试验检测的能力，具有正确鉴别钢材质量和选择钢材的能力。

知识目标

掌握建筑钢材的主要技术性能（包括强度、冷弯性能、冲击韧性），检测方法及影响因素；掌握钢材冷加工、时效的原理、目的及应用；熟悉建筑钢材常用品种、牌号、技术性能、选用与防护等方面的知识；了解建筑钢材的组成、结构、构造与其性能之间的关系；了解钢材的腐蚀原理、防护和防火措施。

思政目标

由我国综合国力的增强、钢材的工程应用及发展引入思政元素一，培养学生的爱国主义情怀；由钢材技术指标的试验检测，引入思政元素二，引导学生树立规范意识、安全意识，培养学生的团队合作精神及科学严谨、精益求精的职业精神；由建筑工程结构用钢材的工程实例，引入思政元素三，培养学生的责任担当意识和大国工匠精神。

第一节 钢材的基本知识

钢材是三大基本建筑材料之一。现代建筑工程中大量使用的钢材主要有两类：一类是钢筋混凝土用钢材，如钢筋、钢丝、钢绞线等，与混凝土共同构成受力构件，如图7-1所示；另一类是钢结构用的各种型材，如圆钢、角钢、工字钢等，充分利用其轻质高强的优点，用于建造大跨度或超高层建筑，如图7-2所示。

钢材具有较高的强度、良好的塑性和韧性，能承受冲击和振动荷载；可焊接或铆接，易于加工和装配，因此在建筑工程中被广泛应用。但是，钢材也存在易锈蚀及耐火性差等缺点，所以使用时要加以保护。

钢结构工程实例　钢的冶炼

图 7-1 钢筋混凝土结构用钢筋

图 7-2 钢结构桥梁

一、钢的分类

（一）按化学成分分类

钢是以铁为主要元素，含碳量为 0.02%～2.06%，并含有其他元素的铁碳合金。钢按化学成分可分为碳素钢和合金钢两大类。

1. 碳素钢

碳素钢指含碳量为 0.02%～2.06% 的铁碳合金。碳素钢根据含碳量可分为：低碳钢，含碳量 < 0.25%；中碳钢，含碳量为 0.25%～0.6%；高碳钢，含碳量 > 0.6%。

2. 合金钢

合金钢是在碳素钢中加入某些合金元素（锰、钒、钛等）制成的，这些合金元素可改善钢的性能或使其获得某些特殊性能。合金钢按掺入合金元素的总量可分为：低合金钢，合金元素总含量 < 5%；中合金钢，合金元素总含量为 5%～10%；高合金钢，合金元素总含量 > 10%。

（二）按质量分类

普通钢，含硫量 ≤ 0.050%，含磷量 ≤ 0.045%；优质钢，含硫量 ≤ 0.035%，含磷量 ≤ 0.035%；高级优质钢，含硫量 ≤ 0.025%，含磷量 ≤ 0.025%。

（三）按用途分类

结构钢，用于建造各种工程结构（如桥梁、船舶、建筑等）和机械零件，这类钢一般属于低碳钢和中碳钢；工具钢，用于制作刀具、量具、模具等，这类钢一般属于高碳钢；特殊钢，具有特殊用途或具有特殊的物理、化学性质的钢，如不锈钢、耐酸钢、耐热钢、磁钢等。钢的用途如图 7-3 所示。

图 7-3 各种用途钢

（四）按炼钢过程中脱氧程度不同分类

沸腾钢，代号为 F，是脱氧不充分的钢，浇铸后在钢水冷却时有大量的一氧化碳气体逸出，引起钢水剧烈沸腾，故称沸腾钢；镇静钢，代号为 Z，是脱氧充分的钢，浇铸后钢水平静地冷却凝固，故称镇静钢；特殊镇静钢，代号为 TZ，是比镇静钢脱氧程度还要充分、彻底的钢，质量最好，适用于特殊或重要的结构工程。

目前，在建筑工程中常用的钢种是普通碳素结构钢和普通低合金结构钢。

二 钢的化学成分对钢材的影响

用生铁冶炼钢材时，经过一定的工艺处理后，钢材中除含有主要元素铁和碳外，还有少量硅、锰、磷、硫、氧、氮等难以除净的化学元素。另外，在生产合金钢的工艺中，为了改善钢材的性能，还特意加入一些化学元素，如锰、硅、钒、钛等。这些元素根据对钢材性能的影响可分为两类：一类能改善钢材的性能，称为合金元素，主要有硅、锰、钛、钒、铌等；另一类能劣化钢材的性能，属于钢材的杂质元素，主要有氧、硫、氮、磷等。

1. 碳

碳是决定钢材性能的主要元素。钢材随含碳量的增加，强度和硬度相应提高，而塑性和韧性相应降低。当含碳量超过 1% 时，因钢材变脆，强度反而下降。此外，含碳量增加，还将使钢材的冷弯性、焊接性及耐锈蚀性下降，并增加钢材的冷脆性和时效敏感性。建筑工程用钢材的含碳量一般不大于 0.8%。含碳量对热轧碳素钢性能的影响如图 7-4 所示。

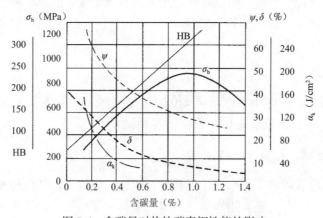

图 7-4　含碳量对热轧碳素钢性能的影响

σ_b-抗拉强度；α_k-冲击韧性；δ-伸长率；ψ-断面收缩率；HB-硬度

2. 硅

硅是作为脱氧剂存在于钢材中的，是钢材中的有益元素。硅是钢的主要合金元素，含量小于 1% 时，能提高钢材的强度，且对塑性和韧性没有明显影响。硅含量超过 1% 时，冷脆性增加，可焊性变差。

3. 锰

锰是在炼钢时为了脱氧去硫而加入的元素。锰是低合金结构钢的主要合金元素，含量一般在 1%～2%，其作用主要是提高强度，还能消除硫和氧引起的热脆，改善热加工性质。

4. 硫

硫是钢材的有害元素。硫和铁化合成硫化铁，散布在纯铁体层中，当温度为 800~1200℃时熔化而使钢材出现裂纹，即"热脆"现象，使钢的焊接性变差。硫还能降低钢的塑性和冲击韧性。

5. 磷

磷是钢材的有害元素。磷含量增加，钢材的强度、屈强比、硬度均提高，而塑性和韧性显著降低。磷的存在，使钢材在低温时韧性降低并容易产生脆性破坏，即"冷脆"现象。磷的优点是可以提高钢材的耐磨性和耐腐蚀性，在低合金钢中可配合其他元素作为合金元素使用。

6. 氧

氧是在炼钢过程中进入钢液的，是有害元素。氧含量增加，会显著降低钢材的塑性、韧性、冷弯性及焊接性等。氧的存在会造成钢材的"热脆"。

7. 氮

氮对钢材性能的影响与碳、磷相似。氮含量增加，钢材的强度提高，塑性、韧性显著下降。氮可加剧钢材的时效敏感性和冷脆性，降低可焊性等。

8. 钛、钒、铌

钛、钒、铌均是钢的脱氧剂，是合金钢常用的合金元素，可改善钢的组织、细化晶粒，改善韧性，显著提高强度。

第二节 建筑钢材性能

建筑钢材作为主要的受力结构材料，不仅需要具有一定的力学性能，同时也要具有一定的工艺性能。力学性能是钢材最重要的使用性能，主要包括拉伸性能、塑性、韧性及硬度等。工艺性能表示钢材在各种加工过程中表现出的性能，包括冷弯性能和焊接性能等。

一、力学性能

（一）拉伸性能

拉伸性能是建筑用钢材的重要性能。钢材有较高的拉伸性能。

钢材受拉时，在产生应力的同时，相应地产生应变。应力和应变关系曲线反映出钢材的主要力学特征。以低碳钢的应力-应变曲线为例（图 7-5），低碳钢从开始受力至拉断可分为 4 个阶段：弹性阶段（OA）、屈服阶段（AB）、强化阶段（BC）、颈缩阶段（CD）。

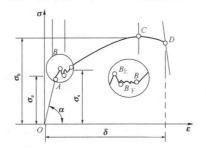

图 7-5 低碳钢受拉的应力-应变曲线

1. 弹性阶段

图中OA段，应力与应变成正比。此时若卸去外力，试件能恢复到原来的形状。A点对应的应力值称为弹性极限，用σ_e表示。应力与应变的比值为常数，称为弹性模量，用E表示，$E = \sigma/\varepsilon$，单位为MPa。弹性模量反映钢材的刚度，是计算结构受力变形的重要指标，建筑工程中常用钢材的弹性模量为$(2.0 \sim 2.1) \times 10^5$MPa。

弹性模量

2. 屈服阶段

当应力超过A点后，应力和应变失去线性关系，此时应变迅速增长，而应力增长滞后于应变增长，出现塑性变形，这种现象称为屈服。一般取波动应力相对稳定的$B_下$点对应的应力作为材料的屈服强度（$B_下$点又称屈服点），用σ_s表示。

对于屈服现象不明显的钢材，如高碳钢，规范规定卸载后残余应变为0.2%时对应的应力值作为屈服强度，用$\sigma_{0.2}$表示，如图7-6所示。

钢材受力大于屈服强度后，会出现较大的塑性变形，已不能满足使用要求，因此屈服强度σ_s是建筑设计中钢材强度取值的依据，是工程结构计算中非常重要的一个参数。

屈服强度

3. 强化阶段

当应力超过屈服强度后，由于钢材内部晶格扭曲、晶粒破碎等，阻止了塑性变形的进一步发展，钢材抵抗外力的能力重新提高，如图7-5中的BC段，称为强化阶段。对应于最高点C点的应力称为极限抗拉强度，简称抗拉强度，用σ_b表示。

σ_b是钢材受拉时所能承受的最大应力值。屈服强度与抗拉强度的比值称为屈强比σ_s/σ_b，反映钢材的利用率和结构安全可靠程度。屈强比越小，其结构的安全可靠程度越高，但屈强比过小，又说明钢材强度的利用率偏低，造成钢材浪费，建筑结构合理的屈强比为$0.6 \sim 0.75$。

4. 颈缩阶段

钢材受力达到C点后，试件薄弱处的断面将显著减小，塑性变形急剧增加，产生"颈缩"现象而断裂，如图7-7所示。

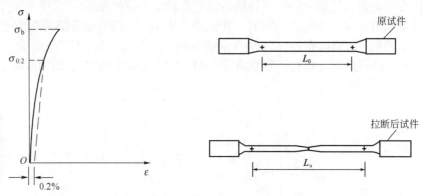

图7-6 中碳钢、高碳钢的应力-应变曲线　　图7-7 试件拉伸前和断裂后标距的长度

塑性是钢材的一个重要性能指标，通常用断后伸长率A表示。按式(7-1)计算：

$$A = \frac{L_u - L_0}{L_0} \times 100\% \qquad (7\text{-}1)$$

式中：A——断后伸长率；

L_u——试件拉断后的标距间的长度（mm）；

L_0——试件原标距间的长度（mm）。

伸长率 A 是评定钢材塑性的指标，A 越大，表示钢材的塑性越好。钢材拉伸试件标距通常取 $L_0 = 5d_0$ 或 $L_0 = 10d_0$（d_0 为试件横截面直径），其伸长率分别以 A_5 和 A_{10} 表示。对于同一种钢材，$A_5 > A_{10}$。

动画：钢筋拉伸试验

（二）冲击韧性

冲击韧性是指钢材抵抗冲击荷载作用而不被破坏的能力。冲击韧性指标是通过冲击试验确定的，如图 7-8 所示。以摆锤冲击试件，试件冲断时缺口处单位面积上所消耗的功即为冲击韧性指标，用 α_k 表示。α_k 值越大，钢材的冲击韧性越好。

冲击试验机

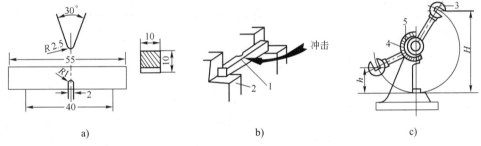

图 7-8　冲击韧性试验图（尺寸单位：mm）

a) 试件尺寸；b) 试验装置；c) 试验机

1-试件；2-试验台；3-摆锤；4-刻度盘；5-指针；H-摆锤扬起高度；h-摆锤向后摆动高度

钢材的化学成分、内在缺陷、加工工艺及环境温度都会影响钢材的冲击韧性。

1. 钢材的化学组成与组织状态

钢材中硫、磷的含量高时，冲击韧性显著降低。细晶粒结构比粗晶粒结构的冲击韧性要高。

2. 钢材的轧制与焊接质量

沿轧制方向取样的冲击韧性高；焊接钢件处形成的热裂纹及晶体组织的不均匀，会使 α_k 显著降低。

3. 环境温度

当温度较高时，冲击韧性较大。试验表明，冲击韧性随温度的降低而下降，其规律是：开始时下降较平缓，当达到一定温度范围时，冲击韧性会突然下降很多而呈现脆性，这种现象称为钢材的冷脆。发生冷脆的温度范围，称为脆性转变温度范围。钢材冲击韧性随温度变化如图 7-9 所示

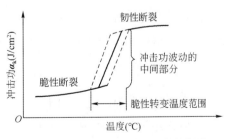

图 7-9　钢材冲击韧性随温度变化图

示。其数值越低，说明钢材的低温冲击性能越好。所以在负温下使用的结构，应当选用脆性转变温度较工作温度低的钢材。对于直接承受动荷载而且可能在负温下工作的重要结构，必须进行钢材的冲击韧性检验。

（三）疲劳强度

钢材在承受交变荷载反复作用时，可能在远低于屈服强度时突然发生破坏，这种破坏称为疲劳破坏。钢材疲劳破坏的指标即疲劳强度。试件在交变应力作用下，不发生疲劳破坏的最大应力值即为疲劳强度。一般把钢材承受交变荷载 $10^6 \sim 10^7$ 次时不发生破坏的最大应力作为疲劳强度。在设计承受反复荷载且须进行疲劳验算的结构时，应当了解所用钢材的疲劳强度。

钢材的疲劳破坏往往是由拉应力引起的，首先在局部形成微细裂纹，其后由于裂纹尖端处产生应力集中而使裂纹迅速扩张，直到钢材断裂。因此，钢材内部成分缺陷和夹杂物的多少以及最大应力处的表面粗糙程度、加工损伤等，都是影响钢材疲劳强度的因素。疲劳破坏经常是突然发生的，因而具有很大的危险性，往往造成严重事故。

钢材屈服与疲劳破坏

洛氏硬度机

（四）硬度

金属材料抵抗硬物压入表面的能力称为硬度，通常与材料的抗拉强度有一定关系。目前测定钢材硬度的方法很多，常用的有洛氏硬度法（HRC）和布氏硬度法（HB），如图 7-10 所示。

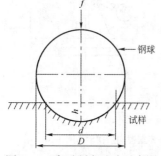

图 7-10　布氏硬度试验示意图
D-球形压头直径；d-压痕凹陷直径；
h-压痕凹陷深度

一般来说，材料的强度越高，抵抗塑性变形的能力越强，硬度值也就越大。有试验证明：当低碳钢的布氏硬度值小于 175 时，其抗拉强度与布氏硬度的经验关系为：

$$\sigma_b = 3.6 \text{HB} \tag{7-2}$$

根据这一关系，可以直接在钢结构上测出钢材的 HB 值，并估算该钢材的抗拉强度值。

工艺性能

良好的工艺性能，可以保证钢材顺利进行各种加工，而使钢材制品的质量不受影响。建筑钢材主要的工艺性能有冷弯性能、冷拉性能、冷拔性能和焊接性能等。

（一）冷弯性能

冷弯性能是指钢材在常温下抵抗弯曲变形的能力。按规定的弯曲角度 α 和弯心直径 d 弯曲钢材后，通过检查弯曲处的外面和侧面有无裂纹、起层或断裂等现象进行评定。冷弯试验如图 7-11 所示。

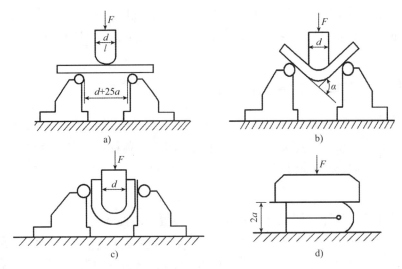

图 7-11　钢筋冷弯试验示意图

a) 试件安装；b) 弯曲 90°；c) 弯曲 180°；d) 弯曲至两面重合

弯曲角度 $α$ 越大，弯心直径与试件厚度（或直径）的比值（d/a）越小，则表明冷弯性能越好，如图 7-12 所示。

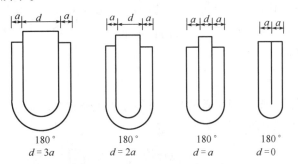

图 7-12　钢材冷弯规定弯心直径

动画：钢材冷弯试验

冷弯性和伸长率都是评定钢材塑性的指标，而冷弯试验对钢材的塑性评定比拉伸试验更严格，更有助于揭示钢材是否存在内部组织不均匀、内应力和夹杂物等缺陷，并且能揭示焊件在受弯表面存在未熔合、微裂纹及夹杂物等缺陷。

钢材弯曲试验机

（二）焊接性能

焊接是各种型钢、钢板、钢筋的重要连接方式。建筑工程的钢结构有 90% 以上是焊接结构。焊接质量取决于焊接工艺、焊接材料及钢材本身的焊接性能。焊接性能好的钢材，焊接后的焊头牢固，硬脆倾向小，强度不低于原有钢材。

钢材焊接性能主要受钢的化学成分及其含量的影响。碳含量高将增加焊接接头的硬脆性，碳含量小于 0.25% 的碳素钢具有良好的焊接性；硫含量高会使焊接处产生热裂纹，出现热脆；杂质含量增加，也会降低焊接性；其他元素（如硅、锰、钒）也会增大焊接的脆性倾向，降低焊接性。

钢筋焊接应注意的问题是：冷拉钢筋的焊接应在冷拉之前进行；焊接部位应清除铁锈、熔渣、油污等；应尽量避免不同国家的进口钢筋之间或进口钢筋与国产钢筋之间的焊接。

（三）钢材的冷加工、时效及热处理

将钢材在常温下进行冷拉、冷拔或冷轧使其产生塑性变形，从而提高屈服强度，降低塑性和韧性，称为冷加工。土木工程中大量使用的钢筋，往往同时采用冷加工和时效处理。常用的冷加工方法是冷拉和冷拔。

1. 冷拉

冷拉是将钢筋拉至超过屈服点任一点处，然后缓慢卸去荷载，则当再度加载时，其屈服强度将有所提高，而其塑性变形能力将有所降低。钢筋经冷拉后，一般屈服强度可提高 20%～25%。为了保证冷拉钢材质量，而不使冷拉钢筋脆性过大，冷拉操作应采用双控法，即控制冷拉率和冷拉应力。若冷拉至控制应力而未超过控制冷拉率，则属合格；若达到控制冷拉率，未达到控制应力，则钢筋应降级使用。

钢筋冷拉

低温、冲击荷载作用下冷拉钢筋会发生脆断，所以不宜使用。实践中，可将冷拉、除锈、调直、切断合并为一道工序，这样既简化了工艺流程，提高了效率，又可节约钢材，是钢筋冷加工的常用方法。

2. 冷拔

冷拔是在常温下，将光圆钢筋通过截面直径小于钢筋直径的拔丝模，同时受拉伸和挤压作用，以提高钢筋屈服强度，如图 7-13 所示。

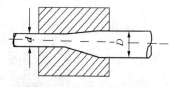

图 7-13　钢筋冷拔示意图
d—截面直径；D—钢筋直径

冷拔比冷拉作用强烈，在冷拔过程中，钢筋不仅受拉，同时还受到挤压作用，经过一次或数次的冷拔后得到的冷拔低碳钢丝，其屈服强度可提高 40%～60%，但同时失去软钢的塑性和韧性，具有硬钢的特点。对于直接承受动荷载作用的构件，如吊车梁、受振动荷载的楼板等，在无可靠试验或实践经验时，不宜采用冷拔钢丝预应力混凝土构件；处于侵蚀环境或高温下的结构，不得采用冷拔钢丝预应力混凝土构件。

钢筋冷拔机

3. 冷轧

将圆钢在轧钢机上轧出肋或棱，可增大钢筋与混凝土间的黏结力。钢筋在冷轧时，纵向与横向同时产生变形，因而能较好地保持其塑性和内部结构均匀性。

冷轧钢筋

钢筋采用冷加工强化具有明显的经济效益。经过冷加工的钢材，可适当减小钢筋混凝土结构设计截面，或减小混凝土中配筋数量，从而达到节约钢材的目的。钢

筋冷拉还有利于简化施工工序。冷拉盘条钢筋可省去开盘和调直工序；冷拉直条钢筋则可与矫直、除锈等工序一并完成。但是，冷拔钢丝的屈强比较大，相应的安全储备较小。

4. 时效

钢材经冷加工后，在常温下存放 15～20d，或加热到 100～200℃并保持 2h 左右，钢材屈服强度和抗拉强度进一步提高，而塑性和韧性逐渐降低，这个过程称为时效。前者为自然时效，后者为人工时效。

如图 7-14 所示，经冷加工和时效后，钢筋的应力-应变曲线为 $O'K_1C_1D_1$，此时屈服强度点 K_1 和抗拉强度点 C_1 均较时效前有所提高。一般强度较低的钢材采用自然时效，而强度较高的钢材则采用人工时效。

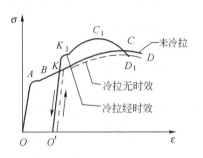

图 7-14　钢筋冷拉时效后应力-应变曲线

因时效而导致钢材性能改变的程度称为时效敏感性。时效敏感性大的钢材，经时效后，其韧性、塑性改变较大。因此，对受动荷载作用的钢结构，如锅炉、桥梁、钢轨和吊车梁等，为了避免其突然脆性断裂，应选用时效敏感性小的钢材。

5. 热处理

将钢材按一定规则加热、保温和冷却，获得需要性能的工艺过程称为热处理。热处理的方法有：退火、正火、淬火和回火。建筑工程所用钢材一般只在生产厂进行热处理，并以热处理状态供应。在施工现场，有时需对焊接钢材进行热处理。

【工程实例 7-1】　钢材的低温冷脆性

【现　　象】　"泰坦尼克号"于 1912 年 4 月 14 日夜晚，在加拿大纽芬兰岛大滩以南约 150km 的海面上与冰山相撞后，船的右舷被撕开长 91.5m 的口子。

【原因分析】　钢材在低温下会变脆，在极低的温度下甚至像陶瓷那样经不起冲击和振动。当低于脆性转变温度时钢材的断裂韧度很低，因此对裂纹的存在很敏感，在受力不大的情况下，便导致裂纹迅速扩展，造成断裂事故。

第三节　建筑工程常用钢材的品种与应用

建筑钢材可分为钢结构用型钢和混凝土结构用钢筋两大类。型钢和钢筋的性能主要取决于所用钢种及其加工方式。

一　建筑常用钢种

（一）碳素结构钢

1. 牌号

根据《碳素结构钢》（GB/T 700—2006）的规定，碳素结构钢牌号由代表屈服强度的字母（Q）、屈服强度数值（MPa）、质量等级符号、脱氧程度符号等四部分按顺序组成。其中，屈服强度的数值共分 195MPa、215MPa、235MPa 和 275MPa 四种；质量等级以硫、磷等杂质含量由多到少，分为 A、B、C、D 四个等级；按照脱氧程度不同分为沸腾钢（F）、镇静钢（Z）、特殊镇静钢（TZ），Z 和 TZ 在牌号表示法中予以省略。

例如：Q235AF 表示屈服强度为 235MPa 的 A 级沸腾钢，Q275B 表示屈服强度为 275MPa 的 B 级镇静钢。

钢材随着牌号的增大，含碳量增加，强度提高，塑性和韧性降低，冷弯性能变差。同一钢号内质量等级越高，钢材的质量越好。

2．技术性能

根据《碳素结构钢》（GB/T 700—2006）的规定，碳素结构钢的化学成分、力学性质、冷弯性能应符合表 7-1～表 7-3 的规定。

碳素结构钢的化学成分（GB/T 700—2006） 表 7-1

牌号	统一数字代号[a]	等级	厚度或直径（mm）	脱氧方法	化学成分（质量分数）(%)，不大于				
					C	Si	Mn	P	S
Q195	U11952	—	—	F、Z	0.12	0.30	0.50	0.035	0.040
Q215	U12152	A	—	F、Z	0.15	0.35	1.20	0.045	0.050
	U12155	B							0.045
Q235	U12352	A	—	F、Z	0.22	0.35	1.40	0.045	0.050
	U12355	B		F、Z	0.20[b]			0.045	0.045
	U12358	C		Z	0.17			0.040	0.040
	U12359	D		TZ				0.035	0.035
Q275	U12752	A	—	F、Z	0.24	0.35	1.50	0.045	0.050
	U12755	B	≤40	Z	0.21			0.045	0.045
			>40	Z	0.22				
	U12758	C		Z	0.20			0.040	0.040
	U12759	D		TZ				0.035	0.035

注：a. 表中为镇静钢、特殊镇静钢牌号的统一数字，沸腾钢牌号的统一数字代号如下：
　　Q195F——U11950；
　　Q215AF——U12150，Q215BF——U12153；
　　Q235AF——U12350，Q235BF——U12353；
　　Q275AF——U12750。
　　b. 经需方同意，Q235B 的碳含量可不大于 0.22%。

第七章 建筑钢材

碳素结构钢拉伸性能（GB/T 700—2006）

表 7-2

牌号	等级	屈服强度 $^a R_{eH}$（MPa），不小于						抗拉强度 $^b R_m$（MPa）	断后伸长率 A（%），不小于					冲击试验（V 型缺口）	
		厚度（或直径）（mm）							厚度（或直径）（mm）					温度（℃）	冲击吸收功（纵向）（J），不小于
		≤16	>16~40	>40~60	>60~100	>100~150	>150~200		<40	>40~60	>60~100	>100~150	>150~200		
Q195	—	195	185	—	—	—	—	315~430	33	—	—	—	—	—	—
Q215	A	215	205	195	185	175	165	335~450	31	30	29	27	26	—	—
	B													+20	27
Q235	A	235	225	215	215	195	185	370~500	26	25	24	22	21	—	—
	B													+20	27^c
	C													0	
	D													-20	
Q275	A	275	265	255	245	225	215	410~540	22	21	20	18	17	—	—
	B													+20	27
	C													0	
	D													-20	

注：a. Q195 的屈服强度值仅供参考，不作交货条件。
b. 厚度大于 100mm 的钢材，抗拉强度下限允许降低 20MPa。宽带钢（包括剪切钢板）抗拉强度上限不作交货条件。
c. 厚度小于 25mm 的 Q235B 级钢材，如供方能保证冲击吸收功值合格，经需方同意，可不做检验。

碳素结构钢冷弯性能指标（GB/T 700—2006）　　表 7-3

牌号	试样方向	冷弯试验 180° $B=2a^a$	
		钢材厚度（或直径）[b]（mm）	
		≤60	>60~100
		弯心直径 d	
Q195	纵	0	—
	横	0.5a	—
Q215	纵	0.5a	1.5a
	横	a	2a
Q235	纵	a	2a
	横	1.5a	2.5a
Q275	纵	1.5a	2.5a
	横	2a	3a

注：a. B 为试样宽度，a 为试样厚度（或直径）。
　　b. 钢材厚度（或直径）大于 100mm 时，弯曲试验由双方协商确定。

3. 选用

碳素结构钢随牌号的增大，含碳量增加，强度和硬度相应提高，而塑性和韧性则降低，冷弯性能变差。碳素结构钢由于其综合性能好，且成本低，目前在建筑工程中广泛应用。其中应用最广泛的是 Q235 钢，由于该牌号钢既具有较高的强度，又具有较好的塑性和韧性，焊接性也好，因此能较好地满足一般钢结构和钢筋混凝土结构的用钢要求。

Q195 钢强度不高，塑性、韧性、加工性能与焊接性能较好，主要用于轧制薄板和盘条等。

Q215 钢与 Q195 钢基本相同，其强度稍高，大量用作管坯、螺栓等。

Q235 钢强度适中，有良好的承载性，又具有较好的塑性、韧性、焊接性和加工性，且成本较低，是钢结构常用的牌号。大量制作成钢筋、型钢和钢板用于建造房屋和桥梁等。

Q275 钢强度高，塑性和韧性稍差，不易冷弯加工，焊接性较差，可用于轧制钢筋、做螺栓配件等，但更多用于机械零件和工具等。

（二）优质碳素结构钢

优质碳素结构钢简称优质碳素钢，这类钢与碳素结构钢相比，由于允许的硫、磷含量比碳素钢结构要低，所以综合力学性能比碳素结构钢好。钢材按照冶金质量等级，分为优质钢、高级优质钢（A）和特级优质钢（E）。优质碳素钢不以热处理或热处理（正火、淬火、回火）状态交货，用作压力加工用钢和切削加工用钢。

1. 牌号

根据《钢铁产品牌号表示方法》（GB/T 221—2008）的规定，优质碳素钢的牌号通常由五部分组成：

第一部分：以两位阿拉伯数字表示平均碳含量（以万分之几计）；

第二部分（必要时）：较高含锰量的优质碳素钢，加锰元素符号 Mn；

第三部分（必要时）：钢材冶金质量，即高级优质钢、特级优质钢分别以 A、E 表示，优质钢不用字母表示；

第四部分（必要时）：脱氧方式表示符号，即沸腾钢、半镇静钢、镇静钢分别以 F、b、Z 表示，但镇静钢表示符号通常可以省略；

第五部分（必要时）：产品用途、特性或工艺方法表示符号。

优质碳素钢的牌号可以用两位阿拉伯数字加元素符号来表示。如 06F、50 等，其中 06F 表示平均含碳量 0.06% 的沸腾钢。优质碳素钢的性能主要取决于含碳量，含碳量高则强度高，但塑性和韧性降低。优质碳素钢共 31 个牌号。

优质碳素钢与碳素钢的主要区别在于生产过程中对硫、磷等有害杂质的控制较严，均不大于 0.035%，脱氧程度大部分为镇静状态，因此质量较稳定。优质碳素钢的力学性能主要取决于碳含量，碳含量高则强度高，但塑性和韧性降低，总体来说，综合性能良好。

2. 技术性能及选用

优质碳素钢适于热处理后使用，但也可不经过热处理而直接使用。这种钢在建筑上应用不多。一般常用 30、35、40、45 钢做高强螺栓，45 钢用作预应力钢筋的锚具，65、70、75、80 钢用于生产预应力混凝土用的碳素钢丝、刻痕钢丝和钢绞线。

（三）低合金高强度结构钢

低合金高强度结构钢是在碳素钢的基础上添加总量小于 5% 的一种或多种合金元素的钢材。添加的合金元素有：硅（Si）、锰（Mn）、钒（V）、铌（Nb）、铬（Cr）、镍（Ni）及稀土元素等。其目的是提高钢的屈服强度、抗拉强度、耐磨性、耐蚀性及耐低温性能等。因此，低合金高强度结构钢是综合性能较为理想的建筑钢材，尤其适用于大跨度、承受动荷载和冲击荷载的结构。

1. 牌号及表示方法

根据《低合金高强度结构钢》（GB/T 1591—2018）的规定，低合金钢均为镇静钢，牌号由代表屈服点的字母（Q）、规定的最小上屈服点的数值（MPa）、交货状态代号（交货状态为热轧时，代号为 AR 或 WAR，可省略；交货状态为正火或正火轧制时，代号为 N）和质量等级符号（B、C、D、E、F）四部分组成。

例如：Q355ND 表示屈服点为 355MPa，交货状态为正火或正火轧制，质量等级为 D 级的低合金高强度结构钢。

当需方要求钢板具有厚度方向性能时，则在上述规定的牌号后加上代表厚度方向（Z 向）性能级别的符号，如 Q355NDZ25。

2. 技术性能

根据《低合金高强度结构钢》（GB/T 1591—2018）的规定，其化学成分、力学性质应符合表 7-4～表 7-6 的规定（以交货状态为热轧时为例）。

热轧钢的牌号及化学成分（GB/T 1591—2018）

表 7-4

牌号	质量等级	C[a] 以下公称厚度或直径（mm）		Si	Mn	P[c]	S[c]	Nb[d]	V[e]	Ti[e]	Cr	Ni	Cu	Mo	N[f]	B
		≤40[b]	>40	不大于												
		不大于														
Q355	B	0.24		0.55	1.60	0.035	0.035	—	—	—	—	—	0.40	—	0.012	—
	C	0.20	0.22	0.55	1.60	0.030	0.030	—	—	—	—	—	0.40	—	—	—
	D	0.20	0.22	0.55	1.60	0.025	0.025	—	—	—	—	—	0.40	—	—	—
Q390	B	0.20	0.20	0.55	1.70	0.035	0.035	0.05	0.13	0.05	0.30	0.50	0.40	0.10	0.015	—
	C	0.20	0.20	0.55	1.70	0.030	0.030	0.05	0.13	0.05	0.30	0.50	0.40	0.10	0.015	—
	D	0.20	0.20	0.55	1.70	0.025	0.025	0.05	0.13	0.05	0.30	0.50	0.40	0.10	0.015	—
Q420[g]	B	0.20	0.20	0.55	1.70	0.035	0.035	0.05	0.13	0.05	0.30	0.80	0.40	0.20	0.015	—
	C	0.20	0.20	0.55	1.70	0.030	0.030	0.05	0.13	0.05	0.30	0.80	0.40	0.20	0.015	—
Q460[g]	C	0.20	0.20	0.55	1.80	0.030	0.030	0.05	0.13	0.05	0.30	0.80	0.40	0.20	0.015	0.004

注：a. 公称厚度大于 100mm 的型钢，碳含量可由供需双方协商确定。
b. 公称厚度大于 30mm 的钢材，碳含量不大于 0.22%。
c. 对于型钢和棒材，其磷和硫含量上限值可提高 0.005%。
d. Q390、Q420 最高可到 0.07%，Q460 最高可到 0.11%。
e. 最高可到 0.20%。
f. 如果钢中酸溶铝 Als 含量不小于 0.015% 或全铝 Alt 含量不小于 0.020%，或添加了其他固氮合金元素，固氮元素应在质量证明书中注明。
g. 仅适用于型钢和棒材。

表 7-5 热轧钢材的拉伸性能

牌号		上屈服强度 $^a R_{eH}$ (MPa) 不小于									抗拉强度 R_m (MPa)			
		公称厚度或直径 (mm)												
钢级	质量等级	≤16	>16~40	>40~63	>63~80	>80~100	>100~150	>150~200	>200~250	>250~400	≤100	>100~150	>150~250	>250~400
Q355	B、C	355	345	335	325	315	295	285	275	—	470~630	450~600	450~600	—
	D									265[b]				450~600[b]
Q390	B、C、D	390	380	360	340	340	320	—	—	—	490~650	470~620	—	—
Q420[c]	B、C	420	410	390	370	370	350	—	—	—	520~680	500~650	—	—
Q460[c]	C	460	450	430	410	410	390	—	—	—	550~720	530~700	—	—

注：a. 当屈服不明显时，可用规定塑性延伸强度 $R_{p0.2}$ 代替上屈服强度。
b. 只适用于质量等级为 D 的钢板。
c. 只适用于型钢和棒材。

其他轧制钢材的
牌号与化学成分

其他轧制钢材的
拉伸性能

夏比（V型缺口）冲击试验的温度和冲击吸收能量（GB/T 1591—2018）　表 7-6

牌号 钢级	质量等级	以下试验温度的冲击吸收能量最小值 KV_2（J）									
		20℃		0℃		−20℃		−40℃		−60℃	
		纵向	横向	纵向	横向	纵向	横向	纵向	横向	纵向	横向
Q355、Q390、Q420	B	34	27	—	—	—	—	—	—	—	—
Q355、Q390、Q420、Q460	C	—	—	34	27	—	—	—	—	—	—
Q355、Q390	D	—	—	—	—	34[a]	27[a]	—	—	—	—
Q355N、Q390N、Q420N	B	34	27	—	—	—	—	—	—	—	—
Q355N、Q390N、Q420N、Q460N	C	—	—	34	27	—	—	—	—	—	—
	D	55	31	47	27	40[b]	20	—	—	—	—
	E	63	40	55	34	47	27	31[c]	20[c]	—	—
Q355N	F	63	40	55	34	47	27	31	20	27	16
Q355M、Q390M、Q420M	B	34	27	—	—	—	—	—	—	—	—
Q355M、Q390M、Q420M、Q460M	C	—	—	34	27	—	—	—	—	—	—
	D	55	31	47	27	40[b]	20	—	—	—	—
	E	63	40	55	34	47	27	31[c]	20[c]	—	—
Q355M	F	63	40	55	34	47	27	31	20	27	16
Q500M、Q550M、Q620M、Q690M	C	—	—	55	34	—	—	—	—	—	—
	D	—	—	—	—	47[b]	27	—	—	—	—
	E	—	—	—	—	—	—	31[c]	20[c]	—	—

注：当需方未指定试验温度时，正火、正火轧制和热机械轧制的 C、D、E、F 级钢材分别做 0℃、−20℃、−40℃、−60℃冲击。

冲击试验取纵向试样。经供需双方协商，也可取横向试样。

a. 仅适用于厚度大于 250mm 的 Q355D 钢板。

b. 当需方指定时，D 级钢可做−30℃冲击试验时，冲击吸收能量纵向不小于 27J。

c. 当需方指定时，E 级钢可做−50℃冲击时，冲击吸收能量纵向不小于 27J、横向不小于 16J。

3. 选用

低合金高强度结构钢具有轻质高强，耐蚀性、耐低温性好，抗冲击性强，使用寿命长等良好的性能，具有良好的焊接性及冷加工性，易于加工与施工。因此，低合金高强度结构钢可以用作高层及大跨度建筑（如大跨度桥梁、大型厅馆、电视塔等）的主体结构材料，与普通碳素钢相比可节约钢材，具有显著的经济效益。

低铝合金高强度结构钢主要用于轧制各种型钢、钢板、钢管和钢筋，广泛用于钢结构和钢筋混凝土结构中，特别适用于各种重型结构、高层结构、大跨度结构及桥梁结构等。

当需方要求做弯曲试验时，弯曲试验应符合表 7-7 的规定。当供方保证弯曲合格时，可不做弯曲试验。

弯曲试验（GB/T 1591—2018）　　　　　　　　　　　表 7-7

试样方向	180°弯曲试验 D——弯曲压头直径，a——试样厚度或直径	
	公称厚度或直径（mm）	
	≤16	>16～100
对于公称宽度不小于 600mm 的钢板及钢带，拉伸试验取横向试样；其他钢材的拉伸试验取纵向试样	$D=2a$	$D=3a$

二、钢结构用钢

钢结构构件一般直接选用各种型钢。构件之间可直接或附连接钢板进行连接。连接方式有铆接、螺栓连接或焊接。

（一）热轧型钢

钢结构常用的型钢有 H 型钢、T 型钢、工字钢、槽钢、角钢、Z 型钢、U 型钢等，截面形式如图 7-15 所示。型钢由于截面形式合理，材料在截面上分布对受力最为有利，且构件间连接方便，所以是钢结构中采用的主要钢材。

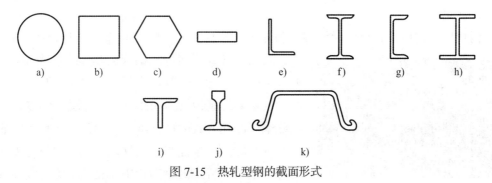

图 7-15　热轧型钢的截面形式

工程中常用的 H 型钢和槽钢如图 7-16 所示。

H型钢由工字钢发展而来，优化了截面的分布。H型钢截面形状合理，力学性能好，常用于要求承载力大、截面稳定性好的大型建筑。T型钢由H型钢对半剖分而成。

H型钢、H型钢桩的规格标记方式：高度H×宽度B×腹板宽度t_1×翼缘厚度t_2。

例如：H 340×250×9×14。

剖分T型钢的规格标记方式：高度H×宽度B×腹板宽度t_1×翼缘厚度t_2。

例如：T 248×199×9×14。

图7-16 H型钢和槽钢

a) H型钢；b) 槽钢

（二）冷弯薄壁型钢

冷弯薄壁型钢通常用2～6mm薄钢板冷弯或模压而成，有角钢、槽钢等开口薄壁型钢及方形、矩形等空心薄壁型钢，截面形式如图7-17所示。其主要用于轻型钢结构，表示方法与热轧型钢相同。

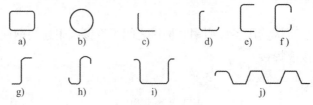

图7-17 冷弯薄壁型钢的截面形式

a)～i) 冷弯薄壁型钢；j) 压型钢板

（三）钢管、板材和棒材

1. 钢管

钢结构中常用钢管分为无缝钢管和焊接钢管两大类。焊接钢管采用优质带材焊接而成，表面镀锌或不镀锌。钢管按其焊缝形式分为直纹焊管和螺纹焊管。焊管成本低，易加工，但一般抗压性能较差。无缝钢管多采用热轧-冷拔联合工艺生产，也可采用冷轧方式生产，但成本昂贵。热轧无缝钢管具有良好的力学性能与工艺性能。无缝钢管主要用于压力管道，在特定的钢结构中，往往也设计使用无缝钢管（图7-18）。

图7-18 无缝钢管

2. 板材

板材包括钢板、花纹钢板、建筑用压型钢板和彩色涂层钢板等，图 7-19 是彩色涂层钢板示意图，图 7-20 是彩色压型钢板示意图。钢板可由矩形平板状的钢材直接轧制而成或由宽钢带剪切而成，按轧制方式分为热轧钢板和冷轧钢板。钢板规格表示方法为宽度×厚度×长度（mm）。钢板分厚板（厚度 > 4mm）和薄板（厚度 ≤ 4mm）两种。厚板主要用于结构，薄板主要用于屋面板、楼板和墙板等。在钢结构中，单块钢板一般较少使用，而是用几块板组合而成工字形、箱形等结构来承受荷载。

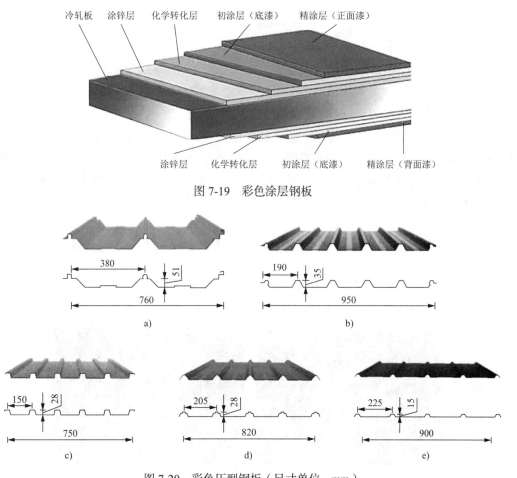

图 7-19　彩色涂层钢板

图 7-20　彩色压型钢板（尺寸单位：mm）

a) YX51-380-760；b) YX35-190-950；c) YX28-150-750；d) YX28-205-820；e) YX15-225-900

3. 棒材

六角钢、八角钢、扁钢、圆钢和方钢是常用的棒材。热轧六角钢和八角钢是截面为六角形和八角形的长条钢材（图 7-21），规格以"对边距离"表示。建筑钢结构的螺栓常以此种钢材为坯材。热轧扁钢是截面为矩形并稍带钝边的长条钢材，规格以"厚度（mm）×宽度（mm）"表示，规格范围为3mm×10mm～60mm×150mm。扁钢在建筑上用作房架构件、扶梯、桥梁和栅栏等。

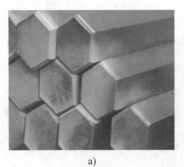
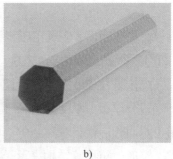

a)   b)

图 7-21 六角钢和八角钢
a) 六角钢；b) 八角钢

三、混凝土结构用钢筋

（一）热轧钢筋

热轧钢筋是建筑工程中用量最大的钢材品种之一，主要用于钢筋混凝土结构和预应力钢筋混凝土结构的配筋。热轧钢筋根据表面形状分为光圆钢筋和带肋钢筋，其中带肋钢筋有月牙肋钢筋和等高肋钢筋等，如图 7-22～图 7-24 所示。带肋钢筋与混凝土的黏结力大，共同工作性更好。

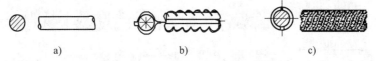

a)   b)   c)

图 7-22 热轧钢筋外形示意图
a) 光圆钢筋；b) 月牙肋钢筋；c) 等高肋钢筋

图 7-23 热轧圆盘条

图 7-24 热轧带肋钢筋

1. 牌号

根据《钢筋混凝土用钢 第1部分：热轧光圆钢筋》（GB/T 1499.1—2017）和《钢筋混凝土用钢 第2部分：热轧带肋钢筋》（GB/T 1499.2—2018）的规定，热轧光圆钢筋的牌号为 HPB300；热轧带肋钢筋的牌号分为普通热轧钢筋和细晶粒热轧钢筋，普通热轧钢筋的牌号有 HRB400、HRB400E（E代表地震）、HRB500、HRB500E、HRB600，细晶粒热轧钢筋的牌号有 HRBF400、HRBF500、HRBF400E、HRBF500E。热轧光圆钢筋由碳素结构钢轧制而成，表面光圆；热轧带肋钢筋由低合金钢轧制而成，外表带肋。

2. 技术性能

根据《钢筋混凝土用钢 第1部分：热轧光圆钢筋》（GB/T 1499.1—2017）和《钢筋混凝土用钢 第2部分：热轧带肋钢筋》（GB/T 1499.2—2018）的规定，热轧钢筋的力学性能和工艺性能见表 7-8。

热轧钢筋的力学性能和工艺性能　　　　表 7-8

牌号	外形	钢种	公称直径 d（mm）	屈服强度（MPa）不小于	抗拉强度（MPa）不小于	伸长率（%）不小于	冷弯性能 角度（°）	冷弯性能 弯心直径（mm）
HPB300	光圆	低碳钢	6～22	300	420	25	180	$d=a$
HRB400 HRBF400	月牙肋	低碳低合金钢	6～25	400	540	16	180	4d
			28～40					5d
HRB400E HRBF400E			>40～50			—		6d
HRB500 HRBF500			6～25	500	630	15	180	6d
			28～40					7d
HRB500E HRBF500E			>40～50			—		8d
HRB600	等高肋	中碳低合金钢	6～25	600	730	14	180	6d
			28～40					7d
			>40～50					8d

注：d 为弯心直径；a 为钢筋公称直径。

有较高要求的抗震结构适用的钢筋牌号为：表 7-8 中已有带肋钢筋牌号加 E（如 HRB400E、HRBF400E）。该类钢筋除满足带肋钢筋基本性能之外，还应满足：

（1）钢筋实测抗拉强度与实测屈服强度之比不小于 1.25。

（2）钢筋实测屈服强度与表 7-8 规定的屈服强度特征值之比不大于 1.30。

（3）钢筋的最大力总伸长率不小于 9%。

3. 选用

光圆钢筋的强度较低，但塑性及焊接性好，便于冷加工，广泛用于普通钢筋混凝土结构；HRB400 带肋钢筋的强度较高，塑性及焊接性也较好，广泛用作大、中型钢筋混凝土结构的受力钢筋；HRB500 带肋钢筋强度高，但塑性和焊接性较差，适合用作预应力钢筋。

光圆钢筋用作箍筋

（二）热处理钢筋

热处理是将固态金属或合金采用适当的方式进行加热、保温和冷却以获得所需要的组织结构与性能的工艺。热处理方式如图 7-25 所示。

$$热处理\begin{cases}普通热处理——退火、正火、淬火、回火\\表面热处理\begin{cases}表面淬火——火焰加热、感应加热\\化学热处理——渗碳、渗氮等\end{cases}\end{cases}$$

图 7-25 热处理方式

热处理方式虽然很多，但任何一种热处理工艺都是由加热、保温和冷却三个阶段组成的。具体表现为退火、正火、淬火与回火四种方式。

1. 退火

退火是将钢加热到适当温度，保持一定时间，然后缓慢冷却（一般随炉冷却）的热处理工艺。

2. 正火

正火是将钢加热到组织转变为奥氏体的临界温度以上，保持一段时间使其完全奥氏体化，在空气中冷却的热处理工艺。

3. 淬火

淬火是将钢的组织加热到转变为奥氏体的临界温度以上，保持一段时间，以大于临界冷却速度快速冷却的热处理工艺。

4. 回火

回火是将淬火后的钢，在组织转变为奥氏体的临界温度以下加热，保持一定时间，然后冷却到室温的热处理工艺。

热处理钢筋是由热轧的带肋钢筋（中碳低合金钢）经淬火和高温回火调质处理而成的，即以热处理状态交货，成盘供应，每盘长约 200m。热处理钢筋强度高、用材省、锚固性好、预应力稳定，主要用作预应力钢筋混凝土轨枕，也可以用于预应力钢筋混凝土板、吊车梁等构件。钢筋混凝土及预应力混凝土结构中的普通钢筋，不应采用热处理钢筋。

相关内容可参考《钢筋混凝土用余热处理钢筋》（GB 13014—2013）。

钢筋混凝土用余热处理钢筋按屈服强度特征值分为 400 级、500 级，按用途分为可焊和非可焊。牌号有 RRB400、RRB500、RRB400W 三种。钢筋混凝土用余热处理钢筋外形如图 7-26 所示。

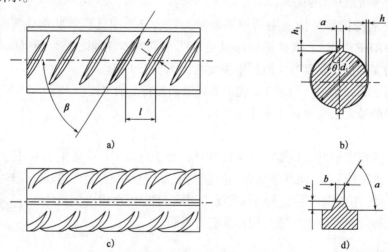

图 7-26 钢筋混凝土用余热处理钢筋外形

β-横肋与轴线夹角；l-横肋间距；b-横肋顶宽；a-横肋斜角；h-横肋高度；h_1-纵肋高度

RRB400、RRB500 钢筋推荐的公称直径为 8mm、10mm、12mm、16mm、20mm、25mm、32mm、40mm、50mm。RRB400W 钢筋推荐的公称直径为 8mm、10mm、12mm、16mm、20mm、25mm、32mm、40mm。钢筋通常按定尺长度交货，具体长度应在合同中注明。三种牌号的钢筋力学性能应满足表 7-9 的要求。

钢筋混凝土用余热处理钢筋力学性能　　　　表 7-9

牌号	R_{eL}（MPa）	R_m（MPa）	A（%）	A_{gt}（%）
	不小于			
RRB400	400	540	14	5.0
RRB500	500	630	13	
RRB400W	430	570	16	7.5

注：数据为时效后检验结果。

（三）预应力混凝土用钢丝、钢绞线

1. 钢丝

预应力混凝土用钢丝是由优质碳素结构钢盘条为原料，经淬火、酸洗、冷拉制成。

《预应力混凝土用钢丝》（GB/T 5223—2014）规定，钢丝按加工状态分为冷拉钢丝（代号 WCD）和消除应力钢丝（代号 WLR）两类。钢丝按外形分为光圆钢丝（代号 P）、刻痕钢丝（代号 I）和螺旋肋钢丝（代号 H）三种。螺旋肋钢丝和三面刻痕钢丝外形如图 7-27 所示。

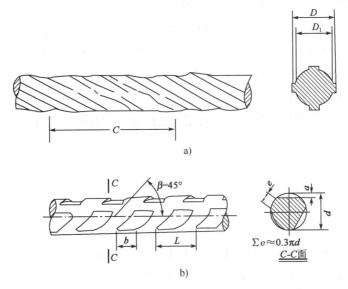

图 7-27　消除应力钢丝外形示意图

a）螺旋肋钢丝外形；b）三面刻痕钢丝外形

C-螺旋肋导程；D-外轮廓直径；D_1-基圆直径；a-刻痕公称深度；b-刻痕公称长度；L-公称节距

预应力钢丝的抗拉强度比钢筋混凝土用热轧光圆钢筋、热轧带肋钢筋高许多，具有强度高、柔性好、无接头等优点，施工方便，不需冷拉、焊接等加工，而且质量稳定，安全可靠。在构件中采用预应力钢丝可节省钢材、减小构件截面和节省混凝土。预应力钢丝主

要用于桥梁、吊车梁、大跨度屋架、管桩等预应力钢筋混凝土构件中。刻痕钢丝由于屈服强度高且与混凝土的握裹力大，主要用于预应力钢筋混凝土结构以减少混凝土裂缝。

2. 钢绞线

预应力混凝土用钢绞线是以数根优质碳素结构钢钢丝经绞捻和消除内应力的热处理后制成。《预应力混凝土用钢绞线》（GB/T 5224—2014）规定，钢绞线按结构分为8类：两根钢丝捻制的钢绞线，代号1×2；三根钢丝捻制的钢绞线，代号1×3；三根刻痕钢丝捻制的钢绞线，代号1×3I；七根钢丝捻制的标准型钢绞线，代号1×7；六根刻痕钢丝和一根光圆中心钢丝捻制的钢绞线，代号1×7I；七根钢丝捻制又经模拔的钢绞线，代号（1×7）C；十九根钢丝捻制的1+9+9西鲁式钢绞线，代号1×19S；十九根钢丝捻制的1+6+6/6瓦林吞式钢绞线，代号1×19W。图7-28为各类钢绞线截面示意图。

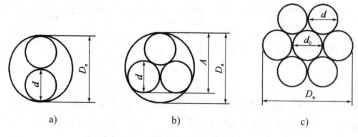

图7-28　预应力钢绞线截面图

a）1×2结构钢绞线；b）1×3结构钢绞线；c）1×7结构钢绞线

D_a-钢绞线直径；d_0-中心钢丝直径；d-外据钢丝直径；A-1×3结构钢绞线测量尺寸

预应力混凝土用钢绞线的产品标记由预应力钢绞线、结构代号、公称直径、强度级别、标准号五部分组成。例如，公称直径为15.20mm、抗拉强度为1860MPa的七根钢丝捻制的标准型钢绞线的标记为：预应力钢绞线 1×7-15.20-1860-GB/T 5224—2014。

钢绞线具有无接头、柔性好、强度高、与混凝土黏结性好、断面面积大、使用根数少，在结构中布置方便，易于锚固等优点，主要用作大跨度、大负荷的后张法预应力屋架、桥梁和薄腹梁等结构。

（四）冷加工钢筋

1. 冷轧带肋钢筋

冷轧带肋钢筋是低碳钢热轧圆盘条经冷轧后，在其表面冷轧成沿长度方向均匀分布的三面或两面横肋的钢筋。《冷轧带肋钢筋》（GB/T 13788—2017）规定，冷轧带肋钢筋按延性高低分为两类：冷轧带肋钢筋（CRB）和高延性冷轧带肋钢筋（CRB+抗拉强度特征值+H）。冷轧带肋钢筋的牌号由CRB和钢筋的抗拉强度最小值构成，分为CRB550、CRB650、CRB800、CRB600H、CRB680H、CRB800H六个牌号。其中CRB550、CRB600H为普通钢筋混凝土用钢筋，CRB650、CRB800为预应力混凝土用钢筋，CRB680H既可以作为普通钢筋混凝土用钢筋，也可作为预应力钢筋混凝土用钢筋。C、R、B、H分别为冷轧（Cold rolled）、带肋（Ribbed）、钢筋（Bar）、高延性（High elongation）四个词的英文首字母。冷轧带肋钢筋的力学性能和工艺性能应符合表7-10的规定。

冷轧带肋钢筋的力学性能和工艺性能（GB/T 13788—2017） 表 7-10

分类	牌号	规定塑性延伸强度 $R_{p0,2}$（MPa）不小于	抗拉强度 R_m（MPa）不小于	$R_m/R_{p0,2}$ 不小于	断后伸长率（%）不小于		最大力总延伸率（%）不小于	弯曲试验[a] 180°	反复弯曲次数	应力松弛初始应力应相当于公称抗拉强度的70%（1000h，%）不大于
					A	A_{100mm}	A_{gt}			
普通钢筋混凝土用	CRB 550	500	550	1.05	11.0	—	2.5	$D=3d$	—	—
	CRB 600H	540	600	1.05	14.0	—	5.0	$D=3d$	—	—
	CRB 680H[b]	600	680	1.05	14.0	—	5.0	$D=3d$	4	5
预应力混凝土用	CRB 650	585	650	1.05	—	4.0	2.5	—	3	8
	CRB 800	720	800	1.05	—	4.0	2.5	—	3	8
	CRB 800H	720	800	1.05	—	7.0	4.0	—	4	5

注：a. D 为弯心直径，d 为钢筋公称直径。
　　b. 当该牌号钢筋作为普通钢筋混凝土用钢筋使用时，对反复弯曲和应力松弛不做要求；当该牌号钢筋作为预应力混凝土用钢筋使用时应进行反复弯曲试验代替180°弯曲试验，并检测松弛率。

冷轧带肋钢筋与冷拔低碳钢丝相比，具有强度高、塑性好，与混凝土黏结牢固，节约钢材，质量稳定等优点。CRB550广泛用于普通混凝土结构，其他牌号主要用于中、小型预应力构件。

2. 冷轧扭钢筋

冷轧扭钢筋是采用低碳钢热轧圆盘条经专用钢筋冷轧扭机调直、冷轧并冷扭（或冷滚）一次成型的具有规定截面形状和相应节距的连续螺旋状钢筋，形状和尺寸如图7-29所示。该钢筋刚度大，不易变形，与混凝土的握裹力大，无须加工（预应力或弯钩），可直接用于混凝土工程，可节约钢材30%。使用冷轧扭钢筋可免除现场加工钢筋，改变了传统加工钢筋占用场地、不利于机械化生产的弊端。

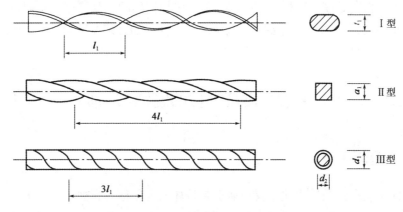

图7-29 冷轧扭钢筋形状及截面控制尺寸

l_1-节距；t_1-轧扁厚度；a_1-正方形边长；d_1-外圆直径；d_2-内圆直径

冷轧扭钢筋力学性能和工艺性能指标见表7-11。

力学性能和工艺性能指标（JG 190—2006）　　　　表 7-11

强度级别	型号	抗拉强度 σ_b（MPa）	伸长率 A（%）	180°弯曲试验（弯心直径 = 3d）	应力松弛率（%）（$\sigma_{con} = 0.7 f_{ptk}$）	
					10h	100h
CTB550	I	≥550	$A_{11.3}$ ≥ 4.5	受弯曲部位钢筋表面不得产生裂纹	—	—
	II	≥550	A ≥ 10		—	—
	III	≥550	A ≥ 12		—	—
CTB650	III	≥650	A_{100} ≥ 4		≤5	≤8

注：1. d 为冷轧扭钢筋标志直径。
2. A、$A_{11.3}$ 分别表示以标距 $5.65\sqrt{s_0}$ 或 $11.3\sqrt{s_0}$（s_0 为试验原始截面面积）的试样拉断伸长率，A_{100} 表示标距为 100mm 的试样拉断伸长率。
3. σ_{con} 为预应力钢筋张拉控制应力，f_{ptk} 为预应力冷轧扭钢筋抗拉强度标准值。

冷轧扭钢筋是适应我国国情的新品种钢筋，应用在工程中，节约钢材、降低工程成本效果明显。另外，冷轧扭钢筋有独特的螺旋形截面，可提高钢筋骨架刚度，与混凝土的握裹力好，可防止钢筋收缩产生裂缝，保证混凝土构件质量。

四　钢材的选用原则

钢材的选用一般遵循以下原则：

（1）荷载性质：对于经常承受动力或振动荷载的结构，容易产生应力集中，从而引起疲劳破坏，需要选用综合性能良好的高等级的钢材。

（2）使用温度：对于经常处于低温状态的结构，钢材容易发生冷脆断裂（焊接结构更甚），因而要求钢材具有良好的塑性和低温冲击韧性。

（3）连接方式：对于焊接结构，当温度和受力性质改变时，焊缝附近的母体金属容易出现冷、热裂纹，导致结构早期破坏。所以，焊接结构对钢材化学成分和机械性能要求应较严。

（4）钢材厚度：钢材力学性能一般随厚度增大而降低，钢材经多次轧制后，内部结晶组织更为紧密，强度更高，质量更好。所以，一般结构用的钢材厚度不宜超过 40mm。

（5）结构重要性：选择钢材要考虑结构的重要性，如大跨度结构、重要的建筑物，须选用质量更好的钢材。

第四节　建筑钢材的腐蚀与防护

一　钢材的腐蚀

钢材表面与周围介质发生化学反应而引起破坏的现象称为腐蚀（锈蚀）（图 7-30）。钢材腐蚀可发生在引起锈蚀的介质中，如湿润空气、土壤、工业废气等。腐蚀会显著降低钢材的强度、塑性、韧性等性能。根据钢材表面与周围介质的不同作用，腐蚀分为化学腐蚀和电化学腐蚀。

图 7-30 钢材锈蚀

（一）化学腐蚀

化学腐蚀指钢材与周围的介质（如氧气、二氧化碳、二氧化硫和水等）直接发生化学反应，生成疏松的氧化物而引起的腐蚀。在干燥环境中化学腐蚀的速度缓慢，但当温度较高和湿度较大时，腐蚀速度大大加快，如钢材在高温中氧化形成四氧化三铁的现象。

在常温下，钢材表面被氧化，形成一层薄薄的、钝化能力很弱的氧化铁保护膜，可减缓化学腐蚀，对保护钢筋是有利的。

（二）电化学腐蚀

钢材由不同的晶体组织构成，由于表面成分、晶体组织不同，受力变形、平整度差等因素，使相邻的局部产生电极电位的差别，构成许多"微电池"。电化学腐蚀过程如下：

阳极区：$Fe = Fe^{2+} + 2e$

阴极区：$2H_2O + 2e + 1/2O_2 = 2OH^- + H_2O$

溶液区：$Fe^{2+} + 2OH^- = Fe(OH)_2$

$4Fe(OH)_2 + O_2 + 2H_2O = 4Fe(OH)_3$

水是弱电解质溶液，而溶有二氧化碳的水则成为有效的电解质溶液，从而加速电化学腐蚀的过程。钢材在大气中的腐蚀，实际上是化学腐蚀和电化学腐蚀共同作用所致，但以电化学腐蚀为主。

二 钢材的防护

（一）钢材的防腐

钢材的腐蚀既有内因（材质），又有外因（环境介质的作用），要防止或减少钢材的腐蚀，可以从改变钢材本身的易腐蚀性、隔离环境中的侵蚀性介质和改变钢材表面的电化学过程三方面入手。

1. 表面覆盖法

可采用耐腐蚀的金属或非金属材料覆盖在钢材表面，提高钢材的耐腐蚀能力。金属覆盖常用的方法有镀锌（如白铁皮）、镀锡（如马口铁）、镀铜和镀铬等；非金属覆盖常用的方法有喷涂涂料、搪瓷和塑料等（图 7-31）。

2. 添加合金元素

在碳素钢和低合金钢中加入少量铜、铬、镍、钼等合金元素，能制成耐候钢，大大提高钢材的耐腐蚀性。这种钢在大气作用下，能在表面形成一种致密的防腐保护层，起到耐腐蚀作用。耐候钢的强度级别与常用碳素钢和低合金钢一致，技术指标也相近，但其耐腐蚀能力却高出数倍。

图 7-31　表面覆盖法防腐

3. 混凝土用钢筋的防锈

在正常的混凝土中，pH 值约为 12，这时在钢材表面能形成碱性氧化膜（钝化膜），对钢筋起到保护作用。当混凝土碳化后，碱度降低（中性化），会失去对钢筋的保护作用。此外，混凝土中氯离子达到一定浓度，也会严重破坏钢筋表面的钝化膜。

为防止钢筋锈蚀，应保证混凝土的密实度以及钢筋外侧混凝土保护层的厚度，在二氧化碳浓度高的工业区采用硅酸盐水泥或普通硅酸盐水泥，限制含氯盐外加剂掺量并使用混凝土用钢筋防锈剂。预应力混凝土应禁止使用含氯盐的骨料和外加剂。钢筋涂覆环氧树脂或镀锌也是一种有效的防锈措施。

【工程实例 7-2】　"防冰盐"腐蚀

【现　　象】　为了防止冰雪对行驶车辆造成危害，20 世纪 50～60 年代，以美国为主的西方国家开始大量使用防冰盐。到了 20 世纪 70～80 年代，防冰盐所带来的腐蚀破坏大量表现出来，美国 56.7 万座高速公路桥已有半数以上遭腐蚀，需要修复。

【原因分析】　氯离子是一种穿透力极强的腐蚀介质，当其接触钢铁表面，便迅速破坏钢铁表面的钝化层，即使在强碱性环境中，氯离子引起的点锈腐蚀依然会发生。当氯离子渗透到达钢筋表面时，氯离子浓度较高的局部保护膜被破坏，成为活化态。在氧和水充足的条件下，活化的钢筋表面形成一个小阳极，未活化的钢筋表面成为阴极，阳极金属铁溶解，形成腐蚀坑。一般称这种腐蚀为点腐蚀。

（二）钢材的防火

钢是不燃性材料，但钢材在高温下力学强度会明显降低。钢材遇火后，力学性能变化主要有强度降低、变形加大。例如，普通低碳钢的抗拉强度在 250～300℃时达到最大值；温度超过 350℃，抗拉强度开始大幅度下降，在 500℃时约为常温时的 1/2，600℃时约为常温时的 1/3。

钢材在高温下强度降低很快、塑性增大、导热系数增大，这是钢材在火灾发生时极易在短时间内发生破坏的主要原因。

钢结构防火保护的基本原理是采用绝热或吸热材料,阻隔火焰和热量,推迟钢结构的升温速率。防火方法以包裹法为主,即以防火涂料、不燃性板材或混凝土和砂浆将钢构件包裹起来。防火涂料是目前钢结构防火相对简单而有效的方法。

【工程实例 7-3】 钢材耐火性

【现　　象】 2001 年 9 月 11 日,美国纽约世贸大厦"双子塔"相继遭到被恐怖分子劫持的飞机的撞击,110 层、高约 410m 的世贸大厦在"隆隆"巨响中化作了尘烟。

【原因分析】 两座建筑物均为钢结构。钢材有一个致命的缺点,就是遇高温变软,丧失原有强度。一般的钢材超过 500℃,强度就急降一半;500℃左右的燃烧温度,足以让无防护的钢结构建筑完全垮塌。耐火性差成为超高层建筑无法回避的固有缺陷,即使世贸大楼这样由美国高强度的建筑钢材、高水平的设计和施工技术建成的大楼还是未能躲过被大火焚毁的命运。

小知识

国家体育场

位于北京的国家体育场可能是现今世界上最大的环保型体育场。体育场的外观之所以设计为没有完全密封的"鸟巢"状,就是考虑既能使自然空气流通,又能为观众和运动员遮风挡雨,充分体现了以人为本的思想。

国家体育场采用了新型大跨度钢结构,无论设计、材料选用、加工制作还是施工安装,都难度大、要求高。令人欣喜的是,经过科研人员的攻关,工程所使用的钢材全部实现了国产化。比如,国家体育场需要使用一种名为 Q460 的高强钢材制作的钢板,但国内原本没有这种钢板,要从国外进口。这不仅给钢板运输、钢结构加工安装带来较大困难,还使钢材成本高出一大截。最终在北京城建集团的支持下,河南舞阳钢铁厂研发成功 Q460 高强钢板,完全可以满足国家体育场的使用要求,不仅为国家体育场的建设节省了时间,同时也填补了我国该技术领域的空白。

◀ 本 章 小 结 ▶

钢材是现代建筑工程中重要的结构材料,同时也是一种具有优良性能的材料。钢材的正确选用对工程质量影响巨大,应结合建筑工程中常用的钢材种类,掌握钢材的分类和命名方法。

钢材的性能主要决定于其化学成分。钢材的化学成分主要是铁和碳,此外还有少量的硅、锰、磷、硫、氧、氮等元素,这些元素的存在对钢材性能有不同的影响,其中碳的影响最大。

建筑用钢主要承受拉力、压力、弯曲、冲击等外力的作用,在这些力的作用下,既要有一定的强度和硬度,也要有一定的塑性和韧性。

结合钢材的拉伸试验，掌握屈服强度、极限强度、条件屈服强度、伸长率及断面收缩率等概念。掌握钢材的冷拉工艺。

建筑钢材可分为钢结构用型钢和钢筋混凝土结构用钢筋两类。各种型钢和钢筋的性能主要取决于所用钢种及其加工方式。在建筑工程中，钢结构所用的各种型钢，钢筋混凝土结构所用的各种钢筋、钢丝、锚具等钢材，基本都是普通碳素结构钢和低合金结构钢等钢种，经热轧或冷轧、冷拔及热处理等工艺加工而成的。应掌握热轧钢筋、冷轧钢筋、热处理钢筋及型钢等常用钢材的性能特点。

练 习 题

一、填空题

1. 低碳钢的受拉破坏过程，可分为_____、_____、_____和_____四个阶段。
2. 建筑工程中常用的钢种是_____和_____。
3. 普通碳素钢分为_____个牌号，随着牌号的增大，其_____和_____提高，_____和_____降低。

二、选择题

1. 下列碳素结构钢牌号中，代表屈服点为235MPa镇静钢的是（　　）。
   A. Q215BF　　　　B. Q235A　　　　C. 235BC　　　　D. 275A
2. 钢材冷加工后，性能降低的是（　　）。
   A. 屈服强度　　　B. 硬度　　　　　C. 抗拉强度　　　D. 塑性
3. 结构设计中，碳素钢以（　　）作为设计计算取值的依据。
   A. 弹性极限σ_e　　　　　　　　　B. 屈服强度σ_s
   C. 抗拉强度σ_b　　　　　　　　　D. 屈服强度σ_s和抗拉强度σ_b
4. 钢筋冷拉后（　　）提高。
   A. 弹性极限σ_e　　　　　　　　　B. 屈服强度σ_s
   C. 抗拉强度σ_b　　　　　　　　　D. 屈服强度σ_s和抗拉强度σ_b

三、判断题

1. 屈强比越大，钢材受力超过屈服点工作时的可靠性越大，结构的安全性越高。（　　）
2. 一般来说，钢材硬度越高，强度也越大。（　　）
3. 钢材的品种相同时，其伸长率$\delta_{10} > \delta_5$。（　　）
4. 钢含磷较多时呈热脆性，含硫较多时呈冷脆性。（　　）
5. 对钢材冷拉处理，是为提高其强度和塑性。（　　）

四、简答题

1. 低碳钢拉伸试验分为哪几个阶段,每个阶段的性能表征指标是什么?
2. 何谓钢材的冷加工和时效,钢材经冷加工和时效处理后性能如何变化?
3. 说明下列钢材牌号的含义 Q215BF、Q235CF、Q275A。

五、计算题

某建筑工地有一批碳素结构钢,其标签上牌号字迹模糊。为了确定其牌号,截取了两根钢筋做拉伸试验,测得结果如下:屈服点荷载分别为 33.0kN、31.5kN,抗拉极限荷载分别为 61.0kN、60.3kN,钢筋实测直径为 12mm,标距为 60mm,拉断时长度分别为 72.0mm、71.0mm。计算该钢筋的屈服强度、抗拉强度及伸长率,并判断这批碳素结构钢的牌号。

任务 钢筋检测

任务情境

某工程采用钢筋混凝土框架剪力墙结构,采用的混凝土强度等级为 C15、C20、C25、C30,地下室结构混凝土强度等级设计为 C30、P6,钢筋采用 HRB400E,钢筋原材料的直径由 6mm 递增至 32mm。钢筋连接形式有电渣压力焊、闪光对接焊和直螺纹套筒机械连接。依据《钢及钢产品 力学性能试验取样位置及试样制备》(GB/T 2975—2018)、《金属材料拉伸试验 第 1 部分:室温试验方法》(GB/T 228.1—2010)、《金属材料弯曲试验方法》(GB/T 232—2010)、《钢筋混凝土用钢 第 2 部分:热轧带肋钢筋》(GB 1499.2—2018)等标准要求,对本工程所用钢材进行钢材原材料检测及焊接接头、机械连接接头性能检测,填写试验检测记录表,并完成相应检测报告。

一、取样与处理

钢筋应按批进行检查和验收,每批由同一厂别、同一牌号、同一等级、同一截面尺寸、同一交货状态、同一进场时间和同一炉罐号的钢筋组成。钢筋混凝土用热轧带肋钢筋、热轧光圆钢筋、低碳钢热轧圆盘条、余热处理钢筋每批质量不大于 60t,取一组试样。超过 60t 的部分,每增加 40t,增加一个拉伸试验试样和一个弯曲试验试样。冷轧带肋钢筋,每批数量不大于 50t,取一组试样。

每批钢筋的检验项目、取样方法和试验方法应符合表 7-12 的规定。

每批钢筋的检验项目和取样方法　　表 7-12

序号	检验项目	取样数量	取样方法	试验方法
1	化学成分 (熔炼分析)	1	《钢和铁 化学成分测定用试样的取样和制样方法》 (GB/T 20066—2006)	(GB/T 223)、 (GB/T 4335)、(GB/T 20123)、 (GB/T 20124)、(GB/T 20125)

续上表

序号	检验项目	取样数量	取样方法	试验方法
2	拉伸	2	不同根（盘）钢筋切取	（GB/T 28900）和（GB/T 1499.2—2018）第 8.2 条
3	弯曲	2	不同根（盘）钢筋切取	（GB/T 28900）和（GB/T 1499.2—2018）第 8.2 条
4	反向弯曲	1	任 1 根（盘）钢筋切取	（GB/T 28900）和（GB/T 1499.2—2018）第 8.2 条
5	尺寸	逐根（盘）	—	（GB/T 1499.2—2018）第 8.3 条
6	表面	逐根（盘）	—	目视
7	重量偏差	《钢筋混凝土用钢 第 2 部分：热轧带肋钢筋》（GB/T 1499.2—2018）第 8.4 条		（GB/T 1499.2—2018）第 8.4 条
8	金相组织	2	不同根（盘）钢筋切取	（GB/T 13298）和（GB/T 1499.2—2018）附录 B

注：对于化学成分的试验方法，优先采用（GB/T 4336）。对化学分析结果有争议时，仲裁试验应按（GB/T 223）相关部分进行。

二 钢筋原材性能指标检测

（一）钢筋拉伸试验

1. 主要仪器设备

（1）万能材料试验机：应为I级或优于I级准确度。试验机测力示值误差应不大于±1%；在规定负荷下停止加荷时，试验机操作应能精确到测力度盘上的一个最小分格负荷示值至少保持30s；试验机应具有调速指示装置，能在标准规定的速度范围内灵活调节，且加卸荷平稳；试验机还应备有记录装置，能满足标准关于用绘图法测定强度特性的要求。

万能材料试验机　　　游标卡尺

（2）游标卡尺、千分尺等（精确度为0.1mm）。

2. 试样制备

应按照相关产品标准制备试件，用小标记、细划线或细墨线标记原始标距，但不得用引起过早断裂的缺口作标记。

（1）通常试样应进行机加工。平行长度和夹持头部之间应以过渡弧连接，过渡弧半径应不小于0.75d。平行长度（L_c）的直径（d）一般不应小于3mm。平行长度应不小于L_0 + $d/2$。机加工试样形状和尺寸如图 7-32 所示。

（2）直径$d \geqslant$ 4mm的钢筋试样可不进行机加工，根据钢筋直径（d）确定试样的原始标距（L_0），一般取$L_0 = 5d$或$L_0 = 10d$。试样原始标距的标记与最接近夹头间的距离不小于1.5d。可在平行长度方向标记一系列套叠的原始标距。不经机加工的试样形状与尺寸如图 7-33 所示。

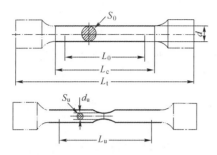

图 7-32 机加工比例试样

S_0-原始横截面面积；S_u-断后最小横截面面积；d-平行长度的直径；d_u-断裂后缩颈处最小直径；L_0-原始标距；L_c-平行长度；L_t-试样总长度；L_u-断后标距

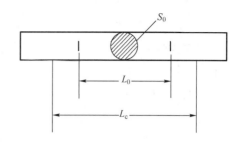

图 7-33 不经机加工试样

注：图中符号意义同图 7-32。

（3）测量原始标距长度，准确到±0.5%。

（4）测定原始横截面面积S_0。应在标距的两端及中间3个相互垂直的方向测量直径（d），取其算术平均值，取用3处测得的最小横截面积，按式(7-3)计算：

$$S_0 = \frac{1}{4}\pi d^2 \tag{7-3}$$

计算结果至少保留4位有效数字，所需位数以后的数字按"四舍六入五单双法"[①]处理。

3. 检测步骤

（1）调整试验机测力度盘的指针，使其对准零点，并拨动副指针，使其与主指针重叠。

（2）将试样固定在试验机夹头内，开动试验机加荷，应变速率不应超过 0.008/s。

（3）加荷拉伸时，当试样发生屈服，首次下降前的最高应力就是上屈服强度（R_{eH}），当试验机刻度盘指针停止转动时的恒定荷载，就是下屈服强度（R_{eL}）。

（4）继续加荷至试样拉断，记录刻度盘指针的最大力（F_m）或抗拉强度（R_m）。

（5）将拉断试样在断裂处对齐，并保持在同一轴线上，使用分辨力优于 0.1mm 的游标卡尺、千分尺等量具测定断后标距（L_u），准确到±0.25%。

4. 检测结果

1）钢筋上屈服强度、下屈服强度与抗拉强度

（1）直接读数方法

使用自动装置测定钢筋上屈服强度、下屈服强度和抗拉强度，单位为 MPa。

（2）指针方法

试验时，读取测力盘指针首次回转前指示的最大力和不计初始瞬时效应时屈服阶段中指示的最小力或首次停止转动指示的恒定力，将其分别除以试样原始横截面面积得到上屈服强度和下屈服强度。

读取测力盘上的最大力，按式(7-4)计算抗拉强度：

$$R_m = \frac{F_m}{S_0} \tag{7-4}$$

---

①四舍六入五单双法：四舍六入五考虑，五后非零应进一，五后皆零视奇偶，五前为偶应舍去，五前为奇则进一。

式中：F_m——最大力（N）；

S_0——试样原始横截面面积（mm^2）。

计算结果至少保留 4 位有效数字，所需位数以后的数字按"四舍六入五单双法"处理。

2）断后伸长率（A）

（1）当试样断裂处与最接近的标距标记的距离不小于$L_0/3$时，或断后测得的伸长率大于或等于规定值时，按式(7-5)计算：

$$A = \frac{L_u - L_0}{L_0} \times 100\% \tag{7-5}$$

式中：L_0——试样原始标距（mm）；

L_u——试样断后标距（mm）。

（2）当试样断裂处与最接近的标距标记的距离小于$L_0/3$时，应按移位法测定断后伸长率。方法为：试验前将原始标距细分为N等分。试验后，以符号X表示断裂后试样短段的标距标记，以符号Y表示断裂试样长段的等分标记，此标记与断裂处的距离最接近于断裂处至标距标记X的距离。

若X与Y之间的分格数为n，按以下步骤测定断后伸长率：

①若$N-n$为偶数，如图 7-34a）所示，测量X与Y之间的距离，测量从Y与距离为$(N-n)/2$个分格的Z标记之间的距离。断后伸长率按式(7-6)计算：

$$A = \frac{XY + 2YZ - L_0}{L_0} \times 100\% \tag{7-6}$$

②若$N-n$为奇数，如图 7-34b）所示，测量X与Y之间的距离，测量Y与距离分别为$(N-n-1)/2$和$(N-n+1)/2$个分格的Z'和Z''标记之间的距离。断后伸长率按式(7-7)计算：

$$A = \frac{XY + YZ' + YZ'' - L_0}{L_0} \times 100\% \tag{7-7}$$

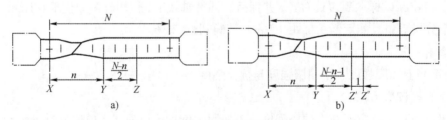

图 7-34 移位法的图示说明

3）试验结果无效的情况

试验出现下列情况之一时，试验结果无效，应重做同样数量试样的试验。

（1）试样断在标距外或断在机械刻划的标距标记上，而且断后伸长率小于规定最小值。

（2）试验期间设备发生故障，影响了试验结果。

4）试样出现缺陷的情况

试验后，若试样出现两个或两个以上的缩颈以及显示出肉眼可见的冶金缺陷（如分层、气泡、夹渣、缩孔等），应在试验记录和报告中注明。

（二）钢材冷弯试验

1. 主要仪器设备

（1）万能试验机或压力机。

（2）弯曲装置：支辊长度和弯曲压头的宽度应大于试样宽度或直径，支辊和弯曲压头应具有足够的硬度。

（3）游标卡尺等。

2. 试样制备

（1）试样应尽可能平直，必要时应对试样进行矫直。

（2）试样应通过机加工去除由于剪切或火焰切割等影响了材料性能的部分。

（3）试样长度（L）按式(7-8)计算：

$$L = 0.5\pi(d + a) + 140 \tag{7-8}$$

式中：d——弯心直径（mm）；

a——试样直径（mm）。

3. 检测步骤

（1）根据钢材等级选择弯心直径和弯曲角度。

（2）试样弯曲至规定角度的试验。

①根据试样直径选择压头，调整支辊间距，将试样放在试验机上，试样轴线应与弯曲压头轴线垂直，如图 7-35a）所示。

②开动试验机加荷，弯曲压头在两支座之间的中点处对试样连续施加力使其弯曲，直至达到规定的弯曲角度，如图 7-35b）所示。

③试样弯曲至180°角，两臂相距规定距离且相互平行的试验。

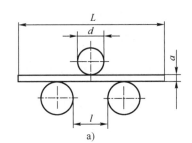
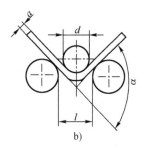

图 7-35　支辊式弯曲装置

L-试件长度；d-弯心直径；l-支座间距；a-试样直径；α-弯曲角度

a. 对试样进行初步弯曲（弯曲角度应尽可能大），然后将试样置于两平行压板之间，如图 7-36a）所示。

b. 将试样置于两平行压板之间，连续施加力压其两端，使其进一步弯曲，直至两臂平行，如图 7-36b）、c）所示。试验时可以加或不加垫块，除非产品标准中另有规定，垫块厚度等于规定的弯曲压头直径。

④试样弯曲至两臂直接接触的试验。

a. 将试样进行初步弯曲（弯曲角度应尽可能大），如图 7-36a）所示。

b. 将其置于两平行压板之间，连续施加力压其两端，使其进一步弯曲，直至两臂直接接触，如图7-37所示。

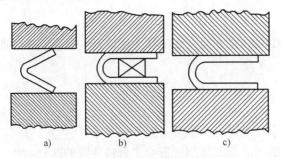 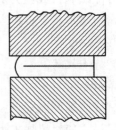

图7-36 试样弯曲至两臂平行　　　　　图7-37 试样弯曲至两臂直接接触

4. 检测结果

（1）应按照相关产品标准的要求评定弯曲试验结果。若未规定具体要求，弯曲试验后，试样弯曲外表面无肉眼可见裂纹应评定为冷弯合格。

（2）相关产品标准规定的弯曲角度认作最小值，规定的弯曲半径认作最大值。

5. 填写钢筋检测试验的原始记录表

6. 填写钢筋检测试验报告

钢筋原材检验记录　　钢筋原材检验报告　　练习题

第八章 防 水 材 料

职业能力目标

通过本章学习,学生应初步具有根据建筑物的防水等级、防水耐久年限、气候条件、结构形式和工程实际情况等因素选择防水材料的能力;初步具有分析、解决防水材料质量问题的能力;能进行防水卷材检测并填写检测报告。

知识目标

防水材料品种很多,在工程实践中,若使用不当将无法保证工程质量。学生应掌握常用防水材料的性质和使用范围。在学习时注意理论联系实际,通过实践,加深对常用防水材料性能特点的理解和掌握,以便合理选用防水材料。

思政目标

我国防水材料经历了从低档到中高档,品种从单一到复合的发展过程。防水材料的性能直接影响建筑物的舒适性、安全性和耐久性,影响人民的生活水平。通过本章的学习,培养学生严谨、认真、精益求精的态度;使学生树立坚韧不拔、坚持创新、吃苦耐劳的职业精神和工匠精神;增强学生民族自豪感和文化自信。

防水材料是指应用于建筑物和构筑物,起防潮、防漏作用,保护建筑物和构筑物及其构件不受水侵蚀破坏的一类建筑材料,广泛用于建筑物的屋面、地面、墙面、地下室及其他有防水要求的工程部位。防水材料具有品种多、发展快的特点,传统的防水材料有沥青防水材料,新型的防水材料有改性沥青防水材料和合成高分子防水材料。防水设计由多层防水向单层防水发展,由单一材料向复合多功能材料发展。防水材料按力学性能可分为刚性防水材料和柔性防水材料两类,本章主要介绍柔性防水材料。

第一节 沥 青

防水材料的基本原材料有石油沥青、煤沥青、改性沥青以及合成高分子材料等。本节主要介绍石油沥青和改性石油沥青。

一 沥青的分类

沥青材料是由高分子碳氢化合物及其非金属衍生物组成的复杂混合物，是一种有机胶凝材料。沥青在常温下呈固态、半固态和液态，颜色为黑色或深褐色，不溶于水，可溶于二硫化碳、四氯化碳。沥青资源丰富、价格低廉、施工方便、实用价值很高。在建筑工程中主要用于屋面及地下建筑防水或用于耐腐蚀地面及道路路面等，也可用于制造防水卷材、防水涂料、嵌缝油膏、黏合剂及防锈防腐涂料等。沥青种类很多，按产源可分为地沥青和焦油沥青两大类，如图 8-1 所示。

沥青材料

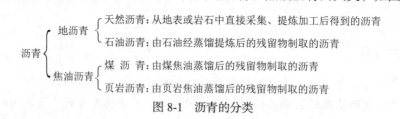

图 8-1　沥青的分类

二 石油沥青的组分

石油沥青是由石油原油经蒸馏等炼制工艺提炼出各种轻质油（汽油、煤油、柴油等）和润滑油后的残余物，经再加工后的产物。石油沥青的化学成分很复杂，很难把其中的化合物逐个分离出来。因此，为了便于研究，通常将其中的化合物按化学成分和物理性质比较接近的，划分为若干组分（又称组丛）。

沥青的主要组分包括油分、树脂和地沥青质。

1. 油分

油分为流动的黏稠状液体，颜色为无色至浅黄色，密度为 0.60～1.00g/cm³，分子量为 100～500，是沥青分子中分子量最小的化合物，能溶于二硫化碳、三氯甲烷等大多数有机溶剂，但不溶于酒精。在石油沥青中，油分的含量为 40%～60%。油分赋予石油沥青流动性，含量多时，沥青的流动性增大，软化点降低，温度稳定性变差。

2. 树脂

树脂为红褐色至黑褐色的黏稠状半固体，密度为 1.00～1.10g/cm³，分子量为 650～1000，能溶于大多数有机溶剂，但在酒精和丙酮中的溶解度极低，熔点低于 100℃。在石油沥青中，树脂的含量为 15%～30%。树脂组分使石油沥青具有良好的塑性和黏结性。

3. 地沥青质

地沥青质为深褐色至黑色硬、脆的无定形不溶性固体，密度为 1.10～1.15g/cm³，分子量为 2000～6000。除不溶于酒精、石油醚和汽油外，易溶于大多数有机溶剂。在石油沥青中，地沥青质含量为 10%～30%。地沥青质是决定石油沥青热稳定性和黏性的重要组分，含量越多，软化点越高。此外，石油沥青中往往还含有一定量的固体石蜡，它是沥青中的有害物质，会使沥青的黏结性、塑性、耐热性和稳定性变差。

石油沥青的性质与各组分之间的比例密切相关。液体沥青中油分、树脂多,流动性好;固体沥青中树脂、地沥青质多,地沥青质尤其多,所以热稳定性和黏性好。

煤沥青是由煤干馏得到的煤焦油再经蒸馏加工制成的沥青。煤沥青与石油沥青相比,温度稳定性较低,与矿质骨料的黏附性较好,气候稳定性较差,含对人体有害成分较多、臭味较重。

三 石油沥青的主要技术性质

1. 黏滞性

黏滞性是指石油沥青在外力作用下抵抗变形的性能。当地沥青质含量较高、有适量树脂、油分含量较少时,黏滞性较大。在一定温度范围内,温度升高,黏滞性随之降低,反之则增大。

对于液体沥青,表征沥青黏滞性的指标是黏滞度,它表示液体沥青在流动时的内部阻力。测试方法是液体沥青在一定温度(25℃或60℃)条件下,经规定直径(3.5mm或10mm)的孔漏下50mL所需的时间(s)。测试如图8-2所示。黏滞度大,表示沥青的稠度大,黏性好。

表征半固体沥青、固体沥青黏滞性的指标是针入度,针入度以标准针在一定荷载、时间及温度条件下垂直贯入沥青试样的深度表示,以1/10mm计。《沥青针入度测定法》(GB/T 4509—2010)规定,在(25±0.1)℃的温度下,以质量(100±0.05)g的标准针经5s垂直穿入沥青试样中的深度(每1/10mm称1度)来表示针入度。针入度测定如图8-3所示。针入度值大,表明沥青流动性大,黏滞性小。针入度是沥青划分牌号的主要依据。

电脑沥青针入度试验器

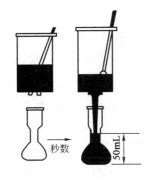

图 8-2 黏滞度测定示意图

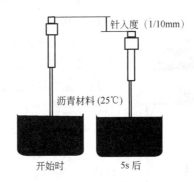

图 8-3 针入度测定示意图

2. 塑性

塑性是指石油沥青在外力作用下产生变形而不破坏的性能。沥青之所以能制成性能良好的柔性防水材料,很大程度上取决于塑性。石油沥青中树脂含量大,其他组分含量适当,则塑性较高。温度及沥青膜层厚度也影响塑性,温度升高,则塑性增大;膜层增厚,塑性也增大。常温下,沥青塑性好,能承受一定的振动和冲击作用,常用作路面材料。

表征沥青塑性的指标是延度(延伸度),以规定形态的沥青试样在规定温度下以一定速度拉伸至断开时的长度表示,以cm计。《沥青延度测定法》(GB/T 4508—2010)规定,将沥青制成8字形试件，试件中间最窄处横断面面积为1cm²；在(25±0.5)℃水浴中，以(5±0.25)cm/min的速度拉伸，拉断时试件的伸长值即为延度，单位为cm。延度测试如图8-4所示。延度大，说明沥青的塑性好，变形能力强，在使用中能适应建筑物的变形且不开裂。

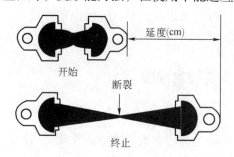

沥青延度仪

图8-4 延度测定示意图

3. 温度敏感性（温度稳定性）

温度敏感性是指石油沥青的黏滞性和塑性随温度升降而变化的性质。温度敏感性越大，则沥青的温度稳定性越低。温度敏感性大的沥青，在温度降低时，变得脆硬，受外力作用易产生裂缝以致破坏；在温度升高时软化成为液体流淌，失去防水能力。因此，温度敏感性是评价沥青质量的重要性质。

温度敏感性通常用"软化点"表示。软化点是指沥青材料由固体状态转变为具有一定流动性膏体的温度，依据《沥青软化点测定法 环球法》（GB/T 4507—2014）进行测定（图8-5）。软化点是沥青试样在规定尺寸的金属环内，上置规定尺寸和质量的钢球，放于水或甘油中，以规定速度加热，至钢球下沉达规定距离时的温度。沥青软化点大致在25～100℃之间。

沥青软化点测定仪

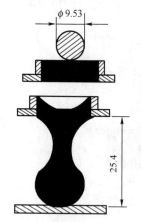

图8-5 软化点测定示意图
（尺寸单位：mm）

软化点高，说明沥青的耐热性好，但软化点过高，又不易加工；软化点低，夏季易产生变形，甚至流淌。当温度在非常低的范围时，沥青就像玻璃一样脆硬，称作"玻璃态"。沥青由玻璃态向高弹态转变的温度即为沥青的脆化点。在实际应用中，希望沥青具有高软化点和低脆化点。为了提高沥青的耐寒性和耐热性，常常对沥青进行改性，如在沥青中掺入增塑剂、橡胶、树脂和填料等。

4. 大气稳定性

大气稳定性是指石油沥青在热、阳光、水分和空气等大气因素作用下，性能保持稳定的能力，也称沥青的抗老化性能。在自然气候作用下，沥青的化学组成和性能都会发生变化，低分子物质将逐渐转变为大分子物质，流动性和塑性逐渐减小，硬脆性逐渐增大，直至脆裂，甚至完全松散而失去黏结力，这种现象称为老化。

石油沥青的大气稳定性常用蒸发损失和针入度变化等试验结果进行评定。蒸发损失少，蒸发后针入度变化小，则大气稳定性高，即老化较慢。

5. 溶解度

溶解度指石油沥青在三氯乙烯、四氯化碳或苯中溶解的百分率，以表示石油沥青中有效物质的含量。不溶物会降低沥青的黏结性。

6. 闪点和燃点

沥青材料在使用时通常需要加热。

闪点是指沥青加热产生的可燃气体和空气的混合物,在规定条件下与火焰接触,初次闪火(有蓝色闪光)时的温度(℃)。燃点是指加热沥青产生的可燃气体和空气的混合物,与火焰接触能持续燃烧 5s 以上时的温度(℃)。燃点温度比闪点温度约高 10℃。沥青质含量越多,闪点和燃点相差越大。液体沥青由于油分较多,闪点和燃点相差很小。

克利夫兰开口闪点试验器

闪点和燃点的高低表明沥青引起火灾或爆炸可能性的大小,闪点和燃点是保证沥青加热质量和施工安全的重要指标。

四 石油沥青的技术标准与选用

(一)石油沥青的技术标准

不同建筑物或不同使用部位对所用石油沥青的主要技术性能与指标要求不同。石油沥青按用途分为建筑石油沥青、道路石油沥青、防水防潮石油沥青和普通石油沥青。石油沥青的牌号主要根据针入度、延度和软化点等指标划分,并以针入度值表示。

建筑石油沥青,按针入度划分为 10 号、30 号和 40 号三个牌号,牌号越大,则针入度越大(黏性越小)、延伸度越大(塑性越好)、软化点越低(温度稳定性越差)。建筑石油沥青的技术性能应符合《建筑石油沥青》(GB/T 494—2010)的规定,具体指标见表 8-1。

道路石油沥青的技术要求

表 8-1

建筑石油沥青技术要求(GB/T 494—2010)

项目	质量指标		
	10 号	30 号	40 号
针入度(25℃,100g,5s)(1/10mm)	10~25	26~35	36~50
针入度(46℃,100g,5s)(1/10mm)	报告[a]	报告[a]	报告[a]
针入度(0℃,200g,5s)(1/10mm),不小于	3	6	6
延度(25℃,5cm/min)(cm),不小于	1.5	2.5	3.5
软化点(环球法)(℃),不低于	95	75	60
溶解度(三氯乙烯)(%),不小于	99.0		
蒸发后质量变化(163℃,5h)(%),不大于	1		
蒸发后 25℃针入度比[b](%),不小于	65		
闪点(开口杯法)(℃),不低于	260		

注:a. 报告应为实测值。
   b. 测定蒸发损失后样品的 25℃针入度与原 25℃针入度之比乘以 100 后,所得的百分比,称为蒸发后针入度比。

道路石油沥青按针入度值分为 200 号、180 号、140 号、100 号、60 号五个牌号,主要技术要求参见《道路石油沥青》(NB/SH/T 0522—2010)的规定。

（二）石油沥青的应用

选用沥青材料时，应根据工程性质、当地气候条件及所处工作环境确定。选用的基本原则是：在满足黏性、塑性和温度敏感性等主要性质的前提下，尽量选用牌号较大的沥青。牌号较大的沥青，耐老化能力强，从而保证沥青有较长的使用年限。

建筑石油沥青常用作建筑防水卷材、防水涂料、冷底子油和沥青嵌缝油膏等防水材料的主要原料，主要用于屋面防水、地下防水及沟槽防水、防腐蚀等工程。为避免夏季流淌，一般屋面用沥青材料的软化点应比本地区屋面最高温度高20℃以上。

防水防潮石油沥青的技术性质与建筑石油沥青相近，且质量更好，适用于建筑屋面、防水防潮工程。其中3号沥青温度敏感性一般，质地较软，用于一般温度下室内及地下结构部分的防水；4号沥青温度敏感性较小，用于一般地区可行走的缓坡屋顶防水；5号沥青温度敏感性小，用于一般地区暴露屋顶或气温较高地区的屋顶；6号沥青温度敏感性最小，且质地较软，除一般地区外，主要用于寒冷地区的屋顶及其他防水防潮工程。

道路石油沥青主要用来拌制沥青混凝土或沥青砂浆，主要用于道路路面或车间地面等工程。道路石油沥青的牌号较多，选用时应注意不同的工程要求、施工方法和环境温度差别等。根据工程需要还可以将建筑石油沥青与道路石油沥青掺和使用。

普通石油沥青含有较多的蜡，温度稳定性差，与软化点相同的建筑石油沥青相比，针入度较大、塑性较差，故在建筑工程中不宜直接使用，必须经过适当的改性处理后才能使用。

沥青作为防水材料，其使用方法很多，按施工方法可分为热用和冷用两种。沥青除直接使用外，更多的是用以配制成各种防水材料制品。

五、改性石油沥青

在建筑工程中使用的沥青应具有良好的使用性能和耐久性。例如，在低温条件下具有良好的塑性和弹性，在高温条件下具有足够的强度和温度稳定性，在使用期间具有抗老化能力等。石油沥青固有的性质难以满足以上要求，只有对现有沥青性能加以改进才能满足工程需要。改性沥青是通过掺加橡胶、树脂、高分子聚合物、矿物填充料等改性剂，或对沥青采取轻度氧化加工等措施，从而使沥青性能得以改善。

1. 橡胶改性沥青

橡胶是石油沥青的重要改性材料，它与石油沥青有很好的混溶性。在沥青中掺入适量橡胶，可使沥青具有高温变形性小、常温弹性较好、低温塑性较好等优点，克服了传统沥青热淌冷脆的缺点，提高了材料的强度、延伸率和耐老化性。橡胶的品种不同，掺入的方法也有差异。常用的橡胶改性沥青有氯丁橡胶改性沥青、丁基橡胶改性沥青、热塑性丁苯橡胶（SBS）改性沥青、再生橡胶改性沥青等，其中SBS改性沥青是目前应用最广泛的改性沥青。

2. 树脂改性沥青

在沥青中掺入适量树脂后，可使沥青具有较好的耐寒性、耐热性、黏结性和不透气性，常用树脂有无规聚丙烯（APP）、聚乙烯、酚醛树脂等。

3. 橡胶和树脂共混改性沥青

在沥青中掺入适量的橡胶和树脂后，沥青兼具橡胶和树脂的特性（橡胶和树脂间有较好的混融性），常用的共混改性沥青有氯化聚乙烯-橡胶共混改性沥青和聚氯乙烯-橡胶共混改性沥青等。

4. 矿物填充料改性沥青

在沥青中加入一定数量的矿物填充料，可以提高沥青的黏结能力、耐热性，减小沥青的温度敏感性。常用的矿物填充料大多是粉状或纤维状矿物，主要有滑石粉、石灰石粉、石棉和云母粉等。

第二节　防水堵水材料

防水堵水材料依据外观形态可分为防水卷材、防水涂料和密封材料三大类。

一　防水卷材

防水卷材是一种具有一定宽度和厚度的能够卷曲成卷状的带状定型防水材料。防水卷材是建筑防水工程中应用的主要材料，约占全部防水材料的90%。防水卷材的品种很多，根据防水卷材中构成防水膜层的主要原料，可以将防水卷材分成沥青防水卷材、高聚物改性沥青防水卷材和合成高分子防水卷材三大类。

防水卷材要满足建筑防水工程的要求，必须具备以下性能：

（1）耐水性：受水的作用后其性能基本不变，在压力水作用下具有不透水性。常用不透水性、吸水性等指标表示。

（2）温度稳定性：在一定温度变化下保持原有性能的能力，即高温不流淌、不起泡、不滑动，低温不脆裂的性能。常用耐热度等指标表示。

（3）机械强度、延伸性和抗断裂性：指防水卷材能承受一定的力和变形或在一定变形条件下不断裂的性能。常用拉力、拉伸强度和断裂伸长率等指标表示。

（4）柔韧性：低温条件下保持柔韧性能，以保证施工和使用要求。常用柔度、低温弯折等指标表示。

（5）大气稳定性：在阳光、空气、水及其他介质长期综合作用下，抵抗侵蚀的能力。常用耐老化性等指标表示。

（一）沥青防水卷材

沥青防水卷材是指以沥青材料、胎料和表面撒布防粘材料等制成的成卷材料，又称油毡。沥青防水卷材分为有胎卷材和无胎卷材。用原纸、玻璃布、石棉布、棉麻织品等胎料浸渍石油沥青制成的卷状材料，称为有胎卷材；将石棉、橡胶粉等掺入沥青材料中，经碾压制成的卷状材料称为辊压卷材即无胎卷材。

沥青防水卷材由于质量小、价格低廉、防水性能较好、施工方便、能适应一定的温度变化和基层伸缩变形，故多年来在工业与民用建筑的防水工程中得到了广泛应用。

1. 石油沥青纸胎油毡

石油沥青纸胎油毡是指以石油沥青浸渍原纸,再涂盖其两面,表面涂或撒隔离材料所制成的防水卷材。

《石油沥青纸胎油毡》(GB 326—2007)规定,油毡按卷重和物理性能分为Ⅰ型、Ⅱ型和Ⅲ型。油毡幅宽为 1000mm,其他规格可由供需双方商定。

石油沥青油毡按产品名称、类型和标准号顺序标记。

示例:Ⅲ型石油沥青纸胎油毡标记为:

石油沥青纸胎油毡

油毡　Ⅲ型　GB 326—2007

Ⅰ型、Ⅱ型油毡适用于辅助防水、保护隔离层、临时性建筑防水、防潮及包装等。Ⅲ型油毡适用于屋面工程的多层防水。

石油沥青油毡的卷重见表 8-2,物理性能见表 8-3。

卷重　　　表 8-2

类型	Ⅰ型	Ⅱ型	Ⅲ型
卷重(kg/卷),≥	17.5	22.5	28.5

物理性能　　　表 8-3

项目		指标		
		Ⅰ型	Ⅱ型	Ⅲ型
单位面积浸涂材料总量(g/m²),≥		600	750	1000
不透水性	压力(MPa),≥	0.02	0.02	0.10
	保持时间(min),≥	20	30	30
吸水率(%),≤		3.0	2.0	1.0
耐热度		(85±2)℃,2h 涂盖层无滑动、流淌和集中性气泡		
拉力(纵向)(N/50mm),≥		240	270	340
柔度		(18±2)℃,绕φ20mm 棒或弯板无裂纹		

注:《石油沥青纸胎油毡》(GB 326—2007)中Ⅲ型产品物理性能要求为强制性的,其余为推荐性的。

2. 石油沥青玻璃布胎油毡

石油沥青玻璃布胎油毡(简称玻璃布油毡)是指采用玻璃布为胎基,浸涂石油沥青并在两面涂撒隔离材料所制成的一种防水卷材。玻璃布油毡幅宽为 1000mm。玻璃布油毡按物理性能分为一等品(B)和合格品(C)。玻璃布油毡适用于铺设地下防水、防腐层,并用于屋面做防水层及金属管道(热管道除外)的防腐保护层。

玻璃布油毡的物理性能应符合表 8-4 的规定。

玻璃布胎油毡物理性能　　　表 8-4

项目名称	一等品	合格品
可溶物含量(g/m²),≥	420	380
耐热度(85±2)℃(2h)	无滑动、起泡现象	

续上表

项目名称		一等品	合格品
不透水性	压力（MPa）	0.2	0.1
	时间不小于15min	无渗漏	
拉力(25±2)℃时纵向（N），≥		400	360
柔度	温度（℃），≤	0	5
	弯曲直径30mm	无裂纹	
耐霉菌腐蚀性	重量损失（%），≤	2.0	
	拉力损失（%），≤	15	

3. 石油沥青玻璃纤维胎防水卷材

石油沥青玻璃纤维胎防水卷材（简称沥青玻纤胎卷材）是以玻纤毡为胎基，浸涂石油沥青，两面覆以隔离材料制成的防水卷材。

沥青玻纤胎卷材按单位面积质量分为15号、25号；按上表面材料分为PE膜、砂面，也可按生产厂要求采用其他类型的上表面材料；按力学性能分为Ⅰ型、Ⅱ型，性能应符合《石油沥青玻璃纤维胎防水卷材》（GB/T 14686—2008）的要求。

15号沥青玻纤胎卷材适用于一般工业与民用建筑的多层防水，作防腐保护层也用于包裹管道（热管道除外）；25号沥青玻纤胎卷材适用于屋面、地下、水利等工程的多层防水。

（二）高聚物改性沥青防水卷材

沥青防水卷材存在拉伸强度和延伸率低、温度稳定性差、高温易流淌、低温易脆裂、耐老化性较差、使用年限短等缺点，属于低档防水卷材。随着科技的发展，近年来研制出不少性能优良的新型防水卷材以取代沥青防水卷材，如高聚物改性沥青防水卷材。

高聚物改性沥青防水卷材是以改性沥青为浸涂材料，以纤维毡、纤维织物、聚酯复合膜或塑料薄膜为胎体，粉状、粒状、片状或塑料膜为覆面材料制成的可卷曲的片状防水材料。其具有使用年限长、技术性能好、冷施工、操作简单、污染性低等优点，有效提高了防水工程的质量。

高聚物改性沥青防水卷材包括弹性体、塑性体和橡塑共混体改性沥青防水卷材三类。其中，弹性体改性沥青防水卷材和塑性体改性沥青防水卷材应用较多。

1. 弹性体改性沥青防水卷材

弹性体改性沥青防水卷材是以聚酯毡、玻纤毡、玻纤增强聚酯毡为胎基，以苯乙烯-丁二烯-苯乙烯（SBS）热塑性弹性体作石油沥青改性剂，两面覆以隔离材料所制成的建筑防水卷材，简称SBS防水卷材。

SBS防水卷材按胎基分为聚酯毡（PY）、玻纤毡（G）、玻纤增强聚酯毡（PYG）卷材；按上表面隔离材料分为聚乙烯膜（PE）、细砂（S）、矿物粒料（M）卷材；按下表面隔离材料分为细砂（S）、聚乙烯膜（PE）卷材；按材料性能分为Ⅰ型和Ⅱ型。SBS防水卷材材料性能见表8-5。

SBS 防水卷材材料性能　　　　　表 8-5

序号	项目		指标				
			I		II		
			PY	G	PY	G	PYG
1	可溶物含量（g/m²），≥	3mm	2100		—		
		4mm	2900		—		
		5mm	3500				
		试验现象	—	胎基不燃	—	胎基不燃	—
2	耐热性	℃	90		105		
		mm，≤	2				
		试验现象	无流淌、滴落				
3	低温柔性（℃）		−20		−25		
			无裂缝				
4	不透水性 30min		0.3MPa	0.2MPa	0.3MPa		
5	拉力	最大峰拉力（N/50mm），≥	500	350	800	500	900
		次高峰拉力（N/50mm），≥					800
6	延伸率	最大峰时延伸率（%），≥	30		40		
		第二峰时延伸率（%），≥	—		—		15
7	浸水后质量增加（%），≤	PE、S	1.0				
		M	2.0				
8	热老化	拉力保持率（%），≥	90				
		延伸率保持率（%），≥	80				
		低温柔性（℃）	−15		−20		
			无裂缝				
		尺寸变化率（%），≤	0.7	—	0.7	—	0.3
		质量损失（%），≤	1.0				
9	人工气候加速老化	外观	无滑动、流淌、滴落				
		拉力保持率（%），≥	80				
		低温柔性（℃）	−15		−20		
			无裂缝				

SBS 防水卷材主要适用于工业与民用建筑的屋面和地下防水工程。玻纤增强聚酯毡卷材可用于机械固定单层防水，但需通过抗风荷载试验。玻纤毡卷材适用于多层防水中的底层防水。外露使用时应采用上表面隔离材料为不透明的矿物粒料的防水卷材。地下工程防水采用表面隔离材料为细砂的防水卷材。

SBS 卷材施工

2. 塑性体改性沥青防水卷材

塑性体改性沥青防水卷材是以聚酯毡、玻纤毡、玻纤增强聚酯毡为胎基，以无规聚丙烯（APP）或聚烯烃类聚合物（APAO、APO）作石油沥青改性剂，两面覆以隔离材料所制成的防水卷材，简称 APP 防水卷材。

APP 防水卷材按胎基分为聚酯胎（PY）、玻纤胎（G）、玻纤增强聚酯毡（PYG）卷材；按上表面隔离材料分为聚乙烯膜（PE）、细砂（S）、矿物粒料（M）卷材；按下表面隔离材料分为细砂（S）、聚乙烯膜（PE）卷材；按材料性能分为Ⅰ型和Ⅱ型。APP 防水卷材材料性能见表 8-6。

APP 防水卷材材料性能　　　　　　　　表 8-6

序号	项目		指标				
			Ⅰ		Ⅱ		
			PY	G	PY	G	PYG
1	可溶物含量（g/m²），≥	3mm	2100				—
		4mm	2900				—
		5mm			3500		
		试验现象	—	胎基不燃	—	胎基不燃	—
2	耐热性	℃	110		130		
		mm，≤	2				
		试验现象	无流淌、滴落				
3	低温柔性（℃）		−7		−15		
			无裂缝				
4	不透水性 30min		0.3MPa	0.2MPa	0.3MPa		
5	拉力	最大峰拉力（N/50mm），≥	500	350	800	500	900
		次高峰拉力（N/50mm），≥	—	—	—	—	800
		试验现象	拉伸过程中，试件中部无沥青涂盖层开裂或与胎基分离现象				
6	延伸率	最大峰时延伸率（%），≥	25	—	40	—	—
		第二峰时延伸率（%），≥	—	—	—	—	15
7	浸水后质量增加（%），≤	PE、S	1.0				
		M	2.0				
8	热老化	拉力保持率（%），≥	90				
		延伸率保持率（%），≥	80				
		低温柔性（℃）	−2		−10		
			无裂缝				
		尺寸变化率（%），≤	0.7	—	0.7		0.3
		质量损失（%），≤	1.0				
9	人工气候加速老化	外观	无滑动、流淌、滴落				
		拉力保持率（%），≥	80				
		低温柔性（℃）	−2		−10		
			无裂缝				

APP 防水卷材耐热性优异，耐水性、耐腐蚀性较好，低温柔性较好（但不及 SBS 防水

卷材）。APP防水卷材适用于工业与民用建筑的屋面和地下防水工程；玻纤增强聚酯毡卷材可用于机械固定单层防水，但需通过抗风荷载试验；玻纤毡卷材适用于多层防水中的底层防水；外露使用时应采用上表面隔离材料为不透明的矿物粒料的防水卷材；地下工程防水应采用表面隔离材料为细砂的防水卷材。

（三）高分子防水卷材

高分子防水卷材以合成橡胶、合成树脂或两者的共混体为基材，加入适量的化学助剂、填充料等，经过混炼、压延或挤出成型、硫化、定型等工序制成的防水卷材。高分子防水卷材具有拉伸强度高、断裂伸长率大、抗撕裂强度高、耐热性能好、低温柔性好、耐腐蚀、耐老化以及可以冷施工等优异性能，是我国大力发展的新型高档防水卷材。

1. 高分子防水卷材的分类

根据《高分子防水材料　第1部分：片材》（GB 18173.1—2012）的规定，高分子防水卷材片材的分类见表8-7。

片材的分类　　　　　　　　　　　　　　　　　　　　　表8-7

分类		代号	主要原材料
均质片	硫化橡胶类	JL1	三元乙丙橡胶
		JL2	橡塑共混
		JL3	氯丁橡胶、氯磺化聚乙烯、氯化聚乙烯等
	非硫化橡胶类	JF1	三元乙丙橡胶
		JF2	橡塑共混
		JF3	氯化聚乙烯
	树脂类	JS1	聚氯乙烯等
		JS2	乙烯醋酸乙烯共聚物、聚乙烯等
		JS3	乙烯醋酸乙烯共聚物与改性沥青共混等
复合片	硫化橡胶类	FL	（三元乙丙、丁基、氯丁橡胶，氯磺化聚乙烯等）/织物
	非硫化橡胶类	FF	（氯化聚乙烯，三元乙丙、丁基、氯丁橡胶，氯磺化聚乙烯等）/织物
	树脂类	FS1	聚氯乙烯/织物
		FS2	（聚乙烯、乙烯醋酸乙烯共聚物等）/织物
自粘片	硫化橡胶类	ZJL1	三元乙丙/自粘料
		ZJL2	橡塑共混/自粘料
		ZJL3	（氯丁橡胶、氯磺化聚乙烯、氯化聚乙烯等）/自粘料
		ZFL	（三元乙丙、丁基、氯丁橡胶等）/织物/自粘料
	非硫化橡胶类	ZJF1	三元乙丙/自粘料
		ZJF2	橡塑共混/自粘料
		ZJF3	氯化聚乙烯/自粘料
		ZFF	（氯化聚乙烯、三元乙丙、丁基、氯丁橡胶、氯磺化聚乙烯等）/织物/自粘料

续上表

分类		代号	主要原材料
自粘片	树脂类	ZJS1	聚氯乙烯/自粘料
		ZJS2	（乙烯醋酸乙烯共聚物、聚乙烯等）/自粘料
		ZJS3	乙烯醋酸乙烯共聚物与改性沥青共混等/自粘料
		ZFS1	聚乙烯/织物/自粘料
		ZFS2	（聚乙烯、乙烯醋酸乙烯共聚物等）/织物/自粘料
异形片	树脂类（防水排水保护板）	YS	高密度聚乙烯、改性聚丙烯、高抗冲聚苯乙烯等
点（条）粘片	树脂类	DS1/TS1	聚氯乙烯/织物
		DS2/TS2	（乙烯醋酸乙烯共聚物、聚乙烯等）/自粘料
		DS3/TS3	乙烯醋酸乙烯共聚物与改性沥青共混物等/织物

注：1. 均质片：以高分子合成材料为主要材料，各部位截面结构一致的防水片材。
   2. 复合片：以高分子合成材料为主要材料，以复合织物等做保护或增强层，以改变其尺寸稳定性和力学特性，各部位截面结构一致的防水片材。
   3. 自粘片：在高分子片材表面复合一层自粘隔离保护层，以改善或提高其与基层的粘接性能，各部位截面结构一致的防水片材。
   4. 异型片：以高分子合成材料为主要材料，经特殊工艺加工成表面为连续凸凹壳体或特定几何形状的防（排）水片材。
   5. 点（条）粘片：均质片材与织物等保护层多点（条）粘接在一起，粘接点（条）在规定区域内均匀分布，利用粘接点（条）的间距，使其具有切向排水功能的防水片材。

2.高分子防水卷材的规格

根据《高分子防水材料 第1部分：片材》（GB 18173.1—2012）的规定，高分子防水卷材的规格见表8-8。

片材的规格尺寸　　　　　　　　　　　　　　　　表8-8

项目	厚度（mm）	宽度（m）	长度（m）
橡胶类	1.0，1.2，1.5，1.8，2.0	1.0，1.1，1.2	≥20
树脂类	>0.5	1.0，1.2，1.5，2.0，2.5，3.0，4.0，6.0	

注：橡胶类片材在每卷20m长度中允许有一处接头，且最小块长度应≥3m，并应加长15cm备作搭接；树脂类片材在每卷至少20m长度内不允许有接头，自粘片材及异型片材每卷10m长度内不允许有接头。

3.外观质量

（1）片材表面应平整，不能有影响使用性能的杂质、机械损伤、折痕及异常粘着等缺陷。

（2）在不影响使用的条件下，片材表面缺陷应符合下列规定：

①凹痕深度，橡胶类片材不得超过片材厚度的20%，树脂类片材不得超过5%；

②气泡深度，橡胶类不得超过片材厚度的20%，每$1m^2$内气泡面积不得超过$7mm^2$，树脂类片材不允许有。

（3）异型片表面应边缘整齐，无裂纹、孔洞、粘连、气泡、疤痕及其他机械损伤缺陷。

4.物理性能

高分子防水卷材物理性能应符合表8-9、表8-10的规定。

表 8-9 均质片的物理性能

项目		指标								
		硫化橡胶类			非硫化橡胶类			树脂类		
		JL1	JL2	JL3	JF1	JF2	JF3	JS1	JS2	JS3
拉伸强度(MPa)	常温(23℃), ≥	7.5	6.0	6.0	4.0	3.0	5.0	10	16	14
	高温(60℃), ≥	2.3	2.1	1.8	0.8	0.4	1.0	4	6	5
拉断伸长率(%)	常温(23℃), ≥	450	400	300	400	200	200	200	550	500
	低温(−20℃), ≥	200	200	170	200	100	100	—	350	300
撕裂强度(kN/m), ≥		25	24	23	18	10	10	40	60	60
不透水性(30min 无渗漏)		0.3MPa	0.3MPa	0.2MPa	0.3MPa	0.2MPa	0.2MPa	0.3MPa	0.3MPa	0.3MPa
低温弯折(℃/无裂纹)		−40	−30	−30	−30	−20	−20	−20	−35	−35
加热伸缩量(mm)	延伸, ≤	2	2	2	2	2	4	2	2	2
	收缩, ≤	4	4	4	4	6	10	6	6	6
热空气老化(80℃×168h)	拉伸强度保持率(%), ≥	80	80	80	90	60	80	80	80	80
	拉断伸长率保持率(%), ≥	70	70	70	80	70	70	70	70	70
耐碱性[饱和 Ca(OH)$_2$ 溶液 23℃×168h]	拉伸强度保持率(%), ≥	80	80	80	80	70	70	80	80	80
	拉断伸长率保持率(%), ≥	80	80	80	90	80	70	80	90	90
臭氧老化(40℃×168h)	伸长率 40%, 500×10⁻⁸	无裂纹	—	—	无裂纹	—	—	—	—	—
	伸长率 20%, 200×10⁻⁸	—	无裂纹	—	—	—	无裂纹	—	—	—
	伸长率 20%, 100×10⁻⁸	—	—	无裂纹	—	无裂纹	—	—	—	—
人工气候老化	拉伸强度保持率(%), ≥	80	80	80	80	70	80	80	80	80
	拉断伸长率保持率(%), ≥	70	70	70	70	70	70	70	70	70

复合片的物理性能 表 8-10

项目		指标			
		硫化橡胶类 FL	非硫化橡胶类 FF	树脂类	
				FS1	FS2
拉伸强度（N/cm）	常温（23℃），≥	80	60	100	60
	高温（60℃），≥	30	20	40	30
拉断伸长率（%）	常温（23℃），≥	300	250	150	400
	低温（-20℃），≥	150	50	—	300
撕裂强度（N），≥		40	20	20	50
不透水性（0.3MPa，30min）		无渗漏			
低温弯折（℃/无裂纹）		-35	-20	-30	-20
加热伸缩量（mm）	延伸，≤	2	2	2	2
	收缩，≤	4	4	2	4
热空气老化（80℃×168h）	拉伸强度保持率（%），≥	80	80	80	80
	拉断伸长率保持率（%），≥	70	70	70	70
耐碱性[饱和Ca(OH)₂溶液 23℃×168h]	拉伸强度保持率（%），≥	80	60	80	80
	拉断伸长率保持率（%），≥	80	60	80	80
臭氧老化（40℃×168h），200×10⁻⁸，伸长率20%		无裂纹	无裂纹	—	—

5. 常用的高分子防水卷材

常用的高分子防水卷材有三元乙丙橡胶防水卷材、聚氯乙烯（PVC）防水卷材、氯化聚乙烯防水卷材、氯化聚乙烯-橡胶共混防水卷材等。

1）三元乙丙橡胶防水卷材

三元乙丙橡胶防水卷材（简称 EPDM 卷材）以三元乙丙橡胶为主体，掺入适量的丁基橡胶、硫化剂、促进剂、软化剂、补强剂等，经密炼、挤出（或压延）成型、硫化等工序加工制成，是高弹性防水材料。

三元乙丙橡胶防水卷材具有防水性能优异、耐候性好、耐臭氧及耐化学腐蚀性强、弹性和抗拉强度高，对基层材料的伸缩或开裂变形适应性强，质量小、使用温度范围广、使用年限长等优点；还可冷施工，操作简便，减少环境污染，改善工人的劳动条件。

三元乙丙橡胶防水卷材屋面施工

三元乙丙橡胶防水卷材应用范围十分广泛，如各种屋面、地下建筑、桥梁、隧道及要求很高的防水工程。它是目前国内外普遍采用的高档防水材料。

2）聚氯乙烯防水卷材

聚氯乙烯防水卷材是以聚氯乙烯为主要原料，加入多种化学助剂，经混炼、挤出成型和硫化等工序制成的防水卷材，是我国目前用量较大的一种防水卷材。聚氯乙烯防水卷材具有拉伸和抗撕裂强度高、延伸率较大、耐老化性能好、耐腐蚀性强、低温柔性好、使用寿命长等特点，适用于屋面、地下防水工程和防腐工程，可单层或复合使用，用冷粘法或热风焊接法施工。

聚氯乙烯防水卷材按产品的组成分为均质卷材（H）、带纤维背衬卷材（L）、织物内增强卷材（P）、玻璃纤维内增强卷材（G）、玻璃织物内增强带纤维背衬卷材（GL）。聚氯乙烯防水卷材的物理力学性能应符合《聚氯乙烯（PVC）防水卷材》（GB 12952—2011）的规定。

3）氯化聚乙烯防水卷材

氯化聚乙烯防水卷材是以氯化聚乙烯为主要原料制成的防水卷材，包括无复合层、用纤维单面复合及织物内增强的氯化聚乙烯防水卷材。氯化聚乙烯防水卷材综合防水性能好，具有良好的耐高温、耐低温性能，具有良好的黏结性和阻燃性，稳定性好，具有良好的耐油、耐酸碱、耐臭氧性能，使用寿命长。氯化聚乙烯防水卷材适用于工业与民用建筑物、构筑物的防水、防渗，各种地下工程的防水和非外漏部位的防水工程等。

氯化聚乙烯防水卷材按有无复合层分类，无复合层的为 N 类，用纤维单面复合的为 L 类，织物内增强的为 W 类。每类产品按物理化学性能分为Ⅰ型和Ⅱ型。

氯化聚乙烯防水卷材的物理力学性能应符合《氯化聚乙烯防水卷材》（GB 12953—2003）的规定。

4）氯化聚乙烯-橡胶共混防水卷材

氯化聚乙烯-橡胶共混防水卷材以氯化聚乙烯树脂和适量的丁苯橡胶为主要原料，加入硫化剂、稳定剂、软化剂及填料等，经塑炼、混炼、过滤、压延或挤出成型及硫化等工序制成的防水卷材。

氯化聚乙烯-橡胶共混防水卷材既具有氯化聚乙烯的高强度和优异的耐久性，又具有橡胶的高弹性和高延伸性以及良好的耐低温性能。其性能与三元乙丙防水卷材相当，使用寿命一般为 15～20 年，属中高档防水材料，可用于各种建筑、道路、桥梁、水利工程的防水工程，尤其适用于寒冷地区或变形较大的屋面。可以单层或复合使用，冷粘法施工。

5）氯磺化聚乙烯防水卷材

氯磺化聚乙烯防水卷材以氯磺化聚乙烯橡胶为主体，加入适量的软化剂、交联剂、填料、着色剂等，经混炼、压延或挤出、硫化等工序制作而成。

氯磺化聚乙烯防水卷材的耐臭氧、耐老化、耐酸碱等性能突出，且拉伸强度高、耐高低温性好、断裂伸长率高，对防水基层伸缩和开裂变形的适应性强，使用寿命达 15 年以上，属于中高档防水卷材。氯磺化聚乙烯防水卷材可制成多种颜色，用这种彩色防水卷材做屋面可起到美化环境的作用。氯磺化聚乙烯防水卷材特别适用于有腐蚀介质影响的部位做防水与防腐处理，也可用于其他防水工程。

【工程实例 8-1】　屋面卷材防水质量通病及防治措施

【现　　象】　防水卷材起鼓

【原因分析及预防措施】

1. 原因分析

基层不干燥，气体排除不彻底，卷材黏结不牢，压得不实。

2. 预防措施

（1）找平层应平整。

（2）卷材铺贴前，认真清理基层，清扫浮灰、杂质等。

（3）找平层应干燥，可用简易办法检验：将 1m² 材料平坦干铺于找平层上，静置 3~4h 后掀开，覆盖部位与卷材上均未见水印即可。

（4）不在雨、雪、雾天等恶劣天气下施工。

（5）胶黏剂的涂刷应均匀一致，不得过厚或过薄，当用热玛蹄脂时，其涂刷厚度宜为 1~1.5mm；用冷玛蹄脂时，其涂刷厚度宜为 0.5~1mm。当采用其他胶黏剂时，应根据其性能控制好涂刷与铺贴的间隔时间，不得过早或过晚。

3. 处理方法

（1）对于直径不大于 300mm 的鼓泡（空鼓），处理方法是：割破鼓泡，排出气体，使卷材复平，在鼓泡范围面层上部增铺一层卷材，热熔封严其周边。

（2）对于直径大于 300mm 的鼓泡，处理方法是：按斜一字形将鼓泡切开，翻开部分的防水卷材重新分片按流水方向粘贴，并在面上增贴一层卷材，其周边长应比开口范围大 100mm，之后粘牢封边。

二 防水涂料

防水涂料是以沥青、合成高分子材料等为主体，在常温下呈无定型流态或半流态，涂刷在建筑物表面后，通过溶剂挥发或成膜物组分之间发生化学反应，形成一层坚韧防水膜的材料的总称。

（一）防水涂料的特点与分类

1. 特点

（1）整体防水性好

防水涂料能满足各类屋面、地面、墙面防水工程的要求。在基层表面形状复杂的情况下，如管道根部、阴阳角处等，涂刷防水涂料较易满足使用要求。为了增加强度和厚度，还可以与玻璃布、无纺布等增强材料复合使用，增强防水涂料的整体防水性和抵抗基层变形的能力。

（2）温度适应性强

防水涂料的品种多，选择余地很大，可以适应不同地区的气候环境。

（3）操作方便，施工速度快

涂料可喷可刷，节点处理简单，容易操作；可冷施工，不污染环境，比较安全。

（4）易于维修

当屋面发生渗漏时，不必完全铲除旧防水层，只需在渗漏部位进行局部修理，或在原防水层上重新做一层防水进行处理。

2. 组成

防水涂料通常由主要成膜物质、次要成膜物质、稀释剂和助剂等组成。涂刷在结构物表面后，主要成分经过一定的物理、化学变化可形成防水膜，并能获得预期的防水效果。

（1）主要成膜物质

主要成膜物质也称基料，其作用是在固化过程中起成膜和黏结填料的作用。防水涂料的主要成膜物质有：沥青、改性沥青、合成树脂和合成橡胶等。

（2）次要成膜物质

次要成膜物质也称填料，能起到增加涂膜厚度、减少收缩和提高稳定性等作用，且可降低成本。常用的填料有：滑石粉和碳酸钙粉等。

（3）稀释剂

稀释剂主要起溶解或稀释基料的作用，可使涂料呈流动性以便于施工。

（4）助剂

助剂是起改善涂料或涂膜性能的物质。助剂通常有乳化剂、增塑剂、增稠剂和稳定剂等。

3. 分类

防水涂料按成膜物质的主要成分可分为沥青基防水涂料、高聚物改性沥青基防水涂料、合成高分子防水涂料；按液态类型可分为溶剂型、水乳型和反应型防水涂料；根据涂层厚度又可分为薄质防水涂料和厚质防水涂料。

溶剂型防水涂料是将碎块沥青或热熔沥青溶于有机溶剂中，经强力搅拌而成。成膜的基本原理是涂料使用后溶剂挥发，沥青彼此靠拢而黏结。

水乳型涂料是沥青和改性材料经强力搅拌分散于水中或有乳化剂的水中而形成的乳胶体。成膜的基本原理是涂料使用后，其中的水分逐渐散失，沥青微粒靠拢而将乳化剂薄膜挤破，从而相互团聚而黏结。

反应型涂料是组分之间能发生化学反应，并能形成防水膜的涂料。

（二）沥青基防水涂料

沥青基防水涂料是以沥青为基料配制而成的水乳型或溶剂型防水涂料。水乳型沥青防水涂料是将石油沥青分散于水中所形成的水分散体，溶剂型沥青涂料是将石油沥青直接溶解于汽油等有机溶剂后制得的溶液。

1. 冷底子油

冷底子油是将建筑石油沥青或煤沥青溶于汽油或苯等有机溶剂中而得到的溶剂型沥青涂料。由于施工后形成的涂膜很薄，一般不单独使用，往往用于沥青类卷材施工时打底的基层处理，故称冷底子油。

冷底子油黏度小，涂刷后，能很快渗入混凝土、砂浆或木材等材料的毛细孔隙中，溶剂挥发，沥青颗粒则留在基底的微孔中，与基底表面牢固结合，并使基底具有一定的憎水性。在冷底子油层上铺热沥青胶粘贴卷材时，可使防水层与基层粘贴牢固。

涂刷冷底子油

冷底子油应涂刷在干燥的基面上，不宜在有雨、雾、露的环境中施工。通常要求与冷底子油相接触的水泥砂浆的含水率小于10%。

2. 沥青胶

沥青胶（玛蹄脂）是在沥青中加入填充料（如滑石粉、云母粉、石棉粉、粉煤灰等）加工而成，适用于粘贴防水卷材、油毡及各种墙面砖和地面砖等。沥青胶（玛蹄脂）分为冷热两种，前者称冷沥青胶或冷玛蹄脂，后者称热沥青胶或热玛蹄脂，两者又均有石油沥青胶及煤沥青胶两类。石油沥青胶适用于粘贴石油沥青类卷材，煤沥青胶适用于粘贴煤沥青类卷材。

（三）高聚物改性沥青防水涂料

高聚物改性沥青防水涂料是以高聚物改性沥青为基料配制而成的水乳型或溶剂型防水涂料，是新一代环保型防水涂料。其具有优良的耐水性、抗渗性，涂膜柔软，施工方便，可在潮湿的基层上固化成膜，黏结力强，可抵抗压力渗透，特别适用于复杂结构，能明显降低施工费用。主要品种有：再生橡胶改性沥青防水涂料、水乳型氯丁橡胶沥青防水涂料、SBS 橡胶改性沥青防水涂料等。

1. 再生橡胶沥青防水涂料

再生橡胶改性沥青防水涂料，按分散介质的不同分为溶剂型和水乳型两种。

溶剂型再生橡胶防水涂料是以沥青为主要成分，以再生橡胶为改性剂，汽油为溶剂，添加其他填料如滑石粉、碳酸钙等，经热搅拌而成。其改善了沥青防水涂料的柔韧性和耐久性等，原料来源广泛、生产简单、成本低。该涂料以汽油为溶剂，施工时需要注意防火和通风，对环境有一定的污染，需多次涂刷才能形成较厚的涂膜。该涂料适用于工业和民用建筑屋面、地下室水池、桥梁、涵洞等工程的抗渗、防潮、防水以及旧屋面的维修。

水乳型再生橡胶沥青防水涂料是以石油沥青为基料，以再生橡胶为改性材料复合而成的水性防水材料。该涂料以水为分散剂，具有无毒、无味、不燃的优点，可在常温下冷施工作业，并可在稍潮湿无积水的表面施工，一般加衬玻璃纤维布或合成纤维加筋毡构成防水层，施工时配以嵌缝膏，以达到较好的防水效果。该涂料适用于工业与民用建筑混凝土基层屋面防水、以沥青珍珠岩为保温层的保温屋面防水、地下混凝土建筑防潮以及旧油毡屋面翻修和刚性自防水屋面的维修等。

2. 氯丁橡胶沥青防水涂料

水乳型氯丁橡胶沥青防水涂料，由于用氯丁橡胶进行改性，使涂料具有氯丁橡胶和沥青的双重优点。其耐候性和耐腐蚀性好，具有较高的弹性、延伸性和黏结性，对基层变形的适应能力强，低温不脆裂，高温不流淌，涂膜较致密完整，耐水性好。以水为溶剂，不但成本低，而且具有无毒、无燃爆、施工中无环境污染等优点。

水乳型氯丁橡胶沥青防水涂料适用于工业与民用建筑的屋面防水、墙身防水和楼地面防水、地下室和设备管道的防水，也适用于旧房屋的维修和补漏等。

3. SBS 橡胶改性沥青防水涂料

SBS 改性沥青防水涂料是以沥青、橡胶 SBS 树脂及表面活性剂等高分子材料组成的一种水乳型弹性沥青防水涂料。该涂料低温柔韧性好、抗裂性强、黏结性能优良、耐老化性能好，与玻纤布等增强胎体复合，防水性能好，可冷施工作业，是较为理想的中档防水涂料。该涂料适用于复杂基层（如厕浴间、地下室、厨房、水池等）的防水防潮施工，特别适用于寒冷地区的防水工程。

（四）高分子防水涂料

高分子防水涂料指以合成橡胶或合成树脂为主要成膜物质，加入其他辅料配成的单组分或多组分的防水涂料。该涂料耐老化性能好、黏结力强、渗透性好、延伸率好、高温不流淌、低温不脆裂、产品具有鲜艳的色彩、施工方便、应用范围广，是目前常用的中高档防水涂料。

1. 聚氨酯防水涂料

聚氨酯防水涂料按组分分为单组分（S）和多组分（M）两种；按基本性能分为Ⅰ型、Ⅱ型和Ⅲ型；按是否暴露使用分为外露（E）和非外露（N）；按有害物质限量分为 A 类和 B 类。

聚氨酯防水涂料形成的薄膜具有优异的耐候性、耐油性、耐碱性、耐臭氧性、耐海水侵蚀性，使用寿命为 10~15 年，而且强度高、弹性好、延伸率大，属于高档防水涂料。其物理性能应符合《聚氨酯防水涂料》（GB/T 19250—2013）的规定。Ⅰ型产品可用于工业与民用建筑工程，Ⅱ型产品可用于桥梁等非直接通行部位，Ⅲ型产品可用于桥梁、停车场、上人屋面等外露能行部位。室内、隧道等密闭空间宜选用有害物质限量为 A 类的产品，施工与使用时应注意通风。

聚氨酯防水涂料应用

2. 丙烯酸酯防水涂料

丙烯酸酯防水涂料是以丙烯酸树脂乳液为主料，加入适量的颜料、填料等配置而成的水乳型防水涂料。该涂料具有优良的耐候性、耐热性和耐紫外线性，延伸性能好，能适应基层的开裂变形；根据需要可调配各种色彩，防水层兼有装饰和隔热效果；绿色环保，无毒无味，不污染环境，对人身无伤害；施工简便，工期短，维修方便；可在潮湿基面施工，具有一定的透气性。该涂料适用于屋面、墙面、厕浴间、地下室等非长期浸水的建筑防水、防渗工程，特别适用于轻型薄壳结构的屋面防水工程，也可用作黏结剂或外墙装饰涂料。

丙烯酸酯防水涂料应用

3. 硅橡胶防水涂料

硅橡胶防水涂料是以硅橡胶乳液和其他高分子聚合物乳液的复合物为主要原料，掺入适量的无机填料及各种助剂，配制成的乳液型防水涂料。该涂料具有良好的防水性、渗透性、成膜性、弹性、黏结性、延伸性、耐高低温性、抗裂性、耐氧化性和耐候性能，无毒、无味、不燃、使用安全，可在干燥或潮湿但无明水的基层进行施工作业。该涂料适用于地下室、卫生间、屋面以及地上地下构筑物的防水防渗和渗漏水修补等工程。

硅橡胶防水涂料应用

三 密封材料

密封材料是指嵌填于建筑物接缝、裂缝、门窗框和玻璃周边以及管道接头处等起防水密封作用，同时对墙板、门窗框架、玻璃等构件具有黏结、固定作用的材料。建筑密封材料具有良好的弹塑性、黏结性、施工性、耐久性、延伸性、水密性、气密性、耐化学稳定性，具有长期经受拉压或振动的疲劳性能并保持黏附性。

密封材料分为定型密封材料（密封条和压条等）与不定型密封材料（密封膏或嵌缝膏等）两大类。不定型密封材料通常为膏状材料，俗称密封膏或嵌缝膏，应用非常广泛，如屋面、墙体等建筑物的防水堵漏，门窗的密封及中空玻璃的密封等，有时与定型密封材料配合使用，既经济又有效。

密封材料：屋面分隔缝

1. 建筑防水沥青嵌缝油膏

建筑防水沥青嵌缝油膏是以石油沥青为基料,加入改性材料及填充料等,混合制成的冷用黑色黏稠膏状材料。该材料具有优良的防水防潮性能,黏结性好,延伸率高,能适应结构的适当伸缩变形,常用于建筑接缝、孔洞、管口等部位防水防渗。其按耐热度和低温柔性分为 702 和 801 两个标号。其性能应符合《建筑防水沥青嵌缝油膏》(JC/T 207—2011)的规定。

2. 丙烯酸酯建筑密封胶

丙烯酸酯建筑密封胶是以丙烯酸乳液为胶黏剂,掺入少量表面活性剂、增塑剂、改性剂及颜料、填料等配制成的单组分水乳型建筑密封胶。该材料具有优良的耐紫外线性能和耐油性、黏结性、延伸性、耐低温性和耐老化性;以水为稀释剂,黏度较小,无污染,无毒,不燃,安全可靠,价格适中,可配成各种颜色,操作方便,干燥速度快,保存期长。其主要用于屋面、墙板、门窗嵌缝,耐水性一般,不宜用于经常泡在水中的工程。其性能应符合《丙烯酸酯建筑密封胶》(JC/T 484—2006)的规定。

3. 聚氨酯建筑密封胶

聚氨酯建筑密封胶是以氨基甲酸酯聚合物为主要成分的单组分和多组分建筑密封胶。该材料具有优良的耐磨性,低温柔性,性能可调节范围较广,机械强度大,黏结性好,具有优良复原性,适合动态接缝,耐候性好,使用寿命长,耐油性优良,耐生物老化,价格适中。但其耐水性(特别是耐碱水性)欠佳。其技术性能应符合《聚氨酯建筑密封胶》(JC/T 482—2022)的规定。

聚氨酯建筑密封胶广泛用作建筑物、广场、公路的嵌缝密封材料,以及汽车制造、玻璃安装等的密封材料。

4. 聚硫建筑密封胶

聚硫建筑密封胶是以液态聚硫橡胶为基料,配以增黏树脂、硫化剂、促进剂、补强剂等制成的室温硫化剂双组分建筑密封胶。该材料具有优良的耐燃油、液压油、水和各种化学药品性能及耐热和耐大气老化性能;低温柔性好,能适应基层较大的伸缩变形,属于高档密封材料。适用于标准较高的建筑密封防水,还用于高层建筑的接缝及窗框周边防水、防尘密封;中空玻璃、耐热玻璃周边密封;游泳池、储水槽、上下管道、冷库等接缝密封。其技术性能应符合《聚硫建筑密封胶》(JC/T 483—2022)的规定。

聚硫密封胶广泛用于土木建筑、汽车制造等行业作为嵌缝、密封材料,还常用于各类油箱、燃料罐、航空机械、复合玻璃的密封。

第三节 屋面工程防水材料的选用

屋面工程应根据建筑物的类别、重要程度、使用功能要求确定防水等级,并应按相应等级进行防水设防;对防水有特殊要求的建筑屋面,应进行专项防水设计。屋面工程设计应遵循"保证功能、构造合理、防排结合、优选用材、美观耐用"的原则。

一、根据防水等级进行防水设防和选择防水材料

屋面防水等级分为I级和II级。I级防水包括重要建筑和高层建筑,采用两道防水设防;II级防水包括一般建筑,采用一道防水设防。

I级防水可采用卷材防水层和卷材防水层结合、卷材防水层和涂膜防水层结合或复合防水层;II级防水可采用卷材防水层、涂膜防水层、复合防水层。防水卷材可选用高分子防水卷材或高聚物改性沥青防水卷材;防水涂料可选用合成高分子涂料、聚合物水泥防水涂料或高聚物改性沥青防水涂料。屋面工程所用的防水材料应有产品合格证书和性能检测报告,所选材料的品种、规格、性能等必须符合国家现行产品标准和设计要求。

二、根据气候条件进行防水设防和选择防水材料

一般来说,北方寒冷地区可优先考虑选用三元乙丙橡胶防水卷材、氯化聚乙烯-橡胶共混防水卷材等合成高分子防水卷材,或选用SBS改性沥青防水卷材、焦油沥青耐低温卷材,或选用具有良好低温柔韧性的合成高分子防水涂料、高聚物改性沥青防水涂料等防水材料。南方炎热地区可选择APP改性沥青防水卷材、合成高分子防水卷材和具有良好耐热性的合成高分子防水涂料。

三、根据湿度条件进行防水设防和选择防水材料

对于我国南方处于梅雨区域的多雨、高湿地区,宜选用吸水率低、无接缝、整体性好的合成高分子涂膜防水材料做防水层,或采用以排水为主、防水为辅的瓦屋面结构形式,或采用补偿收缩水泥砂浆细石混凝土刚性材料做防水层。如采用合成高分子防水卷材做防水层,则卷材搭接边应切实黏结紧密,搭接缝应用合成高分子密封材料封严;如用高聚物改性沥青防水卷材做防水层,则卷材的搭接边宜采用热熔焊接,尽量避免因接缝不好而产生渗漏。多雨地区不得采用石油沥青纸胎油毡做防水层,因纸胎吸油率低,浸渍不透,长期遇水,会造成纸胎吸水腐烂变质而导致渗漏。

四、根据结构形式进行防水设防和选择防水材料

对于结构较稳定的钢筋混凝土屋面,可采用合成高分子防水卷材、高聚物改性沥青防水卷材、沥青防水卷材做防水层。

对于预制化、异型化、大跨度、频繁振动的屋面,容易增大位移量和产生局部变形裂缝,可选择高强度、高延伸率的三元乙丙橡胶防水卷材和氯化聚乙烯-橡胶共混防水卷材等合成高分子防水卷材或具有良好延伸率的合成高分子防水涂料等防水材料做防水层。

五、根据防水层暴露程度进行防水设防和选择防水材料

用柔性防水材料做防水层,一般应在其表面用浅色涂料或刚性材料做保护层。用浅色

涂料做保护层时，防水层呈"外露"状态而长期暴露于大气中，所以应选择耐紫外线、热老化保持率高和耐霉烂性等的各类防水卷材或防水涂料做防水层。

六　根据不同部位进行防水设防和选择防水材料

对于屋面工程来说，细部构造（如檐沟、变形缝、女儿墙、水落口、伸出屋面管道、阴阳角等）是最易发生渗漏的部位。对于这些部位应加以重点设防，即使防水层由单道防水材料构成，细部构造部位也应进行多道设防，贯彻"大面防水层单道构成，局部（细部）构造复合防水多道设防"的原则。对于形状复杂的细部构造基层（如圆形、方形、角形等），当采用卷材做大面防水层时，可用整体性好的涂膜做附加防水层。

七　根据环境介质进行防水设防和选择防水材料

对于某些生产酸、碱化工产品或用酸、碱产品做原料的工业厂房或储存仓库，空气中会散发出一定量的酸碱气体，这对柔性防水层有一定的腐蚀作用，所以应选择具有相应耐酸、耐碱性能的柔性防水材料做防水层。

【工程实例 8-2】　夏季中午铺设沥青防水卷材

【现　　象】　某住宅工程屋面防水层铺设沥青防水卷材，7月份施工，铺贴沥青防水卷材全是白天施工。交工后卷材出现鼓化、渗漏等现象，请分析原因。

【原因分析】　夏季中午炎热，屋顶受太阳辐射，温度较高。此时铺贴沥青防水卷材，基层中的水汽会蒸发，集中于铺贴卷材的内表面，会使卷材鼓泡。此外，高温时沥青防水卷材软化、膨胀，当温度降低后卷材产生收缩，导致断裂，致使屋面出现渗漏。

◀本 章 小 结▶

本章讲述了石油沥青组分、石油沥青主要技术性能、改性石油沥青、三类防水材料及其选用。其中石油沥青组分、石油沥青的主要技术性能、改性石油沥青是本章内容的基础；三类防水材料技术性能和使用范围以及质量要求是合理选用防水材料的依据，而防水材料的选用是学习的目的，应深入理解和领会。

石油沥青的主要组分是油分、树脂、地沥青质，三者性能不同，含量不同，沥青的性能就有差异。

石油沥青的主要技术性能包括黏滞性、塑性、温度敏感性（温度稳定性）、大气稳定性等。此外，还有溶解度、闪点和燃点，它们是石油沥青的牌号选择的依据。

改性沥青是采用各种措施使沥青的性能得到改善。改性沥青可分为三类：橡胶改性沥青、树脂改性沥青、橡胶树脂共混改性沥青。

防水材料主要类型有防水卷材、防水涂料、密封材料。应重点掌握各类防水材料的主要品种、性能特点及应用。

防水材料的选用及屋面工程的防水设防，应根据建筑物的防水等级、防水耐久年限、气候条件、结构形式和工程实际情况等因素来确定。

练 习 题

一、填空题

1. 石油沥青的主要组分包括_____、_____和_____。
2. 液体沥青的黏滞性用_____表示,固体沥青、半固体沥青的黏滞性用_____表示。
3. _____是沥青划分牌号的主要依据。
4. 石油沥青的塑性是指_____,用_____来表示,该值越大,塑性_____。
5. 石油沥青的温度敏感是指沥青的_____和_____随温度升降而变化的性能。温度敏感性越大,沥青的温度稳定性_____。石油沥青的温度敏感性通常用_____表示。
6. 为了避免夏季流淌,一般屋面用沥青材料的软化点应比本地区夏季屋面最高温度高_____℃以上。
7. 防水卷材根据其主要防水组成材料分为_____、_____和_____三大类。
8. 防水工程施工时,石油沥青类卷材应采用_____沥青胶粘贴,煤沥青类卷材要用_____沥青胶粘贴。
9. 防水涂料通常由_____、_____、_____和_____等组成。

二、选择题

1. _____小的沥青不会因温度较高而流淌,也不会因温度低而脆裂。
   A. 大气稳定性　　　B. 温度敏感性　　　C. 黏性　　　D. 塑性
2. 沥青的牌号是根据以下_____技术指标来划分的。
   A. 针入度　　　B. 延度　　　C. 软化点　　　D. 闪点
3. 石油沥青的针入度越大,则其黏滞性_____。
   A. 越大　　　B. 越小　　　C. 不变
4. 三元乙丙橡胶防水卷材属于_____防水卷材。
   A. 合成高分子　　　B. 沥青　　　C. 高聚物改性沥青

三、简答题

1. 为什么石油沥青使用若干年后会逐渐变得脆硬,甚至开裂?
2. 冷底子油在建筑防水工程中的作用如何?

任务 弹性体改性沥青防水卷材检测

任务情境

某县委党校教学楼项目,屋面用建筑防水材料为:SBS I PY M PE 3 10 GB 18242—2008

弹性体改性沥青防水卷材。材料进场后依照《弹性体改性沥青防水卷材》(GB 18242—2008)、《建筑防水卷材试验方法》(GB/T 328—2007)对其主要指标进行检测,填写检测记录表,并完成相应检验报告。

一、试验依据

《弹性体改性沥青防水卷材》(GB 18242—2008);
《建筑防水卷材试验方法》(GB/T 328—2007)。

二、取样方法

以同一类型、同一规格10000m² 为一批,不足10000m² 时亦可作为一批。在每批产品中随机抽取 5 卷进行单位面积质量、面积、厚度及外观检查。从单位面积质量、面积、厚度及外观合格的卷材中任取 1 卷进行材料性能试验。

三、试验条件

常温下进行试验。有争议时,试验在(23 ± 2)℃条件下进行,并在该温度放置不小于20h。

四、单位面积质量、面积、厚度及外观检查

(一)单位面积质量

1. 试验原理

称量每卷卷材的卷重,根据测得的面积,计算单位面积质量(kg/m²)。

2. 试件制备

沿宽度方向从试样上截取至少 0.4m 长的试片,再从试片上沿其中一条对角线均匀裁取 3 个正方形或圆形试件,两边的试件距卷材边缘大约 100mm,避免裁下任何留边(图 8-6),每个试件面积为(10000 ± 100)mm²。

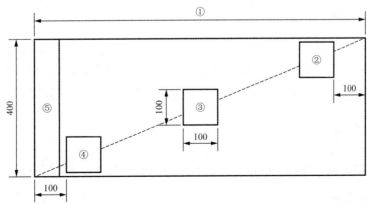

图 8-6 正方形试件示意图(尺寸单位:mm)
①-产品宽度;②、③、④-试件;⑤-留边

3. 步骤及结果

称量每个试件,精确到 0.1g。计算 3 个试件质量的算术平均值,即卷材的单位面积质量,单位为 kg/m²。

(二)面积

测量卷材的长度和宽度,以其平均值相乘得到卷材的面积。其中长度在整卷卷材宽度方向的两个 1/3 处测量,精确到 10mm,取两处测量的平均值;宽度在距卷材两端头各(1±0.01)m 处测量,精确到 1mm,取两处测量的平均值。

(三)厚度

1. 原理

在卷材宽度方向平均测量 10 个点,取平均值,即整卷卷材的厚度,单位为 mm。

2. 仪器设备

测量装置:能测量厚度,精确到 0.01mm;测量面平整,直径为 10mm;施加在卷材表面的压力为 20kPa。

3. 试样制备

从试样上沿卷材整个宽度方向裁取至少 100mm 宽的一条试件。对于细砂面防水卷材,去除测量处表面的砂粒再测量卷材厚度;对矿物粒料防水卷材,在卷材留边处,距边缘 60mm 处,去除砂粒后在长度 1m 范围内测量卷材的厚度。

4. 步骤及结果

在测量厚度时,测量装置下足慢慢落下,避免使试件变形。在卷材宽度方向均匀分布 10 点,测量并记录厚度,最外边的测量点应距卷材边缘 100mm。计算 10 点厚度的平均值,修约到 0.1mm 表示。

(四)外观

抽取成卷卷材放在平面上,小心地展开卷材,目视检查整个卷材上、下表面有无气泡、裂纹、孔洞或裸露斑、疙瘩或任何其他能观察到的缺陷。

(五)试验结果

在抽取的 5 卷样品中,上述各项检查结果均符合规定时,判定为单位面积质量、面积、厚度及外观合格。若其中有一项不符合规定,允许在该批产品中再随机抽取 5 卷样品,对不合格项进行复查。如全部达到标准规定时则判为合格;否则,判定该批产品不合格。

五 材料性能试验

从单位面积质量、面积、厚度及外观合格的卷材中任取一卷进行材料性能试验。

(一)试件制作

将卷材切除距外层卷头 2500mm 后,截取 1m 长的卷材,按规定方法均匀分布裁取试件。卷材性能试验试件的形状和数量按表 8-11 裁取。

试件尺寸和数量　　　　　　　　　　　　　　表 8-11

序号	试验项目	试件形状（纵向×横向）(mm×mm)	数量（个）
1	耐热性	125×100	纵向 3
2	低温柔性	150×25	纵向 10
3	不透水性	150×150	3
4	拉力及延伸率	(250~320)×50	纵横向各 5

（二）耐热性试验

1. 试验原理

试件垂直悬挂于烘箱中，在规定的温度、规定时间后无流淌、滴落，测量试件两面涂盖层相对于胎体的位移（平均位移超过 2.0mm 为不合格）。

2. 主要仪器

鼓风烘箱：在试验范围内最大温度波动±2℃。开门 30s 后，恢复到工作温度的时间不超过 5min。

热电偶：连接到外面的电子温度计，在规定范围内能测量到±1℃。

悬挂装置（如夹子）：悬挂在试验区域，至少 100mm 宽，能完全夹住试件的整个宽度。

3. 试件制备

沿卷材纵向在试样宽度方向距卷材边缘 150mm 以上均匀裁取 3 个(115±1)mm×(100±1)mm 的矩形试件，试件从卷材的一边开始连续编号，卷材上表面和下表面应标记。

在试件纵向端部（夹持位置）和中间区域，分别去除上下表面大约 15mm 宽的涂盖层直至胎体，若卷材有不止一层的胎体，去除涂盖料直到下一层胎体。用两个插销（内径约 4mm）穿过试件中间裸露区域的胎体，在试件上下表面整个宽度方向沿着插销定位中心位置上画一条直线。

试件在试验前至少放置在(23±2)℃平面上 2h，相互间不要接触或黏住，必要时，可将试件分别放在硅纸上防止黏结。

4. 试验步骤

（1）烘箱预热到规定温度。用悬挂装置夹住制备好的一组三个试件露出的胎体处，不要夹到涂盖层。

（2）将试件间隔至少 30mm 悬挂在烘箱的相同高度，加热(120±2)min。

（3）加热结束后，取出试件，相互间不要接触，在(23±2)℃自由悬挂冷却至少 2h。去除悬挂装置，在试件上下表面整个宽度方向沿着插销定位中心位置画第二个标记，用光学测量装置在每个试件的两面测量两个标记底部间最大距离，精确到 0.1mm。

5. 结果评定

计算三个试件每个面滑动值的平均值，精确到 0.1mm。

当3个试件上下表面的滑动平均值不超过2mm时认为耐热性合格。

(三) 低温柔性试验

1. 试验原理

将试件上下表面分别在浸在冷冻液中的机械弯曲装置上弯曲180°，检查涂盖层是否有裂纹。

2. 仪器设备

试验装置由两个直径(20±0.1)mm 的圆筒，一个直径(30±0.1)mm 的圆筒或半圆弯筒弯曲轴（3mm 厚卷材弯曲直径 30mm，4mm、5mm 厚卷材弯曲直径 50mm）组成，该轴在两个圆筒中间，能向上移动。两圆筒间距可调，即圆筒和弯曲轴间距能调整为卷材厚度。整个装置浸入能控制温度在 −40℃～+20℃、精度为 0.5℃ 的冷冻液中，如图 8-7 所示。

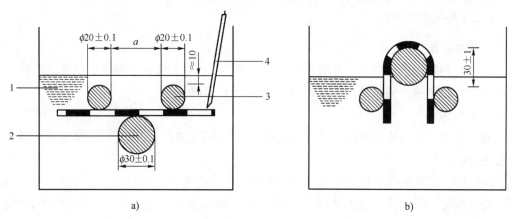

图 8-7 试验装置和弯曲过程（尺寸单位：mm）

a) 开始弯曲；b) 弯曲结束

1-冷冻液；2-弯曲轴；3-固定圆筒；4-半导体温度计（热敏探头）

3. 试件制备

沿卷材纵向在试样宽度方向均匀裁取(150±1)mm×(25±1)mm 的矩形试件，裁取时应距卷材边缘不少于 150mm，试件应从卷材的一边开始做连续的记号，同时标记卷材的上下表面。

去除表面的任何保护膜，试验前应在(23±2)℃的平板上放置至少 4h。

4. 试验步骤

两组各 5 个试件，在规定温度处理后，分别做上、下表面试验。

试件的试验面朝上放置在圆筒和弯曲轴之间，弯曲轴以(360±40)mm/min 的速度顶着试件向上移动，试件同时绕轴弯曲。弯曲轴移动到圆筒上面(30±1)mm 处，试件表面明显露出冷冻液。

在完成弯曲过程 10s 内，在适宜的光源下用肉眼检查试件有无裂纹，必要时，可使用辅助光学装置检查。若有一条或以上的裂纹从涂盖层深入到胎体层，或完全贯穿无增强卷材，即存在裂缝。一组 5 个试件应分别试验检查。

5. 试验结果

一个试验面 5 个试件在规定温度下至少 4 个无裂缝，则判为通过。上、下表面的试验结果要分别记录。

动画：SBS 改性沥青防水卷材低温柔性试验

（四）不透水性试验

1. 试验原理

将试件置于不透水仪的不透水盘上，在一定时间内、一定压力作用下，观察有无渗漏现象。

2. 主要仪器

不透水仪：产生的压力作用于试件的一面，试件用7孔圆盘盖上，孔的尺寸形状符合《建筑防水卷材试验方法 第10部分：沥青和高分子防水卷材 不透水性》（GB/T 328.10—2007）规定。

3. 试件制备

在卷材宽度方向均匀裁取3个试件，试件直径不小于盘外径（约130mm），最外一个距卷材边缘100mm。试件的纵向与产品的纵向平行并标记。试验前试件在(23±5)℃至少放置6h。

4. 试验步骤

（1）试件上表面迎水；上表面为细砂、矿物粒料时，下表面做迎水面。下表面也为细砂时，试验前，将下表面的细砂沿密封圈一圈去除，然后涂一圈60～100号热沥青，涂平待冷却1h后检测不透水性。

（2）不透水仪充水直到满出，彻底排出水管中空气。

（3）试件上表面朝下放置在透水盘上，盖上7孔圆盘，放上封盖，慢慢将试件夹紧在盘上，擦干非迎水面。

（4）慢慢加到规定压力，保持(30±2)min。

动画：SBS改性沥青防水卷材不透水性试验

5. 试验结果

三个试件在规定时间不透水，则认为该项合格。

（五）拉力及延伸率试验

1. 试验原理

试件以恒定的速度拉伸至断裂，连续记录试验中拉力和对应的长度变化并观察在试件中部是否出现沥青涂盖层与胎基分离或沥青涂盖层开裂现象。

2. 主要仪器

拉力试验机：能同时测定拉力与延伸率，有足够的量程（至少2000N），夹具移动速度为(100±10)mm/min，夹具宽度不小于50mm。

3. 试件制备

（1）制备两组试件，纵向、横向各5个。

（2）用模板或裁刀在试样距边缘100mm以上任意裁取宽为(50±0.5)mm，长为（200mm±2×夹持长度）的试件。长度方向为试验方向。

（3）非持久层应去除。

（4）试件在(23±2)℃，相对湿度30%～70%的条件下至少放置20h。

4. 试验步骤

（1）将试件在拉伸试验机夹具中夹紧，试件长度方向的中线与夹具中心在一条线上。夹具间距为(200±2)mm，为防止试件滑移，应作标记。当用引伸计时，试验前应设置标距间距离为(180±2)mm。

（2）试验在(23±2)℃时进行，夹具移动速度为(100±10)mm/min。连续记录拉力和对应的夹具（或引伸计）间距离。

5. 试验结果

记录得到的拉力和距离，计算最大拉力与对应伸长距离的百分率表示延伸率。最大拉力单位为 N/50mm，对应的延伸率用百分率表示，作为试件同一方向的结果。

分别记录每个方向5个试件的拉力值和延伸率，计算平均值，达到标准规定的指标时判为合格。

（六）材料性能试验结果判定

各项试验结果均符合标准规定时，判该批产品材料性能合格。若有一项指标不符合规定，允许在该批产品中再随机抽取5卷，从中任取1卷对不合格项进行单项复验。达到标准规定时，则判该批产品材料性能合格。

六、结果总评

单位面积质量、面积、厚度、外观与材料性能均符合标准规定的全部要求，且包装、标志符合规定时，判该批产品合格。

弹性体改性沥青防水卷材检验记录

弹性体改性沥青防水卷材检验报告

练习题

观察与思考

1. 制备沥青试样时，为什么在水浴中加热？

2. 进行沥青软化点试验时，温度的上升速度偏快或偏慢会对试验结果产生什么影响，为什么？

3. 对屋面用的防水卷材的耐热度有什么要求？

第九章
合成高分子材料

职业能力目标

通过对合成高分子材料的学习,学生应能熟练掌握常用合成高分子材料的性质和用途,为将来正确选择与合理使用合成高分子材料打下扎实的基础。

知识目标

掌握塑料的定义、组成、性质以及黏结剂的定义、黏结机理、组成材料;熟悉土木工程常用的塑料和黏结剂;了解高分子材料的基本知识,聚合物的组成、反应类型和分类,热塑性树脂与热固性树脂的性能差异。

思政目标

高分子材料包括塑料、橡胶、纤维、薄膜、黏结剂和涂料等。其中,被称为现代高分子三大合成材料的塑料、合成纤维和合成橡胶已经成为国民经济建设与人民日常生活必不可少的重要材料。学好本章,合理选用高分子材料,建设舒适、美观的居住环境,提高人民的幸福感,满足人民对美好生活的期望。

在前沿材料领域,我国将重点发展石墨烯、3D打印、超导、智能仿生等4大类(14小类)材料,以适应新兴产业发展,并为制造业全面迈进中高端进行产业准备;形成一批潜在市场规模达百亿至千亿级别的细分产业,为促进制造业转型升级和实体经济持续发展提供持久推动力。了解高分子材料的发展前景,提升民族自豪感,为实现中华民族伟大复兴贡献力量。

第一节 合成高分子材料的分子特征及性能

高分子材料也称聚合物材料,按照来源可分为合成高分子材料和天然高分子材料两大类。

天然高分子材料是指由重复单元连接成的,以线型长链为基本结构的高分子量化合物,是存在于生物体内的高分子物质,如天然橡胶、纤维素、甲壳素、蚕丝、淀粉等。

合成高分子材料是指以人工合成的高分子化合物为基础材料加工制成的材料，根据材料性能可分为结构材料和功能材料两大类。

结构材料主要包括合成树脂（塑料）、合成橡胶与合成纤维三类。塑料主要品种有聚乙烯、聚丙烯、聚氯乙烯、聚苯乙烯等；橡胶主要品种有丁苯橡胶、顺丁橡胶、异戊橡胶、乙丙橡胶等；合成纤维主要品种有尼龙、腈纶、丙纶、涤纶等。

功能材料用的高分子一般称为功能高分子。其根据功能可分为反应型高分子，如高分子催化剂；光敏型高分子，如光刻胶、感光材料、光致变色材料；电活性高分子，如导电高分子；膜型高分子，如分离膜、缓释膜；吸附型高分子，如离子交换树脂等。此外，高分子材料在黏结剂、涂料、聚合物基复合材料、聚合物合金、生物高分子材料领域也有广泛用途。

目前合成高分子材料已经广泛应用于人类生活的各个方面，成为工业、农业、国防和科技等领域使用的重要材料之一。

一 合成高分子材料的分子特征

合成高分子化合物一般由一种或几种小分子化合物（单体）通过化学聚合反应以共价键结合形成，分子量可达几万至几百万，具有重复结构单元，所以常称为高聚物或聚合物。

合成高分子化合物最基本的聚合反应方式有两类，一类是加成聚合反应（简称加聚反应），另一类是缩合聚合反应（简称缩聚反应）。

1. 加聚反应

单体或单体间反应只生成一种高分子化合物的反应称为加聚反应。在工业上利用加聚反应生产的合成高分子材料约占合成高分子材料总量的 80%，主要包括聚乙烯、聚氯乙烯、聚丙烯、聚苯乙烯等。

2. 缩聚反应

单体间相互反应生成高分子化合物，同时还生成小分子（如水、氨等）的聚合反应称为缩聚反应。常见的包括聚酰胺（尼龙）、聚酯（涤纶）、环氧树脂、有机硅树脂等。

二 合成高分子材料的性能特点

建筑工程上使用的合成高分子材料与其他建筑材料相比具有以下优缺点：

1. 优点

（1）质轻。高分子材料的密度在 $0.9 \sim 2.2 \text{g/cm}^3$ 之间，平均密度为 1.45g/cm^3，约为钢的 1/5，铝的 1/2。

（2）比强度高，是优良的轻质高强材料。

（3）有良好的韧性。能够承受较大的冲击或振动荷载。

（4）导热系数小。如泡沫塑料的导热系数只有 $0.02 \sim 0.046 \text{W/(m·K)}$，约为金属的 1/1500，混凝土的 1/40，砖的 1/20，是理想的保温绝热材料。

（5）电绝缘性好。

（6）耐腐蚀性优良。化学稳定性好，对一般的酸、碱、盐及油脂有较好的耐腐蚀性。

2. 缺点

（1）耐热性与抗火性差。多数塑料不仅可燃，而且燃烧时会产生有毒气体。

（2）易老化。高分子材料在光、空气、热及环境介质作用下，韧性变差，变脆，寿命缩短。

（3）弹性模量低。如塑料的弹性模量只有钢材的 1/20～1/10，在长期荷载作用下易产生蠕变。

第二节　常用合成高分子材料

一、建筑塑料

合成高分子材料主要包括合成树脂、合成橡胶、合成纤维三类。其中，合成树脂产量最大，应用最广。塑料就是以合成树脂为基本材料或基体材料，加入适量的填充料和添加剂制成的材料和制品。塑料在建筑中主要用作工程结构材料、装饰材料、保温材料和地面材料等。

（一）塑料的基本组成

1. 合成树脂

合成树脂是由低分子化合物聚合而成的高分子化合物，是塑料的基本组成材料，在制品的成型阶段为具有可塑性的黏稠状液体，在制品的使用阶段则为固体。合成树脂在塑料中起着黏结作用，约占塑料质量的 40%～100%。塑料的性质主要取决于合成树脂的种类、性质和数量。塑料的名称常用其原料树脂的名称来命名，如聚氯乙烯塑料、酚醛塑料等。

用于塑料的树脂主要有聚乙烯、聚氯乙烯、聚苯乙烯、酚醛树脂、不饱和聚酯树脂、环氧树脂、有机硅树脂等。

2. 填充料

填充料又称填料或增强材料。在塑料中填充料的主要作用包括提高塑料的强度、硬度及耐热性，减少塑料的收缩，减少树脂的用量并降低成本。对填充料的要求是：易被树脂润湿，与树脂有良好的黏附性，性质稳定，价格便宜，来源广泛。

填充料的种类很多，按化学成分可分为有机填充料（如木粉、棉布、纸屑等）和无机填充料（如石棉、云母、滑石粉、玻璃纤维等）；按形状可分为粉状填充料（如木粉、滑石粉、石灰石粉、炭黑等）和纤维状填充料（如玻璃纤维等）。

3. 增塑剂

增塑剂是一种能使合成高分子材料增加塑性的化合物。增塑剂能提高塑料在高温加工条件下的可塑性，有利于塑料的加工；并能降低塑料的硬度和脆性，使塑料制品在使用条件下具有较好的韧性和弹性；还有改善塑料低温脆性的作用。

4. 稳定剂

在合成高分子材料的加工及其制品的使用过程中,因受热、氧气或光的作用,会发生降解或交联等现象,造成材料颜色变深、性能降低。加入稳定剂,可提高塑料制品的质量,延长使用寿命。

常用的稳定剂有:抗氧剂(能防止塑料在加工和使用过程中的氧化和老化现象);光稳定剂(能抑制或削弱光的降解作用,提高塑料的耐光照性能);热稳定剂(主要用于聚氯乙烯和其他含氯聚合物,在加工和使用过程中改善塑料的热稳定性)。

5. 固化剂

固化剂又称硬化剂或交联剂,主要作用是使线型高聚物交联成体型高聚物,使树脂具有热固性。

6. 着色剂

着色剂可使塑料具有鲜艳的颜色,改善塑料制品的装饰性。着色剂应该色泽鲜艳、着色力强,与聚合物相容、稳定、耐温度和耐光性好。常用的着色剂是一些有机和无机颜料。

除此之外,为使塑料制品满足各种使用要求和具有各种特殊性能,还常常加入一定量的其他添加剂,如使用发泡剂可以获得泡沫塑料,使用阻燃剂可以获得阻燃塑料等。

(二)塑料的性能特点

建筑塑料与传统建筑材料相比,具有以下优良性能:

1. 密度小、比强度高

塑料的密度一般为 $0.90\sim2.20\text{g/cm}^3$,与木材接近,为天然石材的 $1/3\sim1/2$、混凝土的 $1/2\sim2/3$、钢材的 $1/8\sim1/4$。比强度高于钢材和混凝土,属于轻质高强材料,使用塑料有利于减轻建筑物自重。

2. 导热性系数小

塑料的导热系数小,是良好的保温绝热材料。

3. 化学稳定性好

一般塑料对酸、碱等化学药品的耐腐蚀性较好,因此,大量应用于民用建筑的上下水管材和管件,以及有耐酸碱等化学腐蚀要求的工业建筑的门窗、地面及墙体等。

4. 电绝缘性

一般塑料都是电的不良导体,广泛用于电器线路、控制开关、电缆等方面。

5. 耐水性强

一般塑料的吸水率和透气性都很低,可用于防水防潮工程。

6. 富有装饰性

塑料制品不仅可以着色,而且色泽鲜艳耐久,还可进行印刷、电镀、压花等加工。

7. 加工性好

塑料可用多种方法加工成型,工序简单,设备利用率高,生产成本低,适合大规模机械化生产。

塑料还具有节能、减振、吸声、耐磨、耐光、功能可设计等优点。但是,塑料也具有弹性模量小、刚度差、易老化、易燃、变形大等缺点,使用时应注意合理选择。

(三)塑料的分类

塑料的品种繁多,常用的分类方法有两种:

1. 按使用特性分类

(1)通用塑料。是指产量大、用途广、价格低的一类塑料。主要包括五大品种,即聚烯烃、聚氯乙烯、聚苯乙烯、酚醛塑料和氨基塑料,它们的产量约占塑料总产量的75%以上。

(2)工程塑料。是指机械强度好,能做工程材料和代替金属制造各种设备和零件的塑料。主要品种有聚碳酸酯、聚酰胺、聚甲醛和氯化聚醚等。

(3)特种塑料。是指具有特殊性能和特殊用途的塑料。如氟塑料、有机硅树脂、环氧树脂、有机玻璃、离子交换树脂等。

2. 按理化特性分类

(1)热塑性塑料。热塑性塑料在一定温度范围内,加热时可软化或熔融,冷却后硬化,这个过程可以反复进行。热塑性塑料中的分子链是线型或带支链的结构,加热时软化流动、冷却时变硬是物理变化。常用的热塑性塑料有聚乙烯、聚丙烯、聚氯乙烯、聚苯乙烯、聚甲醛等。

(2)热固性塑料。热固性塑料第一次加热时能软化或熔融,可塑造成型,冷却后硬化成不熔的塑料制品,这种变化是不可逆的。热固性塑料的树脂固化前是线型或带支链的,固化后分子链之间形成化学键,成为三维的网状结构,不仅不能再熔融,在溶剂中也不能溶解。常用的热固性塑料有酚醛塑料、有机硅树脂和环氧树脂等。

聚合物分子链结构如图9-1所示。

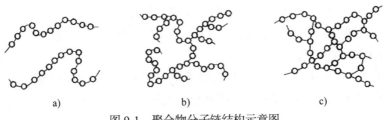

图9-1 聚合物分子链结构示意图
a)线型结构;b)带支链线型结构;c)体型结构

(四)常用的建筑塑料

塑料在建筑工程中可用作装饰材料、绝热材料、吸声材料、防火材料、墙体材料、管道及洁具等。在选择和使用塑料时应注意其耐热性、抗老化能力、强度和硬度等指标。

1. 塑料管道

塑料管道是化学建材中的一个重要分支,具有自重小、卫生安全、水流阻力小、节约能源、节约金属材料、使用寿命长、安全方便、改善生活环境等优点,相对于传统的金属管道、混凝土管道具有很大的优势。塑料管道通常用于给水、排水、燃气、地暖、电力、通信、农用、消防等方面。

1)给水用硬聚氯乙烯(PVC-U)管材

PVC指聚氯乙烯,PVC-U指硬质聚氯乙烯。给水用硬聚氯乙烯(PVC-U)管材是指以聚氯乙烯树脂为主要原料，经挤出成型的给水用塑料管材。其优点包括：质量小、搬运、装卸、施工便利，运输安装费用低；耐化学药品性优良；管材内壁光滑，不结垢，水流阻力小；机械强度高，适用于各类配管工程；具有优越的电气绝缘性，适用于电线、电缆导管、建筑电线配管等；符合饮用水标准，输水不受二次污染，广泛用于自来水管道；安装方便简捷，密封性好；寿命长，正常工作条件下，使用寿命可达50年。该管材的性能应符合《给水用硬聚氯乙烯（PVC-U）管材》（GB/T 10002.1—2006）的规定。

2）建筑排水用硬聚氯乙烯（PVC-U）管材

建筑排水用硬聚氯乙烯（PVC-U）管材是指以聚氯乙烯树脂为主要原料，经挤出成型的建筑物内排水系统用塑料管材。在其耐化学性和耐热性满足要求的情况下，也可用于工业排水。其优点包括：物化性能优良，耐化学腐蚀，抗冲强度高，具有自熄性，流体阻力小（较同口径铸铁管流量提高30%），耐老化，使用寿命长（使用年限不低于50年），质轻耐用，施工方法简单，能够加快工程进度和降低施工费用。该管材的性能应符合《建筑排水用硬聚氯乙烯（PVC-U）管材》（GB/T 5836.1—2018）的规定。

给水用硬聚氯乙烯管材与建筑排水用硬聚氯乙烯管材相比，有以下区别：

（1）用途不同。给水用硬聚氯乙烯管材主要用于：民用建筑、工业建筑的室内供水、中水系统，居住小区、厂区埋地给水系统，城市供水管道系统，水处理厂水处理管道系统，海水养殖业，园林灌溉、凿井等工程及其他工业用管等。建筑排水用硬聚氯乙烯管材主要用于：建筑排水、生活污水排水等。

（2）规格不同。给水用硬聚氯乙烯管材的规格型号较多，以便适应各种项目的要求。建筑排水用硬聚氯乙烯管材的规格型号相对较少，因为排水系统本身不需要太多规格。即使是相同的型号（外径），给水管和排水管的壁厚也往往不相同。

（3）压力不同。给水用硬聚氯乙烯管材对压力有要求，而建筑排水用硬聚氯乙烯管材通常不需要考虑压力的问题。

（4）标准不同。给水用硬聚氯乙烯管材适用标准为《给水用硬聚氯乙烯（PVC-U）管材》（GB/T 10002.1—2006），建筑排水用硬聚氯乙烯管材适用标准为《建筑排水用硬聚氯乙烯（PVC-U）管材》（GB/T 5836.1—2018）。

3）聚乙烯（PE）管材

聚乙烯是由乙烯单体聚合而成的，在聚合时因压力、温度等聚合反应条件的不同，可得到高密度聚乙烯、中密度聚乙烯和低密度聚乙烯。聚乙烯管由于其自身独特的优点被用作建筑给水管、建筑排水管、埋地排水管、建筑采暖管、燃气输配管、电工与电信保护套管及其他工业用管和农业用管等。

（1）燃气用埋地聚乙烯管材（图9-2）。燃气用埋地聚乙烯管材是以聚乙烯混配料为主要原料，经挤出成型的制品。其使用安全，泄漏率低，具有良好的耐腐蚀性能，使用寿命长，质量小，强度高，韧性好，施工方便，主要用于天然气和人工煤气埋地输气管道。在输送人工煤气和液化石油气时，应考虑燃气中存在的其他组分（如芳香烃、冷凝液）

图9-2　燃气用埋地聚乙烯管

在一定浓度下对管材性能的不利影响。该管材的性能应符合《燃气用埋地聚乙烯（PE）管道系统　第1部分：管材》（GB/T 15558.1—2015）的规定。

（2）聚乙烯给水管材。聚乙烯给水管材的优点包括：使用寿命长，卫生性好，可耐多种化学介质的腐蚀，内壁光滑、摩擦系数极低、水流阻力小，柔韧性好、抗冲击强度高、耐强震、扭曲，质量小、运输、安装便捷等，其广泛用于给水管制造领域，是替代普通铸铁给水管的理想管材。该管材应执行的国家标准有：《给水用聚乙烯（PE）管道系统　第1部分：总则》（GB/T 13663.1—2017）、《给水用聚乙烯（PE）管道系统　第2部分：管材》（GB/T 13663.2—2018）。

聚乙烯给水管

（3）埋地用聚乙烯双壁波纹管材。该管材是一种以聚乙烯为原材料，经过挤出和特殊的成型工艺加工而成，内壁光滑，外壁为封闭波纹型的新型轻质管材。其性能良好，品质优良，广泛应用于市政排污排水，农田、园林排灌，建筑外埋地排水，矿井、隧道通风、排水，通信电缆、光缆保护套，道路、球场排水等领域。

埋地用聚乙烯双壁波纹管

（4）聚乙烯缠绕结构壁管材（图9-3）。该管材以高密度聚乙烯树脂为主要原材料，采用热态缠绕成型工艺制作，熔缝质量优异；独有的承插口电熔连接技术，确保接口零渗漏；管材管件配套能力强，可组成完善的、零渗漏的管道系统；具有极强的耐化学药品腐蚀和侵蚀的能力；柔韧性好、抗冲击强；耐寒性好，耐老化，连接简单，安全可靠；质量小，施工方便；耐磨性能强，使用寿命在50年以上，并在寿命期内免维护；排水性能优越，卫生性好，可循环回收使用。其广泛用于各种土壤环境、不同深度地下敷设的埋地雨污水管网、地下管廊、雨污水收集系统。

图9-3　聚乙烯缠绕结构壁管材

4）无规共聚聚丙烯（PPR）管材（图9-4）

无规共聚聚丙烯管材内壁光滑、水流阻力小，耐腐蚀、不结垢，无毒、卫生性好，耐高温、保温性能好，机械强度大，质量小、安装方便。工作压力不超过0.6MPa时，长期工作水温为70℃，短期使用水温可达95℃，软化温度为131.5℃，可满足建筑给排水规范中热水系统的使用要求，使用寿命长达50年以上。采用热熔方式连接，牢固不漏，适合采用内嵌墙壁、地坪面层内直埋暗敷或深井预埋等方式，施工便捷，对环境无污染，绿色环保，配套齐全，价格适中。该管材的缺点是：规格少（外径20～110mm），抗紫外线能力差，在阳光长期照射下易老化，属可燃材料，不得用于消防给水系统；刚性和抗冲击性能比金属管道差，线膨胀系数较大，明敷或架空敷设所需支架较多，影响美观等。该管材广泛应用于建筑给排水、城乡给排水、城市燃气、电力和光缆护套、工业流体输送、农业灌溉等领域。

图9-4　无规共聚聚丙烯管材、管件

5）聚丁烯（PB）管材

聚丁烯管材柔韧性好，质量小，材质坚硬，耐久性好，无毒无害，抗紫

聚丁烯管

外线、耐腐蚀，耐热性好，长期工作水温为90℃左右，最高使用温度可达110℃，管壁光滑、不结垢，热伸缩性好，连接方式先进，易于维修。该管材主要用于饮用水、冷热水管，特别适用于薄壁小口径压力管道（如地板辐射采暖系统用的盘管）。

6）铝塑复合管材

铝塑复合管是一种由中间纵焊铝管、内外层聚乙烯塑料以及层与层之间热熔胶共挤复合而成的新型管道。聚乙烯是一种无毒、无异味的塑料，具有良好的耐撞击、耐腐蚀、抗天候性能。中间层纵焊铝合金使管材具有金属的耐压强度，耐冲击，易弯曲不反弹。铝塑复合管同时拥有金属管坚固耐压和塑料管抗酸碱、耐腐蚀的特点，是新一代管材的典范。铝塑复合管质轻、耐用、弯曲性好且施工方便，适合在家装中使用。

铝塑复合管

2. 塑料装饰板材

塑料装饰板材是指以树脂为浸渍材料或以树脂为基材，采用一定的生产工艺制成的具有装饰功能的普通或异形断面的板材。其按结构和断面形式可分为平板、波形板、实体异形断面板、中空异形断面板、格子板、夹芯板等。

除较厚的双面塑料贴面装饰板有时直接使用外，一般均将塑料贴面装饰板覆贴在其他基材上使用。生产塑料贴面装饰板时也加入一些增强材料（如玻璃纤维、金属等）提高其强度。此外，还常采用模具压制成具有立体图案的浮雕装饰板。

3. 塑料墙（壁）纸

塑料墙纸是以一定材料为基材，在其表面进行涂塑后再经过印花、压花或发泡处理等多种工艺制成的一种墙面装饰材料（图9-5）。

图9-5 塑料墙纸

塑料墙纸可分为印花墙纸、压花墙纸、发泡墙纸、特种墙纸、塑料墙布等五大类，每一类有几个品种，每一品种又有几十甚至几百种花色。随着工艺的改进，新品种层出不穷，如布底胶面，胶面上再压花或印花的墙纸，以及表面静电植绒的墙纸等。

塑料墙纸装饰效果好，性能优越，可大规模生产，粘贴施工方便，使用寿命长，易于维修保养，是广泛使用的一种室内墙面装饰材料，也可用于顶棚、梁柱等处的贴面装饰。

4. 塑料地板

塑料地板是以高分子合成树脂为主要材料，加入其他辅助材料，经一定工艺制成的预制块状、卷材状或现场铺涂整体状的地面材料（图9-6）。塑料地板按其使用状态可分为块材（或地板砖）和卷材（或地板革）两种；按其材质可分为硬质地板、半硬质地板和软质（弹性）地板三种；按其基本原料可分为聚氯乙烯（PVC）塑料地板、聚乙烯（PE）塑料地板和聚丙烯（PP）塑料地板等数种。

图 9-6　塑料地板

塑料地板种类花色繁多，装饰性良好，性能多变，适用面广，质量小，耐磨，脚感舒适，施工、维修、保养方便。

5. 塑钢门窗

塑钢门窗（图 9-7）是以强化聚氯乙烯（UPVC）树脂为基料，以轻质碳酸钙做填料，掺以少量添加剂，用挤出法制成各种截面的异形材，并采用与其内腔紧密吻合的增强型钢做内衬，再根据门窗品种，选用不同截面异形材组装而成。

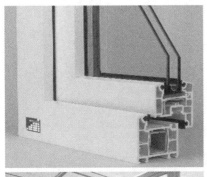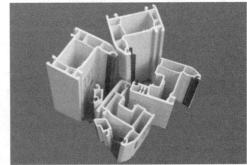

图 9-7　塑钢门窗

塑钢门窗色泽鲜艳，不需油漆，耐腐蚀，抗老化，保温，防水，隔声，在 30～50℃的环境下不变色，不降低原有性能，防虫蛀，不助燃。其广泛用于工业与民用建筑领域，是建筑门窗的换代产品。平开门窗的气密性、水密性等综合性能要比推拉门窗好。

6. 玻璃纤维增强塑料（GRP）

玻璃纤维增强塑料俗称玻璃钢，是以合成树脂为基体，以玻璃纤维或其制品为增强材料，经成型、固化而成的固体材料。其按采用的合成树脂不同，可分为不饱和聚酯型、酚醛树脂型和环氧树脂型。

玻璃钢制品具有良好的透光性和装饰性，强度高，质量小，是典型的轻质高强材料；成型工艺简单，可制成复杂的构件；具有良好的耐化学腐蚀性和电绝缘性；耐湿，防潮，功能可设计等。

玻璃纤维增强塑料

二 黏结剂

黏结剂是一种能将各种材料紧密地黏结在一起的物质，又称为黏结剂或黏合剂。黏结剂黏结材料时具有工艺简单、省工省料、接缝处应力分布均匀、密封性好和耐腐蚀等优点。在建筑工程中其主要用于室内装修、预制构件组装、室内设备安装等。此外，混凝土裂缝和破损也常用黏结剂进行修补。黏结剂的用途越来越广，品种和用量日益增加，已成为建筑材料中的不可缺少的组成部分。

（一）黏结剂的基本要求

为将材料牢固地黏结在一起，黏结剂必须具备以下基本性能：

（1）具有浸润被黏结物表面的浸润性和流动性。

（2）不因温度及环境条件作用而迅速老化。

（3）便于调节硬化速度和黏结性。

（4）膨胀及收缩值较小。

（5）黏结强度较大。

（二）黏结剂的组成与分类

1. 黏结剂的组成

组成黏结剂的材料有：黏料、固化剂、填料、稀释剂等。

（1）黏料。黏料是黏结剂的基本组成成分，又称基料，对黏结剂的黏结性能起决定性的作用。合成黏结剂的黏料，可采用合成树脂、合成橡胶，也可采用两者的共聚体。用于结构受力部位的黏结剂以热固性树脂为主，用于结构非受力部位和变形较大部位的黏结剂以热塑性树脂和橡胶为主。

（2）固化剂。固化剂又称硬化剂。它能使线型分子形成网状或体状结构，从而使黏结剂固化。

（3）填料。填料一般在黏结剂中不发生化学反应，但加入填料可以改善黏结剂的机械性能。同时，填料价格便宜，可显著降低黏结剂的成本。

（4）稀释剂。为了改善工艺性（降低黏度、增强浸润性）和延长使用期，常加入稀释剂。稀释剂分为活性和非活性两种，前者参加固化反应，后者不参加固化反应，只起稀释作用。稀释剂需按黏料的品种来选择。一般来说，稀释剂的用量越大，则黏结强度越小。

常用的稀释剂有环氧丙烷、丙酮等。

其他助剂有增韧剂、阻聚剂及抗老化剂等。

2. 黏结剂的分类

建筑黏结剂品种繁多，分类方法也较多。

（1）黏结剂按主要成分可分为无机胶（磷酸盐、硼酸盐、硅酸盐等）和有机胶两类。有机胶又可分为天然胶和合成胶两类。天然胶有动物胶（骨胶、皮胶、虫胶等）和植物胶（淀粉胶、大豆胶等）两类；合成胶有树脂胶（环氧树脂胶、酚醛树脂胶等），橡胶胶（硅橡胶、聚硫橡胶等），混合胶（环氧一丁腈胶、酚醛一氯丁胶）三类。

（2）黏结剂按固化形式可分为溶剂挥发型、乳液型、反应型、热熔型四种。

（3）黏结剂按外观可分为液态、膏状、固态黏结剂等。

（三）常用黏结剂

1. 热固性树脂黏结剂

1）环氧树脂黏结剂

环氧树脂黏结剂是一类由环氧树脂基料、固化剂、稀释剂、促进剂和填料配制而成的工程黏结剂。具有黏结性能好、功能性好、价格比较低廉、黏结工艺简便的优点。广泛应用于黏结金属、非金属材料及建筑物的修补，有"万能胶"之称。

2）不饱和聚酯树脂黏结剂

不饱和聚酯树脂是由不饱和二元酸、饱和二元酸组成的混合酸与二元醇起反应制成线型聚酯，再用不饱和单体交联固化后，即成体型结构的热固性树脂。具有黏结强度高，耐热性、耐水性较好等特点。广泛应用于制造玻璃钢，但也可用于黏结陶瓷、玻璃钢、金属、木材、人造大理石和混凝土。

2. 热塑性树脂黏结剂

1）聚醋酸乙烯黏结剂

聚醋酸乙烯乳液（常称白胶）由醋酸乙烯单体、水、分散剂、引发剂以及其他辅助材料经乳液聚合而得。是一种使用方便、价格便宜、应用普遍的非结构黏结剂。它对于各种极性材料有较好的黏附力，以黏结各种非金属材料（如玻璃、陶瓷、混凝土、纤维织物和木材）为主。它的耐热性在40℃以下，对溶剂作用的稳定性及耐水性均较差，且有较大的徐变，多作为室温下工作的非结构胶，如粘贴塑料墙纸、聚苯乙烯塑料板及塑料地板等。

2）聚乙烯醇缩甲醛黏结剂

聚乙烯醇缩甲醛黏结剂是以聚乙烯醇与甲醛在酸性介质缩聚而得的一种易溶于的无色透明胶体。聚乙烯醇缩甲醛黏结剂在建筑工程中具有很高的使用价值，它不仅是黏结剂，还能用于调制腻子、聚合物水泥浆，改进传统的饰面做法。

聚乙烯醇缩甲醛黏结剂具有一定的耐水性、防菌性，并且抗老化性能也较好。

聚乙烯醇缩甲醛黏结剂可作为粘贴塑料壁纸、玻璃纤维墙布等的黏结剂，也可配制聚合物水泥砂浆用作内外墙的装饰，粘贴瓷砖、地板砖、马赛克等，还可配制聚合物净水泥浆，用于新、老水泥地面装饰。若在聚乙烯醇缩甲醛黏结剂中加入适当的填充料、颜料，可配制成各种颜色的内墙涂料。

3. 合成橡胶黏结剂

1）氯丁橡胶黏结剂

氯丁橡胶黏结剂是目前橡胶黏结剂中广泛应用的溶液型胶。它是由氯丁橡胶、氧化锌、氧化镁、防老剂、抗氧剂及填料等混炼后溶于溶剂而成。其对水、油、弱酸、弱碱、脂肪烃和醇类都有良好的抵抗性，具有较高的黏结力和内聚强度，但有徐变性，易老化。其多用于结构黏结或不同材料的黏结。建筑上常用在水泥砂浆墙面或地面上粘贴塑料和橡胶制品。

2）丁腈橡胶黏结剂

丁腈橡胶是丁二烯和丙烯腈共聚产物。丁腈橡胶黏结剂主要用于橡胶制品，以及橡胶与金属、织物、木材的黏结。其最大特点是耐油性能好，抗剥离强度高，加上橡胶的高弹性，所以更适于柔软的或热膨胀系数相差悬殊的材料之间的黏结，如黏结聚氯乙烯板材、聚氯乙烯泡沫塑料等。

【工程实例9-1】 PVC水管代替铸铁水管的原因分析

【现　　象】 某施工单位建造第一批建筑时，使用铸铁管作为水管，施工麻烦，而且住户经常反映水管水流不畅、堵塞等现象。后来，该施工单位建造第二批建筑时，整个小区水管全部换成PVC水管，施工方便，缩短了工期，住户对水管也无上述负面反映。

【原因分析】 PVC水管与铸铁水管相比，具有耐腐蚀性、阻力系数小、管流速度快等优点；其施工方法简单，特别是下水管连接不用缠丝、灌铅等工序；由于其质量小，搬运也省时省力。故提高了工作效率，缩短了工期。

小知识

生物降解塑料英文缩写为BDP，全称为biodegradable plastics，指废弃后可以在堆肥条件下被微生物分解为二氧化碳、水等小分子的一类塑料。这类材料最初的意图是解决石油基塑料多数无法在自然环境下消解的问题。该产品有望在今后大量使用以解决"白色污染"的问题。

生物降解塑料

◀本 章 小 结▶

本章阐述了合成高分子材料基本知识：聚合物、聚合反应类型及结构特征。在此基础上介绍了塑料的组成、主要性质及常用品种，黏结的基本概念、黏结剂的组成及主要品种。

练 习 题

一、填空题

1. 根据分子的排列不同，聚合物可分为_____聚合物和_____聚合物。

2. 塑料的主要组成包括合成树脂、_____、_____和_____等。

二、选择题

1. 下列_____属于热塑性塑料。
   ①聚乙烯塑料；②酚醛塑料；③聚苯乙烯塑料；④有机硅塑料
   A. ①②　　　　　B. ①③　　　　　C. ③④　　　　　D. ②③
2. 用于结构非受力部位的黏结剂是_____。
   A. 热固性树脂　　B. 热塑性树脂　　C. 橡胶　　　　　D. B + C

三、判断题

1. 聚合物的老化主要是由高分子发生裂解这一类不可逆的化学反应造成的。（　　）
2. 所有的塑料都是有毒的。（　　）

四、名词解释

1. 合成树脂。
2. 热固性塑料。

五、简答题

1. 塑料的组成有哪些？分别起何作用？
2. 工程所用黏结剂必须具备哪些条件？
3. 镀锌铁管与塑料管哪种做上水管更好，为什么？

第十章 建筑功能材料

职业能力目标

通过对建筑装饰材料、建筑绝热材料、建筑吸声材料主要品种及性能特点的学习，学生应具备合理使用建筑装饰材料、建筑绝热材料及建筑吸声材料的能力，明确建筑功能材料的发展方向。

学习目标

了解建筑装饰材料、建筑绝热材料、建筑吸声材料的类别、常用产品及性能特点；了解新型功能材料的新进展。

思政目标

由建筑装饰材料的设计和选择引入思政元素一"创新意识"，培养学生突破陈规、大胆探索、勇于创新的意识；由建筑绝热材料在工程中的应用案例（如可燃材料引发的事故）引入思政元素二"辩证思维"，分析公共安全与节能改造之间的关系、共性与个性的关系，培养学生的辩证思维能力；由建筑吸声材料的功能引入思政元素三"满足人民日益增长的美好生活需要"，培养学生用专业知识和技能造福人民的责任担当意识。

建筑功能材料主要是指在建筑物中担负某些功能的非承重用材料。它们赋予建筑物防水、防火、保温、采光、隔声、装饰等功能，决定着建筑物的使用功能与居住品质。本章主要介绍建筑装饰材料、建筑绝热材料、建筑吸声材料。

第一节 建筑装饰材料

在建筑领域，把铺设、粘贴或涂刷在建筑物内外表面，主要起装饰和美化环境作用的材料称为装饰材料。建筑装饰工程的总体效果，是通过装饰材料及其配套设备的形体、质感、图案、色彩、功能等体现出来的。另外，装饰材料常兼有绝热、防火、防潮、吸声、隔声等功能，并能起到改善和保护主体结构、延长建筑物使用寿命的作用。

一 建筑装饰材料的分类

1. 按照化学成分分类

建筑装饰材料根据不同的化学成分可分为有机装饰材料、无机装饰材料和复合装饰材料三大类。常用材料归类见表 10-1。

建筑装饰材料按照化学成分分类　　　　　　表 10-1

类别			举例
有机装饰材料	植物装饰材料		木材、竹材等
	高分子装饰材料		建筑涂料、塑料壁纸、塑料地板革、化纤地毯、黏结剂等
无机装饰材料	金属装饰材料	黑色金属	不锈钢、彩色不锈钢板等
		有色金属	铝及铝合金、铜及铜合金、金、银等
	非金属装饰材料		各种天然饰面石材、玻璃、陶瓷等
复合装饰材料	有机材料和非金属材料复合		人造石材等
	有机材料和金属材料复合		表面涂塑钢板等
	有机材料和有机材料复合		复合木地板等

2. 按照装饰部位分类

建筑装饰材料按照在建筑中的装饰部位可分为外墙装饰材料、内墙装饰材料、地面装饰材料及顶棚装饰材料。常用材料归类见表 10-2。

建筑装饰材料按照装饰部位分类　　　　　　表 10-2

类别	举例	功能要求
外墙装饰材料	石材（天然石材、人造石材）、外墙面砖、陶瓷马赛克、玻璃制品、铝塑复合板、装饰板、白色和彩色水泥与混凝土、玻璃幕墙、铝合金门窗、外墙涂料、石渣类饰面等	各部位装饰材料的功能要求
内墙装饰材料	石材（天然石材、人造石材）、墙（壁）纸与墙布、内墙涂料、织物类、饰面装饰板、浮雕艺术装饰板、防火内墙装饰板、金属吸声板、玻璃制品、复合制品等	
地面装饰材料	石材（天然石材、人造石材）、陶瓷地砖、木地板、塑料地板、地毯、地面涂料、彩色复合材料等	
顶棚装饰材料	塑料吊顶板、铝合金吊顶板、石膏装饰板、墙纸装饰天花板、矿棉装饰吸声板、涂料、膨胀珍珠岩装饰吸声板、复合吊顶等	

二 建筑装饰石材

建筑装饰石材包括天然石材和人造石材两大类。

天然石材是从天然岩体中开采出来的毛料，经过加工制成的板状或块状材料的总称，是一种有着悠久历史的建筑装饰材料，是高档建筑装饰选材的主导品种。天然石材浑厚、华贵而坚实，但价格昂贵，安装工期长。常用的装饰天然石材有天然大理石和天然花岗石。

人造石材是以天然石材碎料、石英砂、石渣等无机物粉料为骨料，水泥或有机树脂为黏结料，经拌和、成型、聚合或养护后，打磨抛光切割而成。人造石材无论在材料加工生产、使用方面，还是在装饰效果、性能价格方面，都显示出明显的优越性，是一种有发展前途的装饰材料。

（一）天然大理石

建筑装饰工程上所说的大理石是指具有装饰功能，可锯切、研磨、抛光的各种沉积岩和变质岩。属于沉积岩的大致有致密石灰岩、白云岩、砂岩、灰岩等；属于变质岩的大致有大理岩、石英岩、蛇纹岩等。纯白色的大理石成分较为单纯，杂质少，性能较稳定，不易变色和风化。大多数大理石是两种或两种以上成分混杂在一起，所以颜色变化较多，深浅不一，有多种光泽。在各种颜色的大理石中，暗红色、红色的最不稳定，绿色的次之。

不同色彩的天然大理石

1. 天然大理石板材的产品分类及等级

（1）天然大理石板材按形状分为毛光板、普型板、圆弧板和异型板，具体见表10-3。

天然大理石板材按形状分类　　　　表10-3

类别	代号	特征
毛光板	MG	有一面经抛光具有镜面效果的板材
普型板	PX	正方形或长方形的板材
圆弧板	HM	装饰面轮廓线的曲率半径处处相同的板材
异型板	YX	其他形状的板材

（2）天然大理石板材按矿物组成分为方解石大理石（代号为FL）、白云石大理石（代号为BL）和蛇纹石大理石（代号为SL）。

（3）天然大理石板材按表面加工分为镜面板（代号为JM）和粗面板（代号为CM）。

（4）天然大理石板材按加工质量和外观质量分为A、B、C三个等级，各等级的技术要求应符合《天然大理石建筑板材》（GB/T 19766—2016）的相应规定。

2. 天然大理石板材的性能特点及应用

大理石结构致密，吸水率小，抗压强度高，但硬度不大，较易进行雕琢和磨光等加工。

天然大理石板主要用于建筑物室内饰面，如地面、柱面、墙面、造型面、酒吧台侧立面与台面、服务台立面与台面、电梯间门口等；大理石磨光板有美丽多姿的花纹，常用来镶嵌或刻出各种图案的装饰品；天然大理石板还被广泛地用于高档卫生间的洗漱台面及各种家具的台面。

大理石一般都含有杂质，尤其是含有较多的碳酸盐类矿物，在大气中受硫化物及水汽的作用，容易发生腐蚀。腐蚀的主要原因是城市工业所产生的二氧化硫与空气中的水分接触生成亚硫酸、硫酸等酸雨，与大理石中的方解石反应，生成二水硫酸钙（二水石膏），体积膨胀，从而造成大理石表面强度降低、变色掉粉，失去光泽、变色并逐渐破损。所以，除了少数几个含杂质少、质地较纯的品种（如汉白玉、艾叶青等）外，绝大多数天然大理石板材只宜用于室内，一般不宜用于室外装饰装修工程。

（二）天然花岗石

建筑装饰工程上所说的花岗石泛指各种以石英、长石为主要矿物成分，并含有少量云母和暗色矿物的火成岩（包括深成岩和部分喷出岩）和与其有关的变质岩。属于深成岩的有花岗岩、闪长岩、正长岩、辉长岩等；属于喷出岩的有辉绿岩、玄武岩、安山岩等；属于变质岩的有片麻岩等。从外观特征看，花岗石常呈整体均粒状结构，称为花岗结构。品质优良的花岗石，石英含量高，云母含量少，结晶颗粒分布均匀，纹理呈斑点状，有深浅层次，构成该类石材的独特效果。这也是从外观上区别花岗石和大理石的主要特征。花岗石的颜色主要由正长石的颜色和云母、暗色矿物的分布情况决定，有黑白、黄麻、灰色、红黑、红色等。

不同纹理的天然花岗石

1. 天然花岗石板材的产品分类及等级

（1）天然花岗石板材按形状分为毛光板（代号为 MG）、普型板（代号为 PX）、圆弧板（代号为 HM）和异型板（代号为 YX）。

（2）天然花岗石板材按表面加工程度分为镜面板、亚光板和粗面板，具体见表 10-4。

天然花岗石板材按表面加工程度分类　　　表 10-4

类别	代号	特征
镜面板	JM	饰面平整光滑，具有镜面光泽，经过研磨、抛光加工制成，其晶体裸露，色泽鲜明
亚光板	YG	又称细面板，饰面平整细腻，能使光线产生漫反射现象
粗面板	CM	饰面粗糙规则有序，端面锯切整齐，如机刨板、剁斧板、锤击板、烧毛板等

（3）天然花岗石板材分为优等品（A）、一等品（B）、合格品（C）三个等级，各等级的技术要求应符合《天然花岗石建筑板材》（GB/T 18601—2009）的相应规定。

2. 天然花岗石板材的性能特点及应用

花岗石构造非常致密，吸水率极低，材质坚硬，抗压强度高，耐磨性很强，耐冻性强，化学稳定性好，抗风化能力强，耐腐蚀性及耐久性很强。花岗石质感丰富，磨光后色彩斑斓。

花岗石的缺点是自重大，用于房屋建筑与装饰会增加建筑物的质量；硬度大，给开采和加工造成困难；质脆，耐火性差，因为石英在高温时会发生晶型转变产生膨胀而破坏岩石结构。某些花岗岩含有微量放射性元素，应根据花岗石石材的放射性强度水平确定其应用范围。

天然花岗石属于高级建筑装饰材料，主要应用于大型公共建筑或装饰等级要求较高的室内外装饰工程；一般镜面花岗石板材和细面花岗石板材表面整洁光滑，质感细腻，多用于室内墙面和地面、部分建筑的外墙面装饰；粗面花岗石板材表面粗糙，主要用于室外墙基础和墙面装饰，有一种古朴、回归自然的亲切感；花岗石饰面石材抗压强度高，耐磨性、耐久性均高，不论用于室内或室外使用年限都很长。

天然石材的选用原则

(三)人造石材

人造石材具有天然石材的质感,但质量小,强度高,耐腐蚀,耐污染,可锯切、钻孔,施工方便。适用于墙面、门套或柱面装饰,也可用作工厂、学校等的工作台面及各种洁具,还可加工成浮雕、工艺品等。与天然石材相比,人造石材是一种比较经济的饰面材料。

人造石材根据生产所用材料和制造工艺的不同,一般分为树脂型人造石材、水泥型人造石材、复合型人造石材和烧结型人造石材四类。

1. 树脂型人造石材

树脂型人造石材(图10-1)是以不饱和树脂为胶凝材料,配以天然大理石、花岗石、石英砂或氢氧化铝等无机粉状、粒状填料,经配料、搅拌、浇筑成型,在固化剂、催化剂作用下发生固化,再经脱模、抛光等工序制成的人造石材。

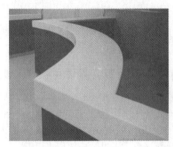

图10-1 树脂型人造石材装饰图

树脂型人造石材按成型方法可分为浇筑成型树脂人造石、压缩成型人造石和大块废料成型树脂人造石;按花色质感可分为树脂人造大理石、树脂人造花岗石、树脂人造玉石。

树脂型人造石材的优点是光泽度高、强度较高、耐水、耐污染、花色可设计性强;缺点是耐刻划性较差,填料级配若不合理则容易出现翘曲变形。

树脂型人造石材是目前应用最为广泛的一类人造装饰石材,可用于室内外墙面、柱面、面板、服务台面等部位的装饰装修。

2. 水泥型人造石材

水泥型人造石材是以各种水泥为黏结剂,与砂和大理石或花岗石碎粒等经配料、搅拌、成型、养护、磨光、抛光等工序制成。

水泥型人造石材成本低,但耐腐蚀性能较差,若养护不好,表面容易出现龟裂和泛霜,不宜用作洁具,也不宜用于外墙装饰。该类人造石材中,以铝酸盐水泥作为胶凝材料的性能最为优良,这是由于铝酸盐水泥的主要矿物 CA($CaO \cdot Al_2O_3$)水化后生成大量的氢氧化铝凝胶,这些水化产物与光滑的模板相接触,形成致密结构且具有光泽。

建筑水磨石板即是一种水泥型人造石材,强度较高,坚固耐用,花纹、颜色和图案等都可以任意配制;花色品种多,在施工时,可根据要求组合成各种图案,装饰效果较好;施工方便,价格较低。

建筑水磨石板

3. 复合型人造石材

复合型人造石材所用的黏结剂中,既有有机聚合物树脂,又有无机水泥。其制作工艺可采用浸渍法,即将无机材料(如水泥砂浆)成型的坯体浸渍在有机单体中,然后使单体聚合。对于板材，基层一般用性能稳定的水泥砂浆，面层用树脂和大理石碎粒或粉调制的浆体制成。

4. 烧结型人造石材

烧结型人造石材的生产工艺类似于陶瓷，是把高岭土、石英、斜长石等混合材料制成泥浆，成型后经 1000℃ 左右的高温焙烧而成。

三 建筑玻璃

在建筑工程中，玻璃是一种重要的装饰材料。传统意义上的玻璃是典型的脆性材料，在冲击荷载作用下极易破碎，热稳定性差，遇沸水易破裂。但是，随着科学技术的发展，建筑玻璃的品种日益增多，其功能逐渐丰富。除了过去单纯的透光、围护等最基本功能外，还具有控制光线、调节热量、节约能源、控制噪声、保障安全（防弹、防盗、防火、防辐射、防电磁波干扰）、提高装饰艺术等功能。多功能的玻璃制品为现代建筑设计和装饰设计提供了更多的选择。

常用的建筑玻璃按其功能一般分为五类：平板玻璃、节能玻璃、安全玻璃、饰面玻璃和玻璃制品。

（一）平板玻璃

平板玻璃又称为白片玻璃或净片玻璃，是指未经其他加工的平板状玻璃制品。

平板玻璃是建筑中使用最多、应用最广泛的玻璃。平板玻璃按公称厚度分为 2mm、3mm、4mm、5mm、6mm、8mm、10mm、12mm、15mm、19mm、22mm、25mm 十二种；按颜色属性分为无色透明平板玻璃和本体着色平板玻璃；按外观质量要求的不同分为普通级平板玻璃和优质加工级平板玻璃两级。各等级平板玻璃的尺寸偏差、对角线差、厚度偏差、厚薄差、外观质量和弯曲度的要求应符合《平板玻璃》（GB 11614—2022）的要求。

平板玻璃
成型简介

普通平板玻璃透视又透光，透光率高达 85% 左右，并能隔声，有较高的化学稳定性，有一定的隔热保温性和机械强度，但其质脆、怕敲击、强震，主要用于装配门窗，起透光、挡风雨、保温隔声等作用。

（二）节能玻璃

节能玻璃是集节能和装饰于一体的玻璃，除用于一般门窗外，常用于建筑物的玻璃幕墙，可以起到显著的节能效果，现已被广泛地应用于各种高级建筑物之上。常用的节能玻璃主要有吸热玻璃、热反射玻璃、中空玻璃等。

1. 吸热玻璃

吸热玻璃能吸收大量红外辐射能，又能保持良好的光透过率。其制作方法有两种：一种是在普通平板玻璃中加入一定量的有吸热性能的着色剂，如氧化铁、氧化钴等；另一种是在玻璃表面喷涂有强烈吸热性能的氧化物薄膜，如氧化锡、氧化锑等。

吸热玻璃广泛应用于现代建筑物的门窗和外墙，以及用作车、船等的挡风玻璃等，起到采光、隔热、防眩等作用。吸热玻璃的色彩具有良好的装饰效果，其已成为一种新型的外墙和室内装饰材料。

吸热玻璃只能节省夏天透入室内的太阳辐射热所耗费的空调费用，而在严寒地区，反而阻挡了和煦阳光进入室内。因此，吸热玻璃对全年日照率较低的西南地区和尚无采暖设施的长江中下游地区是不利的。

2. 热反射玻璃

热反射玻璃又称镀膜玻璃，既具有较高的热反射能力，又能保持良好的透光性。热反射玻璃是在玻璃表面用加热、蒸汽、化学等方法喷涂金、银、铜、铝、铁等金属氧化物，或粘贴有机薄膜，或以某种金属离子置换玻璃表面中原有离子而制成。

热反射玻璃不同于吸热玻璃，两者可以根据玻璃对太阳辐射能的吸收系数和反射系数来进行区分，当吸热系数大于反射系数时为吸热玻璃，反之为热反射玻璃。

热反射玻璃反射率为30%～40%，装饰性好，具有单向透像作用，还有良好的耐磨性、耐化学腐蚀性和耐候性。目前使用较多的是低辐射镀膜玻璃（又称Low-E玻璃），Low-E玻璃是一类多功能的热反射玻璃，是在玻璃表面镀上多层金属或其他化合物组成的膜系产品，越来越多地用作高层建筑的幕墙（图10-2）。

Low-E玻璃简介

图10-2　Low-E玻璃在建筑幕墙中的使用效果

3. 中空玻璃

中空玻璃由两片或多片平板玻璃构成，用边框隔开，四周边缘部分用密封胶密封，玻璃层间充有干燥气体。构成中空玻璃的玻璃原片有平板玻璃、钢化玻璃、吸热玻璃和热反射玻璃等。

中空玻璃的特性是保温绝热、隔声性能优良，并能有效地防止结露，非常适合在住宅中使用。中空玻璃主要用于需要采暖、空调，防止噪声、结露及需要无直射阳光和需要特殊光线的建筑上，如住宅、饭店、宾馆、办公楼、学校、医院和商店等。

（三）安全玻璃

安全玻璃指具有良好安全性能的玻璃，其特点是力学强度较高，抗冲击能力较好，经剧烈振动或撞击不破碎，即使破碎也不易伤人，并兼有防火的功能。安全玻璃的主要品种有钢化玻璃、夹丝玻璃和夹层玻璃等。

1. 钢化玻璃

钢化玻璃又称强化玻璃，它是利用加热到一定温度后迅速冷却的方法或化学方法进行特殊处理的玻璃。钢化玻璃强度为普通玻璃的 3～5 倍，抗冲击性能好、弹性好、热稳定性高，当玻璃破碎时，裂成圆钝的小碎片不致伤人，如图 10-3 所示。

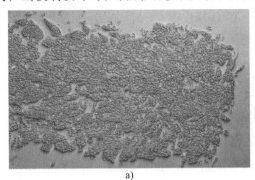 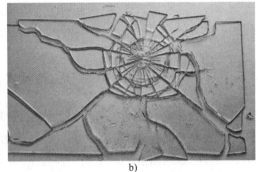

图 10-3　钢化玻璃、普通玻璃破碎对比

a) 钢化玻璃；b) 普通玻璃

钢化玻璃可用于窗用玻璃、幕墙玻璃、全玻门、玻璃隔墙、浴室玻璃、商店橱窗、自动扶梯围栏、建筑屏蔽、球场后挡、架子搁板、桌面玻璃、柜台、电话亭等。

钢化玻璃一旦局部破碎，易造成整体呈发散状破坏。钢化后的玻璃不能直接钻孔，应先钻孔，再进行钢化处理。

2. 夹丝玻璃

夹丝玻璃也称钢丝玻璃，又称防碎玻璃，是玻璃内部夹有金属丝（网）的玻璃。生产时，将普通平板玻璃加热至红热状态，再将预热的金属丝网压入而制成。

夹丝玻璃的特点为金属丝与玻璃黏结在一起，当玻璃受到冲击作用或温度剧变时，玻璃裂而不散，碎片仍附在金属丝上，从而避免了玻璃碎片飞溅伤人。此外，其还能较好地隔绝火焰，起到防火的作用，故夹丝玻璃也属于安全玻璃。

金属丝网的热膨胀系数和导热系数与玻璃相差较大，在遇水后易产生锈蚀，并且锈蚀会向内部延伸，锈蚀物体逐渐增大而产生开裂，此种现象通常在 1～2 年后出现，呈现出自下而上的弯弯曲曲的裂纹，故夹丝玻璃的切割口处应涂防锈涂料，或贴异丁烯片，以阻止锈裂，同时还应防止水进入门窗框槽内。

夹丝玻璃主要用于厂房天窗、各种采光屋顶和防火门窗等。

3. 夹层玻璃

夹层玻璃也称夹胶玻璃，是通过先进的专用设备将透明或有色（乳白色、绿色、古铜色、花纹色等）聚乙烯醇缩丁醛（PVB）胶片夹在两层或多层玻璃中间，经预热预压后进入高压釜内热压成型而成，可生产平、弯夹层玻璃和防爆、防弹、冰花等夹层玻璃。

夹层玻璃由于有 PVB 胶片的黏结，玻璃破碎时不会裂成分离的碎片，只有辐射状的裂纹和少量玻璃碎屑，碎片仍粘贴在膜片上，不致伤人；具有较高的抗震、防盗、防暴及防弹性能；具有良好的隔热功能，可节省能源；夹层玻璃中的 PVB 胶片对声波有阻尼作用，是良好的隔声材料；夹层玻璃中的 PVB 胶片有阻挡紫外线的功能，可防止室内家具、物品过早褪色。夹层玻璃主要用于建筑物的门、窗、天花板、玻璃幕墙玻璃，船舶、水槽、车辆及银行珠宝行、商行等防盗防弹玻璃。

防弹玻璃是夹层玻璃的一种，由三层玻璃与 PVB 胶片组成，可以成功抵御子弹及子弹击碎的玻璃片的穿透。玻璃的防弹性能很大程度上取决于它的总厚度和子弹能量。

（四）饰面玻璃

1. 磨砂玻璃

磨砂玻璃又称毛玻璃、暗玻璃，采用机械喷砂、手工研磨或氢氟酸溶液磨蚀等方法将普通平板玻璃表面处理成均匀毛面。具有透光不透视，使室内光线不眩目、不刺眼的特点。常用于需要隐蔽的浴室、卫生间、办公室的门窗及隔断，还可用作黑板。

2. 磨光玻璃

磨光玻璃又称白片玻璃，是用平板玻璃经过抛光制得的玻璃，分单面磨光和双面磨光两种。磨光玻璃具有表面平整光滑且有光泽、物像透过玻璃不变形、透光率大等特点。

经过机械研磨和抛光的磨光玻璃，虽质量较好，但既费工又不经济，自浮法工艺出现之后，作为一般建筑和汽车工业用的磨光玻璃用量已逐渐减少。

3. 花纹玻璃

花纹玻璃根据加工方法的不同分为压花玻璃、喷花玻璃和刻花玻璃三种。

（1）压花玻璃又称滚花玻璃，是在玻璃硬化前，用刻有花纹的滚筒，在玻璃单面或双面上压出深浅不同的花纹图案。由于花纹凹凸不同使光线漫射而失去透视性，透过率降低为 60%～70%，故它具有花纹美丽、透光而又不透视的特点。压花玻璃适用于要求采光，但需隐秘的建筑物门窗以及有装饰效果的半透明室内隔断，还可作为卫生间、游泳池等处的装饰和分割材料。使用时应将花纹朝向室内。

花纹玻璃

（2）喷花玻璃又称胶花玻璃（或喷砂玻璃），是在平板玻璃表面贴上花纹图案，抹上护面层，经过喷砂处理制成，其性能和装饰效果与压花玻璃相同，适用于门窗装饰和采光。

（3）刻花玻璃是在普通平板玻璃上用机械加工的方法或化学腐蚀的方法制出图案或花纹的玻璃。该玻璃透光不透明，有明显的立体层次感，装饰效果高雅。

4. 彩色玻璃

彩色玻璃又称有色玻璃或颜色玻璃，分透明和不透明两种。透明彩色玻璃是在原料中加入着色金属氧化物使玻璃带色。不透明彩色玻璃又称釉面玻璃，是在一定形状的玻璃表面，喷以色釉，经过烘烤而成。

彩色玻璃适用于各种内外墙面、柱面的装饰，它除了具有美丽的颜色外，往往还具有导电、吸热、热反射、吸收紫外线等功能，还可用作信号玻璃和滤光玻璃等。

5. 冰花玻璃

冰花玻璃是一种用平板玻璃经特殊处理形成自然的冰花纹理的玻璃。冰花玻璃可用无色平板玻璃制造，也可用茶色、蓝色、绿色等彩色平板玻璃制造（装饰效果比压花玻璃更好)。

6. 镜面玻璃

镜面玻璃是用高质量平板玻璃，经化学镀方法，在玻璃表面镀上银膜、铜膜，然后淋上一层或二层漆膜成。该玻璃从进入端经清洗、镀银（镀铜）、淋漆、烘干一次完成。

（五）玻璃制品

1. 玻璃空心砖

玻璃空心砖一般是由两块压铸成凹形的玻璃镜熔接或胶结成整块的空心砖，砖面可为光滑平面，也可在内外压铸多种花纹；砖内腔可为空气，也可填充玻璃棉等。

玻璃空心砖具有透光不透视，抗压强度较高，保温隔热性、隔声性、防火性、装饰性好等特点，可用来砌筑透光墙壁、隔断、门厅、通道等。

玻璃空心砖

2. 玻璃马赛克

玻璃马赛克又称玻璃锦砖或锦玻璃，是一种小规格的饰面玻璃。其颜色有红、黄、蓝、白、黑等多种。

玻璃马赛克具有色调柔和、朴实典雅、美观大方、化学稳定性好、冷热稳定性好、不变色、易清洗、便于施工等优点。其适用于宾馆、医院、办公楼、礼堂、住宅等建筑的内外墙饰面。

玻璃马赛克

3. 泡沫玻璃

泡沫玻璃又称多孔玻璃，是利用废玻璃、碎玻璃经一定的加工工艺过程，在发泡剂的作用下制得的一种多孔轻质玻璃。其气孔率可达80%～90%，孔径为0.5～5.0mm或更小。

泡沫玻璃

泡沫玻璃密度仅为普通玻璃的1/10，质量小，导热系数小、保温隔热效果好，吸声效果好，机械强度高，不透气、不透水、耐酸、耐碱、防火，可以锯、钉、钻并可以制成各种颜色，是具有多种优异功能的装饰材料，主要用于各种建筑墙面保温隔热、装饰材料及工业设备吸声材料。

四 建筑陶瓷

建筑陶瓷按主要性能的分类见表10-5。

建筑陶瓷的分类　　　　表10-5

产品种类		颜色	质地	烧结程度	吸水率（%）	主要产品
陶器	粗陶	有色	多孔坚硬	较低	10～22	砖、瓦、陶管
	精陶	白色或象牙色				釉面砖、美术陈列品（日用陶瓷）
炻器	粗炻器	有色	致密坚硬	较充分	4～8	外墙面砖、地砖
	细炻器	白色			1～3	外墙面砖、地砖、马赛克、陈列品
瓷器		白色半透明	致密坚硬	充分	<1	马赛克、茶具、美术陈列品

建筑物中不同部位用陶瓷，对其技术性能要求不同，针对不同环境和不同部位应选择相应的陶瓷制品。常用的建筑陶瓷装饰品有釉面内墙砖、陶瓷墙地砖、陶瓷马赛克和琉璃制品。

建筑陶瓷简介

（一）釉面内墙砖

釉面内墙砖简称内墙砖，属于多孔精陶或炻质釉制品，通常称为瓷砖。以烧结后呈白色的耐火黏土、叶蜡石或高岭土等为原料制成坯体，面层施釉料，经高温烧结而成。

釉面内墙砖按釉面颜色分为单色（含白色）、花色和图案砖三种。按正面形状分为正方形、长方形和异形配件砖。釉面内墙砖种类繁多，规格不一，可按需要选配。

釉面内墙砖色泽柔和、典雅、朴实大方，热稳定性好，防火、防潮、耐酸碱，表面光滑、耐污性好、便于清洗，因此常被用在对卫生要求较高的室内环境中，如厨房、卫生间、浴室、实验室、精密仪器车间及医院等处。由于釉面内墙砖的花色品种多、装饰性好和易清洗的特点，现在一些室内台面、墙面的装饰也会使用一些花色品种好的高档釉面内墙砖。

由于釉面内墙砖为多孔坯体，坯体吸水率较大，会产生湿胀现象，而其表面釉层的吸水率和湿胀性又很小，再加上冻胀现象的影响，会在坯体和釉层之间产生应力。当坯体内产生的胀应力超过釉层本身的抗拉强度时，就会导致釉层开裂或脱落，严重影响饰面效果，因此釉面内墙砖不宜用在室外。

釉面内墙砖在粘贴前通常要求浸水 2h 以上，取出晾干至表面干燥，才可进行粘贴。否则，因干坯吸走水泥浆中的大量水分，影响水泥浆的凝结硬化，降低黏结强度，造成空鼓、脱落等现象。另外，通常在水泥浆中掺入一定量的建筑胶水，以改善水泥浆的和易性，延缓水泥的凝结时间，从而提高铺贴质量，提高与基层的黏结强度。

（二）陶瓷墙地砖

陶瓷墙地砖包括建筑物外墙装饰贴面用砖和室内外地面装饰铺贴用砖，由于目前这类砖的发展趋向为墙地两用，故称为墙地砖。陶瓷墙地砖属于炻质或瓷质陶瓷制品，是以优质陶土为主要原料，加入其他辅助材料配成生料，经半干压后在 1100℃ 左右的温度下焙烧而成。

陶瓷墙地砖主要有彩色釉面陶瓷墙地砖、无釉陶瓷墙地砖及劈离砖、玻化砖、陶瓷麻面砖、陶瓷壁画（壁雕）、金属釉面砖、黑瓷钒钛装饰板等新型墙地砖。

新型墙地砖简介

1. 彩色釉面陶瓷墙地砖

彩色釉面陶瓷墙地砖是可用于外墙面和地面的有彩色釉面的陶瓷质砖，简称彩釉砖。彩色釉面陶器墙地砖的色彩图案丰富，表面光滑，且表面可制成平面、压花浮雕面、纹点面及各种不同的釉饰，因而具有优良的装饰性。此外，彩釉砖还具有坚固耐磨、易清洗、防水、耐腐蚀等优点，可用于各类建筑的外墙面及地面装饰。

2. 无釉陶瓷墙地砖

无釉陶瓷墙地砖简称无釉砖，是表面无釉的耐磨陶瓷质砖。按表面情况分为无光和有光两种，后者一般为前者经抛光而成。无釉砖的颜色品种较多，但一般以单色、色斑点为主，表面可制成平面、浮雕面、防滑面等。具有坚固、抗冻、耐磨、易清洗、耐腐蚀等特点，适用于建筑物地面、道路、庭院等的装饰。

陶瓷墙地砖通过垂直或水平、错缝或齐缝、宽缝或密缝等不同排列组合，可获得各种不同的装饰效果。用于室外铺装的墙地砖吸水率一般不宜大于6%，严寒地区，吸水率应更小。

（三）陶瓷马赛克

陶瓷锦砖也称陶瓷马赛克，是以优质瓷土烧制成的、长边小于50mm的片状小瓷砖。陶瓷马赛克有挂釉和不挂釉两种，现在的主流产品大部分不挂釉。陶瓷马赛克的规格较小，直接粘贴很困难，故在产品出厂前按各种图案粘贴在牛皮纸上（正面与纸相粘），每张牛皮纸制品为一"联"。联的边长有284.0mm、295.0mm、305.0mm、325.0mm四种。采用基本形状的马赛克小块，可拼贴成多样的拼画图案。具体使用时，联和联可连续铺粘，形成连续的图案饰面。

陶瓷马赛克具有美观、不吸水、防滑、耐磨、耐酸、耐火及抗冻性好等性能。陶瓷马赛克由于块小，不易踩碎，因此主要用于室内地面装饰，如浴室、厨房、卫生间等环境的地面工程。陶瓷马赛克也可用于内、外墙饰面，并可镶拼成有较高艺术价值的陶瓷壁画，提高其装饰效果并增强建筑物的耐久性。由于陶瓷马赛克在材质、颜色方面种类多样，可拼装图案丰富，为室内设计师提供了广阔的发挥创造力的空间。

陶瓷马赛克在施工时反贴于砂浆基层上，把牛皮纸润湿，在水泥初凝前把纸撕下，经调整、嵌缝，即可得到连续美观的饰面。为保证在水泥初凝前将衬材撕掉，露出正面，要求正面贴纸陶瓷马赛克的脱纸时间不大于40min。陶瓷马赛克与铺贴衬材应黏结合格，将成联马赛克正面朝上，两手捏住联一边的两角，垂直提起，然后放平，反复3次，以马赛克不掉为合格。

（四）琉璃制品

琉璃制品是我国陶瓷宝库中的珍品，是我国古建筑中最具代表性和特色的部分。在古建筑中，它的使用按照建筑形式和等级，有着严格的规定，在搭配、组装上也有极高的构造要求。

琉璃制品是以难熔黏土做原料，经配料、成型、干燥、素烧、表面涂以琉璃釉料后，再经烧制而成。琉璃制品属于精陶制品，颜色有黄、绿、蓝、青等。品种分为三类：瓦类（板瓦、筒瓦、沟头），脊类和饰件类（物、博古、兽等）。其主要产品有琉璃瓦、琉璃砖、琉璃兽、琉璃花窗、栏杆等装饰件，还有琉璃桌、绣墩、鱼缸、花盆、花瓶等陈设用的建筑工艺品。琉璃制品的性能应符合《建筑琉璃制品》（JC/T 765—2015）的规定。

琉璃制品表面光滑、色彩绚丽、造型古朴、坚实耐用，富有民族特色。其彩釉不易剥落，装饰耐久性好，比瓷质饰面材料容易加工，且花色品种很多。主要用于具有民族风格的房屋材料，如板瓦、筒瓦、滴水、勾头及飞禽走兽等用作檐头和屋脊的装饰物，还可用于园林中的亭、台、楼阁等。

五 建筑涂料

涂料是指涂敷于物体表面，并能与物体表面材料很好黏结形成连续性薄膜，从而对物体起到装饰、保护或使物体具有某些特殊功能的材料。涂料在物体表面干结形成的薄膜称为涂膜，又称涂层。一般将用于建筑物内墙、外墙、顶棚、屋面及地面的涂料称为建筑涂料。

（一）建筑涂料基本组成

建筑涂料由主要成膜物质、次要成膜物质、分散介质和助剂组成。

1. 主要成膜物质

主要成膜物质又称基料、黏结剂或固着剂，是将涂料中的其他组分黏结在一起，并能牢固附着在基层表面形成连续均匀、坚韧的保护膜。主要成膜物质是涂料中最重要的组成部分，对涂料的性能起着决定性的作用。

主要成膜物质一般为高分子化合物或成膜后形成高分子化合物的有机物质。目前我国建筑涂料所用的成膜物质主要以合成树脂为主。

2. 次要成膜物质

次要成膜物质是指涂料中的各种颜料和填料，本身不具备成膜能力，但它可以依靠主要成膜物质黏结成为涂膜的组成部分，可以改善涂膜的性能、增加涂膜质感、增加涂料的品种。

建筑涂料用颜料和填料

3. 分散介质

分散介质又称稀释剂，包括有机溶剂和水，是涂料的挥发性组分。它的主要作用是使涂料具有一定的黏度，以符施工工艺的要求。常用的有机溶剂有二甲苯、乙醇、正丁醇、丙酮、乙酸乙酯和溶剂油等。

分散介质最后并不留在涂膜中，因此又称辅助成膜物质。它与涂膜质量和涂料的成本有很大关系，选用溶剂一般要考虑其溶解能力、挥发率、易燃性和毒性等问题。有机溶剂几乎是易燃液体，一般认为，闪点在25℃以下的溶剂为易燃品。

4. 助剂

助剂是为改善涂料的性能、提高涂料的质量而加入的辅助材料，加入量很少，但种类很多，对改善涂料性能的作用显著。

常用的助剂中提高固化前涂料性质的有分散剂、乳化剂、消泡剂、增稠剂、防流挂剂、防沉降剂和防冻剂等；提高固化后涂膜性能的有增塑剂、稳定剂、抗氧剂、紫外光吸收剂等。此外，尚有催化剂、固化剂、催干剂、中和剂、防霉剂、难燃剂等。

（二）建筑涂料的分类

涂料的品种很多，各国分类方法也不尽相同，常用的分类方法见表10-6。

建筑涂料的分类　　　　　　　　表 10-6

分类方法	种类	
按主要成膜物质的化学组成分类	有机涂料	溶剂型涂料
		水溶性涂料
		乳液型涂料
	无机涂料	
	复合涂料	
按建筑物的使用部位分类	外墙涂料、内墙涂料、地面涂料、顶棚涂料和屋面涂料等	
按涂膜状态分类	薄质涂料、厚质涂料、彩色复层凹凸花纹外墙涂料、砂壁状涂料等	
按使用功能分类	普通涂料、防水涂料、防火涂料、防霉涂料、保温涂料等	

（三）建筑涂料的技术性质

建筑涂料的技术性质主要包括施工前涂料的性能及施工后涂膜的性能两个方面。

1. 施工前涂料的性能

施工前涂料的性能对涂膜的性能有很大影响，施工条件及施工工艺操作对涂膜的质量影响也较大。施工前涂料的性能主要包括涂料在容器中的状态、施工操作性能、干燥时间、最低成膜温度和含固量等。

容器中的状态主要指储存稳定性及均匀性。储存稳定性是指涂料在运输和存放过程中不产生分层离析、沉淀、结块、发霉、变色及改性等。均匀性是指每桶溶液内上、中、下三层的颜色、稠度及性能均匀性，以及桶与桶、批与批和不同存放时间的均匀性。这些性能的测试主要采用肉眼观察。其包括低温（-5℃）、高温（50℃）和常温（23℃）储存稳定性。

施工操作性能主要包括涂料的开封，搅匀，提取方便与否，是否有流挂、油缩、拉丝、涂刷困难等现象，还包括便于重涂和补涂的性能。由于施工操作或其他原因，建筑物的某些部位（如阴阳角等）往往需要重涂或补涂，因此要求硬化涂膜与涂料具有很好的相溶性，形成良好的整体。这些性能主要与涂料的黏度有关。

干燥时间分为表干时间与实干时间。表干是指以手指轻触标准试样涂膜，如感到有些发黏，但无涂料粘在手指上，即认为表面干燥，时间一般不得超过 2h。实干时间一般要求不超过 24h。

最低成膜温度规定了涂料的施工作业最低温度，水性及乳液型涂料的最低成膜温度一般大于 0℃，否则水有可能结冰而难以施工。溶剂型涂料的最低成膜温度主要与溶剂的沸点及固化反应特性有关。

含固量指涂料在一定温度下加热挥发后余留部分的含量。它的大小对涂膜的厚度有直接影响，同时影响涂膜的致密性和其他性能。

此外，涂料的细度对涂膜的表面光洁度及耐污染性等有较大影响。有时还需测定建筑涂料的 pH 值、保水性、吸水率以及易稀释性和施工安全性等。

2. 施工后涂膜的性能

（1）遮盖率。遮盖率是将涂料均匀地涂刷在黑白格玻璃板上，使其底色不再呈现的最小用料量，单位是 g/m^2，反映涂料对基层颜色的遮盖能力。影响遮盖率的主要因素是组成涂膜的各种材料对光线的吸收、折射和反射作用以及涂料的细度和涂膜的致密性。

（2）外观质量。涂膜与标准样板相比较，观察其是否符合色差范围，表面是否平整光洁，有无结皮、皱纹、气泡及裂痕等现象。

（3）附着力与黏结强度。涂膜与基层材料的黏结能力强，能与基层共同变形不致脱落。

（4）耐磨损性。建筑涂料在使用过程中要受到风沙雨雪的磨损，尤其是地面涂料，摩擦作用更加剧烈。一般采用漆膜耐磨仪在一定荷载下磨转一定次数后，以质量损失克数表示耐磨损性。

（5）耐老化性。建筑涂料的耐老化性能直接影响涂料的使用年限。老化因素主要是涂料品种及质量、施工质量及外界条件。

几种常用建筑涂料

（四）建筑涂料的使用及发展方向

1. 建筑涂料的选用

选用建筑涂料应从以下三个方面考虑：

（1）基层材料对涂料性能的影响。如混凝土、砂浆为基层的涂料，应具有较好的耐碱性。要考虑经济原则，选用的涂料品级档次与其他装饰材料要匹配。

（2）装饰部位不同对涂料性能的要求不同。按不同使用部位，正确选用涂料以保证涂膜的装饰性和耐久性。

（3）环境条件的影响。涂料在使用时，根据环境条件、施工季节等选择合适的涂料品种，以充分发挥涂料功能。因此，要求涂料施工方便、重涂性好。

2. 建筑涂料的发展方向

建筑涂料的主要发展方向是研制和生产水乳型合成树脂涂料和硅溶胶无机外墙涂料，努力提高涂料的耐久性。主要考虑以下几方面的性能：

（1）低 VOC（有机挥发物）。

（2）功能化、复合化。

（3）高性能、高档次。

（4）水性化。

（5）通过在内墙涂料中加入某种特殊材料，达到吸收室内有毒有害气体、消除室内异味、净化空气的目的。

【工程实例 10-1】 外墙乳胶出现较多的裂纹

【现　象】 北方某住宅工地因抢工期，在 12 月涂外墙乳胶。后来发现有较多的裂纹，请分析原因。

【原因分析】 每种乳液都有相应的最低成膜温度。若达不到乳液的成膜温度，乳液不能形成连续涂膜，导致外墙乳液涂料出现裂纹。一般宜避免在 10℃以下施工，若必须于较低温度下施工，应提高乳液成膜助剂的用量。此外，若涂料或第一道涂层施涂过厚，又未完全干燥，由于内外干燥速度不同，造成涂膜开裂。

【工程实例 10-2】 红的大理石变色、褪色

【现　　象】 色彩绚丽的大理石特别是红色的大理石用作室外墙柱装饰，为何过一段时间后会逐渐变色、褪色。

【原因分析】 大理石主要成分是碳酸钙，当碳酸钙与大气中的二氧化硫接触会生成硫酸钙，使大理石变色。红色大理石最不稳定，更易发生反应导致更快变色。

第二节　建筑绝热及吸声材料

在建筑中，习惯上把用于控制室内热量外流的材料称为保温材料，把防止室外热量进入室内的材料称为隔热材料。保温、隔热材料统称为绝热材料。绝热材料主要用于墙体和屋顶保温、隔热，以及热工设备、采暖和空调管道的保温，在冷藏设备中则大量用作保温。在建筑中合理采用绝热材料，能提高建筑物使用效能，保证正常的生产、工作和生活，能减少热损失，节约能源。据统计，具有良好的绝热功能的建筑，其能源可节省 25%~50%。因此，在建筑工程中，合理地使用绝热材料具有重要意义。

吸声材料是一种能在较大程度上吸收由空气传递的声波能量、降低噪声性能的材料。为了改善声波在室内传播的质量，保持良好的音响效果和减少噪声的危害，在音乐厅、影剧院、大会堂、播音室及噪声大的工厂车间等室内的墙面、地面、顶棚等部位，应选用适当的吸声材料。

一、绝热材料

（一）绝热材料基本要求

绝热材料的基本要求是：导热系数不宜大于 $0.23W/(m·K)$，表观密度不宜大于 $600kg/m^3$，抗压强度应大于 $0.3MPa$，构造简单，施工容易，造价低等。由于绝热材料的强度一般都很低，因此选用时除了能单独承重的少数材料外，在围护结构中经常把绝热材料层与承重结构材料层复合使用。例如，建筑外墙的保温层通常做在内侧，以免受大气的侵蚀，但应选用不易破碎的材料，如软木板、木丝板等；如果外墙为砖砌空斗墙或混凝土空心制品，则保温材料可填充在墙体的空隙内，此时可采用散粒材料，如矿渣、膨胀珍珠岩等。屋顶保温层则以放在屋面板上为宜，这样可以防止钢筋混凝土屋面板由于冬夏温差引起裂缝，但保温层上必须加做效果良好的防水层。总之，在选用绝热材料时，应结合建筑物的用途、围护结构的构造、施工难易、材料来源和经济性等综合考虑。对于一些特殊建筑物，还必须考虑绝热材料的使用温度条件、不燃性、化学稳定性及耐久性等。

（二）常用绝热材料

绝热材料按化学成分可分为有机绝热材料和无机绝热材料两大类；按材料的构造可分为纤维状、松散粒状和多孔状三种。绝热材料通常可制成板、片、卷材或管壳等多种形式的制品。一般来说，无机绝热材料的表观

绝热材料

密度较大，不易腐朽，不会燃烧，有的能耐高温；有机绝热材料质量小，绝热性能好，但耐热性较差。现将建筑工程中常用的绝热材料简介如下。

1. 纤维状保温隔热材料

纤维状保温隔热材料主要是以矿棉、石棉、玻璃棉及植物纤维等为主要原料，制成板、筒、毡等形状的制品，广泛应用于住宅建筑和热工设备、管道等的保温隔热。这类绝热材料通常也是良好的吸声材料。

（1）石棉及其制品。石棉是一种天然矿物纤维，主要化学成分是含水硅酸镁，具有耐火、耐热、耐酸碱、绝热、防腐、隔声及绝缘等特性。常制成石棉粉、石棉纸板、石棉毡等制品。由于石棉中的粉层对人体有害，因此民用建筑中已很少使用，目前主要用于工业建筑的隔热、保温及防火覆盖等。

石棉及其制品

（2）矿棉及其制品。矿棉一般包括矿渣棉和岩石棉。矿渣棉所用原料有高炉硬矿渣、铜矿渣等，并加一些调节原料（钙质和硅质原料）；岩石棉的主要原料为天然岩石（白云石、花岗石、玄武岩等）。上述原料经熔融后，用喷吹法或离心法制成细纤维。矿棉具有质量小、不燃、绝热和电绝缘等性能，且原料来源广，成本较低。可制成矿棉板、矿棉毡及管壳等。可用作建筑物的墙壁、屋顶、天花板等处的保温隔热和吸声材料，以及热力管道的保温材料。

矿棉板

（3）玻璃棉及其制品。玻璃棉是用玻璃原料或碎玻璃经熔融后制成纤维状材料，包括短棉和超细棉两种。短棉的表观密度为 40～150kg/m³，导热系数为 0.035～0.058W/(m·K)，价格与矿棉相近，可制成沥青玻璃棉毡、板及酚醛玻璃棉毡、板等制品，广泛用在温度较低的热力设备和房屋建筑中的保温隔热层；它还是良好的吸声材料。超细棉直径在 4μm左右，表观密度可小至 18kg/m³，导热系数为 0.028～0.037W/(m·K)，绝热性能更为优良。

玻璃棉板

（4）植物纤维复合板。植物纤维复合板是以植物纤维为主要材料加入胶结材料和填料而制成的一种轻质、吸声、保温材料。例如，木丝板是以木材下脚料制成木丝，加入硅酸钠溶液及普通硅酸盐水泥混合，经成型、冷压、养护、干燥而制成；甘蔗板是以甘蔗渣为原料，经过蒸制、加压、干燥等工序制成。其表观密度为 200～1200kg/m³，导热系数为 0.058W/(m·K)，可用于墙体、地板、顶棚等，也可用于冷藏库、包装箱等。

植物纤维复合板

（5）陶瓷纤维绝热制品。陶瓷纤维是以氧化硅、氧化铝为主要原料，经高温熔融、蒸汽（或压缩空气）喷吹或离心喷吹（或溶液纺丝再经烧结）而制成。其表观密度为 140～150kg/m³，导热系数为 0.116～0.186W/(m·K)，最高使用温度为 1100～1350℃，耐火度 1770℃，可加工成纸、绳、带、毯、毡等制品，供高温绝热或吸声使用。

2. 散粒状保温隔热材料

散粒状保温隔热材料包括膨胀蛭石、膨胀珍珠岩等。

（1）膨胀蛭石及其制品。

蛭石是一种天然矿物，经 850～1000℃燃烧，体积急剧膨胀（可膨胀 5～20 倍）而成为松散颗粒。其堆积密度为 80～200kg/m³，导热系数为 0.046～0.07W/(m·K)，可在 1000～

1100℃温度下使用，不蛀、不腐，但吸水性较大。用于填充墙壁、楼板及平屋顶，绝热、隔声效果很好。使用时应注意防潮，以免吸水后影响绝热效果。

膨胀蛭石

膨胀蛭石也可与水泥、水玻璃等胶凝材料配合，制成砖、板、管壳等用于围护结构及管道的保温。水泥膨胀蛭石制品通常用10%～15%体积的水泥、85%～90%体积的膨胀蛭石，适量的水经拌和、成型、养护而成。其制品的表观密度为300～550kg/m³，导热系数为0.08～0.10W/(m·K)，抗压强度为0.2～1.0MPa，耐热温度为600℃。水玻璃膨胀蛭石制品是以膨胀蛭石、水玻璃和适量氟硅酸钠（Na_2SiF_6）配制而成。其表观密度为300～550kg/m³，导热系数为0.079～0.084W/(m·K)，抗压强度为0.35～0.65MPa，最高耐热温度为900℃。

（2）膨胀珍珠岩及其制品。

膨胀珍珠岩是由天然珍珠岩、黑耀岩或松脂岩为原料，经煅烧体积急剧膨胀（约20倍）而得蜂窝泡沫状的白色或灰白色松散颗料。其堆积密度为40～300kg/m³，导热系数为0.025～0.048W/(m·K)，可在−200～800℃温度下使用，具有吸湿小、无毒、不燃、抗菌、耐腐、施工方便等特点，为高效能绝热填充材料。建筑上广泛用作围护结构、低温及超低温保冷设备、热工设备等的绝热材料，也可用于制作吸声制品。

膨胀珍珠岩

膨胀珍珠岩制品是以膨胀珍珠岩为骨料，配以适量胶凝材料（水泥、水玻璃、磷酸盐、沥青等），经拌和、成型、养护（或干燥，或焙烧）后制成的板、砖、管等产品。

3. 多孔性板块绝热材料

（1）微孔硅酸钙制品。微孔硅酸钙制品是用粉状二氧化硅材料（硅藻土）、石灰、纤维增强材料及水等经搅拌、成型、蒸压处理和干燥等工序制成。以托贝莫来石为主要水化产物的微孔硅酸钙，表观密度约为200kg/m³，导热系数为0.047W/(m·K)，最高使用温度约为650℃。以硬硅钙石为主要水化产物的微孔硅酸钙，表观密度约为230kg/m³，导热系数为0.056W/(m·K)，最高使用温度可达1000℃。微孔硅酸钙制品用于围护结构及管道保温，效果较水泥膨胀珍珠岩和水泥膨胀蛭石为好。

（2）泡沫玻璃。泡沫玻璃是采用玻璃粉加入1%～2%发泡剂（石灰石或碳化钙），经粉磨、混合、装模，在800℃下烧成后形成含有大量封闭且孤立小气泡（直径0.1～5mm）的制品。泡沫玻璃气孔率为80%～95%，表观密度为150～600kg/m³，导热系数为0.058～0.128W/(m·K)，抗压强度为0.8～15.0MPa。采用普通玻璃粉制成的泡沫玻璃最高使用温度为300～400℃，当用无碱玻璃粉生产时，则最高使用温度可达800～1000℃。泡沫玻璃具有导热系数小、抗压强度和抗冻性高、耐久性好等特点，且易于进行锯切、钻孔等机械加工。泡沫玻璃为高级保温材料，也常用于冷藏库隔热。

（3）泡沫混凝土。泡沫混凝土是由水泥、水、松香泡沫剂混合后，经搅拌、成型、养护而制成的一种多孔轻质、保温、绝热、吸声的材料。也可用粉煤灰、石灰、石膏和泡沫剂制成粉煤灰泡沫混凝土。泡沫混凝土的表观密度为300～500kg/m³，导热系数为0.082～0.186W/(m·K)。

（4）加气混凝土。加气混凝土是由水泥、石灰、粉煤灰和发泡剂（铝粉）配制而成。

是一种绝热性能优良的轻质材料。由于加气混凝土的表观密度为 300~800kg/m³，导热系数为 0.10~0.20W/(m·K)，要比烧结普通砖小许多，因而 24cm 厚的加气混凝土墙体，其绝热效果优于 37cm 厚的砖墙。此外加气混凝土的耐火性能良好。

（5）泡沫塑料。泡沫塑料是以合成树脂为基料，加入一定剂量的发泡剂、催化剂、稳定剂等辅助材料经加热发泡而制成的轻质保温、防震材料。目前我国生产的有聚苯乙烯、聚氯乙烯、聚氨酯及脲醛树脂等泡沫塑料。聚苯乙烯泡沫塑料表观密度为 15~60kg/m³，导热系数为 0.038~0.047W/(m·K)，最高使用温度为 70℃；聚氯乙烯泡沫塑料表观密度为 12~75kg/m³，导热系数为 0.031~0.045W/(m·K)，最高使用温度为 70℃，遇火能自行熄灭；聚氨酯泡沫塑料表观密度为 24~80kg/m³，导热系数为 0.035~0.042W/(m·K)，最高使用温度可达 120℃，最低使用温度为 -60℃。该绝热材料可用于复合墙板及屋面板的夹芯层、冷藏及包装等绝热层。由于该材料造价高，且具有可燃性，因此应用上受到一定限制。今后随着该材料性能的改善，将向高效、多功能方向发展。

二、吸声材料

（一）吸声材料基本要求

衡量材料吸声性能的重要指标是吸声系数。当声波碰到材料表面时，一部分被反射，另一部分穿透材料，其余的声能转化为热能而被吸收。被材料吸收的声能 E（包括部分穿透材料的声能）与原先传递给材料的全部声能 E_0 之比，称为吸声系数（a）。假如入射声能的 60% 被吸收，40% 被反射，则该材料的吸声系数就等于 0.6。当入射声能 100% 被吸收而无反射时，吸声系数等于 1。当门窗开启时，吸声系数相当于 1。一般材料的吸声系数为 0~1。

吸声系数与声音的频率及声音的入射方向有关，因此吸声系数用声音从各方向入射的吸收平均值表示，并应指出是对哪一频率的吸收。声音频率通常采用规定的六个频率：125Hz、250Hz、500Hz、1000Hz、2000Hz、4000Hz。任何材料都有一定的吸声能力，只是吸收程度有很大的不同。通常将上述六个频率的平均吸声系数大于 0.2 的材料认定为吸声材料。

（二）常用吸声材料

吸声材料大多为疏松多孔的材料（如矿渣棉、毯子等），其吸声机理是声波深入材料的孔隙，且孔隙多为内部互相贯通的开口孔，受到空气分子摩擦和黏滞阻力，使细小纤维作机械振动，从而使声能转变为热能。这类多孔性吸声材料的吸声系数，一般从低频到高频逐渐增大，故对高频和中频的声音吸收效果较好。建筑工程中常用吸声材料有：石膏砂浆（掺有水泥、玻璃纤维），石膏砂浆（掺有水泥、石棉纤维），水泥膨胀珍珠岩板，矿渣棉，沥青矿渣棉毡，玻璃棉，超细玻璃棉，泡沫玻璃，泡沫塑料，软木板，木丝板，穿孔纤维板，工业毛毡，地毯，帷幕等。

除了采用多孔吸声材料吸声外，还可将材料组成不同的吸声结构，达到更好的吸声效果。常用的吸声结构形式有薄板共振吸声结构和穿孔板吸声结构。薄板共振吸声结构是采用薄板钉牢在靠墙的木龙骨上，薄板与板后的空气层构成了薄板共振吸声结构；穿孔板吸声结构是用穿孔的胶合板、纤维板、金属板或石膏板等为结构主体，与板后的墙面之间的空气层（空气层中有时可填充多孔材料）构成吸声结构。该结构吸声的频带较宽，对中频的吸声能力最强。

【工程实例 10-3】 绝热材料的应用

【现　　象】 某冰库绝热采用多种绝热材料、多层隔热，以聚苯乙烯泡沫作为墙体隔热夹芯板，在内墙喷涂聚氨酯泡沫层作为绝热材料，取得良好了的效果。

【原因分析】 应用于墙体、屋面或冷藏库等处的绝热材料包括：以酚醛树脂黏结岩棉，经压制而成的岩棉板；以玻璃棉、树脂胶等为原料的玻璃棉毡；以碎玻璃、发泡剂等经熔化、发泡而得的泡沫玻璃；以水泥、水玻璃等胶结膨胀蛭石而成的膨胀蛭石制品；以聚苯乙烯树脂、发泡剂等经发泡而得的聚苯乙烯泡沫塑料等材料。其中，岩棉板、膨胀蛭石制品和聚苯乙烯泡沫塑料等绝热材料还可应用于热力管道中。

【工程实例 10-4】 吸声材料在工程中的应用

广州地铁坑口站为地面站，一层为站台，二层为站厅。站厅顶部为纵向水平设置的半圆形拱顶，长 84m，拱跨 27.5m，离地面最高点为 10m，最低点为 4.2m，钢筋混凝土结构。在未作声学处理前，该厅严重的声缺陷是低频声的多次回声现象。发一次信号枪，枪声就像轰隆的雷声，经久才停。声学工程完成以后，声环境大大改善。经电声广播试验后，主观听声效果达到听清分散式小功率扬声器播音。因此，建筑设计时需根据其所用的结构、环境选用合适的声学材料。

第三节　建筑功能材料的新发展

建筑功能材料发展迅速，主要体现在三个方面：一是环境协调性，注重健康和环保（即绿色化）；二是复合功能；三是智能化。

一　绿色建筑功能材料

绿色建材又称生态建材、环保建材等，即采用清洁生产技术，少用天然资源和能源，大量使用工农业或城市废弃物生产无毒害、无污染，达生命周期后可回收再利用，有利于环境保护和人体健康的建筑材料。

在当前的科学技术和社会生产力条件下，已经可以利用多种工业废渣生产水泥、砌块、装饰砖和装饰混凝土等；利用废弃的泡沫塑料生产保温墙体材料；利用无机抗菌剂生产各种抗菌涂料和建筑陶瓷等新型绿色建筑功能材料。

二　复合多功能建材

复合多功能建材是指材料在满足某一主要的建筑功能的基础上，附加了其他使用功能的建筑材料。例如抗菌自洁涂料,它既能满足一般建筑涂料对建筑主体结构的保护和装饰墙面的作用,同时又具有抵抗细菌的生长和自动清洁墙面的附加功能,使人们的居住环境质量进一步提高。又如铝塑复合板,是以塑料为芯层,外贴铝板的三层复合板材,并在表面施加装饰材料或保护性涂层,具有质量小、装饰性强、施工方便的特点。铝塑复合板这种高分子复合材料已在土木工程应用中显示出了巨大的优势,并得到越来越广泛的应用。

三 智能化建材

智能化建材是指材料本身具有自我诊断和预告失效、自我调节和自我修复的功能,并可继续使用的建筑材料。当这类材料的内部发生异常变化时,能将材料的内部状况反映出来,以便在材料失效前采取措施,甚至材料能够在材料失效初期自动进行自我调节,恢复材料的使用功能。如自动调光玻璃,根据外部光线的强弱,自动调节透光率,保持室内光线的强度平衡,既避免了强光对人的伤害,又可调节室温和节约能源。

【**工程实例10-5**】 热弯夹层纳米自洁玻璃

长春市长江路采用热弯夹层自洁玻璃做采光棚顶。该玻璃充分利用纳米二氧化钛材料的光催化活性,把纳米二氧化钛镀于玻璃表面,在阳光照射下,可分解粘在玻璃上的有机物,在雨、水冲刷下自洁。

【**工程实例10-6**】 自愈合混凝土

相当一部分建筑物在完工后,尤其受到动荷载作用后,可能会产生裂纹,对抗震不利。自愈合混凝土有可能克服此缺点,大幅度提高建筑物的抗震能力。把低模量黏结剂填入中空玻璃纤维,并使黏结剂在混凝土中长期保持性能。当结构开裂时,玻璃纤维断裂,黏结剂释放,黏结裂缝。为防玻璃纤维断裂,将填充了黏结剂的玻璃纤维用水溶性胶黏结成束,平直地埋入混凝土中。

◀ 本 章 小 结 ▶

本章主要介绍了建筑装饰材料、绝热材料与吸声材料的主要类型、性能特点和应用,以及建筑功能材料的新发展。本章的重点是各种建筑功能材料的性能特点和应用,难点是绝热材料与吸声材料部分。建议学生课外查看相关资料。

建筑装饰材料主要有建筑装饰石材、建筑玻璃、建筑陶瓷、建筑涂料。了解各种装饰材料的性能特点及使用要求是合理应用建筑装饰材料的基础。

绝热材料主要有纤维状、松散粒状和多孔状三种;吸声材料除多孔吸声材料吸声外,还可将材料组成不同的吸声结构,达到更好的吸声效果。常用的吸声结构形式有薄板共振吸声结构和穿孔板吸声结构。

建筑功能材料的发展趋势为:一是环境协调性,注重健康和环保;二是复合功能;三是智能化。

练 习 题

一、填空题

1. 建筑装饰材料按照其在建筑中的装饰部位分为_____、_____、_____、_____。
2. 常用的节能玻璃主要有_____、_____、_____等。
3. 安全玻璃的主要品种有_____、_____、_____等。
4. 陶瓷是_____、_____、_____的总称。
5. 有机涂料按其使用溶剂不同分为_____、_____、_____三种类型。
6. 绝热材料的基本要求是导热系数不宜大于_____，表观密度不宜大于_____，抗压强度应大于_____。

二、简答题

1. 人造石材根据生产所用原料的不同分为哪些类型？各有什么性能特点？
2. 简述 Low-E 玻璃、中空玻璃的性能特点和应用。
3. 釉面内墙砖为什么不能用于室外？
4. 建筑涂料的基本组成有哪些？各种组成的作用是什么？
5. 简述吸声材料的基本要求。

第十一章 木材及其制品

◎ 职业能力目标

通过对木材的物理、力学性质的学习，学生应能正确选择和合理使用木材及其制品，使木材在合理条件及状态下工作，发挥其最大使用价值；通过对木材主要缺点和防护方法的学习，掌握木材的保存和防腐处理的方法。

◎ 知识目标

掌握木材的物理、力学性质及其影响因素，理解造成木材腐蚀的原因、条件和防护措施，了解木材宏观和微观构造，了解木材及其制品在工程中的综合应用。

本章围绕木材的分类、构造、性质、加工、保管等相关知识展开，学生在学习过程中要注意知识的连贯，例如木材的构造对其各向强度及变形特点的影响，木材的含水率和木材防腐处理之间的联系，普通木材优缺点和木材制品优缺点的比较等。

◎ 思政目标

木材虽然是再生资源，但培植周期较长，所以国内禁伐天然林，木材的供给主要靠进口和国内种植的人工林，这与习近平总书记关于生态文明建设的重要论述一脉相承。保护天然林，留住绿水青山，造福人民，泽被子孙。木材作为主要建筑材料，绿色环保一直贯穿于生产、使用和无害化处理等各个环节，是实现我国"双碳"目标的重要举措。

第一节 认识木材

一 木材概述

木材是能够次级生长的植物（如乔木和灌木）所形成的木质化组织。这些植物在初生生长结束后，根茎中的维管形成层开始活动，向外发展出韧皮，向内发展出木材。木材是维管形成层向内发展出的植物组织的统称，包括木质部和薄壁射线。

工程中所用的木材主要取自树木的树干部分，包括软材和硬材。木材因获取和加工容易，自古以来就是重要的建筑材料。

木材的一般概念、解剖性质、物理性质、力学性质、化学性质、生物性质、环境学性质等详见现行行业标准《木材性质术语》（LY/T 1788）。

我国木材资源分布：东北的大小兴安岭和长白山地区，是我国最大的天然林区；西南横断山区是我国第二大天然林区；东南部的台湾、福建、江西等省山区，以人工林、次生林为主。

相关内容可参考《主要商品木材树种代号》（GB/T 36870—2018）、《木材性质术语》（LY/T 1788—2008）。

二　木材分类

木材按树种可分为针叶树材和阔叶树材两大类。杉木和松木等是针叶树材；柞木、檫木、桦木、楠木和杨木等是阔叶树材。我国树种很多，因此各地区用于工程的木材树种也不同。东北地区主要有红松、落叶松（黄花松）、鱼鳞云杉、红皮云杉、水曲柳；长江流域主要有杉木、马尾松；西南、西北地区主要有冷杉、云杉、铁杉。

《中国主要木材名称》（GB/T 16734—1997）收录了我国 380 类（个）木材的名称及其树种名称、科别、产地和备注。380 类木材名称由 907 个树种归纳而来，归类的原则是以树木学的属为基础，把材料和用途相近的木材树种名称统一，以方便木材生产、利用、贸易、造林、营材、科研、教学等。907 个树种隶属 99 科（针叶树材 8 科，阔叶树材 91 科），347 属（针叶树材 33 属，阔叶树材 314 属），基本覆盖了我国主要木材树种。

木材按来源可分为国内木材和进口木材。

相关内容可参考《中国主要木材名称》（GB/T 16734—1997）、《中国主要进口木材名称》（GB/T 18513—2022）。

三　木材构造

木材来源于树木的次生木质部，主要由纤维素、半纤维素和木质素等成分组成。

木材构造是指木材细胞和组织的组成、形态、特征、功能以及细胞壁结构，可分为宏观构造、微观构造和超微观构造。用肉眼或借助放大镜所观察到的木材构造特征称为宏观构造。用显微镜、扫描电镜所观察到的木材构造特征分别称为微观构造和超微观构造。图 11-1 是木材的宏观构造。

宏观条件下，木材由树皮，次生木质部（形成层）和髓心组成。

（1）树皮：包裹在木材的干、枝、根次生木质部外

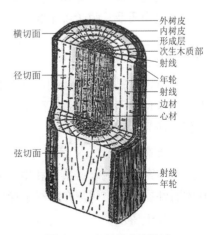

图 11-1　木材的宏观构造

侧的全部组织。

（2）形成层：位于树皮和木质部之间，由于形成层的分生功能，木材直径会变粗。

（3）次生木质部：位于形成层和髓心之间，来源于形成层的分裂生长。

（4）髓心：一般在树干的中间位置，由木质部包裹，提供幼树生长的养分，生命周期短。

相关内容可参考《木材构造术语》（GB/T 33023—2016）。

四 木材缺陷

木材源于天然生长植物，为人类生产、生活所用。为了提高木材使用价值，准确识别和掌握木材缺陷尤为重要。木材（原木、锯材）缺陷共十大类，各大类又包含若干分类和细类。木材十大类缺陷包括：节子、变色、腐朽、蛀孔、裂纹、树干形状缺陷、木质构造缺陷、损伤（伤疤）、加工缺陷和变形。

《木材缺陷图谱》（GB/T 18000—1999）收录了原木缺陷图谱和锯材缺陷图谱共 134 张。每张图谱表明了分类号、缺陷类型、缺陷名称和图号，可在实际应用中，对照识别和掌握木材缺陷。

为了合理使用木材，通常按不同用途的要求，限制木材允许缺陷的种类、大小和数量，将木材划分等级使用。腐朽和虫蛀的木材不允许用于结构。此外，节子和裂纹也会影响结构强度。

相关内容可参考《原木缺陷》（GB/T 155—2017）、《木材缺陷图谱》（GB/T 18000—1999）。

第二节　木材的性质及检测

一 木材性质

密度是物体单位体积的质量，单位是 g/cm^3 或 kg/m^3。木材系多孔性物质，其外形体积由细胞壁物质及孔隙（细胞腔、胞间隙、纹孔等）构成，因而密度有木材密度和木材细胞物质密度之分。前者为木材单位体积（包括孔隙）的质量；后者为单位体积细胞壁物质（不包括孔隙）的质量。

木材密度是木材性质的一项重要指标，根据它估计木材的实际质量，推断木材的工艺性质和木材的干缩、膨胀、硬度、强度等物理力学性质。木材密度，以基本密度和气干密度两种最为常用。

1. 基本密度

基本密度因绝干材质量和生材（或浸渍材）体积较为稳定，测定的结果准确，故适合作木材性质比较之用。在木材干燥、防腐工业中，基本密度也具有实际意义。

2. 气干密度

气干密度是气干材质量与体积之比，通常以含水率为 8%～20% 的木材密度为气干密度。木材气干密度是我国进行木材性质比较和生产使用的基本依据。

木材密度的大小，受多种因素的影响，主要影响因素为：木材含水率、细胞壁厚度、年轮宽度、纤维比率、抽提物含量、树干部位和树龄立地条件及营林措施等。

3. 含水率

木材含水率指木材中水的质量占烘干木材的质量的百分数。木材中的水可分为两部分：一部分存在于木材细胞壁内，称为吸附水；另一部分存在于细胞腔和细胞间隙内，称为自由水（游离水）。当吸附水达到饱和而尚无自由水时，称为纤维饱和点。木材的纤维饱和点因树种而有差异，约在23%~33%之间。当含水率大于纤维饱和点时，水分对木材性质的影响很小。当含水率自纤维饱和点降低时，木材的物理和力学性质随之变化。木材在大气中吸收或蒸发水分，与周围空气的相对湿度和温度相适应而达到恒定的含水率，称为平衡含水率。木材平衡含水率随地区、季节及气候等因素而变化，约在10%~18%之间。

4. 胀缩性

木材吸收水分后体积膨胀，丧失水分后体积收缩。木材自纤维饱和点到炉干的干缩率，顺纹方向约为0.1%，径向为3%~6%，弦向为6%~12%。径向和弦向干缩率的不同是木材产生裂缝和翘曲的主要原因。

5. 力学性质

木材有很好的力学性质，但木材是有机各向异性材料，顺纹方向与横纹方向的力学性质有很大差别。木材的顺纹抗拉和抗压强度均较高，但横纹抗拉和抗压强度均较低。木材强度还因树种而异，并受木材缺陷、荷载作用时间、含水率及温度等因素的影响，其中木材缺陷及荷载作用时间的影响最大。因木节尺寸和位置不同、受力性质（拉或压）不同，有节木材的强度比无节木材降低30%~60%。在荷载长期作用下，木材的长期强度几乎只有瞬时强度的一半。

二 木材性能检测依据

木材物理力学性能检测项目包括：含水率、干缩性、密度、吸水性、湿胀性、顺纹和横纹抗压强度、抗弯强度、抗弯弹性模量、横纹抗压弹性模量、顺纹抗剪强度、顺纹抗拉强度、冲击韧性、木材硬度、木材抗劈力和握钉力等。

按照《无疵小试样木材物理力学性质试验方法 第1部分：试材采集》（GB/T 1927.1—2021）的规定进行试材采集，再按照《无疵小试样木材物理力学性质试验方法 第2部分：取样方法和一般要求》（GB/T 1927.2—2021）的规定进行试材锯解和试样截取，对照相关试验方法标准，进行相关物理力学指标的试验。

三 木材等级

按照国家标准，根据木材的缺陷情况对各种商品木材进行等级划分，通常将木材分为一、二、三、四等。结构和装饰用木材一般选用等级较高的木材。对于承重结构用的木材，根据《木结构设计标准》（GB 50005—2017）的规定，按照承重结构的受力要求对木材进行分级,即分为Ⅰ、Ⅱ、Ⅲ三级,设计时应根据构件的受力种类选用适当等级的木材。例如,承重木结构板材的选用,根据其承载特点,一般Ⅰ级材用于受拉或受弯构件,Ⅱ级材用于受弯或受压弯构件,Ⅲ级材用于受压构件及次要受弯构件。

第三节 木材应用

木材由于其特性,作为建筑材料有其独特的优势:绿色环保,可再生,可降解;施工简易,工期短;冬暖夏凉;抗震性能优良。除直接使用原木外,木材都加工成板枋材或其他制品。为减少木材使用中发生的变形和开裂,通常板枋材须经自然干燥或人工干燥。自然干燥是将木材堆垛进行气干。人工干燥主要用干燥窑法,也可用简易的烘、烤方法。干燥窑是一种装有循环空气设备的干燥室,能调节和控制空气的温度和湿度。经干燥窑干燥的木材质量好,含水率可达10%以下。使用中易于腐朽的木材应事先进行防腐处理。用胶合的方法能将板材胶合成为大构件,用于木结构、木桩等。木材还可加工成胶合板、碎木板、纤维板等。

在古代建筑领域,木材广泛应用于寺庙、宫殿及民房建筑中。中国现存的古建筑中,比较著名的有山西五台山佛光寺东大殿,建于公元857年;山西应县木塔,建于公元1056年,高达67.31m。在现代建筑领域,木材主要用于建筑木结构、木桥、模板、电杆、枕木、门窗、家具、建筑装修材料等。

建筑用木材,通常以原木、板材、枋材三种形式供应。原木指去枝、去皮后按规格加工成一定长度的木料;板材是指宽度为厚度的三倍或三倍以上的型材;枋材为宽度不足三倍厚度的型材。

1. 木材在结构工程中的应用

木材是传统的建筑材料,在古建筑和现代建筑中都得到了广泛应用。在建筑结构上,木材主要用于构架和屋顶,如梁、柱、椽、望板、斗拱等。我国许多建筑物均为木结构,它们在建筑技术和艺术上均有很高的水平,并具有独特的风格。另外,木材在建筑工程中还常用作混凝土模板及木桩等。

古代木结构建筑:
应县木塔

现代木结构建筑:
鹳雀楼

木结构斗拱
及架构

2. 木材在装饰工程中的应用

木材历来被广泛用于建筑室内装修与装饰,它具有分隔和装饰室内空间的作用,给人以美的享受。

(1)条木地板

条木地板是室内使用最普遍的木质地板,它是由龙骨、地板等部分构成。地板有单层和双层两种。双层者下层为毛板,面层为硬木条板,硬木条板多选用水曲柳、柞木、枫木、柚木、榆木等硬质树材;单层条木板常选用松、杉等软质树材。条板宽度一般不大于120mm,

板厚为20～30mm，要求采用不易腐朽和变形开裂的优质板材。

（2）拼花木地板

拼花木地板是较高级的室内地面装修板材，分双层和单层两种。两者面层均为拼花硬木板，双层者下层为毛板。面层拼花板材多选用水曲柳、柞木、核桃木、栎木、榆木、槐木、柳桉等质地优良、不易腐朽开裂的硬质树材。双层拼花木地板固定方法是，将面层小板条用暗钉钉在毛板上；单层拼花木地板可采用适宜的黏结材料，将硬木面板条直接粘贴于混凝土基层上。

拼花小木条的尺寸一般为：长250～300mm，宽40～60mm，板厚20～25mm。木条均带有企口。

（3）护壁板

护壁板又称木台度。在铺设拼花木地板的房间内，往往采用木台度，以使室内空间格调一致。护壁板可采用木板、企口条板、胶合板等装饰而成。设计施工时可采取嵌条、拼缝、嵌装等手法进行构图。

（4）木装饰线条

木装饰线条简称木线条。木线条种类繁多，主要有楼梯扶手、压边线、墙腰线、天花角线、弯线、挂镜线等。各类木线条立体造型各异，每类木线条又有多种断面形状。常用木线条有平行线条、半圆线条、麻花线条、鸠尾形线条、半圆饰、齿形饰、浮饰、弧饰、S形饰、钳齿饰、十字花饰、梅花饰等。

建筑室内采用木线条装饰，可增添古朴、高雅的美感。木线条主要用作建筑物室内的墙腰装饰、墙面洞口装饰线、护壁板和勒脚的压条饰线、门框装饰线、顶棚装饰角线、楼梯栏杆的扶手以及高档建筑的门窗和家具等的镶边、贴附组花材料。在我国的园林建筑和宫殿建筑的修建工程中，木线条是一种必不可少的装饰材料。

（5）木花格

木花格是用木板和枋木制作成具有若干个分格的木架，这些分格的尺寸或形状一般都不相同。木花格具有加工制作较简便、饰件轻巧纤细、表面纹理清晰等特点。木花格多用作建筑物室内的花窗、隔断、博古架等，它能起到调节室内设计格调、改善空间效能和提高室内艺术品位等作用。

（6）旋切微薄木

旋切微薄木是以色木、桦木或多瘤的树根为原料，经水煮软化后，旋切成厚0.1mm左右的薄片，再用黏结剂粘贴在坚韧的纸上（即纸依托）制成卷材。或者，采用柚木、水曲柳、柳桉等树材，通过精密旋切，制得厚度为0.2～0.5mm的微薄木，再采用先进的黏结工艺和黏结剂，粘贴在胶合板基材上，制成微薄木贴面板。

旋切微薄木花纹赏心悦目，真实感和立体感强，具有自然美的特点。采用树根瘤制作的微薄木，具有鸟眼花纹的特色，装饰效果更佳。旋切微薄木主要用作高档建筑的室内墙、门、橱柜等家具的饰面。

此外，建筑室内还有一些小部位的装饰也是采用木材制作的，如窗台板、窗帘盒、踢脚板等。它们和室内地板、墙壁互相衬托，使得整个空间的格调、材质、色彩和谐一致，达到良好的整体装饰效果。

3. 木材的综合利用

木材在加工成型材和制作成构件的过程中，会留下大量的碎块、废屑等，将这些下脚料进行加工处理，就可制成各种人造板材（胶合板原料除外）。常用的人造板材有以下几种：

（1）胶合板

胶合板是将原木旋切成的薄片用胶黏合热压而成的人造板材。其中，薄片的叠合必须按照奇数层数进行，而且保持各层纤维互相垂直，胶合板最高层数可达15层。胶合板大大提高了木材的利用率，其主要特点是：材质均匀，强度高，无疵病，幅面大，使用方便，板面具有立体、天然的美感，广泛用作建筑物室内隔墙板、护壁板、顶棚板、门面板以及各种家具。在建筑工程中，常用的是三合板和五合板。我国胶合板主要采用水曲柳、椴木、桦木、马尾松及部分进口原料制成。胶合板实物图和示意图如图11-2所示。

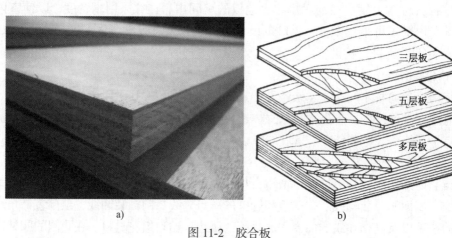

图11-2 胶合板

a) 实物图；b) 示意图

（2）纤维板

纤维板是将木材加工下来的板皮、刨花、树枝等边角废料，经破碎、浸泡、研磨成木浆，再加入一定的胶料，经热压成型、干燥处理而成的人造板材。纤维板分为硬质纤维板、半硬质纤维板和软质纤维板三种。纤维板的表观密度一般大于800kg/m³，适合作保温隔热材料。

纤维板的特点是：材质构造均匀，各向同性，强度一致，抗弯强度高（可达55MPa），耐磨，绝热性好，不易胀缩和翘曲变形，不腐朽，无木节、虫眼等缺陷。生产纤维板可使木材的利用率达90%以上。

（3）刨花板、木丝板、木屑板

刨花板、木丝板、木屑板是分别以刨花木渣、边角料刨制的木丝、木屑等为原料，经干燥后拌入黏结剂，再经热压成型制成的人造板材。所用黏结剂通常为合成树脂，也可以用水泥、菱苦土等无机胶凝材料。这类板材的表观密度较小，强度较低，主要用作绝热和吸声材料。但热压树脂刨花板和木屑板，其表面可粘贴塑料贴面或胶合板作饰面层，这样既增加了板材的强度，又使板材具有装饰性，可用作吊顶、隔墙、家具等。

（4）复合板

复合板主要有复合地板和复合木板两种。复合地板是一种多层叠压木地板，板材80%为木质。这种地板通常是由面层、芯板和底层三部分组成，其中面层又是由经特别加工处理的木纹纸与透明的密胺树脂经高温、高压压合而成；芯板是用木纤维、木屑或其他木质粒状材料等，与有机物混合经加压而成的高密度板材；底层为用聚合物叠压的纸质层。复合地板规格一般为 1200mm × 200mm × 8mm。其表面光滑美观，坚实耐磨，不变形、不干裂、不褪色，不须打蜡，耐久性较好，且易清洁，铺设方便。复合地板适用于客厅、起居室、卧室等地面铺装。

复合木板又称木工板。它是由三层板材胶黏压合而成，其上、下面层为胶合板，芯板是由木材加工后剩下的短小木料经加工制得的木条，再用胶粘拼而成的板材。复合木板规格一般为 2000mm × 1000mm × 20mm，幅面大，表面平整，使用方便。复合木板可代替实木板应用，普遍用于建筑室内隔墙、隔断、橱柜等的装修。

第四节　木材改性与储存

一、改性木材

通过物理、化学或生物等方法处理木材，改良木材性质的工艺过程称为木材改性。

木材物理改性是指通过加热、水煮、喷蒸、压缩等方法改良木材性质的工艺过程。而木材化学改性是指通过化学药剂与木材的各种活性基因发生化学反应形成共价键，改良木材性质的工艺过程。

木材改性处理方法通常分为浸渍处理、热处理、压缩处理和其他处理方法。改性木材产品分为树脂改性木材、防腐木材、阻燃木材、压缩木材、乙酰化木材。

相关内容可参考《改性木材分类与标识》（GB/T 33022—2016）。

1. 防腐木

防腐木是将普通木材经过人工添加化学防腐剂之后，使其具有防腐蚀、防潮、防真菌、防虫蚁、防霉变以及防水等特性。国内常见的防腐木主要有两种材质：俄罗斯樟子松和北欧赤松。防腐木能够直接接触土壤及潮湿环境，是户外地板、园林景观、木秋千、娱乐设施、木栈道等的理想材料。防腐木实物如图 11-3 所示。

相关内容可参考《防腐木材》（GB/T 22102—2008）。

木材防腐处理设备

图 11-3　防腐木

2. 炭化木

炭化木是在不使用任何化学剂只利用高温对木材进行同质炭化处理，使木材表面具有深棕色的美观效果，并拥有防腐及抗生物侵袭性能的木材。其含水率低、不易吸水、材质稳定、不变形、完全脱脂不溢脂、隔热性能好、施工简单、涂刷方便、无特殊气味，是理想的室内及桑拿浴室材料。此外，其能够防腐烂，抗虫蛀、抗变形开裂，耐高温，因而也成为户外泳池、景观的理想材料。炭化木实物如图 11-4 所示。

相关内容可参考《炭化木》（GB/T 31747—2015）。

木材炭化处理设备

图 11-4　炭化木

3. 阻燃木材

木材阻燃是指通过物理或化学的方法来提高木材的抗燃烧能力，目的是减缓木材燃烧，防止火灾事故的发生。木材阻燃的要求是降低木材燃烧速度和火焰传播速度，加速燃烧表面炭化过程。

目前，有效的木材阻燃措施是添加阻燃剂。阻燃剂的阻燃原理大致分为覆盖理论、热理论、不燃气体冲淡作用理论。覆盖理论是指阻燃剂在低于木材燃烧温度下熔融，形成一种隔热层，使木材与火焰隔绝，阻止可燃气体外逸，从而起到阻燃的作用。热理论是指阻燃剂在分解的过程中会吸收大量热量，延缓木材温度升高，从而抑制木材表面起火。不燃气体冲淡作用理论是指阻燃剂在低于木材正常燃烧温度下受热分解，释放不燃性气体或水蒸气，冲淡木材热分解形成的可燃性气体，起到阻燃的作用。

相关内容可参考《阻燃木材及阻燃人造板生产技术规范》（GB/T 29407—2012）。

二、木材储存保管

为防止木材变质而降低其使用性能，应按照木材特点，对木材进行分类储存保管。木材储存保管应符合国家或地方性法规和相关标准中对人身安全和环境保护方面的要求。储存保管的木材应符合检验检疫相关标准要求，储存保管场所应严禁烟火，选择合理堆放方式，防止火灾、水灾及其他灾害的发生。应根据木材保存期限、树种、材质和气候条件等的不同，采用物理保管方法、化学保管方法、物理保管和化学保管相结合的方法等。在储存保管期间，应定期检查并记录木材的质量，对不适宜继续储存保管的木材，应采取相应措施。木材储存保管人员应经过岗前培训，掌握木材储存保管基本知识和技能。

相关内容可参考《木材储存保管技术规范》（GB/T 29409—2012）。

◀ 本 章 小 结 ▶

本章介绍了木材的概念、分类、构造、缺陷、性质,木材制品的分类、应用和储存保管方面的知识。

木材一般分为软质木材和硬质木材两种。木材的构造包括宏观构造和微观构造两部分,应重点掌握木材的宏观构造。

木材的性质主要包括物理性质、力学性质等。应深入理解和掌握含水率对木材性质的影响、纤维饱和点、平衡含水率等内容。

木材制品以板材和枋材为主,其中人造板材应用较为广泛。人造板材主要包括胶合板、纤维板、刨花板、复合板等。应了解各种木材制品的性能和适用范围。

练 习 题

一、填空题

1. 新伐木材,在干燥过程中,当含水率大于纤维饱和点时,木材的体积_____,若继续干燥,当含水率小于纤维饱和点时,木材的体积_____。
2. 木材干燥时,首先是_____水蒸发,而后是_____水蒸发。
3. 木材周围空气的相对湿度为_____时,木材的平衡含水率等于纤维饱和点。

二、选择题

木材含水率在纤维饱和点以内改变时,产生的变形与含水率_____。

A. 成正比　　　　　　　　　　B. 成反比
C. 不成比例地增长　　　　　　D. 不成比例地减少

三、判断题

1. 木材的湿胀变形是随着其含水率的提高而增大的。　　　　　　　　　　（　　）
2. 木材胀缩变形的特点是径向变化率最大,顺纹方向次之,弦向最小。　　（　　）

四、简答题

1. 影响木材强度的主要因素有哪些？这些因素是如何影响木材强度的？
2. 木材防腐的常用方法有哪些？

参 考 文 献

[1] 苏达根. 土木工程材料[M]. 4版. 北京: 高等教育出版社, 2019.
[2] 沈威. 土木工程材料[M]. 3版. 武汉: 武汉理工大学出版社, 2015.
[3] 王秀花. 建筑材料[M]. 4版. 北京: 机械工业出版社, 2023.
[4] 白宪臣. 土木工程材料[M]. 2版. 北京: 中国建筑工业出版社, 2019.
[5] 魏鸿汉. 建筑材料[M]. 5版. 北京: 中国建筑工业出版社, 2021.
[6] 施惠生. 土木工程材料[M]. 4版. 重庆: 重大大学出版社, 2021.
[7] 赵亚丁. 土木工程材料[M]. 哈尔滨: 哈尔滨工业大学出版社, 2022.
[8] 白宪臣. 土木工程材料实验[M]. 3版. 北京: 中国建筑工业出版社, 2022.